리얼 방콕
스마트 MApp Book

실전 여행까지 책임진다!

종이 지도로 일정 짜는 맛
Map Book

스마트하게 여행 잘하는 법
App Book

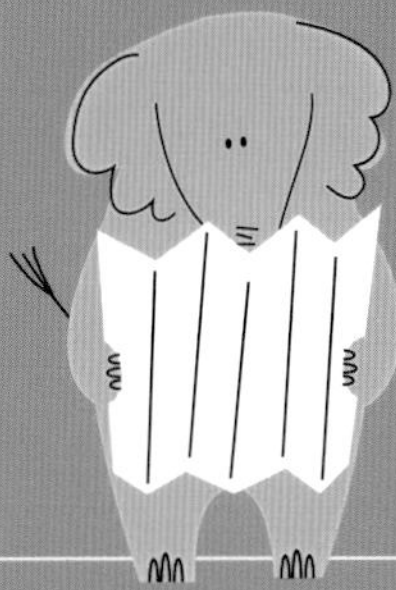

BANGKOK

리얼 방콕

스마트 MApp Book

한빛라이프

CONTENTS
차례

스마트하게 여행 잘하는 법
App Book

종이 지도로 일정 짜는 맛
Map Book

스마트하게 여행 잘하는 법

App Book

같은 여행 애플리케이션이라도 여행지마다 사용하는 방법이 조금씩 다르다. 방콕을 가장 스마트하게 여행하기 위해 엄선한 애플리케이션 활용법을 소개한다.

여행을 스마트하게!
여행 애플리케이션 & 웹사이트

포털 사이트와 커뮤니티, 블로그, 유튜브 등에 넘쳐나는 여행 정보. 하나하나 다 읽어가며 여행을 준비하기엔 우리의 '현생'은 너무나도 바쁘다. 그래서 준비했다! 스마트폰에 애플리케이션 몇 개만 내려받아도, 웹사이트 몇 개만 잘 활용해도 여행은 쉬워진다.

길 찾기 & 교통

구글 맵스로 스폿 위치를 검색하고, 이동 수단을 결정하자. 택시 기사와의 흥정이나 승차 거부당하는 일을 피하고 싶다면 그랩 택시를 이용하는 것도 좋다.

#구글 맵스
#그랩

투어 프로그램

마이리얼트립, 클룩, 트립어드바이저 애플리케이션이나 몽키트래블 웹사이트에서 투어 프로그램을 살펴보고 예약하자.

#마이리얼트립
#클룩
#트립어드바이저
#몽키트래블

항공 & 숙소

스카이스캐너로 항공권 가격 비교부터 예약까지, 호텔스컴바인과 아고다, 에어비앤비로 숙소 검색과 예약, 리뷰까지!

#스카이스캐너
#호텔스컴바인
#아고다
#에어비앤비

여행 준비 & 실전

명불허전 태사랑 웹사이트나 네이버 카페에서 태국 여행 정보 검색, 푸드판다로 음식 배달, 파파고로 의사소통을!

#태사랑
#파파고

스폿 검색부터 이동 수단 선택까지
구글 맵스 사용법

방콕에서는 도보, 대중교통, 차량 이동을 적절히 섞어 여행 일정을 짜보자. 차오프라야강 주변 사원이나 카오산 로드 근처 구시가는 천천히 걸으며 둘러보기 좋다. 반면 방콕 도심은 교통이 번잡하고 공기도 좋지 않아 오랜 시간 도보로 여행하기가 쉽지 않다. 그렇다면 방콕에선 여행의 길잡이 구글 맵스를 어떻게 활용해야 할까? MRT, BTS, ARL, 수상 버스, 택시 등 방콕의 다양한 교통수단 중 어떤 것을 선택할지 결정하는 데 활용해보자. 지도상 가까운 거리도 이동 수단에 따라 이동 경로와 소요 시간이 천차만별이다.

구글 맵스 Google Maps

www.google.com/maps

구글에서 제공하는 지도 서비스. 도보, 대중교통, 자전거, 차량 공유 서비스(그랩) 등 교통수단별 길 찾기, 스트리트 뷰, 위성사진 등의 서비스를 제공한다.

이것만은 익혀두자! 구글 맵스 핵심 기능

❶ 위치 검색하기

가고 싶은 스폿의 위치를 검색하고 내 지도에 저장하자. 스폿 정보에 입력된 여행자의 리뷰와 사진을 보는 재미도 쏠쏠하다. 검색한 스폿이 음식점이라면 여행자가 올린 메뉴 사진을 살펴보며 인기 메뉴를 짐작해볼 수도 있다. 스폿 이름으로 검색되지 않을 때는 이 책에 수록된 스폿 GPS를 입력하자.

❷ 최적의 이동 수단 찾기

'경로' 검색 버튼을 눌러 출발지에서 다음 목적지까지 가는 추천 경로를 검색할 수 있다. 이동 수단별로 이동 경로와 소요 시간이 천차만별이므로 최적의 이동 방법을 잘 찾아야 한다.

지도 우측 상단의 레이어 버튼을 누르면 위성사진이나 교통 정보도 자세히 확인할 수 있다.

흥정할 필요 없어 편리한 **그랩 사용법**

그랩은 쉽게 말해서 우버나 카카오 택시와 비슷한 서비스다. 그랩 애플리케이션을 이용해 출발지와 목적지를 정확히 입력할 수 있고, 요금도 정확한 금액이 표시되기 때문에 편리하다. 단, 태국에서 일반 차량을 이용하는 그랩 카는 불법이고 그랩 택시만 합법이므로 주의하자. 출퇴근 시간에는 요금이 아주 많이 오른다.

그랩 Grab

www.grab.com

'동남아시아의 우버'. 싱가포르에 본사를 둔 차량 공유 서비스로 태국, 베트남, 필리핀, 인도네시아, 말레이시아 등 8개국에서 이용할 수 있다. 차량 서비스인 그랩 카, 오토바이 서비스인 그랩 바이크 등을 제공한다.

구글 맵스와 연동해서 그랩 이용하기

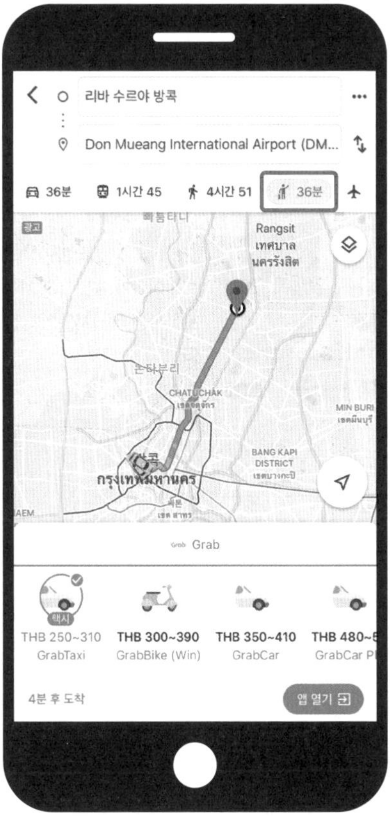

이동 수단별 경로와 소요 시간 파악, 차량 공유 서비스 예약까지 한 번에 해결하고 싶다면? 구글 맵스와 연동해서 그랩 애플리케이션을 사용하자.

❶ 구글 맵스에서 목적지로의 이동 경로를 검색하자. 차량 공유 버튼을 터치하면 해당 국가에서 사용할 수 있는 차량 공유 서비스와 가격, 이동 경로, 소요 시간이 표시된다. 태국에서는 그랩 서비스를 이용할 수 있다.

❷ '앱 열기'를 터치하면 그랩 애플리케이션으로 이동한다. 여행지에서 애플리케이션을 다운받는 번거로움을 피하려면 여행을 떠나기 전 스마트폰에 미리 다운받아두자.

차근차근 따라 해보자! 그랩 사용법

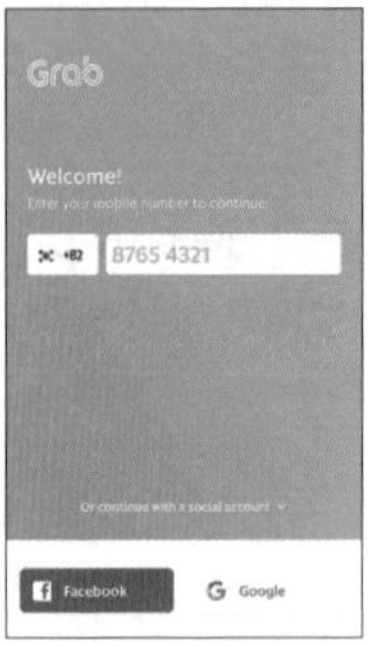

01
애플리케이션 다운 및 회원 가입하기

스마트폰의 앱스토어나 구글플레이에서 그랩 애플리케이션을 다운받는다. 애플리케이션을 실행하고 페이스북이나 구글 계정으로 회원 가입을 한다.

02
출발지와 도착지 입력하기

홈 화면에서 'CAR' 항목을 터치한다. GPS를 통해 자동으로 검색된 출발지가 정확한지 확인한다. 도착지의 상호나 주소를 입력한다.

03
차량 선택하기

'Grab Taxi'를 선택한 후 'Book Grab Taxi' 버튼을 누른다.

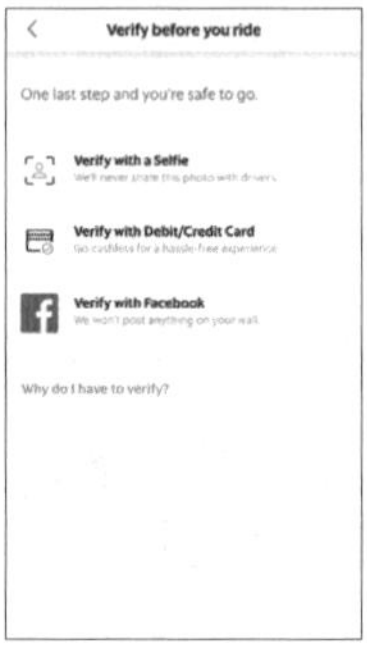

04
개인 정보로 인증하기

셀카, 체크/신용 카드, 페이스북 중에서 본인 인증 수단을 골라 등록한다.

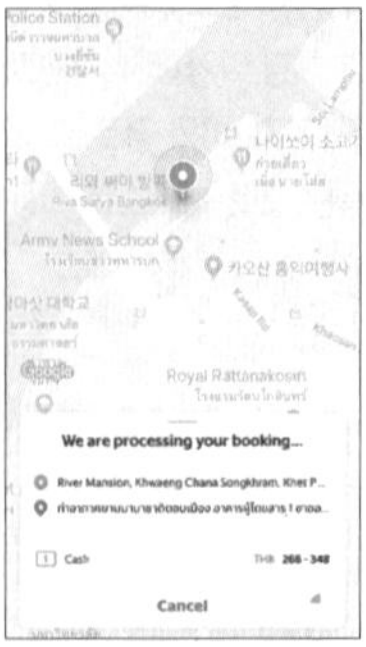

05
드라이버 호출하기

출발지 근처에 있는 차량이 검색된다.

06
드라이버 정보 확인하고 차량 탑승하기

드라이버 정보를 확인한다. 드라이버가 출발지 근처에 도착하면 메시지를 보내온다.

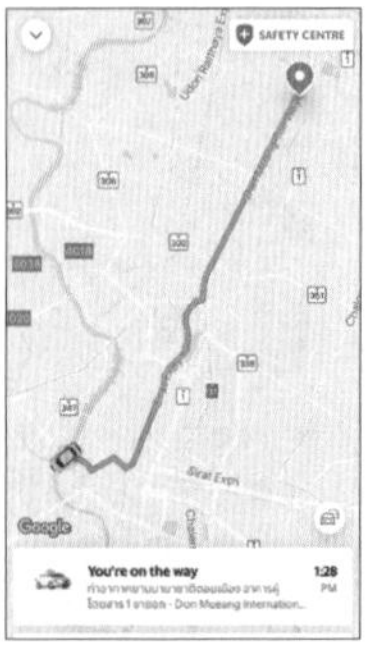

07
목적지로 이동하기

목적지로 이동하며 애플리케이션을 통해 경로를 확인할 수 있다.

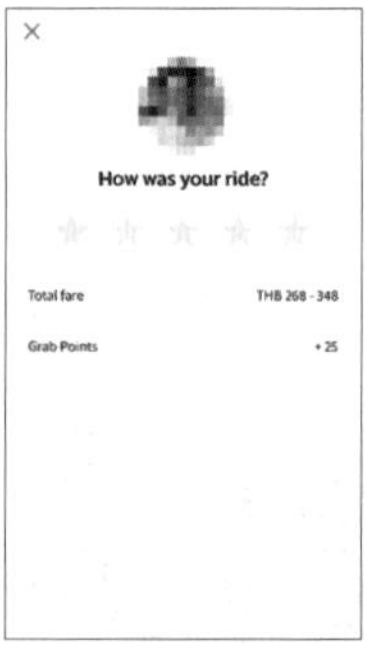

08
결제하기 및 드라이버 평가하기

목적지에 도착하면 애플리케이션에 미리 저장한 카드로 자동 결제하거나 현금으로 비용을 지불하면 된다. 드라이버에 대한 평가를 남긴다.

맛집 음식을 숙소에서 편하게 맛보는 **그랩 푸드 사용법**

방콕에서 배달 앱을 잘 이용하면 방콕의 소문난 맛집들을 숙소에서 편안하게 즐길 수 있다. 택시를 잡을 때 사용하는 그랩 앱으로 맛있는 요리까지 시켜보자.

1 그랩 앱을 켜고 '택시' 옆에 있는 '음식' 탭을 누른다.

2 배달(DELIVERY)에 들어가서 음식, 음료, 치킨, 패스트푸드 등 메뉴 카테고리를 선택한다.

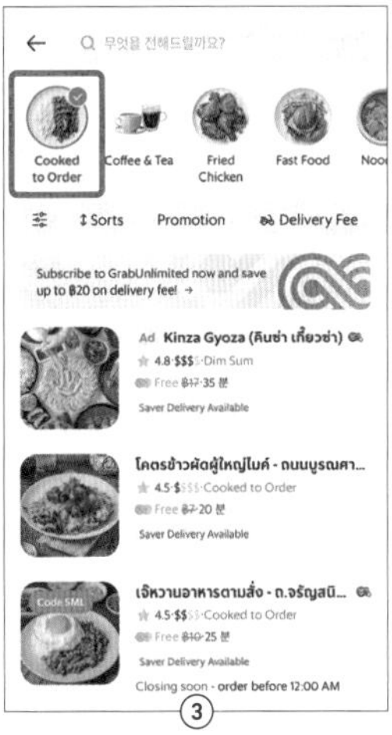

3 음식(COOKED TO ORDER)을 누르면 음식점 리스트가 뜬다. 별점과 배달비, 배달 시간을 확인할 수 있다.

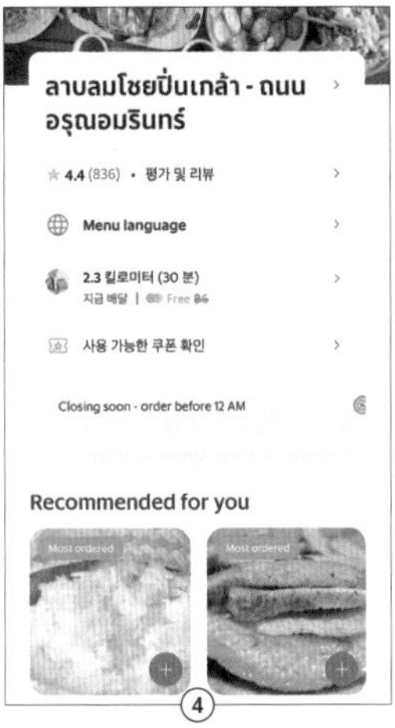

4 음식점 선택 후 먹고 싶은 메뉴를 담는다. 영어로 된 음식 설명이 맞지 않을 때가 많으니 사진을 잘 보고 고른다.

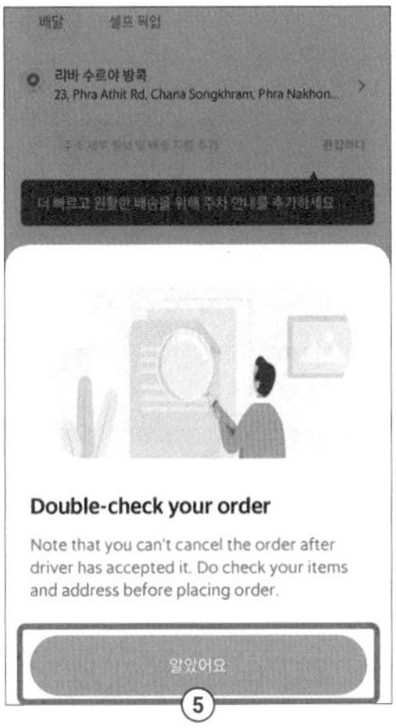

5 배달이 시작되면 취소할 수 없으니 다시 한 번 주문 내용과 배송지를 체크한 후 주문한다.

6 배송이 얼마나 빠르게 되느냐에 따라 배송비가 달라진다.

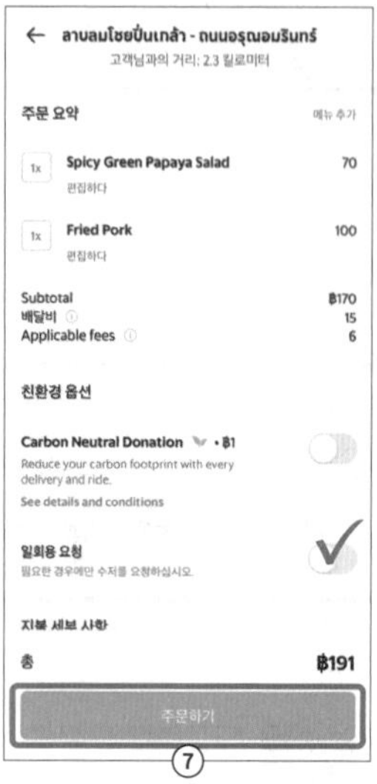

⑦ 숙소에 수저가 없으면 일회용 요청에 체크한다.

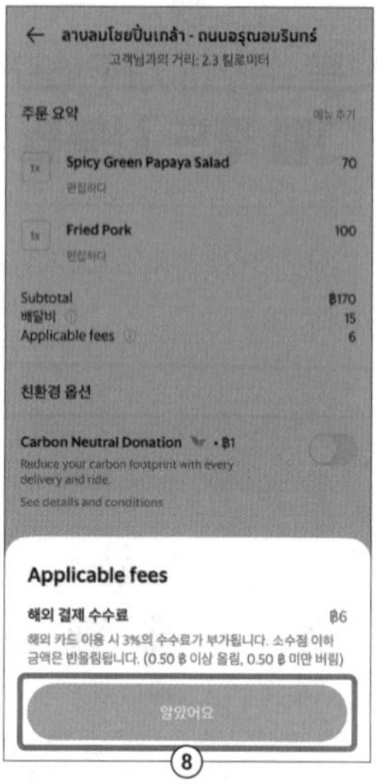

⑧ 음식 가격과 배달비, 해외 결제 수수료를 합친 총액이 결제된다. 해외 결제 수수료는 태국에서 발급하지 않은 모든 카드(외화 충전식 선불카드, 신용카드, 체크카드 등)에 부과된다.

⑨ 배달 기사가 보내는 메시지를 바로 받기로 설정한다.

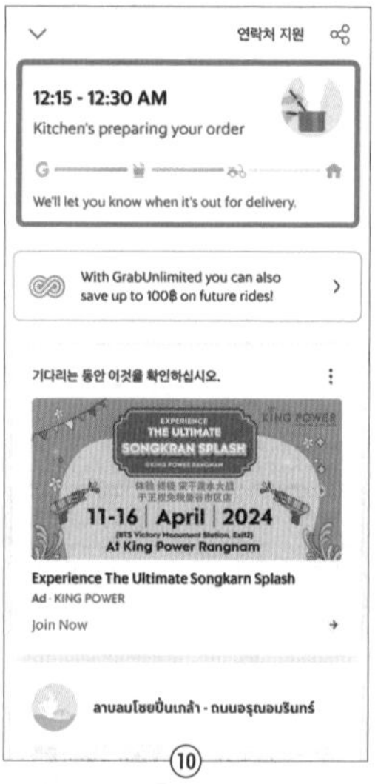

⑩ 결제가 완료되면 음식을 만들고 배달되는 과정이 앱에 표시된다.

⑪ 배달이 시작되면 배달 기사의 위치와 도착 예정 시간을 알려준다.

⑫ 지정한 숙소 위치(로비, 주차장 등)에서 음식을 건네받는다.

핵심만 쏙쏙!
방콕 근교 투어 프로그램

방콕에는 수많은 여행사가 있고 그만큼 다양한 투어 상품이 있다. 한국에서 예약해 바우처를 받을 수 있는 투어가 있는가 하면, 현지에서 직접 다양한 옵션을 골라 조금 더 저렴하게 떠날 수 있는 투어가 있다. 표는 대략적인 가이드로만 참고하자.

- 투어 종료 시간은 방콕 도착 시간 기준.
- 투어 요금의 경우 환율에 따라, 축제와 명절 기간 등 시기에 따라 변동 가능하다. 요금은 성인 기준이다.
- 단독 투어는 1인당 가격이 높은 편이지만 여럿이 모이면 가격이 낮아지고 스케줄을 자유롭게 조정할 수 있다는 장점이 있다. 여행사의 홈페이지에서 정확한 가격을 확인해보자.

한눈에 보는 방콕 근교 투어 프로그램

투어 종류	여행사 상품	설명	소요 시간/요금
아유타야 일일 투어	몽키트래블 아유타야 실속 전일 단독 투어	아유타야의 대표 사원 2곳과 초록을 머금은 카페, 아유타야 근교의 새우 시장을 돌아보는 투어.	09:00~19:00/ 4인 출발 시 1인 약 71,000원
	클룩 아유타야 역사공원 일일 투어	방콕에서 아유타야까지 버스로 이동, 방파인 별궁과 아유타야 사원을 둘러보고 야시장을 구경한 후 방콕으로 돌아오는 조인 투어.	10:00~20:00/ 1인 약 57,000원
아유타야 선셋 크루즈 투어	몽키트래블 가이드와 함께하는 아유타야 선셋 반일 단독 투어	오후에 출발해서 아유타야의 사원을 알차게 돌아보고 선셋 보트를 타 야경을 본 후 방콕으로 돌아오는 투어.	14:30~20:30/ 4인 출발 시 1인 약 67,000원
	마이리얼트립 아유타야 선셋 투어	아유타야를 오후에 관람하고 선셋 보트에서 여유롭게 아유타야 야경을 감상하는 한국인 전용 투어로 마사지를 선택할 수 있는 옵션이 있다.	14:20~20:30/ 1인 약 39,000원
파타야 일일 투어	몽키트래블 파타야 프리 전일 택시 단독 투어	파타야의 대표 관광지인 농눅 빌리지, 파타야 수상시장, 왓 카오 치 찬, 케이브 비치 클럽 또는 타피아 수상 카페를 즐기다가 방콕으로 돌아오는 투어.	08:30~19:30/ 4인 출발 시 1인 약 78,000원
	몽키트래블 비치 클럽 꼬란 전일 투어	꼬란섬에 위치한 비치 클럽 마레에서 편안한 비치 의자와 파라솔 그늘 아래 여유로운 시간을 보내며 해양 스포츠를 즐기는 투어.	07:00~18:00/기본 A코스 4인 출발 시 1인 약 45,000원
	클룩 파타야 농눅 트로피컬 가든 티켓	농눅 빌리지의 입장권만 구입하거나 입장권에 더해 공연 관람, 뷔페 식사를 옵션에서 골라 구매할 수 있다.	입장권 1인 약 16,000원, 입장권+관광버스 1인 약 21,000원
	마이리얼트립 파타야 핵심 택시 단독 투어	농눅 빌리지, 황금 절벽 사원, 파타야 수상시장 등을 돌아보는 자유로운 단독 투어.	09:00~21:00/ 4인 출발 시 1인 약 88,000원
칸차나부리 투어	몽키트래블 칸차나부리 & 에라완 국립공원 전일 택시 단독 투어	가이드가 없는 단독 투어로 에라완 국립공원 내 에라완 폭포를 구경하고 점심 식사 후 전통 마을 말리까를 방문하거나 코끼리 트레킹과 뗏목 타기, 죽음의 철도에 탑승한다.	07:00~20:00/ 4인 출발 시 1인 약 80,000원
	마이리얼트립 칸차나부리 코끼리+뗏목 트레킹 투어	외국인과 함께하는 영어 가이드 투어로 진행되며 칸차나부리의 연합군 묘지, 콰이강의 다리, 전쟁 박물관을 돌아보고, 죽음의 철도, 뗏목 타기 등을 하고 방콕으로 돌아오는 투어.	06:00~20:00/ 1인 약 60,000원
담넌 사두억 수상시장 투어 & 매끌롱 기찻길 시장 투어	마이리얼트립 담넌 사두억 수상시장 & 위험한 기찻길 시장 반일 투어	매끌롱 기찻길 시장에 도착해 기차가 지나가는 광경을 구경하고, 담넌 사두억 수상시장으로 이동해 보트를 타고 돌아오는 투어. 긴 꼬리 모터보트 10분 포함, 점심 불포함.	07:50~13:40/ 4인 이상 출발 시 1인 약 24,000원
	몽키트래블 담넌 사두억 수상시장+매끌롱 기찻길 시장 반일 투어	방콕 아쏙역, 수쿰윗역 근처 미팅 장소에서 출발해 매끌롱 기찻길 시장을 방문하고, 담넌 사두억 수상시장에서 보트를 타보고 다시 방콕으로 돌아오는 한국인 전용 투어.	07:50~13:40/ 1인 약 32,000원
암파와 수상시장과 반딧불이 투어	마이리얼트립 암파와 수상시장+반딧불이 감상+매끌롱 기찻길 시장 단독 투어	매끌롱 기찻길 시장과 암파와 수상시장을 함께 방문하는 투어. 시장마다 가진 개성을 발견하고 반딧불이를 관찰하고 돌아올 수 있다.	13:30~21:00(금~일요일)/ 4인 출발 시 1인 약 33,000원
	몽키트래블 암파와 수상시장 & 반딧불이 반일 투어	한국어가 가능한 태국인 가이드가 함께하는 투어로 아쏙역 픽업 장소에서 만나 암파와 수상시장을 구경하고 반딧불이 보트를 타고 돌아오는 투어.	15:20~21:30(금~일요일)/ 1인 약 39,000원
무앙 보란 투어	몽키트래블 태국 역사 탐방 고대도시 무앙 보란 반일 투어	고대 도시를 재현한 무앙 보란과 함께 에라완 박물관까지 돌아보는 한국인 전용 투어.	08:30~14:30/ 1인 약 65,000원
	마이리얼트립 무앙 보란과 에라완 박물관 입장권	무앙 보란과 에라완 박물관 입장권을 각각 혹은 동시에 할인 가격으로 구입할 수 있다.	무앙 보란 입장권 1인 13,500원, 무앙 보란+에라완 박물관 1인 21,000원
사파리 월드 투어	몽키트래블 사파리 월드 전일 택시 단독 투어	사파리 월드에 도착해서 타고 있던 차량 그대로 사파리를 한 후 도보로 마린 파크 관람, 자유롭게 식사하고 공연 관람 후 방콕으로 돌아오는 투어.	09:00~17:00/ 4인 출발 시 1인 약 74,000원
	마이리얼트립 방콕 사파리 월드 입장권	사파리 월드에 방문해 사파리도 즐기고, 다채로운 공연도 보고, 먹이주기 체험도 즐겨 보자.	사파리 파크 입장권 1인 약 31,000원, 마린 파크 입장권 1인 약 35,000원, 사파리 & 마린 파크 입장권 1인 약 38,000원

종이 지도로
일정 짜는 맛

Map Book

종이 지도에 손으로 쓱쓱 메모를 남기고 가고 싶은 곳을 표시해보자. 모바일 기기가 대체할 수 없는 재미가 있다. 우선 개념도로 도시의 지형을 익히고 상세지도에는 관심 있는 스폿을 표시하면서 여행 동선을 짜보자.

여행 스타일을 좌우하는 **방콕의 구역별 특징**

방콕은 서쪽 강변과 시내 중심, 시내 동쪽 어디에서 머무느냐에 따라 여행의 스타일이 크게 달라지며, 각 지역마다 이동 방법 또한 달라진다. 방콕 서쪽에서는 차오프라야강을 따라 남북으로 오가는 수상 교통과 택시를 이용해 여행하고, 시내 중심에서는 MRT와 BTS를 이용해야 극심한 교통 체증에서 자유롭다. 시내 동쪽에서는 BTS역을 중심으로 오토바이 택시나 그랩을 이용한다.

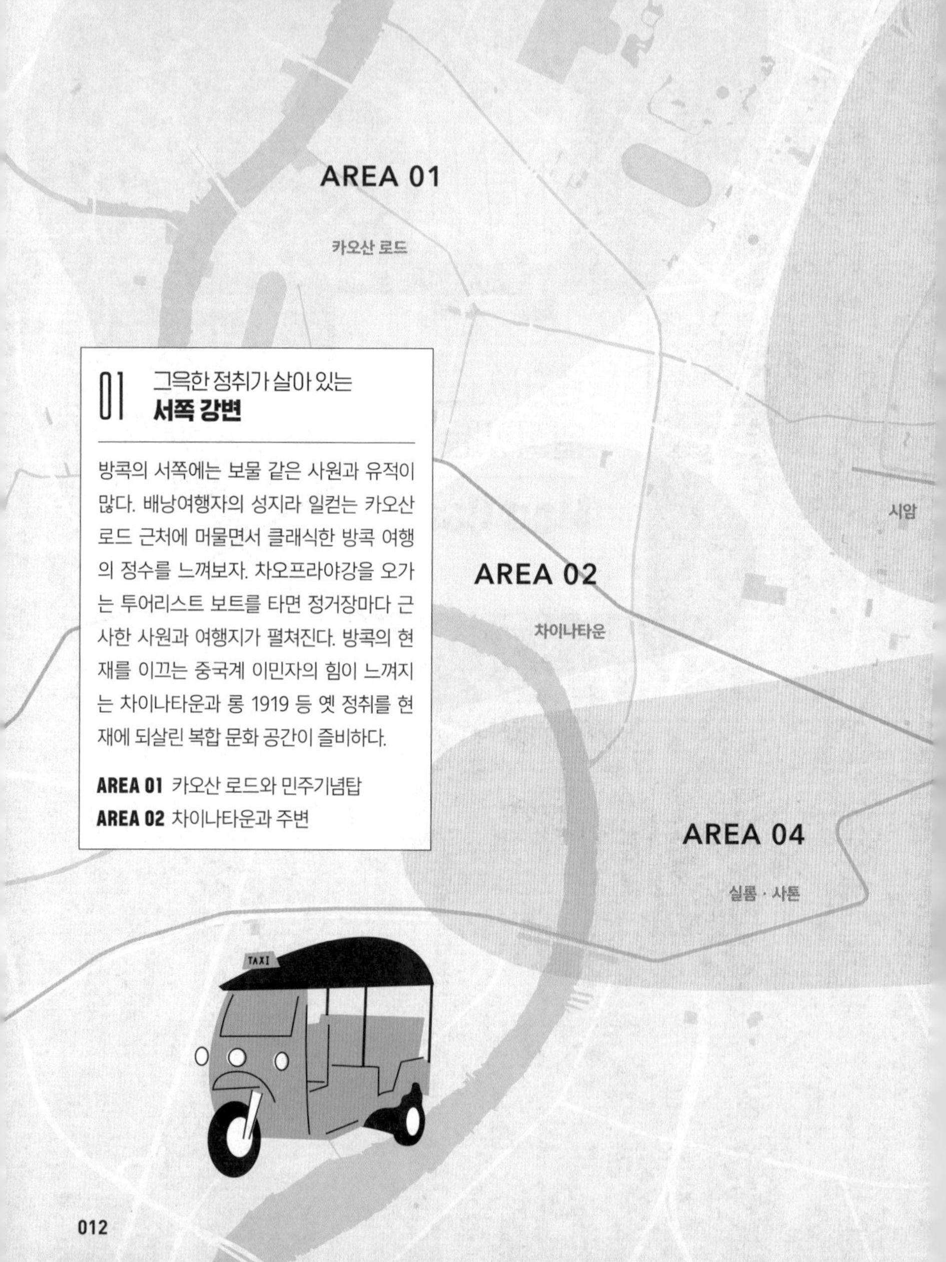

01 그윽한 정취가 살아 있는 **서쪽 강변**

방콕의 서쪽에는 보물 같은 사원과 유적이 많다. 배낭여행자의 성지라 일컫는 카오산 로드 근처에 머물면서 클래식한 방콕 여행의 정수를 느껴보자. 차오프라야강을 오가는 투어리스트 보트를 타면 정거장마다 근사한 사원과 여행지가 펼쳐진다. 방콕의 현재를 이끄는 중국계 이민자의 힘이 느껴지는 차이나타운과 롱 1919 등 옛 정취를 현재에 되살린 복합 문화 공간이 즐비하다.

AREA 01 카오산 로드와 민주기념탑
AREA 02 차이나타운과 주변

02 예술과 공연, 쇼핑의 메카
시내 중심

방콕 시내의 시암에서 사톤에 이르는 지역은 쇼핑의 중심지이자 문화 예술 전시와 공연을 관람하기에 알맞은 지역이다. 방콕 현대 미술관에서부터 방콕 예술문화센터, 짐 톰슨의 집과 쑤언 팍깟 박물관까지 소소한 볼거리도 많고, 트랜스젠더 쇼 칼립소 카바레를 관람하기에도 편리하다. 큰 쇼핑몰들이 늘어서 몰링을 하기에도 좋고 짜뚜짝 주말 시장이나 아시아티크에서 기념품 쇼핑을 하기에도 좋다.

AREA 03 시암·칫롬·플런칫 **AREA 04** 실롬·사톤·강변 남쪽

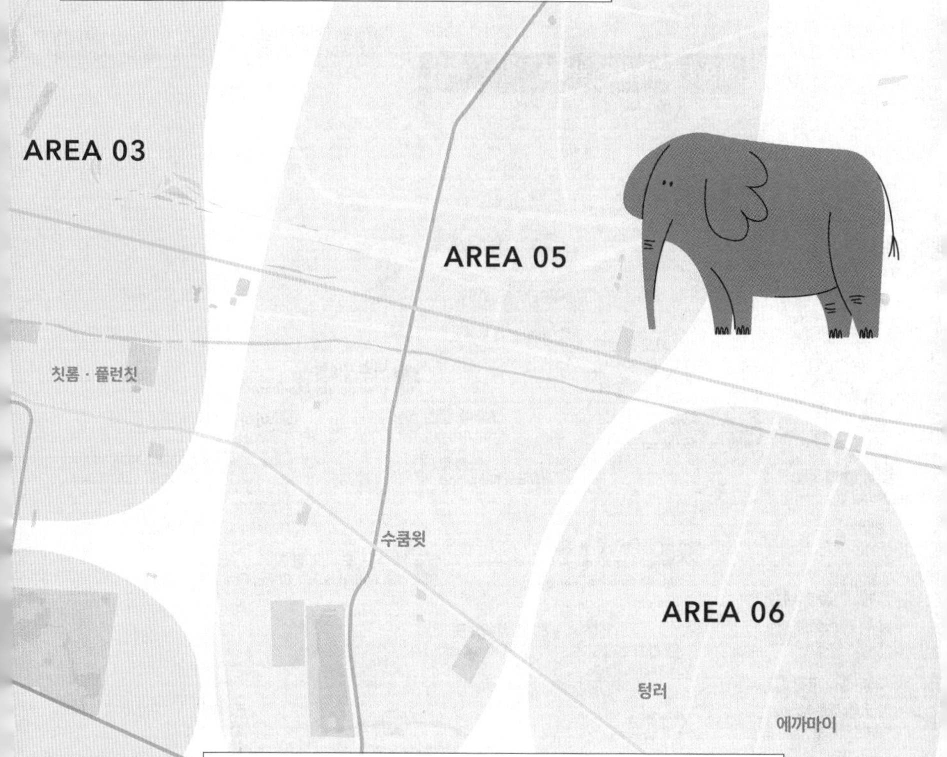

03 밤이면 놀 거리가 더욱 풍부한
시내 동쪽

방콕 시내에서 동쪽으로 이어지는 수쿰윗 로드를 따라 지상철 BTS역이 들어서면서 한국의 강남처럼 주변의 번화가들이 발전했다. 방콕 여행의 목적이 삼시세끼 맛있는 음식을 먹는 것이라면, 매일 밤 흥겨운 음악을 들으며 춤을 추고픈 사람이라면 방콕의 뉴타운인 동쪽 지역으로 가자. 밤이면 더욱 번화해지는 수쿰윗 소이 11, 젊은이들이 모여드는 RCA 클럽 거리, 맛있는 음식점과 라이브 바가 늘어선 텅러와 에까마이가 불을 밝히고 기다린다.

AREA 05 수쿰윗 **AREA 06** 텅러·에까마이

AREA ❶ 카오산 로드와 민주기념탑

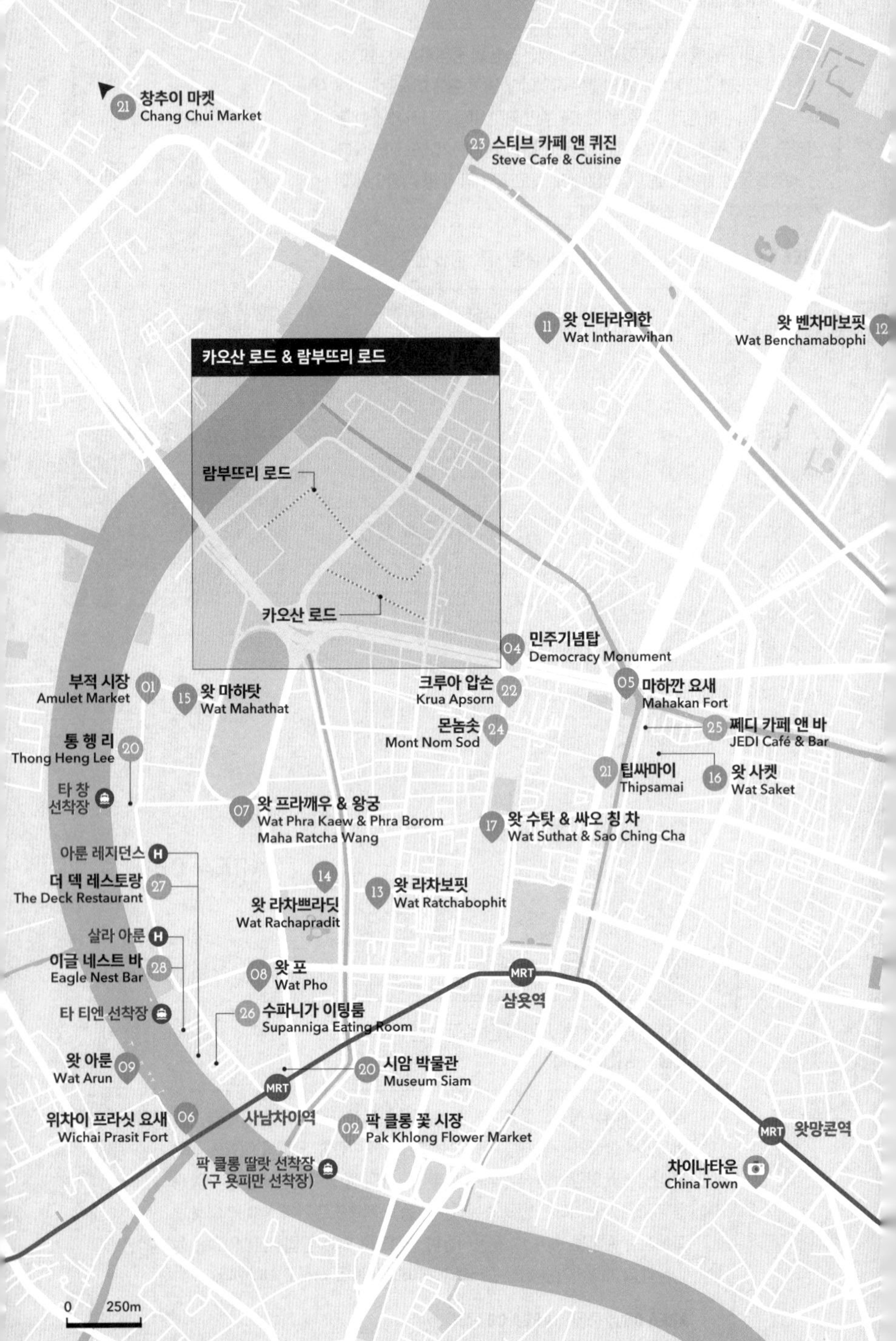

21 창추이 마켓 Chang Chui Market
23 스티브 카페 앤 퀴진 Steve Cafe & Cuisine
11 왓 인타라위한 Wat Intharawihan
왓 벤차마보핏 Wat Benchamabophi 12
카오산 로드 & 람부뜨리 로드
람부뜨리 로드
카오산 로드
04 민주기념탑 Democracy Monument
부적 시장 Amulet Market 01
15 왓 마하탓 Wat Mahathat
크루아 압손 Krua Apsorn 22
05 마하깐 요새 Mahakan Fort
몬놈솟 Mont Nom Sod 24
25 쩨디 카페 앤 바 JEDI Café & Bar
통 헹 리 Thong Heng Lee 20
21 팁싸마이 Thipsamai
16 왓 사켓 Wat Saket
타 창 선착장
07 왓 프라깨우 & 왕궁 Wat Phra Kaew & Phra Borom Maha Ratcha Wang
17 왓 수탓 & 싸오 칭 차 Wat Suthat & Sao Ching Cha
아룬 레지던스
더 덱 레스토랑 The Deck Restaurant 27
14 왓 라차쁘라딧 Wat Rachapradit
13 왓 라차보핏 Wat Ratchabophit
살라 아룬
이글 네스트 바 Eagle Nest Bar 28
08 왓 포 Wat Pho
MRT 삼욧역
타 티엔 선착장
26 수파니가 이팅룸 Supanniga Eating Room
왓 아룬 Wat Arun 09
20 시암 박물관 Museum Siam
MRT 사남차이역
위차이 프라싯 요새 Wichai Prasit Fort 06
02 팍 클롱 꽃 시장 Pak Khlong Flower Market
MRT 왓망콘역
팍 클롱 딸랏 선착장 (구 욧피만 선착장)
차이나타운 China Town
0 250m

AREA 1 카오산 로드 & 람부뜨리 로드

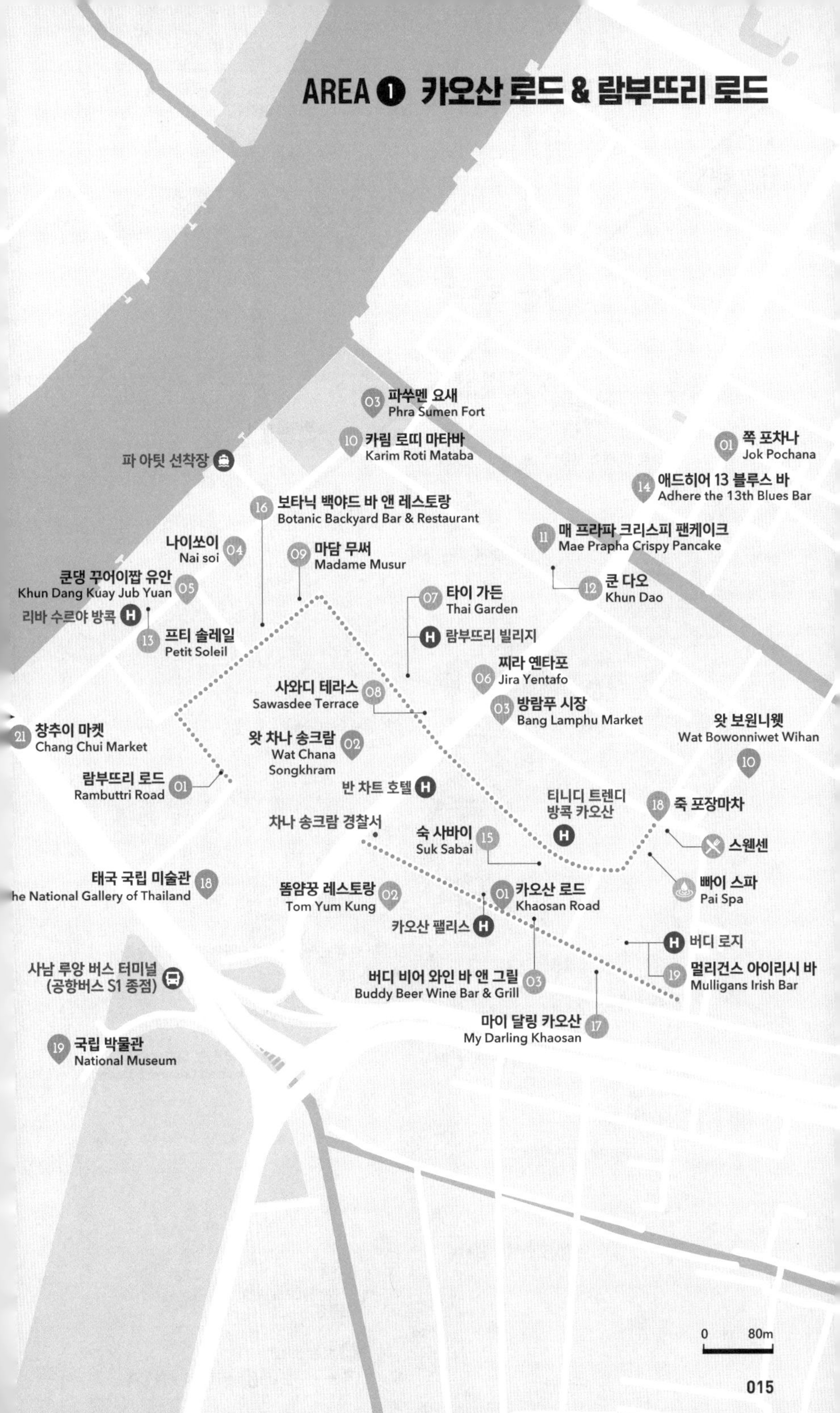

03 파쑤멘 요새
Phra Sumen Fort
10 카림 로띠 마타바
Karim Roti Mataba
파 아팃 선착장
01 쪽 포차나
Jok Pochana
14 애드히어 13 블루스 바
Adhere the 13th Blues Bar
16 보타닉 백야드 바 앤 레스토랑
Botanic Backyard Bar & Restaurant
11 매 프라파 크리스피 팬케이크
Mae Prapha Crispy Pancake
04 나이쏘이
Nai soi
09 마담 무써
Madame Musur
05 쿤댕 꾸어이짭 유안
Khun Dang Kuay Jub Yuan
12 쿤 다오
Khun Dao
07 타이 가든
Thai Garden
리바 수르야 방콕
13 프티 솔레일
Petit Soleil
람부뜨리 빌리지
06 찌라 옌타포
Jira Yentafo
08 사와디 테라스
Sawasdee Terrace
03 방람푸 시장
Bang Lamphu Market
21 창추이 마켓
Chang Chui Market
02 왓 차나 송크람
Wat Chana
Songkhram
왓 보원니웻
Wat Bowonniwet Wihan
10
01 람부뜨리 로드
Rambuttri Road
반 차트 호텔
티니디 트렌디
방콕 카오산
18 죽 포장마차
차나 송크람 경찰서
15 숙 사바이
Suk Sabai
스웬센
18 태국 국립 미술관
he National Gallery of Thailand
02 똠얌꿍 레스토랑
Tom Yum Kung
01 카오산 로드
Khaosan Road
빠이 스파
Pai Spa
카오산 팰리스
버디 로지
사남 루앙 버스 터미널
(공항버스 S1 종점)
03 버디 비어 와인 바 앤 그릴
Buddy Beer Wine Bar & Grill
19 멀리건스 아이리시 바
Mulligans Irish Bar
17 마이 달링 카오산
My Darling Khaosan
19 국립 박물관
National Museum
0 80m

AREA ❷ 차이나타운과 주변

04 메가 플라자
Mega Plaza
야오와랏 로드
Yaowarat Road
MRT 왓 망콘역
삼펭 시장
Sampeng Market
03
01
렉 시푸드
Lek Seafood
차이나타운
China Town
02 브라운 슈거
Brown Sugar
티 앤 케이 시푸드
T&K Seafood
01
라차웡 선착장
02
차이나타운 게이트
왓 트라이밋
Wat Traimit
MRT 후아람퐁역
롱 1919
LHONG 1919
04
롱 1919
선착장
홍 시엥 꽁
Hong Sieng Kong
03
05 딸랏 너이 골목
Talat Noi
마린 뎁트(항만청)
선착장
02 리버시티 방콕
River City Bangkok
리버시티 방콕 선착장 + 차오프라야강 디너 크루즈
클롱산 선착장
밀레니엄 힐튼 방콕
씨프라야 선착장
03 웨어하우스 30
Warehouse 30
아이콘 시암 선착장
06 태국 창조 디자인 센터
Thailand Creative & Design Center, TCD
아이콘 시암
Icon Siam
01
숙 시암
Sook Siam
더 페닌슐라 방콕
오리엔탈(오리얀텐)
선착장
0 150m
사톤 선착장
샹그릴라 호텔 방콕

AREA 3 시암·칫롬·플런칫

03 프라나콘 누들 레스토랑 Pranakorn Noodle Restaurant
02 빠약 보트 누들 Pa Yak Boat Noodle
전승기념탑
보트 누들 골목
13 색소폰 Saxophone
빅토리모뉴먼트역 BTS
09 킹파워 랑남 면세점 King Power Rangnam
08 타이 테이스트 허브 Thai Taste Hub
03 쑤언 팍깟 박물관 Suan Pakkad Museum
파야타이역 BTS ARL
H 아카라 호텔
06 센트럴 월드 Central World
10 짐 톰슨 Jim Thompson
06 나라 타이 퀴진 Nara Thai Cuisine
짐 톰슨의 집 Jim Thompson House 01
후아창 선착장
02 시암 디스커버리 Siam Discovery
빠뚜남 선착장
아리야솜 빌라 H
03 시암 센터 Siam Center
방콕 예술문화센터 Bangkok Art and Culture Center, BACC 02
04 시암 파라곤 Siam Paragon
08 센트럴 엠버시 Central Embassy
내셔널스타디움역 BTS
BTS 시암역
바디튠(칫롬 지점) BODY Tune
센트럴 칫롬 Central Chidlom
07 잇타이 푸드코트 Eathai Food Court
칫롬역 BTS
07
12 솜땀 누아 SOMTAM nua
마분콩 MBK 01
H 오쿠라 프레스티지 방콕
애프터 유 디저트 카페 After You Dessert Cafe 10
05 시암 스퀘어 원 Siam Square One
04 에라완 사당 Erawan Shrine
BTS 플런칫역
엠케이 레스토랑 MK Restaurants 11
04 솜분 시푸드 Som Boon Seafood
H 그랜드 하얏트 에라완 방콕
H 아난타라 시암 방콕 호텔
H 아테네 호텔 럭셔리 컬렉션 방콕
망고 탱고 Mango Tango 09
H 더 세인트 레지스 방콕
01 란 쩨오 출라 Jeh O Chula
BTS 라차담리역
인터 레스토랑 Inter Restaurant 05
룸피니 공원
0 250m

REAL PLUS 방콕 북부

AREA 4 실롬·사톤·강변 남쪽

AREA 5 수쿰윗

프라람 9역
MRT
01 쩟 페어 야시장
Jodd Fairs Night Market
매끌롱 랭쌥
Maeklong Lengzabb
비어 플라자
Beer Plaza
오닉스 방콕
Onyx Bangkok
14
ARL
막까싼역
MRT 펫차부리역
헬스 랜드 스파 앤 마사지(아쏙 지점)
Health Land Spa & Massage
MRT 수쿰윗역
01 터미널 21
Terminal 21
BTS 아쏙역
H 그랑데 센터 포인트 터미널 21
H 쉐라톤 그랑데 수쿰윗
럭셔리 컬렉션 호텔 방콕
엠쿼티어
EmQuartier
02
아시아 허브 어소시에이션
Asia Herb Association
엠포리움
Emporium
03
BTS 프롬퐁역
아시아 허브 어소시에이션
Asia Herb Association
수쿰윗 소이 11
어버브 일레븐
Above Eleven
06
하바나 소셜
Havana Social
05
04 문 레스토랑
Moon Restaurant
03 뱅뱅 버거
Bang Bang Burgers
네스트
Nest
07
02 몽키 팟
Monkey Pod
H 트래블 롯지 수쿰윗 11
힐러리 11
Hillary 11
10
08 아나콘다
Anaconda
알로프트 방콕
수쿰윗 11
H
09 오스카 비스트로
Oskar Bistro
레벨스 클럽 앤 테라스
Levels Club & Terrace
11
12 에덴 클럽 방콕
Eden Club Bangkok
수쿰윗 소이 11
01 크루아 쿤 푹
Krua Khun Puk
나나역
BTS
0
250m

AREA 6 텅러·에까마이

14 빠톰 오가닉 리빙 Patom Organic Living
01 더 커먼스 The COMMONS
20 더 비어캡 The Beer Cap, TBC
02 제이 애비뉴 J Avenue
03 빌라 마켓 Villa Market
11 그레이하운드 카페 Greyhound Cafe
13 오드리 Audrey
05 아룬완 Arunwan
21 쉬 바 She Bar
Soi Sukhumvit 55
05 톱스 Tops
Soi Sukhumvit 63
08 와타나 파닛 Wattana Panich
24 아트모스 텅러 10 Atmos Thonglor 10
Thong Lo Soi 10
04 에이트 텅러 Eight Thonglor
12 더 블루밍 갤러리 The Blooming Gallery
06 동키 몰 Dongki Mall
23 아이누 홋카이도 이자카야 앤 바 AINU Hokkaido Izakaya & Bar
07 사바이자이 레스토랑 Sabaijai Restaurant
헬스 랜드 스파 앤 마사지(에까마이 지점) Health Land Spa & Massage
18 싱싱 시어터 Sing Sing Theater
03 탐낙 이싼 에까마이 Tamnak Isan Ekkamai
07 빅 시 Bic C
01 마더 메이 아이 키친 Mother May I Kitchen
15 커피아스 Coffeas
02 싯 앤 원더 Sit and Wonder
17 옥타브 루프톱 라운지 앤 바 Octave Rooftop Lounge & Bar
H 방콕 메리어트 호텔 수쿰윗
BTS 텅러역
55 포차나 55 Pochana
09
04 홈 두안 Hom Duan
22
06 매바리 망고 스티키 라이스 Mae Varee Mango Sticky Rice
에까마이 비어 하우스 Ekamai Beer House
H 서머셋 에까마이 방콕
16 티추카 루프톱 바 Tichuca Rooftop Bar
19 아이언 볼스 디스틸러리 앤 바 Iron Balls Distillery & Bar
BTS 에까마이역
방콕 에까마이 동부 버스 터미널
08 게이트웨이 에까마이 Gateway Ekamai
10 카페 피닉스 Le Café Phénix
0 120m

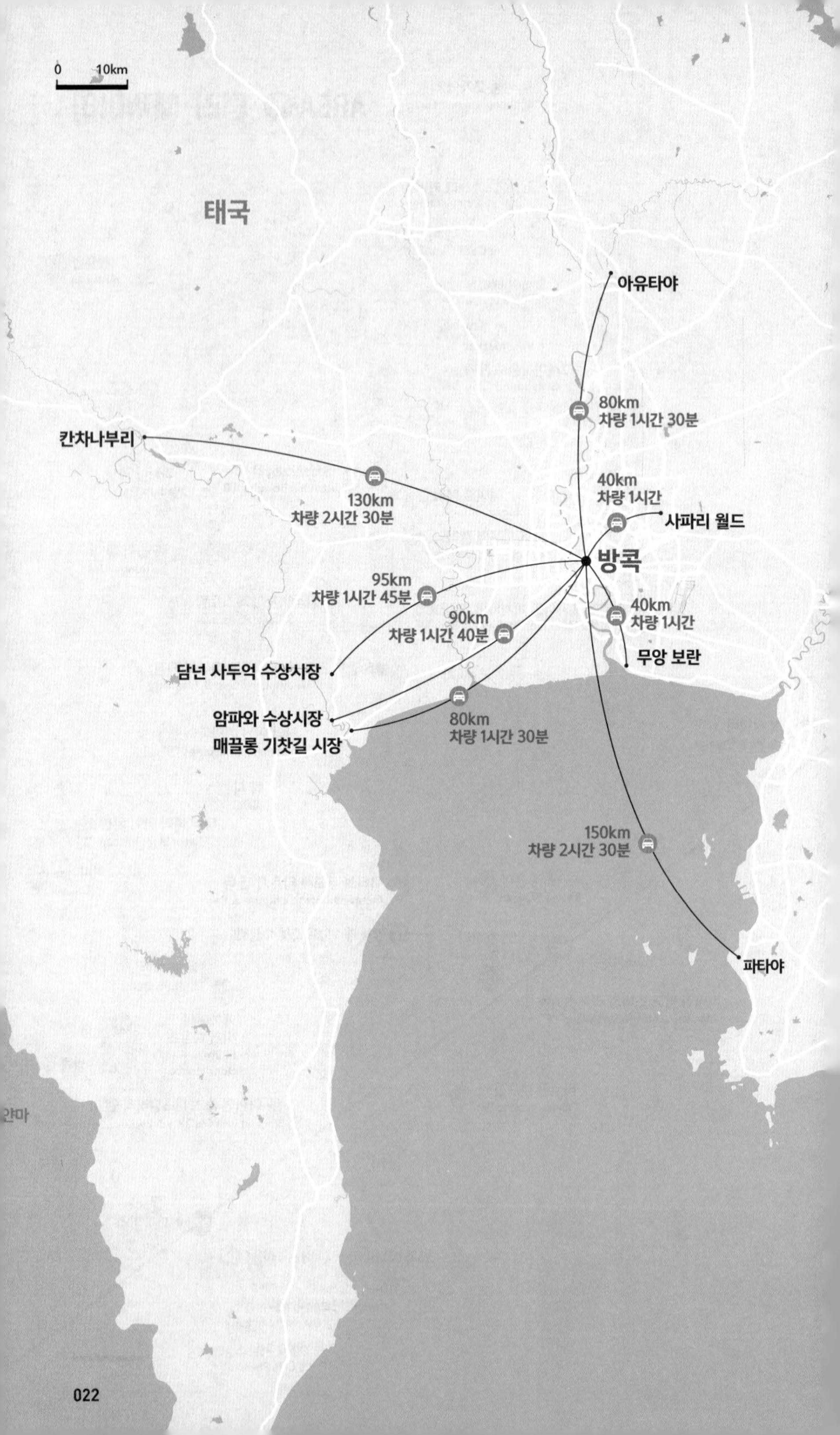
0 10km
태국
아유타야
80km
차량 1시간 30분
칸차나부리
130km
차량 2시간 30분
40km
차량 1시간
사파리 월드
방콕
95km
차량 1시간 45분
90km
차량 1시간 40분
40km
차량 1시간
무앙 보란
담넌 사두억 수상시장
암파와 수상시장
매끌롱 기찻길 시장
80km
차량 1시간 30분
150km
차량 2시간 30분
파타야
안마

방콕 근교 여행지

에메랄드 물빛의 파타야, '태국의 경주' 아유타야, 제2차 세계 대전의 상흔을 간직한 콰이강의 다리, 태국 현지인의 생활상을 엿보는 수상시장 등을 일일 투어로 다녀오자.

* 거리와 시간은 방콕 카오산 로드 출발 기준.

방콕 근교에서 만나는 색다른 경험

01 태국 역사와 문화의 요람
아유타야의 왓 프라시산펫 구경하기

02 황홀한 에메랄드 물빛
파타야의 꼬란섬에서 해양 스포츠 즐기기

03 칸차나부리에선 죽음의 철도가 놓인
콰이강의 다리 건너보기

04 담넌 사두억 수상시장에서는
보트 위에서 찰밥이나 국수 먹기

05 세상에서 제일 위험한 시장
매끌롱 기찻길 시장에서 장보기

06 암파와 수상시장에서는
보트 타고 반딧불이 세상 속으로

07 고대 도시를 재현한 테마파크
무앙 보란에선 과거로 타임 슬립

08 태국 최대 동물원
사파리 월드에서 동물들과 인사하기

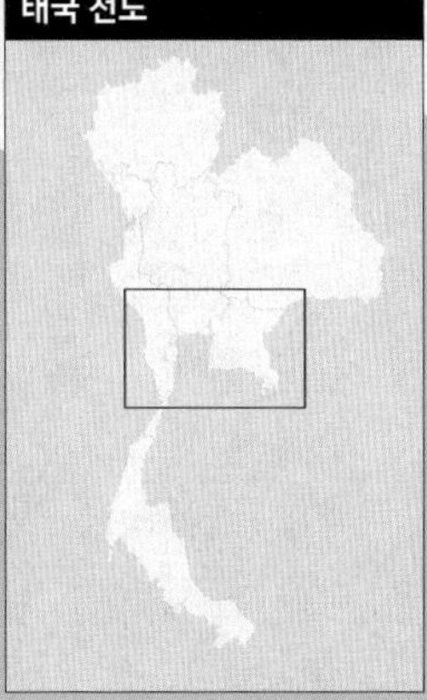

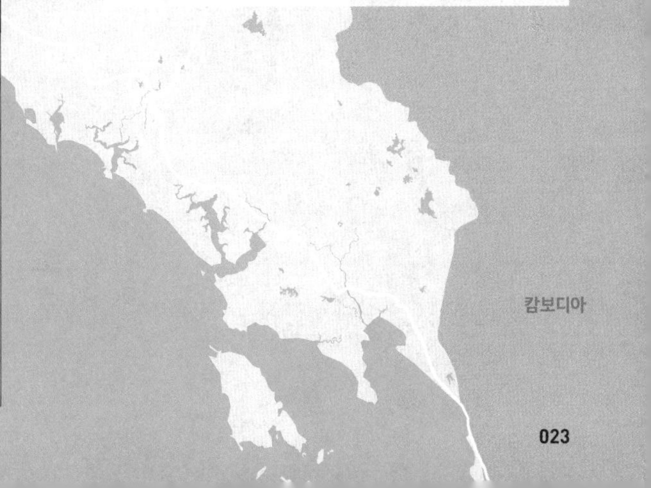

여행은 꿈꾸는 순간, 시작된다

리얼
방콕

여행 정보 기준

이 책은 2024년 10월까지 취재한 정보를 바탕으로 만들었습니다.
정확한 정보를 싣고자 노력했지만, 여행 가이드북의 특성상
책에서 소개한 정보는 현지 사정에 따라 수시로 변경될 수 있습니다.
변경된 정보는 개정판에 반영해 더욱 실용적인 가이드북을 만들겠습니다.

한빛라이프 여행팀 ask_life@hanbit.co.kr

리얼 방콕

초판 발행 2020년 2월 10일
개정3판 2쇄 2024년 11월 25일

지은이 배나영 / **펴낸이** 김태헌
총괄 임규근 / **팀장** 고현진 / **책임편집** 김윤화
디자인 천승훈 / **지도·일러스트** 이예연
영업 문윤식, 신희용, 조유미 / **마케팅** 신우섭, 손희정, 박수미, 송수현 / **제작** 박성우, 김정우 / **전자책** 김선아

펴낸곳 한빛라이프 / **주소** 서울시 서대문구 연희로2길 62 한빛빌딩
전화 02-336-7129 / **팩스** 02-325-6300
등록 2013년 11월 14일 제25100-2017-000059호
ISBN 979-11-93080-37-5 14980, 979-11-85933-52-8 14980(세트)

한빛라이프는 한빛미디어(주)의 실용 브랜드로 우리의 일상을 환히 비추는 책을 펴냅니다.

이 책에 대한 의견이나 오탈자 및 잘못된 내용은 출판사 홈페이지나 아래 이메일로 알려주십시오.
파본은 구매처에서 교환하실 수 있습니다. 책값은 뒤표지에 표시되어 있습니다.

한빛미디어 홈페이지 www.hanbit.co.kr / 이메일 ask_life@hanbit.co.kr
블로그 blog.naver.com/real_guide_ / 인스타그램 @real_guide_

지금 하지 않으면 할 수 없는 일이 있습니다.
책으로 펴내고 싶은 아이디어나 원고를 메일(writer@hanbit.co.kr)로 보내주세요.
한빛라이프는 여러분의 소중한 경험과 지식을 기다리고 있습니다.

방콕을 가장 멋지게 여행하는 방법

리얼 방콕

배나영 지음

한빛라이프

ARATON
INN
Buddy
Charlie
MASSAGE
BEAUTY
SIM CARD
UNLOCK / PHONE
CURRENCY
EXCHANGE
TAXI

PROLOGUE
작가의 말

컬러풀 방콕!

'컬러풀(colorful)'이라는 수식어가 이렇게 잘 어울리는 도시가 또 있을까요? 거리에는 보라색, 분홍색, 연두색 택시가 개성을 뽐내며 돌아다니고, 길가의 작은 리어카들엔 온갖 색깔의 향긋한 과일이 담겨 있어요. 방콕을 가르는 차오프라야강에서는 크고 작은 유람선과 쪽배가 저마다의 속도로 유영하고, 강변에서는 눈부시게 반짝이는 왕궁과 사원들이 고고한 자태로 관광객을 맞이하지요. 낮에는 도심 속 쇼핑센터에서 '패피'들을 만나고, 밤에는 화려한 야시장에서 청춘들을 만나요. 독특하고 매력 있는 수상시장에선 통통배를 타고 반딧불을 볼 수도 있죠. 생각만 해도 입맛이 도는 맛있는 태국 요리를 실컷 먹고 뻐근했던 온몸의 피로가 싹 풀리는 타이 마사지도 받아요. 가성비 좋은 호텔의 수영장에서 느긋한 오후를 보내다 루프톱 바에서 로맨틱하게, 유명한 재즈 클럽에서 흥겹게 시간을 보낼 수도 있고요, 불나방처럼 카오산 로드나 RCA의 클럽으로 나가 밤을 불태우기도 해요.

아, 이런 카멜레온 같은 도시라니! 방콕은 누구와 여행을 하든, 어떤 취향을 가졌든, 어떤 음식을 즐기든 간에 모든 선택을 존중하고 가능하게 해주는 도시입니다. 오래된 낭만과 트렌디한 감성이 공존하는 도시, 알록달록한 매력을 발산하는 다채로운 도시죠. 왜 이곳이 여행자의 천국이라 불리는지 깨닫는 데는 하루면 충분합니다. 그래요, 저도 그랬어요. 방콕에 도착한 지 하루 만에 방콕과 사랑에 빠졌죠. 사랑스러운 방콕을 수없이 들락거리며 자세히 보고 오래 보았습니다. 방콕에 대한 그동안의 짝사랑을 고백하는 심정으로 연애편지를 쓰듯 정성스럽게 방콕 가이드북을 만들었습니다.

《리얼 방콕》과 함께 방콕을 여행하시는 모든 분이 컬러풀한 방콕의 매력을 한껏 느껴보시기를 소망합니다.

배나영 드림

Special Thanks To

몽키트래블의 윤현덕 차장님, 태국정부관광청 서울사무소의 김원민 님, 이비스 스타일 카오산 비엥타이의 김채원 님, 아난타라 시암 방콕의 장수민 님, 박근이 님, 주재욱 님, 박승용 님, 오원호 님, 안동과 배째, 치타, 강샘, 도사 님, 나미 언니, 유섭 오빠, 모모 님, 미경 언니, 파타야의 친구들, 아카라 호텔 쿠킹 클래스의 친구들, 애정을 가득 담아 근사하게 편집해주신 신미경 편집자님, 김윤화 편집자님, 박성숙 교정자님, 천승훈 디자이너님, 이예연 일러스트레이터님, 방콕 한 달 살기를 함께한 동동이와 늘 응원을 보내주시는 부모님께 진심으로 감사드립니다.

배나영 남다른 취재력과 감각 있는 필력을 여러 매체에서 인정받아 자유기고가와 여행작가로 일한다. 포털사이트의 기획자에서 뮤지컬 배우에 이르는 폭넓은 경험을 자양분 삼아 글을 쓴다. 라디오 오디션 '국민 DJ를 찾습니다'에서 금상을 수상한 재주를 살려 유튜브에서 책을 소개하는 채널 '배나영의 Voice Plus+'를 운영한다. 해돋이와 해넘이가 아름다운 곳, 광활한 자연과 인간의 문명이 조화로운 곳을 사랑한다. 지은 책으로 《리얼 국내여행》, 《리얼 다낭》, 《리얼 코타키나발루》 등이 있다.

인스타그램 @lovelybaena **블로그** blog.naver.com/baenadj **유튜브** www.youtube.com/@_voiceplus

이 책의 사용법

- 이 책은 2024년 10월까지 취재한 정보를 바탕으로 만들었습니다. 정확한 정보를 싣고자 노력했지만, 여행 가이드북의 특성상 책에서 소개한 정보는 현지 사정에 따라 수시로 변경될 수 있습니다. 여행을 떠나기 직전에 한 번 더 확인하시기 바라며 변경된 정보는 개정판에 반영해 더욱 실용적인 가이드북을 만들겠습니다.
- 이 책에 나오는 지역명이나 장소 이름은 우리나라에서 통상적으로 부르는 명칭을 기준으로 표기했습니다. 외국어의 한글 표기는 국립국어원 외래어 표기법에 다르되 관용적 표기나 현지 발음과 동떨어진 경우에는 예외를 두었습니다.
- 가격은 현지 표기에 따랐으며 숙박과 투어 프로그램의 경우 여행을 떠나기 전 미리 예약하는 것이 일반적이므로 한화로 표기했습니다.
- 입장료, 교통비 등은 성인 요금을 기준으로 소개하며, 숙박 시설의 요금은 일반 객실 요금을 기준으로 소개했습니다.

구글 맵스 QR코드

각 지도에 담긴 QR코드를 스캔하면 소개된 장소들의 위치가 표시된 구글 지도를 스마트폰에서 볼 수 있습니다. '지도 앱으로 보기'를 선택하고 구글 맵스 앱으로 연결하면 거리 탐색, 경로 찾기 등을 더욱 편하게 이용할 수 있습니다. 앱을 닫은 후 지도를 다시 보려면 구글 맵스 앱 하단의 '저장됨' - '지도'로 이동해 원하는 지도명을 선택합니다.

주요 기호

명소	음식점·카페·바	상점	주소	찾아가는 법
요금 및 가격	운영 시간	전화번호	홈페이지	구글 맵스 GPS
특별 서비스	호텔	마사지 숍	선착장	기차역
공항	BTS BTS(지상철)	MRT MRT(지하철)	ARL ARL(공항철도)	

WRITER'S PICK 저자 추천 스폿

차례
CONTENTS

CONTENTS
차례

PART 01

한눈에 보는 방콕

추천 여행 코스

CONTENTS
차례

PART 02

한 걸음 더,
테마로 즐기는 방콕

THEME

FOOD

SHOPPING

STAYING

CONTENTS
차례

PART 03

진짜 방콕을 만나는 시간

방콕 교통

CHAPTER 01
서쪽 강변

CHAPTER 02
시내 중심

CHAPTER 03
시내 동쪽

CONTENTS
차례

PART 04
투어로 돌아보는 방콕 근교 여행

PART 05
방콕에서 바로 통하는 여행 준비

PART

01

한눈에 보는 방콕

BANGKOK

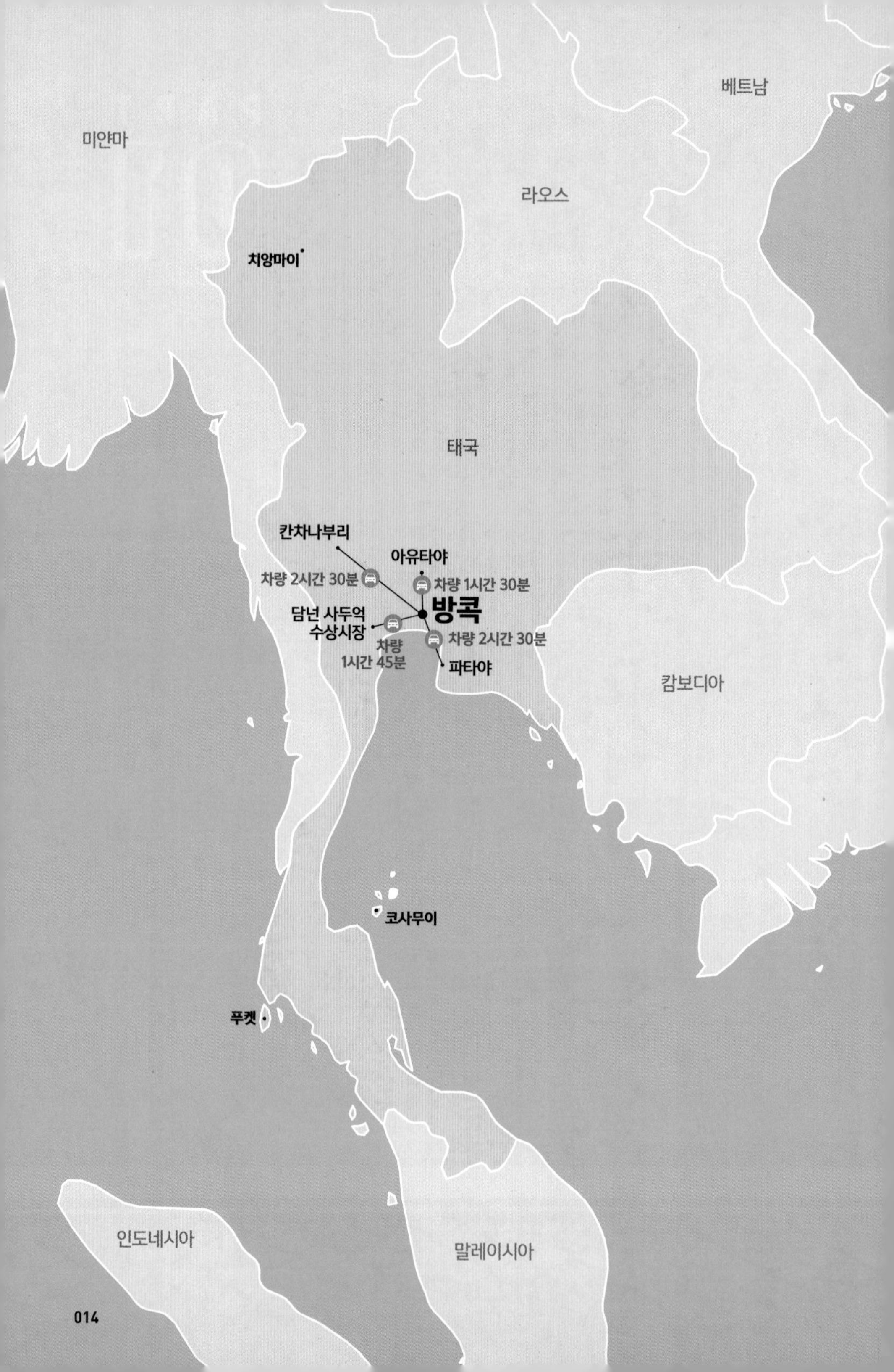
베트남
미얀마
라오스
치앙마이
태국
칸차나부리
아유타야
차량 2시간 30분
차량 1시간 30분
방콕
담넌 사두억
수상시장
차량 2시간 30분
차량
1시간 45분
파타야
캄보디아
코사무이
푸켓
인도네시아
말레이시아

중국

한눈에 보는 태국

전 세계 여행자의 성지로 손꼽히는 방콕은 차오프라야강을 따라 금빛 찬란한 불상을 안치한 수많은 사원, 이국정취를 물씬 풍기면서도 최신 트렌드를 선보이는 핫플레이스가 독특한 매력을 발산하는 도시다. 방콕 주변에는 문화유적지인 아유타야, 해변이 아름다운 파타야, 태국인의 생활상을 엿볼 수 있는 수상시장이 있어 근교 여행을 즐기기에도 그만이다.

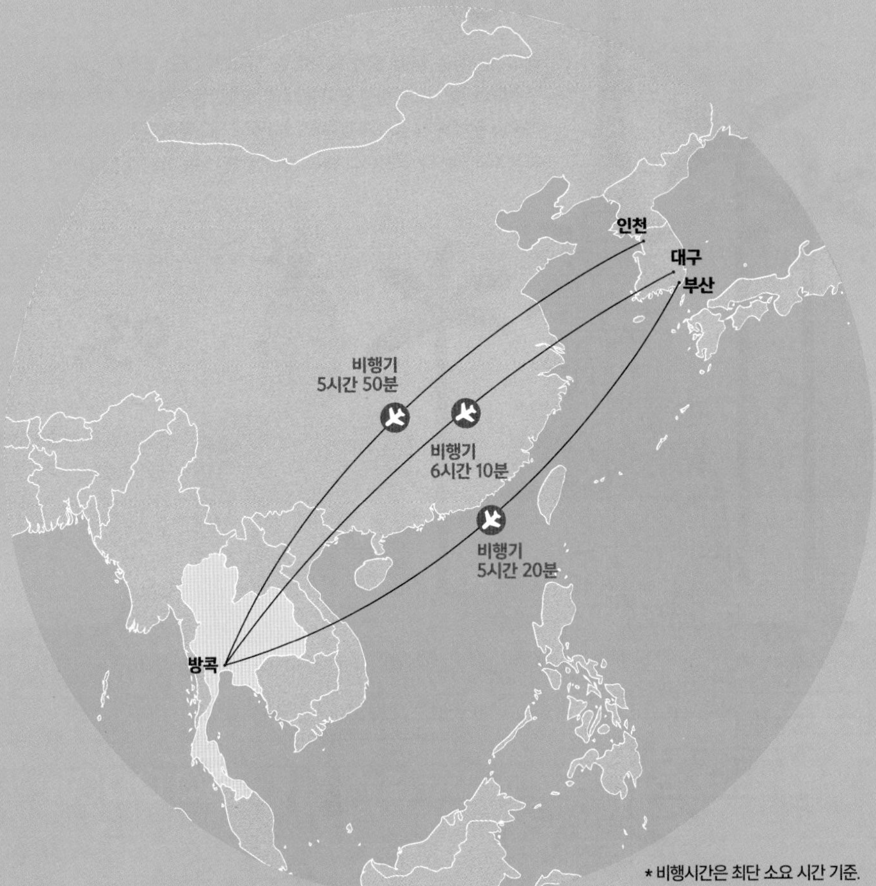

* 비행시간은 최단 소요 시간 기준.

숫자로 보는 태국

인도차이나 반도 한가운데 위치한 태국, 그중에서도 전 세계의 여행자를 자석처럼 끌어당기는 동남아시아의 허브 도시 방콕이 궁금하다. 숫자로 살펴보는 재미있는 여행!

Bangkok

กรุงเทพ กรุงเทพมหานคร
อมรรัตนโกสินทร์
มหินทรายุธยามหาดิลก ภพนพรัตน์
ราชธานีบุรีรมย์ อุดมราชนิเวศน์
มหาสถาน อมรพิมาน อวตารสถิต
สักกะทัตติยะ วิษณุกรรมประสิทธ

68자

태국의 수도 방콕의 정식 명칭을 한글로 쓰면 68자나 된다. 세계 도시 중에서 이름이 가장 길다. 공식 명칭은 끄룽 텝 마하나콘으로, 줄여서 끄룽 텝이라고 부른다. 도시를 뜻하는 '끄룽'과 천사를 뜻하는 '텝'의 합성어로 '천사들의 도시'라는 뜻이다.

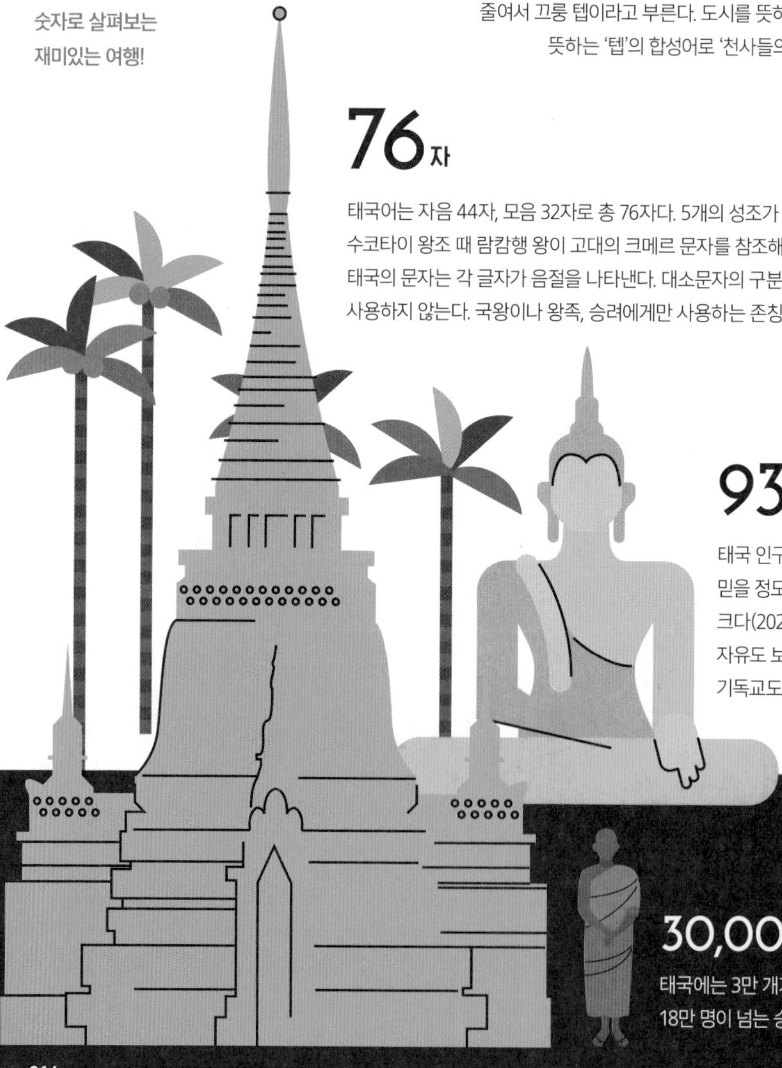

76자

태국어는 자음 44자, 모음 32자로 총 76자다. 5개의 성조가 있다. 수코타이 왕조 때 람캄행 왕이 고대의 크메르 문자를 참조해서 창제했다. 태국의 문자는 각 글자가 음절을 나타낸다. 대소문자의 구분이 없고 띄어쓰기를 사용하지 않는다. 국왕이나 왕족, 승려에게만 사용하는 존칭어가 있다.

93%

태국 인구의 93%가 불교를 믿을 정도로 불교의 영향력이 크다(2024년 기준). 종교의 자유도 보장되어 소수의 기독교도, 이슬람교도도 있다.

30,000개

태국에는 3만 개가 넘는 왓(사원)과 18만 명이 넘는 승려가 있다.

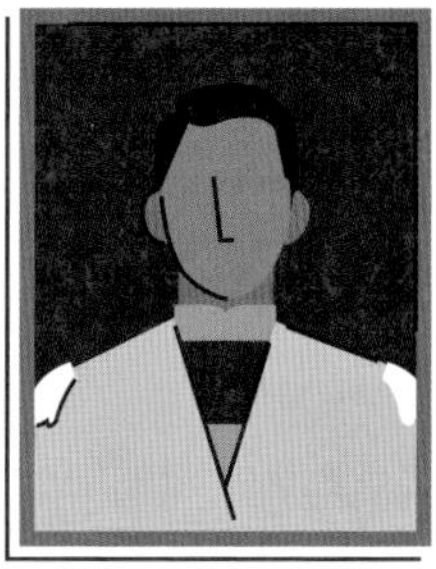

3 계절

우리가 느끼기엔 1년 내내
더운 계절 같지만
태국 사람들은 계절을
건기, 우기, 겨울
세 가지로 구분한다.

라마 10세

2016년 10월 70년을 집권한 라마 9세 푸미폰 아둔야뎃 왕이 서거했다. 애도 기간을 거친 뒤 2019년 5월에 대관식을 올리고 정식으로 왕위에 오른 지금의 태국 국왕이 라마 10세인 마하 와치랄롱꼰이다.

314m

방콕의 킹파워 마하나콘의
야외 전망대 높이는 314m로,
바닥에 깔린 투명한 유리를 통해
방콕 시내를 내려다볼 수 있다.

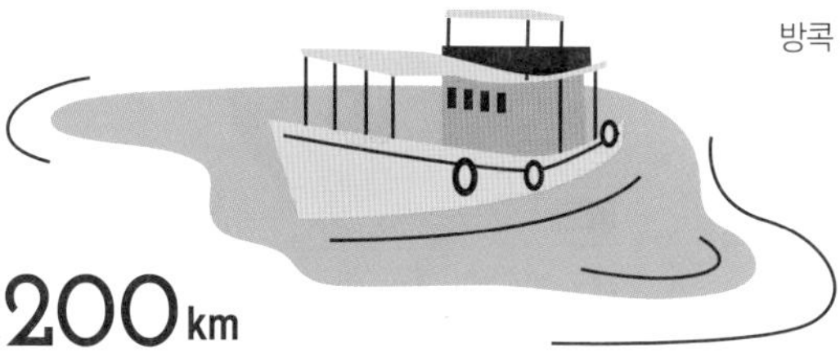

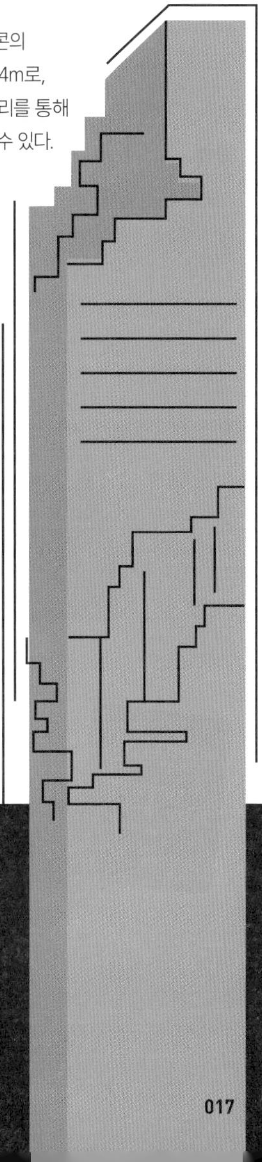

1,200km

차오프라야강의 길이는
무려 1,200km나 된다.
참고로 한강의 길이는 494km.

73배

2018년에 오픈한 쇼핑몰 아이콘 시암은
축구장의 73배 크기(525,000㎡)로 하루 평균
유동 인구가 10만 명이다.

7,027만 명

태국의 내무부 등기관리국은 2024년 4월 기준 태국 전체의 인구를
약 7,027만 명, 방콕의 인구를 약 547만 명이라고 발표했다.
방콕에 실제 거주하는 인구와 외국인을 합치면 약 1천만 명 정도일 것으로 추산한다.

알아두면 편리한 **태국 기본 정보**

태국 여행을 준비할 때 알아두어야 할
기본적인 사항을 정리했다.
사소하지만 알아두면 유용한
핵심 정보를 숙지하자.

시차

시차는 2시간.
서울이 오전 9시일 때 방콕은 오전 7시.

방콕

태국의 수도로 동남아시아의
허브 역할을 하는 관광 도시다.

통화

태국 밧(THB, Baht)을 사용하며 표기는 ฿로 한다. 1밧은 100사땅(Satang)이다. 25사땅, 50사땅, 1밧, 2밧, 5밧, 10밧은 동전이며 20밧, 50밧, 100밧, 500밧, 1,000밧은 지폐다.

환율

100밧 = 약 4,000원
(2024년 10월 기준 100밧=4,080원)

환전

미국 달러는 태국 어디서든 환전이 가능하지만 원화는 한국에서 미리 원화를 밧이나 달러로 환전하는 편이 좋다. 신용카드 및 트래블월렛 같은 외화 충전식 선불카드, 해외 현금 인출을 위한 EXK카드 등을 이용해 현지 ATM에서 출금할 수 있지만 카드별로 수수료가 부과된다.

비자

한국인은 관광 목적일 경우 최대 90일까지
무비자로 태국을 여행할 수 있다.

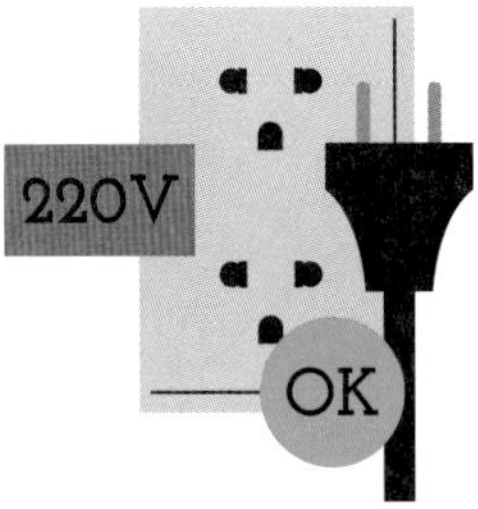

전압

태국은 220V 50Hz를 쓴다. 11자형이나 3구짜리 원형 플러그 모두 사용 가능해 우리나라에서 쓰던 플러그를 그대로 쓸 수 있다.

비행시간

인천, 부산, 대구에서 약 5시간 30분.

전화

대한민국 국가번호 +82
태국 국가번호 +66
방콕 지역번호 02

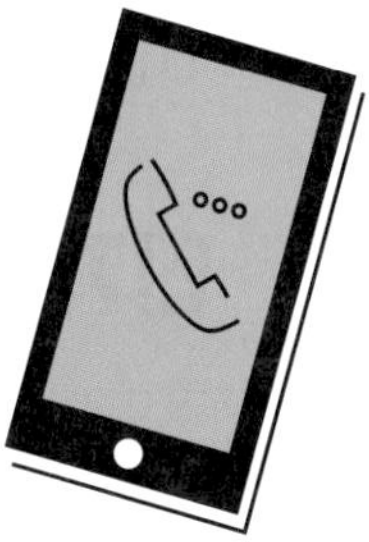

기후

연평균 기온이 29°C인 열대기후다. 5월부터 10월까지는 우기라서 하루 1~2회 스콜성 소나기가 내린다. 11월에서 2월 사이가 건기로 여행하기 좋다.

도로 체계

대로(Road)는 타논(Thanon), 큰길에서 뻗어나간 작은 골목은 소이(Soi)라고 한다.

주태국 대한민국 대사관

Embassy of the Republic of Korea, 23 Thiam-Ruammit Rd, Ratchadapisek, Huay-Kwang, Bangkok
월~금요일 08:30~12:00, 13:30~16:00, 공휴일 및 한국의 3.1절, 광복절, 개천절, 한글날 휴무
대표 전화 +66-2-481-6000, **긴급 전화**(24시간) +66-81-914-5803, **영사콜센터**(서울, 24시간) +82-2-3210-0404, **동포콜센터**(서울, 24시간) +82-2-6747-0404 overseas.mofa.go.kr/th-ko/index.do

투어리스트 보트와 디너 크루즈로 유람하는

차오프라야강 P.184

배낭여행자의 성지

카오산 로드 & 람부뜨리 로드 P.133

이곳만은 반드시!

방콕 인기 여행지 10

현대 미술계의 흐름이 궁금할 땐

방콕 현대 미술관 P.218

노을 지는 저녁이면 더욱 근사해지는

왓 아룬 P.148

쇼핑도 하고 대관람차도 타는

아시아티크 P.228

03

번쩍이는 에메랄드 불상을 보러

왓 프라깨우 & 왕궁 P.142

04

낯선 도시를 아름답게 만드는 풍경

방콕의 루프톱 바 P.250

"

불거리와 놀거리가 넘쳐나는 방콕!
그중에서도 놓치면 아쉬운
여행지 10곳을 골랐다.

"

06

거대한 비행기 아래 젊은 열기가 가득

창추이 마켓 P.158

09

태국의 모든 음식을 섭렵하자

쩟 페어 야시장 P.244

©오원호

10

아찔한 높이의 유리 전망대

킹파워 마하나콘 스카이워크 P.226

01

1천 개의 사원을 품은 유적 도시

아유타야 P.288

02

에메랄드빛 해변이 아름다운

파타야 P.294

놓치면 아쉬워!

방콕 근교 여행지 8

05

기차의 선로 옆에 아슬아슬 위험한

매끌롱 기찻길 시장 P.304

06

배를 타고 반짝이는 반딧불이를 만나는

암파와 수상시장 P.306

03

유유히 흐르는 콰이강을 따라서

칸차나부리 P.298

04

보트를 타고 현지인들의 생활 속으로

담넌 사두억 수상시장 P.302

"

화려한 방콕의 도심을 조금만 벗어나도 완전히 다른 느낌의 태국을 만날 수 있다.
현지인들의 새벽을 여는 수상시장, 다양한 액티비티가 펼쳐지는 파타야 해변,
전쟁의 상흔을 간직한 칸차나부리, 고대 유적이 숨 쉬는 아유타야까지 보물 같은 여행지를 찾아가보자.

"

07

고대 도시와 생활상을 재현한

무앙 보란 P.308

08

동물들과 교감하는 기쁨

사파리 월드 P.310

언제 여행하면 좋을까?

방콕 여행 캘린더

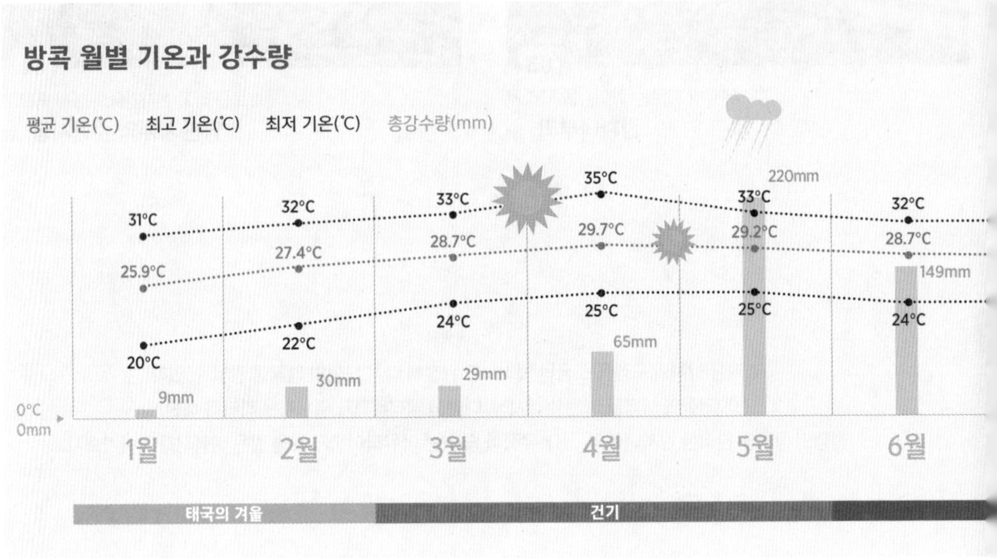

방콕 여행의 최적기는 **겨울!**

방콕은 1년 내내 여름이다. 가장 더운 4월의 평균 기온이 약 30℃, 가장 선선한 1월과 12월의 평균 기온이 약 26℃로 연교차가 불과 4℃ 정도다. 12월과 1월 사이에는 비가 거의 오지 않아서 여행하기에 가장 좋다.

건기 3~5월

보통 3월부터 5월까지가 태국의 건기인데 방콕은 건기라는 말이 무색하게도 5월부터 비가 내리기 시작한다. 4월은 가장 더운 달로 최고 기온 35℃, 체감 온도 40℃에 육박하는 날들이 이어진다.

TIP

선크림과 양산, 선글라스는 필수. 왕궁이나 사원 방문에 대비해 소매 있는 옷과 무릎을 덮는 바지를 가방에 넣고 다니자. 4월에는 너무 더워 쉽게 지치므로 물을 많이 마시고 일정을 여유롭게 짠다.

우기 6~10월

우기는 6월에서 10월 사이이며 평균 기온은 28~29℃다. 9월에 비가 많이 내린다. 한 달에 10~15일 정도 비가 내리는 데다 연 강수량이 대부분이 시기에 집중된다. 한꺼번에 어마어마하게 쏟아졌다가 금방 개는 스콜성 소나기가 내린다. 습도가 높아 더욱 덥게 느껴진다.

TIP

우기에는 호텔비가 저렴해 호캉스를 즐기기에 좋다. 우기에 여행할 때는 해산물 요리를 먹을 때 바싹 익혀 먹자.

> 건기와 우기가 있는 방콕.
> 그렇다면 여행의 적기는 언제일까?

출처 Clima Temps

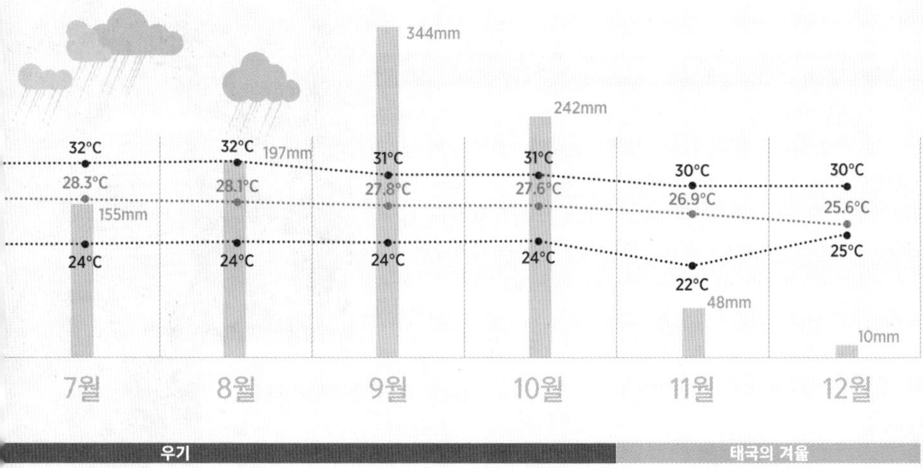

겨울 11~2월

우리에게는 언제 가도 더운 나라지만, 태국 사람들은 11월에서 2월 사이를 겨울이라고 부른다. 12월과 1월은 기온과 습도가 가장 낮고 하늘도 맑아 여행하기에 딱 좋은 날씨다. 2월과 3월에는 기온이 약간 오르지만 맑은 날이 이어진다.

TIP

태국의 공휴일

태국의 공휴일에는 왕실 관련 주요 행사가 열려 사원이나 왕궁의 입장이 제한되거나 주류 판매가 금지되곤 한다. 아래의 주요 공휴일 외에 왕실과 불교 관련 행사에 따라 새롭게 공휴일이 지정되기도 한다.

- **1월 1일** 신정. 음력 3월 15일 만불전(석가모니가 열반한 날)
- **4월 6일** 차크리 왕조 기념일
- **4월 13~15일** 설날(태국의 전통 설, 송크란)
- **5월 4일** 라마 10세 국왕 즉위 기념일
- **음력 6월 15일** 석가탄신일
- **7월 28일** 라마 10세 국왕 생일
- **음력 8월 15일** 삼보절(석가모니 최초의 설법일)
- **10월 13일** 라마 9세 서거일
- **11월** 로이 끄라통
- **12월 5일** 아버지의 날
- **12월 10일** 제헌절

여행을 특별하게 만드는

태국의 축제

우리나라의 2대 명절이 설과 추석이라면, 태국의 2대 명절은 새해를 맞는 송크란과 보름달에 소원을 비는로이 끄라통이다. 물의 축제인 송크란과 빛의 축제인 로이 끄라통을 제대로 즐겨보자.

물을 뿌리며 축복을 내리는 **송크란** Songkran 매년 4월 13일

1년 중 가장 더운 4월에 태국의 설날이 있다. 사원에서는 불상에 물을 부어 깨끗이 씻고, 가족의 어른은 식구들의 손에 물을 부어 나쁜 기운을 몰아낸다. 단, 승려에게는 절대 물을 뿌리지 않는다. 이렇게 서로에게 행운을 빌고 축복을 내리며 물을 뿌리던 전통이 세계인의 축제로 변모했다. 송크란이 시작되면 길거리 곳곳에서 커다란 물통을 놓고 지나가는 사람들에게 바가지로 물을 뿌린다. 골목을 지나가는 툭툭이나 거리를 오가는 택시까지 예외는 없다. 물을 뿌리는 사람도, 물을 맞는 사람도 기분 좋게 깔깔거린다. 하얀 진흙을 물에 개서 얼굴에 발라주는데 이 또한 축복의 의미다. 커다란 물총을 짊어진 젊은 이들이 흠뻑 젖은 몸으로 기분 좋게 웃음을 나눈다.

©태국정부관광청 서울사무소

TIP

송크란 물축제 준비물

귀중품은 숙소에 두고 나온다. 현금을 쓸 만큼만 챙긴다. 물총에 채울 물을 공짜로 주는 집도 있지만 물을 충전하면 돈을 받는 경우도 많다.

- 방수 팩이나 방수 가방
- 물총과 고글
- 아쿠아 슈즈나 뒤에 끈이 달린 샌들
- 체온 유지를 위한 여분의 긴팔옷
- 수건

TIP

송크란을 가장 멋지게 즐기는 방법

- 태국은 매년 4월 13일(양력)을 설날로 지정해 매년 2~3일 정도의 휴일을 갖는다.
- 방콕에서는 서쪽의 카오산 로드 & 람부뜨리 로드, 시내 중심의 시암스퀘어 원 뒤쪽 골목에서 물총 시가전이 벌어진다. 시내 동쪽의 RCA 클럽 거리는 전체가 무대가 된다.
- 송크란 기간에 물축제를 즐기고 싶다면 축제 장소까지 걸어서 이동할 수 있는 곳으로 숙소를 정하고, 물축제를 피하고 싶다면 위 장소와 조금 떨어진 지역, BTS나 MRT와 가까운 지역에 숙소를 정하자. 그래야 이동이 안전하고 편리하다.
- 길이 젖어 미끄럽고 오토바이 사고가 잦으니 교통사고에 각별히 주의하자.
- 축제 기간에는 차량 통제가 이루어져 평소보다 더 막힌다. 공연 관람, 리버크루즈 승선 등 미리 짜놓은 스케줄에 늦지 않도록 조심하자.
- 옷이 심하게 젖어 물이 뚝뚝 떨어지는 상태로는 쇼핑몰이나 레스토랑 입장이 안 될 수 있다.

©태국정부관광청 서울사무소

©태국정부관광청 서울사무소

보름달 아래 열리는 빛의 축제 **로이 끄라통** Loy Krathong 11월

로이 끄라통은 태국력으로 12월 보름에 열리는 축제로, 태양력을 쓰는 우리 기준으로는 보통 11월에 축제가 열린다. 논농사를 많이 짓던 시절 우기가 끝날 무렵이면 물이 빠지며 비옥해지는 농토에 감사하는 마음을 표하고, 강을 아끼는 마음으로 불을 밝혔다고 한다. 로이(Loy)는 떠나보낸다는 뜻이고, 끄라통(Krathong)은 바나나 잎을 연꽃 모양으로 접은 작은 바구니 배를 뜻한다. 보름달이 휘영청 밝은 밤, 끄라통 안에 꽃, 향, 동전, 불을 밝힌 초를 꽂아 강물에 띄운다. 연인에게는 영원한 사랑을 기원하며 둘이 하나의 끄라통을 띄우는 낭만적인 날이다. 촛불이 꺼지지 않고 오래도록 떠내려가면 소원이 이루어진다고 한다. 로이 끄라통은 지역마다 독특한 축제로 변모했다. 치앙마이를 비롯한 북부에서는 집과 건물에 반짝이는 등불을 걸고 풍등을 하늘로 띄우며 빛의 축제를 즐긴다. 방콕에서는 왕실 축제를 재현하며 차오프라야강에 등불을 띄운다. 화려한 불꽃놀이까지 이어져 밤하늘과 강물이 모두 반짝인다.

축제 캘린더

태국의 불교 기념일은 보통 태국력으로 정해지며 우리나라의 음력과도 다르다. 양력으로 날짜를 정해둔 송크란 외에는 매년 날짜가 바뀌므로 여행 전에 확인하는 것이 좋다. 표는 방콕과 주변 도시에서 열리는 축제를 정리한 것이다.

2월	방콕 국제영화제	호텔과 영화관 등에서 200여 편의 영화를 상영한다. 콘서트, 세미나, 필름 시장 등 다양한 행사를 진행한다.
3월	마카부차	태국의 가장 큰 불교 행사다. 부처의 설법을 듣기 위해 1,250명의 제자가 모인 날을 기념해 전국 사원에서 밤낮으로 다양한 행사가 열린다.
3월	파타야 국제음악축제	파타야에서 태국 및 세계의 가수들과 함께하는 대규모 음악 축제가 열린다.
4월 (13~15일)	송크란	새해를 맞이해 서로에게 물을 뿌리며 복을 기원한다.
5월	왕실 풍년기원제	쌀농사의 시작을 알리며 풍년을 기원하는 축제다. 화려한 의상을 입고 농사의 성공을 기원하며 고대 브라만 의식을 진행한다.
7월	국제촛불축제	승려들에게 초와 생필품을 공양하던 풍습을 이어가는 축제다. 방콕 전역의 사원에서 화려한 전통 초를 볼 수 있다.
9월	아유타야 국제보트경주대회	'International Boat Races'라는 이름으로 보트 대회를 연다.
11월	로이 끄라통	꽃으로 장식한 바나나 잎에 초, 향, 동전을 실어 강에 띄우며 소원을 빈다. 방콕의 모든 수로에서 볼 수 있다.

★ 출처: 태국관광청(www.visitthailand.or.kr/thai)

TIP

로이 끄라통을 가장 멋지게 즐기는 방법

- 로이 끄라통은 매년 11월 즈음에 열리는데 지역별로 축제 날짜가 다르니 여행 전에 확인하자.
- 방콕에서는 카오산 로드 근처의 싼띠차이 쁘라깐 공원과 아시아티크 야시장, 룸피니 공원 등에서 축제를 즐기기 좋다. 운하와 연못처럼 물이 있는 곳이면 어디든 사람들이 끄라통을 들고 몰려든다. 강변의 선착장에 나가면 장대를 이용해 준비한 끄라통을 띄울 수 있다.
- 로이 끄라통 기간에 방콕을 여행한다면 호텔부터 예약하자. 차오프라야 강변에 위치한 호텔은 일찌감치 예약이 마감된다.
- 유명한 루프톱 바, 강변 뷰의 레스토랑에서 축제를 즐길 계획이라면 예약은 필수.
- 로이 끄라통 기간에는 차오프라야강을 오가는 디너 크루즈의 요금이 달라지고, 끄라통을 직접 만드는 프로그램이 추가되는 등 평소와 다른 프로그램으로 운행하니 잘 살펴 예매하자.

알아두면 유용한 **태국의 생활 & 문화**

현지의 문화를 익히고 현지인 사이에 자연스럽게 녹아드는 경험은 여행을 특별하게 만든다. 태국만의 독특한 문화를 미리 알고 더욱 근사한 여행을 해보자.

와이

양손을 합장하듯 가슴께에 모아 고개를 숙이는 태국식 인사를 와이(Wai, ไหว้)라고 한다. 손아랫사람이 손윗사람에게 할 때는 손의 위치를 더욱 높이며, 상대방도 와이로 답한다.

사원의 예절

사원이나 왕궁을 방문할 때는 어깨와 무릎이 드러나지 않는 옷을 입고, 사원 내부로 들어갈 때는 모자와 신발을 벗는다. 여성은 승려와 신체 접촉을 하면 안 되므로 탁발을 할 때도 주의한다.

머리와 발

태국에서는 머리를 만지거나 쓰다듬는 행위를 불쾌하게 여긴다. 귀여운 아이를 보더라도 머리를 쓰다듬지 않도록 주의하자. 발로 사람이나 물건을 가리키는 행위도 불경하다고 여기므로 발을 앞으로 뻗고 앉지 않도록 한다.

식사 예절

태국은 전통적으로 손을 이용해 밥을 먹었으나 1900년대에 들어 수저와 포크를 사용하기 시작했다. 젓가락은 국수를 먹을 때만 사용한다.

부가세

태국의 고급 식당에서는 세금과 봉사료를 별도로 받는 곳이 많다. 보통 세금 7%, 봉사료 10%를 더해 메뉴 가격의 17%가 추가된다.

주류 판매

태국에서는 가게에서 주류를 판매하는 시간이 법적으로 정해져 있다. 낮에는 11:00~14:00까지 3시간, 저녁에는 17:00~24:00까지 7시간 동안 판매한다. 24시간 편의점에서도 해당 시간 이외에는 주류를 팔지 않는다. 불교 관련 휴일에는 하루 종일 주류를 판매하지 않기도 한다.

팁 문화

태국은 관광산업이 발달하면서 자연스럽게 팁 문화도 자리 잡았다. 봉사료 10%를 청구했다면 따로 팁을 주지 않아도 되지만, 서비스가 마음에 드는 경우 마사지사나 호텔의 벨보이, 투어 가이드에게 팁을 준다. 받은 서비스의 시간과 비용에 따라 20~100밧 정도면 적당하다.

한국인은 무조건 불법! **대마초 주의 사항**

태국은 2022년 6월 코로나19 이후에 침체된 여행 경기를 부흥하려 자국 내에서 대마초를 합법화했다. 태국에서는 합법이더라도 한국 여행자가 대마를 소지, 구입, 섭취, 운반, 판매, 흡연하는 경우 속인주의에 따라 국내법에 의해 처벌 대상이 되니 주의하자.

초록색 대마초 마크 주의하기!

방콕 서쪽을 주름잡는 카오산 로드, 방콕 동쪽의 수쿰윗 로드에서는 대마초를 파는 상점과 포장마차를 흔히 만날 수 있다. 하지만 대마초 자체의 가격이 있기 때문에 아무 음식점에서나 대마초를 넣어서 음식을 팔지 않는다. 대마초를 넣어 만드는 음료나 음식에는 메뉴에 대마초를 넣었다는 표시가 있다. 5갈래, 7갈래로 갈라진 단풍잎 모양의 마크를 주의하면 된다. 초록 대마잎 그림, 카나비스(cannabis), 마리화나(marijuana), 위드(weed), 그래스(grass), 깐차(kan-cha), 깐총(kan-chong), 크라톰(kratom) 등이 적힌 가게나 메뉴를 피하고, 해피(happy)라는 단어가 포함된 메뉴는 대마나 환각제를 넣은 음식일 수 있으니 주문할 때 주의하자. 아무 표시가 없는 음식점에는 대마초와 관련된 메뉴가 없다고 보면 된다. 여행자, 특히 한국인이 많이 방문하는 음식점에는 '대마초를 전혀 쓰지 않는다'는 안심 마크가 붙어 있기도 하다.

카페에서는 디저트 메뉴 주의 깊게 보기

주의해야 할 것은 대마초를 파는 상점에서 카페나 식당을 같이 운영하는 경우다. 아이스크림이나 케이크, 쿠키 같은 디저트에 대마초를 넣는 가게들이 있다. 이런 상점에는 대마초 마크가 붙어있고, 메뉴판에도 표시가 되어 있으니 주문 시 주의를 기울이자. 한국인이 태국에서 대마가 든 음식을 모르고 먹었다고 해도 범법자가 되기 때문이다. 우리나라 현행법상 대마초와 꽃을 활용한 음식을 먹는 건 마약류 관리법 위반이다. 한국인이 외국에서 대마를 섭취한 후 국내에서 해당 성분이 검출되면 국내법에 따라 5년 이하의 징역이나 5000만 원 이하의 벌금에 처한다.

노점의 기념품을 구입할 때도 조심!

길거리의 노점에서도 흔히 대마초, 대마 쿠키 등을 판매한다. 기념품처럼 예쁘장하게 포장해 둔 쿠키라던가, 허브(herb)라고 써둔 잎이 대마초인 경우가 있으니 대마초를 판매하는 상점이나 가판에서는 기념품을 구매하지 말자.

대마초 냄새가 의심되면 자리를 피하기

담배 냄새에 민감한 사람은 눈치채겠지만 대마초를 태우는 냄새는 담배 냄새와 달리 쑥을 태우는 냄새, 혹은 풀을 태우는 냄새와 비슷하다. 태국에서도 공공장소에서 대마초를 피우는 것은 불법이라 길거리에서 피우는 사람은 드물지만, 담배로 위장해 피우는 경우가 종종 있으니 주위에서 이런 냄새가 나면 자리를 피하는 편이 좋다.

우리 돈으로 얼마?

태국 화폐 한눈에 보기

우리와 화폐 단위가 다른 타국에서는 적은 돈에도 고심하고
반대로 큰돈을 얼떨결에 지출하기도 한다.
여행 중 자주 사용하게 되는 태국 주요 화폐를 미리 만나보자.

* 2024년 10월 기준 100밧 = 4,080원

1밧 = 약 40원

5밧 = 약 200원

10밧 = 약 400원

20밧 = 약 800원

50밧 = 약 2,000원

100밧 = 약 4,000원

500밧 = 약 20,000원

1,000밧 = 약 40,000원

방콕 여행 시 환전 요령
유리한 환전과 결제 수단

방콕을 여행할 때는 GLN과 외화 충전식 선불카드, 현금을 골고루 들고 가자. 결제할 때 웬만한 거래는 환전 수수료가 없는 GLN을 이용해 QR코드로 결제하고, 신용카드 대신 트래블월렛 등을 이용해 카드 수수료를 아낀다. 교통수단을 이용하거나 소액 거래 시에는 여전히 현금이 필요하다.

간편하게 휴대폰 QR코드로 스캔
GLN(Global Loyalty Network)

최근 방콕에서 가장 많이 쓰는 결제 수단은 QR코드를 사용한 국제 결제 서비스인 GLN이다. 즉시 이루어지는 현금 거래이기 때문에 QR코드를 걸어둔 가게, 개인이 운영하는 노점, 택시, 호텔 등 거의 모든 곳에서 결제가 가능하다. 토스나 GLN 앱을 다운받아서 은행 계좌를 연결하면 현재의 환율을 적용해 바트화가 바로 충전된다. 상대의 QR코드를 찍고 금액을 입력하면 충전한 돈이 바로 출금되면서 결제된다. 여행을 마치고 남은 바트화를 원화로 환급받을 때도 수수료가 없다. QR코드로 결제를 하고 싶다면 계산 전에 '스캔Scan?'이라고 물어보자.

glninternational.com

환율이 낮을 때 수수료 없이 미리 충전
외화 충전식 선불카드

해외 사용이 가능한 외화 충전식 선불카드로 트래블월렛, 트래블로그 등이 있다. 해당 서비스 앱에서 자신의 은행 계좌를 등록하고, 원할 때 원화를 바트로 바꾸어 충전해 둔 뒤 현지에서 카드로 결제한다. 실물 카드를 발급받으면 MRT 이용 시 교통카드로도 사용할 수 있다. 신용카드 결제가 가능한 대부분의 곳에서 사용할 수 있는데 방콕에서는 보통 정해진 최소 금액 이상을 결제해야 카드를 사용할 수 있다. 현지에서 체크카드처럼 사용할 수 있지만, 태국 내의 ATM 이용 시 220밧(약 9,600원)의 수수료가 부과된다. 온라인에서 카드를 신청하면 집으로 배송이 올 때까지 보통 4~5일, 넉넉하게 일주일 정도 걸리므로 출발 전에 미리 신청해두자. 그랩 앱을 깔고 미리 카드를 등록해두면 현금은 물론 실물 카드가 없어도 자동 결제가 된다.

www.travel-wallet.com

급할 때 가장 확실한 결제 수단
현금

아무리 GLN과 카드 결제가 활성화 되었다고 해도 여행자에게 소액의 현금은 필수다. 택시를 탔는데 스캔이 안 되거나, 카드를 분실한 경우, 백화점의 일부 매장, 시장의 작은 상점, 노점, 쇼핑몰의 푸드코트 등에서 현금만 받는 경우가 종종 있기 때문이다. 차오프라야강의 보트나 BTS 승차권을 구매할 때도 현금이 필요하다. 한국의 은행에서 환율 우대를 받아 바트화로 직접 환전하거나, 미화 100달러짜리를 가져와 환전하는 편이 좋다. 여행 기간이 길거나 소액 인출을 자주 한다면 해외 현금 인출을 목적으로 하는 EXK 카드를 발급받는 편이 좋다. 태국에서는 여전히 동전을 많이 사용하니 동전 지갑을 챙겨가자.

여행이 깊어지는 태국 문화 키워드

태국은 인도와 스리랑카에서 불교의 영향을 받았고, 인접한 버마와 크메르 문화의 영향을 받았다. 동남아시아에서 제국주의의 침략을 받지 않은 유일한 나라로, 고유의 문화와 예술이 잘 보존되었다.

왓 쑤탓 사원 내부

태국인의 생활을 좌우하는 종교

불교 Buddhism

태국은 집집마다 상점마다 부처를 모신 작은 사당이 있다. 매일 아침 공양물을 올리고 하루의 안녕을 기원한다. 사원 근처에서는 새벽에 탁발 승려들의 행렬을 볼 수 있다. 현재 태국에는 약 3만 개의 사원과 18만 명 이상의 승려가 있다. 만 20세가 넘은 남자들은 일정 기간 동안 삭발하고 승려 생활을 하는 전통이 여전히 이어진다. 사원은 학교이자 병원이자 고아원이자 모임 장소로 이용되는 태국인들의 정신적 안식처다. 태국 헌법은 종교의 자유를 존중하지만 태국 국왕은 불교도여야 한다고 명시되어 있다.

인도에서 시작된 라마 왕자 이야기

라마야나 vs 라마끼안 Ramayana vs Ramakien

〈라마야나〉는 힌두교의 신 비슈누가 라마 왕자로 현신해 활약하는 인도의 대서사시다. 악마의 왕 라바나가 라마 왕자의 아내인 시타를 납치하자 라마 왕자가 원숭이의 왕 수그리바와 원숭이 장군 하누만의 도움을 받아 악마를 무찌르고 시타를 구한다는 줄거리다.

인도의 서사시인 〈라마야나〉는 인도네시아와 말레이시아, 태국, 베트남, 캄보디아뿐만 아니라 중국, 티베트까지 전해져 각 나라의 문학에 영향을 미쳤다. 태국에는 11세기 무렵 〈라마야나〉가 전해졌는데, 〈라마야나〉의 주요 사건과 주인공을 모티프로 삼고 세부적인 내용은 태국식으로 변형한 〈라마끼안〉이라는 문학 작품으로 발전했다. 라마 왕자는 부처의 화신이자 아유타야 왕국의 왕자인 프라람으로, 라바나는 머리가 10개이고 손이 20개인 롱까 왕국의 톳사칸으로 변형된다. 지금의 태국 왕조 이름도 라마의 이름을 본떠서 지었다.

왓 프라깨우 경내의 전투 장면 벽화

세계적으로 유명한 격투기

무에타이 Muay Thai

태국의 고대 무술 무아이보란에서 유래된 무에타이는 그 역사가 1천 년에 이르는 태국 고유의 격투기다. 불교와 함께 전해진 인도의 격투기와 중국의 권법, 태국의 고전 서사시인 〈라마끼안〉의 전투 장면에서 영향을 받았다. 권투와 달리 발과 팔꿈치를 사용하기 때문에 타격이 매우 위협적이다. 1920년에 위험하다는 이유로 금지되었다가 1937년에 선수를 보호하는 규칙을 강화하면서 다시 부활했다. 기본적으로 3분, 5라운드에 휴식 2분으로 진행한다.

에메랄드 불상 ©태국정부관광청 서울사무소

나라의 번영을 가져온다는 불상

에메랄드 불상 Emerald Buddha

75cm 높이로 아담하지만 태국에서 가장 신성하게 여기는 불상이다. 이 불상을 가지고 있는 나라는 번영을 누린다는 말이 전해진다. 에메랄드 불상이라고 불리지만 실제로는 옥으로 만들었다. 기원전 인도의 북부에서 만든 것으로 추정된다. 내전을 피해 스리랑카로 옮겨졌다가 아유타야를 거쳐 치앙라이로 옮겨졌는데, 도난을 방지하기 위해 석고를 씌워 숨겨두었다. 행방이 묘연하던 이 불상은 1434년 겉에 입힌 석고가 떨어져 나가며 다시 모습을 드러냈다. 승려들이 초록색 옥을 에메랄드로 착각하면서 에메랄드 불상으로 알려졌다. 불상은 당시 란나 왕국의 수도 치앙마이를 거쳐 라오스의 수도 루앙프라방으로 옮겨졌고, 라오스가 버마의 침략 위협에 수도를 비엔티안으로 천도하며 불상도 함께 옮겼다. 1778년 탁신 왕이 라오스와의 전쟁에서 승리한 뒤 수도 톤부리의 왓 아룬으로 불상을 옮겨왔으며, 1784년 라마 1세가 수도 방콕을 건설한 뒤 왓 프라깨우로 옮겨 현재까지 안치 중이다. 라오스에서는 여전히 불상의 반환을 요구하고 있다.
에메랄드 불상은 우기, 건기, 겨울, 세 계절이 바뀔 때마다 옷을 갈아입는다. 국왕이 직접 불상의 옷을 갈아입힌다. 계절마다 갈아입는 옷은 왓 프라깨우 박물관에서 볼 수 있다. ▶▶ 왓 프라깨우 P.142

휜렙, 콘, 낭딸룽이 뭐야?

태국의 전통 공연 Thai Dance

태국의 전통 춤은 우아하고 다양하다. 국립 박물관에서는 전통 춤과 관련된 가면 및 의상, 캐릭터, 인형 등을 만날 수 있다. 전통 공연을 보기 전에 공연의 줄거리와 캐릭터를 알고 가면 더욱 즐거운 관람을 할 수 있다. 가면극인 〈콘〉은 왓 프라깨우와 왕궁 입장권을 구입하면 무료로 관람할 수 있다. ▶▶ 국립 박물관 P.154, 왓 프라깨우 & 왕궁 P.142

- **콘 & 훈 라콘 렉** Kohn & Hun Lakhon Lek 〈라마끼안〉을 각색해 등장인물이 가면을 쓰고 공연하는 〈콘〉은 왕실에서만 볼 수 있었던 수준 높은 공연이다. 오늘날 태국에서 가장 예술성 높은 공연으로 손꼽힌다. 가면을 쓰는 대신 1m 남짓한 인형을 들고 공연을 하면 훈 라콘 렉이라고 한다.
- **휜** Fon 리듬이 부드럽고 느릿한 태국 북부의 춤이다. 손끝에 장식용 긴 손톱을 달고 추는 휜렙(Fon lep), 촛불을 들고 추는 휜티얀(Fon tian) 같은 춤이 있다.
- **낭야이** Nang yai 가죽을 도려내고 불빛을 비추어 이야기를 진행하는 그림자극으로 가림막의 크기가 가로 6m, 세로 16m 이상인 대형 극이다. 가죽 한 장에 배경과 등장인물을 모두 조각한다.
- **낭딸룽** Nang Talung 낭야이보다 크기가 작고, 인형만 따로 도려내어 등장인물에게 움직임을 주는 그림자 인형극이다.

태국의 신성한 동물

코끼리 Elephant

태국에서는 코끼리를 행운을 가져다주는 동물이라고 믿는다. 1917년에 라마 6세가 현재의 국기인 3색기를 사용하기 전까지는 붉은 바탕 위에 흰 코끼리가 그려진 국기를 사용했다.

낭딸룽

훈 라콘 렉의 인형

태국 왕들로 알아본 **태국 왕조의 역사**

태국의 역대 왕조들은 나라를 세울 때마다 수코타이에서 아유타야로, 톤부리에서 방콕으로 수도를 천도하며 지역의 문화와 태국의 역사를 이끌었다. 태국 왕조의 주요 왕과 그들의 업적을 살펴보자.

수코타이 왕조 1238~1438년

태국 중북부의 수코타이를 수도로 삼은 태국 최초의 통일 왕조. 13세기 말에 현재의 태국과 맞먹는 크기의 영토로 확장했다.

시 인터라티 왕 Si Inthrathit 13세기에 태국 최초의 통일 왕조인 수코타이 왕조를 세워 크메르 제국(현 캄보디아)에서 독립했다.

람캄행 왕 Ram Khamhaeng 시 인터라티 왕의 셋째 아들이자 수코타이 왕조의 3대 왕이다. 태국 고유의 문자를 만들고, 소승불교를 국교로 정하고, 영토를 확장하는 등 13세기 말에 수코타이 왕조의 최대 번영기를 구가했다.

▶▶국립 박물관 P.154

람캄행 왕

란나 왕조 1292~1774년

태국 북부의 치앙마이를 중심으로 하는 왕국. 란나 타이 혹은 란나 왕국이라고 불린다. 남쪽의 아유타야 왕조와 대립하며 독립 왕국을 유지했으나 16세기 이후 버마와 아유타야의 지배에 번갈아 놓였다가 19세기 말에 태국으로 완전히 흡수되었다.

망라이 왕 Mangrai 1292년에 치앙라이를 건설하고 1296년에 치앙마이를 수도로 란나 왕국을 세웠다.

티로카라트 왕 Tilokkarat 15세기에 남쪽의 아유타야와 대립하며 란나 왕조의 전성기를 이끌었다.

아유타야 왕조 1351~1767년

태국 중부의 아유타야를 수도로 삼은 아유타야 왕조는 여러 왕조가 흥망하면서 이어져왔기 때문에 왕조가 아닌 왕국이라고도 부른다. 1438년에 수코타이를 통합하며 태국 왕조를 통일했다.

나레수안 왕

라마디파티 왕 Ramadhipati 14세기에 아유타야 왕조를 세우고 근대법이 제정된 19세기까지 태국 사회를 이끌어가는 법 체제를 정비했다. ▶▶ 아유타야 P.288

나레수안 왕 Naresuan 16세기에 버마가 아유타야를 공격하며 전쟁을 벌일 때 왕위에 올라 버마와의 전쟁을 승리로 이끌고 크메르를 물리치며 영토를 확장한 영웅이다.

탁신 왕

톤부리 왕조 1767~1782년

400여 년을 이어온 아유타야 왕국은 1767년 버마에 점령돼 수도인 아유타야가 폐허가 되었다. 그러자 아유타야의 장군이었던 탁신 왕이 톤부리 지역을 수도로 삼고 드넓은 왕국을 건설했다.

탁신 왕 Taksin 18세기 톤부리 왕조의 유일한 왕이다. 아유타야의 몰락 이후 버마를 물리치고 란나 왕국을 병합했으며, 현재의 라오스, 캄보디아까지 영토를 확장하며 태국의 통일을 이룬 위대한 왕으로 칭송받는다. ▶▶ 왓 아룬 P.148

차크리 왕조 1782년 이후

탁신 왕의 신하였던 차크리 장군이 역성혁명을 통해 왕위에 오른 후 차크리 왕조를 세웠다. 크룽텝 왕조, 방콕 왕조, 라따나꼬신 왕조라고도 불린다. 19세기 제국주의의 침략 속에서 동남아의 여러 나라 가운데 유일하게 식민 지배를 받지 않았다.

라마 1세, 출랄록 Rama I, Chulalok 아유타야의 장군이었으나 반란을 일으켜서 스스로 왕위에 올라 차크리 왕조를 세웠다. 수도를 방콕으로 옮겨 방콕 시대를 열었다. ▶▶ 왓 프라깨우 P.142

라마 4세, 몽꿋 Rama IV, Mongkut 47세에 즉위해서 태국의 근대화를 통해 서구의 식민정책을 극복하고 독립을 지켜냈다. 영화 〈왕과 나〉의 모티프가 된 왕. 승려 생활 중 불교에 심취해 왓 보원니웻의 초대 주지승이 되었다.
▶▶ 왓 보원니웻 P.150

라마 5세, 출랄롱꼰 Rama V, Chulalongkorn 태국 전통 교육과 서구적인 교육을 두루 받아 노예제를 폐지하고 세제를 개편하는 등 근대화에 힘썼다. 주변국의 지배권을 영국과 프랑스에 나누어주고 독립을 유지하는 한편 내부에서 왕실의 중앙집권을 더욱 강화했다.

라마 9세, 푸미폰 아둔야뎃 Rama IX, Phumiphon Adunyadet 태국 역사상 가장 오래 재위한 왕. 정치에 능해 재임 기간에 일어난 19건의 쿠데타를 능숙히 처리하고 국민들의 신뢰를 얻었다.

라마 10세, 마하 와치랄롱꼰 Rama X, Maha Vajiralongkorn 라마 9세가 서거한 2016년에 즉위했으며, 2019년 5월 4일 대관식을 올리고 정식으로 왕위에 오른 현 국왕.

라마 4세

라마 9세

라마 10세

여행 스타일을 좌우하는 **방콕의 구역별 특징**

방콕은 서쪽 강변과 시내 중심, 시내 동쪽 어디에서 머무느냐에 따라 여행의 스타일이 크게 달라지며, 각 지역마다 이동 방법 또한 달라진다. 방콕 서쪽에서는 차오프라야강을 따라 남북으로 오가는 수상 교통과 택시를 이용해 여행하고, 시내 중심에서는 MRT와 BTS를 이용해야 극심한 교통 체증에서 자유롭다. 시내 동쪽에서는 BTS역을 중심으로 오토바이 택시나 그랩을 이용한다.

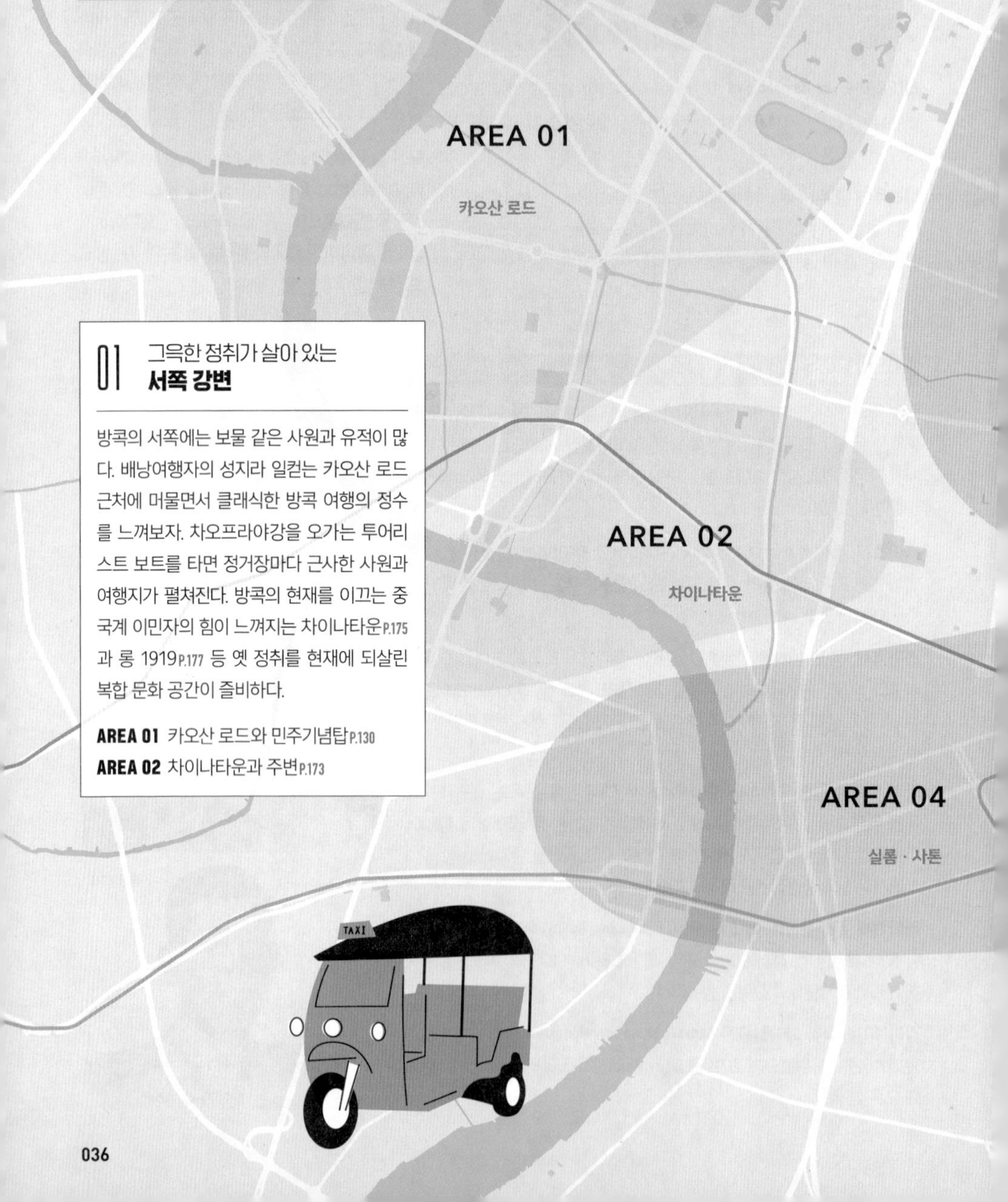

01 그윽한 정취가 살아 있는 **서쪽 강변**

방콕의 서쪽에는 보물 같은 사원과 유적이 많다. 배낭여행자의 성지라 일컫는 카오산 로드 근처에 머물면서 클래식한 방콕 여행의 정수를 느껴보자. 차오프라야강을 오가는 투어리스트 보트를 타면 정거장마다 근사한 사원과 여행지가 펼쳐진다. 방콕의 현재를 이끄는 중국계 이민자의 힘이 느껴지는 차이나타운 P.175 과 롱 1919 P.177 등 옛 정취를 현재에 되살린 복합 문화 공간이 즐비하다.

AREA 01 카오산 로드와 민주기념탑 P.130
AREA 02 차이나타운과 주변 P.173

02 예술과 공연, 쇼핑의 메카 **시내 중심**

방콕 시내의 시암에서 사톤에 이르는 지역은 쇼핑의 중심지이자 문화 예술 전시와 공연을 관람하기에 알맞은 지역이다. 방콕 현대 미술관P.218에서부터 방콕 예술문화센터P.195, 짐 톰슨의 집P.194과 쑤언 팍깟 박물관P.196까지 소소한 볼거리도 많고, 트랜스젠더 쇼 칼립소 카바레P.227를 관람하기에도 편리하다. 큰 쇼핑몰들이 늘어서 몰링을 하기에도 좋고 짜뚜짝 주말 시장P.220이나 아시아티크P.228에서 기념품 쇼핑을 하기에도 좋다.

AREA 03 시암·칫롬·플런칫P.192 **AREA 04** 실롬·사톤·강변 남쪽P.223

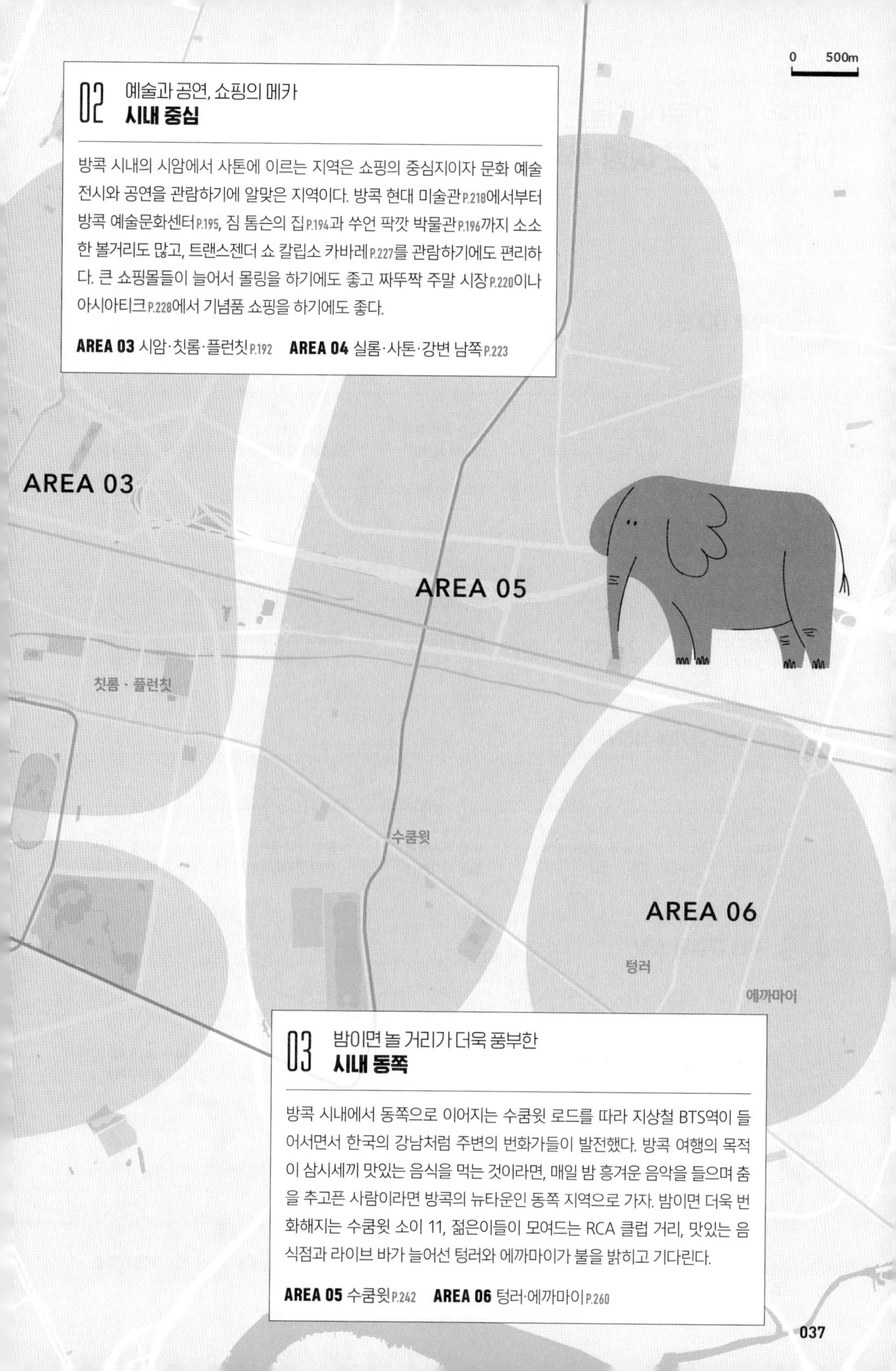

03 밤이면 놀 거리가 더욱 풍부한 **시내 동쪽**

방콕 시내에서 동쪽으로 이어지는 수쿰윗 로드를 따라 지상철 BTS역이 들어서면서 한국의 강남처럼 주변의 번화가들이 발전했다. 방콕 여행의 목적이 삼시세끼 맛있는 음식을 먹는 것이라면, 매일 밤 흥겨운 음악을 들으며 춤을 추고픈 사람이라면 방콕의 뉴타운인 동쪽 지역으로 가자. 밤이면 더욱 번화해지는 수쿰윗 소이 11, 젊은이들이 모여드는 RCA 클럽 거리, 맛있는 음식점과 라이브 바가 늘어선 텅러와 에까마이가 불을 밝히고 기다린다.

AREA 05 수쿰윗P.242 **AREA 06** 텅러·에까마이P.260

COURSE 01

방콕이 처음인 당신을 위한 **기본 여행 4박 5일**

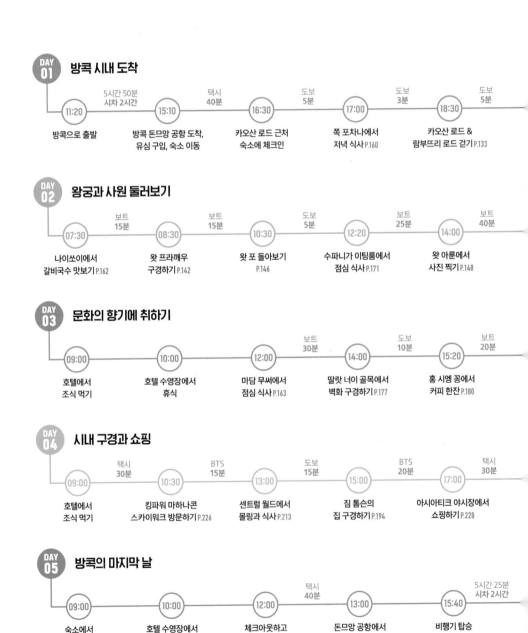

DAY 01 방콕 시내 도착

시간	일정	이동
11:20	방콕으로 출발	5시간 50분 시차 2시간
15:10	방콕 돈므앙 공항 도착, 유심 구입, 숙소 이동	택시 40분
16:30	카오산 로드 근처 숙소에 체크인	도보 5분
17:00	쪽 포차나에서 저녁 식사 P.160	도보 3분
18:30	카오산 로드 & 람부뜨리 로드 걷기 P.133	도보 5분

DAY 02 왕궁과 사원 둘러보기

시간	일정	이동
07:30	나이쏘이에서 갈비국수 맛보기 P.162	보트 15분
08:30	왓 프라깨우 구경하기 P.142	보트 15분
10:30	왓 포 돌아보기 P.146	도보 5분
12:20	수파니가 이팅룸에서 점심 식사 P.171	보트 25분
14:00	왓 아룬에서 사진 찍기 P.148	보트 40분

DAY 03 문화의 향기에 취하기

시간	일정	이동
09:00	호텔에서 조식 먹기	
10:00	호텔 수영장에서 휴식	
12:00	마담 무써에서 점심 식사 P.163	보트 30분
14:00	딸랏 너이 골목에서 벽화 구경하기 P.177	도보 10분
15:20	홍 시엥 꽁에서 커피 한잔 P.180	보트 20분

DAY 04 시내 구경과 쇼핑

시간	일정	이동
09:00	호텔에서 조식 먹기	택시 30분
10:30	킹파워 마하나콘 스카이워크 방문하기 P.226	BTS 15분
13:00	센트럴 월드에서 몰링과 식사 P.213	도보 15분
15:00	짐 톰슨의 집 구경하기 P.194	BTS 20분
17:00	아시아티크 야시장에서 쇼핑하기 P.228	택시 30분

DAY 05 방콕의 마지막 날

시간	일정	이동
09:00	숙소에서 조식 먹기	
10:00	호텔 수영장에서 마지막 수영	
12:00	체크아웃하고 공항으로 출발	택시 40분
13:00	돈므앙 공항에서 체크인	
15:40	비행기 탑승	5시간 25분 시차 2시간

방콕이 처음이라면 보고 싶은 것도, 먹고 싶은 것도 무척 많을 테다.
매력 넘치는 방콕을 탐험하려면 한 달도 모자라겠지만
일단 4박 5일 동안 경험치를 최대로 높여보자.
낮 비행기를 이용하면 알찬 4박 5일 여행이 가능하다.
방콕이 처음이니만큼 여행자가 북적이는 카오산 로드를
중심으로 일정을 짰다.

왓 아룬

멀리건스 아이리시 바

킹파워 마하나콘 스카이워크

19:00 카오산 로드에서 머리 땋고 헤나 그리기 P.135
→ 도보 5분 →
20:00 멀리건스 아이리시 바에서 맥주 한잔 P.167
→ 도보 5분 →
22:00 숙소로 돌아와 휴식

16:00 빠이 스파에서 마사지 받기 P.072
→ 도보 3분 →
18:00 똠얌꿍 레스토랑에서 저녁 식사 P.161
→ 도보 7분 →
20:00 애드히어 13 블루스 바에서 음악 듣기 P.165
→ 도보 7분 →
22:00 버킷 하나 들고 카오산 로드 즐기기 P.134

16:20 웨어하우스 30에서 기념품 고르기 P.176
→ 도보 5분 →
17:00 태국 창조 디자인 센터에서 영감 얻기 P.178
→ 도보 10분 →
18:00 딸링쁠링에서 저녁 먹기 P.230
→ 도보 5분 →
19:30 브라운 슈거에서 라이브 음악 즐기기 P.180

21:00 카오산 로드에서 마지막 밤 불태우기 P.133

23:05 인천공항 도착

홍 시엔 콩

람부트리 빌리지

마담 무써

TIP

서쪽 강변에 머물며 일일 투어를!

방콕 여행이 처음이라면 볼거리가 다양한 서쪽 강변에 머물면서 수상 교통과 택시를 이용해서 여행하자. 태국의 저비용 항공사인 에어아시아를 이용하면 낮 비행기로 오갈 수 있어 낯선 도시에 대한 두려움을 줄일 수 있다. 일정에 여유가 있다면 일일 투어로 아유타야 P.288나 담넌 사두억 수상시장 P.302을 둘러보아도 좋다.

COURSE 02

재미난 시장 구경, 시원한 몰링 **친구끼리 3박 5일**

DAY 01 한국에서 방콕으로

- 20:00 방콕으로 출발
- (5시간 55분, 시차 2시간)
- 23:55 수완나품 공항 도착, 유심 구입, 숙소 이동
- (택시 40분)
- 01:30 시내 중심에 자리한 숙소에 체크인

DAY 02 공연 보고 시장 구경

- 09:00 숙소에서 조식 먹기
- 10:00 호텔 수영장에서 인생샷 찍기
- (도보 10분)
- 14:00 터미널 21에서 몰링하기 P.258
- (MRT 25분)
- 16:00 짐 톰슨의 집 구경하기 P.194
- (BTS 12분)
- 17:30 쩟 페어 야시장에서 랭쌥 먹기 P.244
- (도보 3분)

DAY 03 주말 시장과 루프톱 바 방문

- 08:00 숙소에서 조식 먹기
- (택시 30분)
- 10:00 방콕 현대 미술관 방문하기 P.218
- (택시 20분)
- 13:00 짜뚜짝 주말 시장에서 점심 먹고 쇼핑하기 P.220
- (택시 30분)
- 15:00 숙소에 쇼핑백 두고 잠시 휴식
- (도보 10분)
- 18:00 쏨땀 누아에서 저녁 식사 P.205
- (BTS 20분)

DAY 04 몰링부터 야시장까지

- 08:00 숙소에서 조식 먹기
- 09:00 호텔 수영장에서 뒹굴뒹굴하기
- 11:30 체크아웃하고 짐 맡기기
- (택시 10분)
- 12:00 타이 테이스트 허브에서 점심 식사 P.203
- (도보 5분)
- 13:00 킹파워 랑남 면세점 둘러보기 P.215
- (택시 10분)

DAY 05 방콕에서 한국으로

- 01:50 한국으로 출발
- (5시간 30분, 시차 2시간)
- 09:20 인천공항 도착

쩟 페어 야시장

어딜 가든 시장 구경은 재미있다. 마음 맞는 친구들과 쇼핑의 천국 방콕을 돌아보며 아기자기한 소품과 근사한 기념품, 세일 상품이나 트렌디한 옷과 신발까지 '득템'해보자. 몰링하는 사이사이 공연도 보고 맛집도 가고 미술관도 둘러보는 알찬 일정이다.

짜뚜짝 주말 시장

터미널 21

방콕 현대 미술관

시암 디스커버리

문 바

20:00

야시장 쇼핑 후
비어 플라자에서
맥주 한 캔 P.246

아시아티크

20:00

문 바에서 방콕의
야경 즐기기 P.233

타이 테이스트 허브

14:30	BTS 30분	16:30	BTS 30분	20:00	택시 10분	22:00	택시 40분	23:00
시암 센터 P.210와 시암 디스커버리 P.209 몰링하기		아시아티크 야시장에서 쇼핑하기 P.228		마사지 받으며 피로 회복하기		숙소에서 짐 챙겨 공항으로		수완나품 공항에서 체크인

그랜드 하얏트 에라완 방콕

TIP

시내 중심에 머물며 쇼핑을!

낮에는 복합 문화 공간을 둘러보고 시원하게 몰링을 하다가 저녁에는 야시장을 둘러보자. 주말을 끼고 짜뚜짝 주말 시장까지 둘러보면 금상첨화다. 시내 중심에 숙소를 정하면 쇼핑과 이동이 편하다.

COURSE
03

화려한 나이트 라이프를 위한 **짜릿한 3박 5일**

DAY 01 한국에서 방콕으로

- 20:00 방콕으로 출발
- (5시간 55분 / 시차 2시간)
- 23:55 수완나품 공항 도착, 유심 구입, 숙소 이동
- (택시 40분)
- 01:30 시내 동쪽의 숙소에 체크인

크루아 쿤 푹

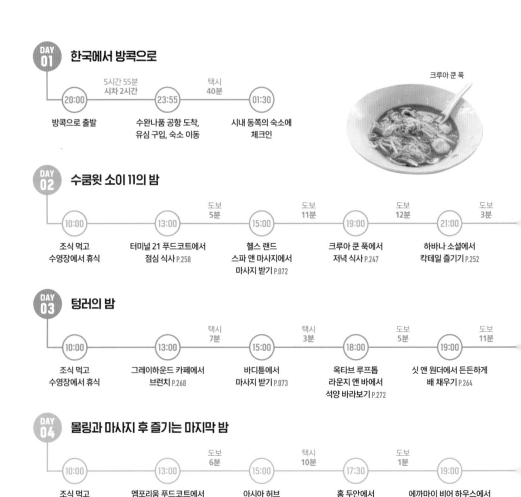

DAY 02 수쿰윗 소이 11의 밤

- 10:00 조식 먹고 수영장에서 휴식
- 13:00 터미널 21 푸드코트에서 점심 식사 P.258
- (도보 5분)
- 15:00 헬스 랜드 스파 앤 마사지에서 마사지 받기 P.072
- (도보 11분)
- 19:00 크루아 쿤 푹에서 저녁 식사 P.247
- (도보 12분)
- 21:00 하바나 소셜에서 칵테일 즐기기 P.252
- (도보 3분)

DAY 03 텅러의 밤

- 10:00 조식 먹고 수영장에서 휴식
- 13:00 그레이하운드 카페에서 브런치 P.268
- (택시 7분)
- 15:00 바디튠에서 마사지 받기 P.073
- (택시 3분)
- 18:00 옥타브 루프톱 라운지 앤 바에서 석양 바라보기 P.272
- (도보 5분)
- 19:00 싯 앤 원더에서 든든하게 배 채우기 P.264
- (도보 11분)

DAY 04 몰링과 마사지 후 즐기는 마지막 밤

- 10:00 조식 먹고 수영장에서 휴식
- 13:00 엠포리움 푸드코트에서 점심 식사 P.259
- (도보 6분)
- 15:00 아시아 허브 어소시에이션에서 마사지 받기 P.073
- (택시 10분)
- 17:30 홈 두안에서 저녁 식사 P.265
- (도보 1분)
- 19:00 에까마이 비어 하우스에서 맥주 한잔 P.274

DAY 05 방콕에서 한국으로

- 01:50 한국으로 출발
- (5시간 30분 / 시차 2시간)
- 09:20 인천공항 도착

옥타브 루프톱 라운지 앤 바

터미널21 푸드코트

세계의 코즈모폴리턴이 모여드는 방콕의 밤은 낮처럼 반짝인다. 낮에는 마사지를 받으며 충분히 휴식을 취하고 밤에는 다채로운 스폿을 탐험해보자. 오랜 명성을 가진 재즈 바와 라이브 바, 분위기가 근사한 클럽, 독특한 콘셉트의 칵테일 바와 루프톱 바를 찾아다니는 재미가 있다.

하바나 소셜

에까마이 비어 하우스

23:30

레벨스 클럽 앤 테라스에서 신나게 춤추기 P.256

레벨스 클럽 앤 테라스

홈 두안

21:00

싱싱 시어터에서 신나게 춤추기 P.272

22:00

숙소에서 짐 챙겨 공항으로

택시 40분

23:00

수완나품 공항에서 체크인

싱싱 시어터

TIP

숙소는 어디에?

세계 여행자들이 길거리로 쏟아져 나와 흥겹게 리듬을 타는 카오산 로드의 밤을 즐기려면 서쪽 강변에 머물고, 멋지게 차려입고 화려한 조명 아래 몸을 흔드는 라이브 바와 클럽을 즐기려면 시내 동쪽에 머물자.

COURSE 04

여유로운 커플을 위한 **호캉스 3박 5일**

그레이하운드 카페

DAY 01 한국에서 방콕으로

- 20:00 방콕으로 출발
- (5시간 55분 / 시차 2시간)
- 23:55 수완나품 공항 도착, 유심 구입, 숙소 이동
- (택시 40분)
- 01:30 시내 중심이나 남쪽의 숙소에 체크인

DAY 02 올드 방콕 즐기기

- 10:00 조식 먹고 수영장에서 휴식
- (택시 10분)
- 12:30 딸링쁠링에서 점심 식사 P.230
- (택시 7분)
- 14:30 웨어하우스 30에서 커피 한잔 P.176
- (보트 30분)
- 15:00 왓 아룬 둘러보기 P.148
- (택시 10분)
- 17:00 팁싸마이에서 팟타이 맛보기 P.168
- (택시 10분)

DAY 03 낭만이 가득한 방콕

- 08:00 호텔에서 조식 먹기
- (도보 13분)
- 10:00 킹파워 마하나콘 스카이워크에서 사진 찍기 P.226
- (택시 7분)
- 12:30 반 쏨땀에서 점심 식사 P.232
- (도보 12분)
- 14:00 호텔로 돌아와 수영장에서 놀기
- (택시 10분)
- 18:30 아시아티크에서 저녁 식사 P.228
- (택시 10분)

DAY 04 방콕 시내 구경

- 10:00 조식 먹고 수영장에서 휴식
- 12:00 체크아웃하고 짐 맡기기
- (택시 30분)
- 12:30 마더 메이 아이 키친에서 점심 식사 P.263
- (택시 10분)
- 14:00 피로가 싹 풀리는 마사지 받기
- (BTS 10분)
- 17:00 솜분 시푸드에서 저녁 식사 P.202
- (택시 15분)

DAY 05 방콕에서 한국으로

- 01:50 한국으로 출발
- (5시간 30분 / 시차 2시간)
- 09:20 인천공항 도착

방콕은 다른 나라의 3성급, 4성급 호텔 비용으로
5성급 호텔에 머물 수 있어 호텔 선택의 폭이 넓다.
인피니티 풀에서 인생샷도 찍고, 낭만적인 디너 크루즈를 타고,
근사한 태국 요리를 맛보며 여유롭게 휴식을 즐겨보자.

TIP

숙소는 어디에?

근사한 수영장이 있는 시내 중심이나 서쪽 강변의 호텔에 머물면서 충분히 호캉스를 즐겨보자. 강변에서 보트를 이용해 갈 수 있는 여행지와 맛집을 중심으로 여행을 계획한다.

나라 타이 퀴진

밀레니엄 힐튼 방콕

©Millennium Hilton Bangkok

19:30 카오산 로드 거닐기 P.133
— 도보 7분 —
21:00 애드히어 13 블루스 바 재즈 공연 즐기기 P.165

22:00 브라운 슈거에서 라이브 음악 즐기기 P.180

아난타라 시암 방콕 호텔

19:00 하이 소에서 칵테일 한잔 P.234
— 택시 15분 —
22:00 숙소에서 짐 챙겨 공항으로
— 택시 40분 —
23:00 수완나품 공항에서 체크인

하이 소

브라운 슈거

딸링쁠링

COURSE 05

신나는 경험과 흐뭇한 추억 **가족 여행 4박 5일**

리바 수르야 방콕

DAY 01 방콕 시내 도착

- 11:20 방콕으로 출발
  - 5시간 50분 / 시차 2시간
- 15:10 방콕 돈므앙 공항 도착, 유심 구입, 숙소 이동
  - 택시 40분
- 16:30 카오산 로드나 강변 남쪽 숙소에 체크인
  - 도보 5분
- 18:00 똠얌꿍 레스토랑에서 저녁 식사 P.161
  - 도보 5분
- 20:00 카오산 로드 돌아보기 P.133

DAY 02 왕궁과 사원 여행&디너 크루즈

- 07:30 호텔에서 조식 먹기
  - 보트 15분
- 08:30 왓 프라깨우 구경하기 P.142
  - 보트 15분
- 10:30 왓 포 돌아보기 P.146
  - 택시 5분
- 12:30 크루아 압손에서 점심 식사 P.169
  - 택시 6분
- 14:30 호텔에서 수영하고 휴식
  - 택시 20분

DAY 03 수상시장과 아시아티크

- 06:30 호텔에서 조식 먹기
- 07:50 담넌 사두억 수상시장 투어하기 P.302
  - 호텔 픽업 일일 투어
- 13:30 숙소로 돌아오기
  - 도보 5분
- 14:00 마담 무써에서 점심 식사 P.163
  - 도보 5분
- 15:00 호텔 수영장에서 놀기

DAY 04 태국의 독특한 문화 속으로

- 08:00 호텔에서 조식 먹기
  - 보트 30분
- 10:00 왓 아룬에서 사진 찍기 P.148
  - 보트 10분, 도보 12분
- 12:00 수파니가 이팅룸에서 점심 식사 P.171
  - 도보 2분
- 14:00 시암 박물관 즐기기 P.156
  - 택시 10분
- 16:00 홍 시엥 꽁에서 커피 한잔 P.180
  - 보트 15분

DAY 05 방콕에서 한국으로

- 09:00 숙소에서 조식 먹기
- 10:00 호텔 수영장에서 마지막 수영
- 12:00 체크아웃, 짐 챙겨 공항으로
  - 택시 40분
- 13:00 돈므앙 공항에서 체크인
- 15:40 한국으로 출발
  - 5시간 25분 / 시차 2시간

왕궁과 사원을 둘러보고 맛있는 태국 음식을 맛보는 건 기본이다. 아이들과 함께 수상시장에서 긴 꼬리 배를 타보고, 부모님과 함께 디너 크루즈를 즐기며 가족 여행의 추억을 쌓아보자.

TIP

가족 여행을 즐기는 팁

아이나 어르신과 함께하는 여행이라면 낮 비행기를 이용해 여유롭게 이동하자. 무더운 날에 이동하면서 지치지 않도록 칸차나부리 투어P.298, 무앙 보란 투어P.308, 담넌 사두억 수상시장 투어P.302 등 호텔에서 픽업해주는 일일 투어를 이용한다. 한국에서 예약할 수 있는 투어와 공연 등은 미리 예약하고 바우처를 준비해간다.

아이콘 시암

마담 무써

18:30

디너 크루즈 타고 저녁 식사 P.184

디너 크루즈

아시아티크

아시아티크 선착장에서 연결

18:00

아시아티크 야시장 나들이 P.228

크루아 압손

18:00

아이콘 시암에서 분수 쇼 보고 저녁 먹기 P.181

왓 포

23:05

인천공항 도착

COURSE 06

길게 살아보듯 여행하는 **방콕 한 달 살기**

WEEK 01 방콕의 왕궁과 사원 방문

DAY 01
한국 출국,
방콕 도착

DAY 02
왓 프라깨우 & 왕궁 P.142

DAY 03
- 왓 포 P.146
- 왓 아룬 P.148

DAY 04
TOUR
칸차나부리 P.298

WEEK 02 방콕의 다양한 시장 돌아보기

DAY 08
TOUR
담넌 사두억 수상시장 P.302과
매끌롱 기찻길 시장 P.304

DAY 09
방콕의 작은 사원들
TOUR
차오프라야강 디너 크루즈 P.184

DAY 10
- 차이나타운 P.175
- 딸랏 너이 골목 P.177
- 홍 시엥 꽁 P.180

DAY 11
아시아티크 P.228

WEEK 03 문화의 향기에 취하기

DAY 15
칼립소 카바레 관람 P.227

DAY 16
태국 요리 쿠킹 클래스 P.088

DAY 17
킹파워 마하나콘
스카이워크 P.226

DAY 18
- 짐 톰슨의 집 P.194
- 방콕 예술문화센터 P.195

WEEK 04 시내 구경과 쇼핑

DAY 22
TOUR
사파리 월드 P.310

DAY 23
방콕 현대 미술관 P.218

DAY 24
TOUR
파타야 P.294

DAY 25
- 맛집 순례 P.086
- 루프톱 바 P.064

WEEK 05 방콕의 마지막 날

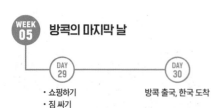

DAY 29
- 쇼핑하기
- 짐 싸기

DAY 30
방콕 출국, 한국 도착

왓 아룬

방콕에서 살아보고 싶은 당신을 위해 준비한 한 달 살기 스케줄. 더위에 지치지 않도록 하루에 여행지 한 곳 혹은 한 지역 정도를 둘러보는 여유로운 일정으로 계획했다. 방콕의 시내 서쪽, 시내 중심, 시내 동쪽 숙소에 머무는 동안 방콕 시내와 근교를 모두 돌아볼 수 있도록 여행지를 안배했다.

TIP

숙소는 어디에?

방콕 출입국을 하게 되는 DAY 01과 DAY 30을 제외하고 DAY 02~12는 서쪽 강변 숙소, DAY 13~20은 시내 중심 숙소, DAY 21~29는 시내 동쪽 숙소에 체류하는 스케줄이며, 한 곳에서 열흘 정도 지낸다.

DAY 05
창추이 마켓 P.158

DAY 06
TOUR
아유타야 P.288

DAY 07
숙소에서 수영하고 휴식하기

DAY 12
TOUR
암파와 수상시장 P.306

DAY 13
짜뚜짝 주말 시장 P.220

DAY 14
숙소에서 수영하고 휴식하기

DAY 19
태국 창조 디자인 센터 P.178

DAY 20
수쿰윗 소이 11의 클럽 즐기기 P.250

DAY 21
숙소에서 수영하고 휴식하기

DAY 26
TOUR
무앙 보란 P.308

DAY 27
텅러에서 바 호핑 P.250

DAY 28
숙소에서 수영하고 휴식하기

파타야

야유타야

시암의 송크란 축제

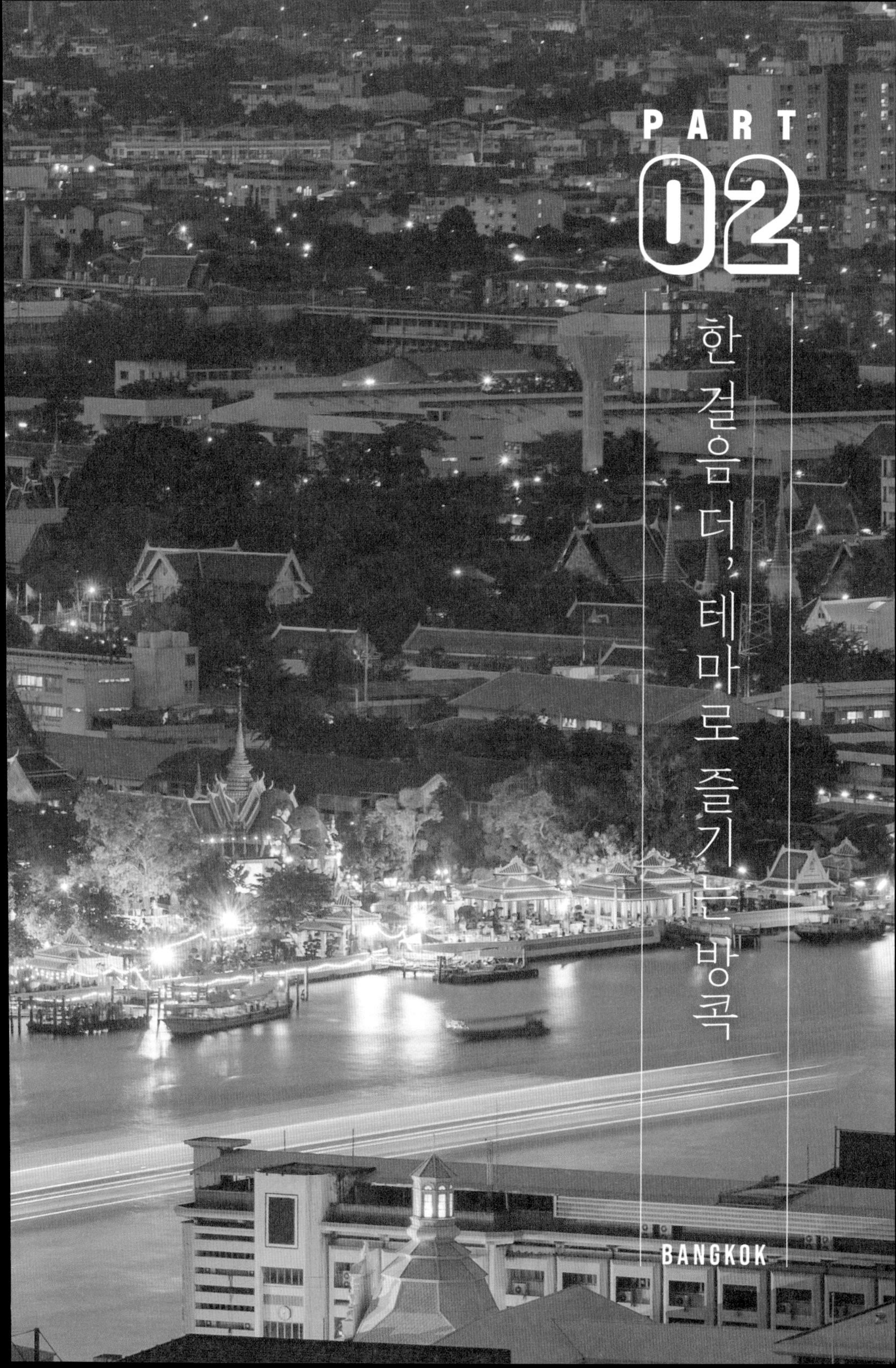

PART 02

한 걸음 더, 테마로 즐기는 방콕

BANGKOK

HERITAGE

특별한 사원 나들이
왕궁과 사원

01

여긴 꼭 가야 해!
방콕 사원 베스트 3

방콕에서 가장 볼 만한 사원을 꼽으라면 에메랄드 불상을 안치한 왓 프라깨우 P.142, 거대한 와불이 맞이하는 왓 포 P.146, 새벽 사원으로 유명한 왓 아룬 P.148을 빼놓을 수 없다. 방콕의 패키지여행 상품에서 기본적으로 소개하는 사원이기도 하다. 방콕 여행이 처음이라면 하루 정도는 이 사원들을 돌아보자.

왓 프라깨우

왓 포

왓 아룬

왓 보원니웻

02

카오산 로드와 차이나타운 근처
개성 넘치는 작은 사원들

커다란 쩨디가 인상적인 왓 보원니웻 P.150, 높이 32m짜리 거대한 불상이 있는 왓 인타라위한 P.150, 균형감이 돋보이는 대리석 사원 왓 벤차마보핏 P.150, 화려한 도자기 타일의 왕실 사원인 왓 라차보핏 P.151, 인공 언덕 위에 세워진 왓 사켓 P.152, 화려한 벽화를 만나는 왓 수탓 P.152, 황금 불상을 모신 차이나타운의 왓 트라이밋 P.175 같은 작지만 매력적인 사원들이 넘쳐난다.

여행의 취향은 천차만별이라서 누군가는 방콕의 식도락을 즐기고,
누군가는 밤을 불태우며, 누군가는 역사와 문화를 탐방한다. 작은 사원까지 꼼꼼하게
챙겨보고 싶은 사람을 위해 방콕과 근교의 왕궁과 사원을 정리했다.

▶▶ 방콕 사원 여행 내비게이션 P.138

03

시내 한복판의 힌두 사원

에라완 사당

집집마다 불상을 모시는 태국의 도심 한복판에 힌두교의 신 브라흐마를 모신 사당이 있다. 사방에 4개의 머리를 가진 브라흐마에게 기도하는 사람, 춤을 바치는 사람을 볼 수 있다. 각 방위마다 다른 소원을 들어주는데, 무척 영험하다는 소문이 나서 매일 기도하는 이들이 길게 줄을 잇는다. P.196

04

옛 수도인 아유타야를 찾아

아유타야의 사원들

아유타야 P.288는 전 지역이 유네스코 문화유산으로 지정된 태국의 옛 수도다. 1천 개가 넘는 사원이 모여 있어 도시만 거닐어도 박물관을 방문한 느낌이다. 보리수 뿌리에 얽힌 불상의 머리가 유명한 왓 마하탓, 크고 아름다운 3개의 쩨디를 만나는 왓 프라시산펫, 크메르 양식의 쁘랑이 인상적인 왓 차이와타나람 모두 근사하다.

왓 마하탓

05

방콕에서 만나는 전국의 사원

무앙 보란의 사원들

태국의 고대 도시를 표방하는 테마파크인 무앙 보란 P.308은 태국의 옛 도시 모습과 전국에 흩어진 사원들을 그대로 재현해두었다. 세계에서 가장 큰 야외 박물관이라 불릴 정도로 넓은 부지에 란나 왕조, 수코타이 왕조, 아유타야 왕조의 사원들을 당시의 모습 그대로 복원했다.

화려한 아름다움!
자세히 보는 태국 사원

왓(Wat)은 울타리 안에 여러 개의 건물을 품은 사원을 뜻한다. 태국 전역에 약 3만 개의 왓이 있다. 사원 이름 앞에 랏(Rat), 라차(Ratcha), 마하(Maha), 프라(Phra) 같은 수식어가 붙으면 왕실 사원이거나 신성한 보물이 있는 사원으로 이런 곳이 전국에 약 180개가 있다. 한편 태국의 불교는 힌두교의 영향을 많이 받았다. 힌두교의 여러 하위 신들이 불교 사원 곳곳에 자리한다.

태국 사원의 구조

왓 Wat

사원을 일컫는 왓 안에는 여러 채의 건물과 탑이 모여 있다. 왓은 종교적인 역할뿐만 아니라 마을 사람들이 모이는 마을회관, 사회 교육을 담당하는 학교의 역할을 한다.

프라 우보솟

우보솟, 봇 Ubosot, Bot

우보솟 혹은 봇이라고 불리는 건물은 왓 내부에서 가장 성스러운 곳이다. 우보솟 안에 불상을 모시고 법회를 열며 승려의 수계식을 진행한다. 왕실 사원의 우보솟은 프라 우보솟(Phra Ubosot)이라고도 부른다.

숨 세마 ©송귄의

바이 세마 Bai Sema

우보솟과 위한을 구분하는 지계석인 바이 세마는 비석 같은 모양이다. 보통 우보솟의 네 귀퉁이와 각 변의 중간 지점에 세운다. 우보솟에는 경계석인 바이 세마나 비석 8개를 세우고 그 위에 천장이 있는 정자와 비슷한 숨 세마(Sum Sema)를 씌워 신성한 장소임을 표시한다.

위한 Viharn

우보솟과 비슷한 건물이지만 바이 세마가 있으면 우보솟, 없으면 위한이다. 보통 순례자나 신자들이 모이는 건물이기 때문에 우보솟보다 더 크게 짓는다. 왓 안에 위한을 여러 개 짓기도 한다.

쩨디 Chedi

둥글거나 각이 진 모양의 탑이다. 안쪽에 부처의 진신사리나 유물, 왕의 유해를 모신 성스러운 곳이다. 신성한 쩨디를 둘러싸고 왓을 짓기도 한다.

쁘랑 Prang

메루산을 상징하는 크메르 양식의 탑을 말한다. 위로 올라갈수록 날카롭고 뾰족해지는 모양이 아니라, 마치 옥수수처럼 둥그스름하고 벽면과 모서리가 작은 공간으로 나뉜 탑이다.

몬돕 Mondop

왓 프라깨우의 프라 몬돕

정사각 모양의 건물 위에 뾰족한 탑을 올리거나 층층이 지붕을 쌓고 내부에 문서나 경전을 보관한다. 사원의 크기에 따라 거대한 것부터 아주 작은 것까지 다양하다.

호라캉 Hor rakhang

종탑이나 종루를 말한다. 예불 시간이나 승려의 모임 등을 알리는 종을 친다.

살라 Sala

그늘을 만들어주는 정자로 순례자들이 모이는 장소다. 왓에 따라 살라의 크기나 수가 다양하다.

호트라이 Ho Trai

경전을 보관하는 도서관이다. 규모와 형태가 다양하며 왓에 따라 호트라이가 없는 경우도 있다.

왓 프라깨우의 호 프라 몬티엔 탐

불교 사원에 들어앉은 힌두의 신들

약 Yak

태국의 사원에는 무서운 얼굴을 가진 약이 서 있다. 초록색 얼굴과 흰색 얼굴을 한 두 약이 마치 우리나라의 사찰 입구에 자리한 사천왕처럼 왓의 입구를 지킨다. 인도에서는 야크샤, 한국에서는 야차 등으로 불리는 초자연적인 힘을 가진 존재다.

킨나리, 킨나라 Kinnari, Kinnara

천상의 춤과 음악을 담당하는 반인반조의 신이다. 여신은 킨나리, 남신은 킨나라라고 부른다. 악기를 연주하며 선을 전파한다. 사랑과 충절의 상징이기도 하다.

킨나라

가루다 Garuda

아름다운 날개를 가진 새의 왕이다. 인간의 몸에 독수리의 머리와 날개가 있다. 힌두교의 3대 신인 비슈누를 태우고 사악한 뱀들과 싸웠고, 나가의 천적이기도 하다. 가루다는 아유타야 왕조부터 태국 왕실의 상징이며 국장으로 쓰인다. 태국어로 크룻(Krut)이라고도 한다.

나가 Naga

뱀의 모습을 하고 여러 개의 머리를 가진 나가는 풍요를 다스리는 신이다. 가루다와는 사이가 좋지 않다. 수많은 나가의 왕은 용왕 나가라자로 불린다. 불교에서 나가는 불교 경전을 수호하는 물의 신이다. 부처가 좌선을 할 때 큰 비가 내리자 7일 동안 7개의 머리를 펼쳐 비를 막아주었다 하여 불교에서도 신성한 존재로 여긴다.

COMPLEX CULTURAL SPACE

역사가 녹아든 공간의 변신
복합 문화 공간

옛 방콕의 모습을 간직한 공간을 현대적으로 재해석한 복합 문화 공간이 늘고 있다. 예술과 문화, 쇼핑과 미식까지 한 번에 즐길 수 있는 핫플레이스를 소개한다.

01

방콕 예술가들의 문화 공간

창추이 마켓 Chang Chui Market

버려진 창고 단지가 근사한 공간으로 변신했다. 거대한 비행기와 동상이 창추이 마켓 곳곳에서 사진 찍는 사람들을 반갑게 맞이한다. 인상적인 그라피티가 그려진 건물 안으로 들어가면 방콕 현대 미술가들의 전시가 열리고 디자이너들의 수공예 제품도 판매한다. P.158

02

방콕 안에 녹아든 중국의 문화

롱 1919 LHONG 1919

한때는 중국 상인들의 창고와 정미소로 쓰였던 공간이 예술가들의 작품을 전시하고 판매하는 공간으로 탈바꿈했다. 숨어 있는 벽화를 찾아 사진 찍는 재미도 쏠쏠하다. 늘어진 버드나무 아래 중국풍 벽화가 운치 있다. 건물의 벽면에 복원된 옛 그림도 놓치지 말자. P.177

03

기다란 창고 건물의 변신

웨어하우스 30 Warehouse 30

원래 전쟁 물자를 보관하던 창고가 아직도 남아 있다니 놀라울 따름. 기다란 창고를 여러 구역으로 나누어 레스토랑과 카페, 생활용품 상점, 옷 가게, 스튜디오 등으로 활용한다. 아기자기한 소품 매장이 눈길을 끌고, 근사한 향기를 뿜어내는 카페가 발길을 끈다. P.176

TRAVEL WITH KIDS

함께여서 더욱 행복한 아이와 함께 방콕

아이와 동행하는 여행을 할 때는 아이가 즐거워야 어른도 행복하다.
아이와 어른 모두가 만족스러운 여행을 위해 어디로 가면 좋을까?

01

차오프라야강의 유람선

투어리스트 보트 Tourist Boat

아이와 함께라면 투어리스트 보트를 이용하자. 둥실거리는 배를 타고 강을 달리는 기분이 상쾌하다. 데이 패스를 끊어 하루 종일 타고 내리기만 해도 주요 관광지를 모두 섭렵하며 즐거운 시간을 보낼 수 있다. P.118

02

대관람차와 탈것이 가득

아시아티크 Asiatique

대관람차는 강변의 정취를 느끼며 온 도시를 한눈에 담기에 제격이다. 시원한 에어컨 바람이 솔솔 나오는 관람차에 앉아 있으면 여행 온 기분이 물씬 난다. 아시아티크 내에 아이들을 위한 어트랙션도 구비되어 있다. P.228

03

고대 도시를 재현한 테마파크

무앙 보란 Muang Boran

태국의 옛 도시와 유적을 재현한 거대한 테마파크인 무앙 보란은 어른과 아이 모두 좋아하는 여행지다. 어른들은 독특한 건축물 앞에서 근사한 사진을 남길 수 있어 좋고, 아이들은 전동 카트만 태워줘도 신나 한다. P.308

04

동물들과 눈높이를 맞춰요

사파리 월드 Safari World

우리나라의 테마파크에서 버스를 타고 한 바퀴 돌아보는 사파리와는 규모가 다르다. 커다란 부지의 사파리도 즐겁고, 색다른 동물을 만날 수 있어 행복하다. 기린에게 먹이를 주고 앵무새와 사진을 찍으며 추억을 만들어보자. P.310

오늘 밤엔 어디서 놀아볼까?
방콕의 나이트 라이프

01

전 세계 여행자들로 북적북적

카오산 로드 Khaosan Road

카오산 로드는 역시 밤에 가야 제맛. 세계의 젊은이와 함께 춤추는 즐거움에 흠뻑 빠져보자. 어느 순간 다음 방콕행 항공권을 예매하는 자신을 발견하게 된다. P.133

02

맛있는 태국 음식을 골라 먹자

방콕 곳곳의 야시장 탐방

눈요기도 하고, 쇼핑도 하고, 맛있는 음식도 먹는 재미가 있다. 방콕의 야시장을 유명하게 만든 일등 공신인 랭쌥도 맛보고, 예쁜 티셔츠도 득템하러 가자. P.062

03

붉은 노을과 어우러지는 사원의 불빛

왓 아룬의 야경을 조망하는 레스토랑 & 바

고층 빌딩으로 둘러싸인 도심의 야경도 아름답지만 강변을 은은하게 밝히는 왓 아룬의 자태가 우아하다. 왓 아룬을 보며 식사를 하거나 맥주를 마시며 노을 지는 풍경을 즐겨보자. ▶▶ 수파니가 이팅룸 P.171, 이글 네스트 바 P.171

04

이국의 밤에 낭만을 더하다

디너 크루즈 Dinner Cruise

어둠이 살포시 내려앉은 차오프라야 강변에 은은한 불빛이 번지면 디너 크루즈를 타러 갈 시간이다. 커플끼리 로맨틱한 시간을 보내는 크루즈, 여럿이 모여 해산물 뷔페와 신나는 음악을 즐기는 크루즈도 있다. P.184

"

매일 밤 이렇게나 즐길 거리가 많다니, 방콕의 밤을 제대로 즐기려면 일주일도 모자랄 지경이다.
낮에 무리하지 말고 체력을 적절하게 안배해 방콕의 근사한 밤도 충분히 만끽해보자.

"

05

반짝반짝 빛나는 방콕의 야경

시내를 내려다보는 루프톱 바

로맨틱한 밤을 만드는 데는 루프톱만큼 좋은 곳이 없다. 반얀트리 호텔의 문 바 P.233, 르부아 호텔의 스카이 바 P.234 등 하루는 루프톱 바를 위해 비워두자.

06

밤이면 더욱 화려해지는

수쿰윗 소이 11 Sukhumvit Soi 11

수쿰윗 소이 11에서는 밤늦게까지 영업하는 식당과 펍, 라이브 바와 클럽을 입맛대로 골라보자.

▶▶ 아나콘다 P.254, 에덴 클럽 방콕 P.256

07

뜨거운 밤을 불태우려면

RCA 클럽 거리 RCA(Royal City Avenue)

RCA 클럽 거리에 가면 EDM으로 핫한 오닉스 방콕 P.257, 라이브와 힙합, EDM, 라이브 음악을 취향껏 즐길 수 있는 루트66 P.257이 있으니 새벽까지 음악을 즐기며 신나게 춤을 춰보자.

08

바 호핑에 적격인 거리

텅러의 라이브 바

방콕의 청담동이라고 불리는 텅러에는 아이누 홋카이도 이자카야 앤 바 P.275, 아트모스 텅러 10 P.275 같은 깔끔하고 단정하면서도 트렌디함을 잃지 않는 라이브 바가 많다. 흥겨운 연주가 의외로 수준급이다.

NIGHT MARKET

먹고 마시고 쇼핑하고
밤마다 방콕 야시장

방콕의 야시장은 그저 쇼핑을 위한 공간이 아니다. 저렴하면서도 개성 넘치는 나만의 기념품을 골라내고, 여행자의 입맛을 자극하는 로컬 음식들을 맛보며, 탁 트인 하늘 아래 시원한 밤바람을 맞으며 방콕의 정취를 느끼는 근사한 여행지다.

01

가장 핫하기로 소문난 야시장

쩟 페어 야시장 P.244

코로나19 이후 개장한 쩟 페어 야시장은 침체되어 있던 방콕의 밤에 활기를 불어넣으며 명실공히 최고의 야시장으로 떠올랐다. 점점 부지를 넓혀 가며 이제는 단체 관광객까지 찾아올 정도다.

☺ 랭쌥과 해산물볶음 등 유명한 맛집이 즐비

☹ 인기 있는 만큼 정신없이 많은 사람들

02

저녁이면 색다른 분위기로 변신

창추이 마켓 P.158

2018년 〈타임〉지에서 선정한 '추천 여행지 100선'에 들 만큼 이름값을 하는 야시장이다. 야외 조각품과 실내 갤러리 사이에 개성 있는 상점과 벼룩시장이 들어서 둘러보는 재미가 있다.

☺ 젊은 에너지로 가득찬 좋은 물건들의 보물 창고

☹ 푸드코트가 따로 없어 음식점별로 이용

03

놀거리, 볼거리 많은 강변 야시장

아시아티크 P.288

차오프라야 강변에 조성된 아시아티크는 쇼핑보다 카바레 공연 같은 쇼, 대관람차나 회전목마 같은 놀이기구, 다양한 먹거리를 즐기기 좋다.

😊 다양한 즐길거리와 좋은 접근성

☹ 다른 시장에 비해 높은 가격대

04

낮에도 열리고, 밤에도 열리는

삼펭 시장 P.183

낮에 여는 가게와 밤에 여는 가게가 공존하는 2부제 운영 시장이다. 남대문 시장 같은 골목에 액세서리와 가방, 생활용품, 문구 등을 도매가로 판매한다.

😊 저렴한 가격대의 아이들 취향 문구와 캐릭터 상품

☹ 대부분 짝퉁이며 다양하지 않은 물건 종류

05

현지인이 이용하는 야시장

인디 마켓 다오카농 P.235

방콕의 남서쪽에 자리 잡은 야시장으로 도심과 거리가 멀리 떨어져 있다. 접근성이 좋지 않아 여행자보다는 현지인이 훨씬 많이 이용하는 시장이다.

😊 현지인 사이에서 맛보는 진정한 로컬 음식

☹ 굳이 택시를 타고 가기에는 너무 먼 거리

ROOFTOP BAR

사랑스럽고 낭만적인 밤
방콕의 루프톱 바

방콕의 루프톱 바는 흥겨운 음악과 춤을 즐기는 여느 도시의 루프톱 바와 다르다.
칵테일을 홀짝이며 로맨틱한 대화를 나누고 사랑스러운 야경을 감상하기에 제격이다.

01 방콕에서 가장 높은 루프톱 바
마하나콘 방콕 스카이바
Mahanakhon Bangkok SkyBar

한낮의 뜨거운 태양을 피해 해 질 무렵 킹파워 마하나콘 76층에 올라보자. 하늘이 불그스름해지고 도심이 반짝거리면 칵테일을 홀짝이며 방콕에서 가장 높은 루프톱을 즐긴다. P.226

02 편안하고 근사한 루프톱 바

문 바

Moon Bar

소파 좌석과 1인 좌석, 스탠딩 테이블까지 다양해 혼자든 여럿이든 편안하게 즐길 수 있다. 조명을 설치해 사진 찍기 좋은 '문 워크 브리지'가 있고 칵테일과 핑거 푸드도 근사하다. P.233

03 도심을 밝히는 별빛 트리

티추카 루프톱 바

Tichuca Rooftop Bar

해파리라는 별명을 가진 티추카 트리는 밤이면 마치 수많은 반딧불이를 거느린 듯 고고하게 반짝인다. 별빛 대신 루프톱의 불빛을 즐기러 수많은 사람들이 이곳에 모여든다. P.271

04 길게 이어지는 수쿰윗의 불빛

옥타브 루프톱 라운지 앤 바
Octave Rooftop Lounge & Bar

전체 3층으로 이루어진 루프톱 바지만 해질 무렵부터 루프톱을 찾아 모여든 사람들 때문에 예약하지 않으면 앉을 자리가 없을 정도로 인기다. 소파 자리를 원한다면 예약 필수. P.272

05 반짝이는 왓 아룬의 야경

이글 네스트 바
Eagle Nest Bar

강변의 은은한 야경을 즐기려면 이글 네스트 바가 제격. 불 밝힌 왓 아룬의 자태를 정면에서 볼 수 있다. 오픈 시간 전에 가거나 아예 느지막이 가야 줄을 서지 않는다. P.171

06 우아하게 빛나는 금빛 돔
스카이 바
Sky Bar

변화무쌍한 하늘빛을 감상하려면 스카이 바로 가자. 금빛 돔 뒤로 반짝이는 방콕의 야경이 아름답다. 스탠딩 바인데 서 있기 힘들 만큼 북적이는 인파를 각오해야 한다. P.234

07 여유롭게 칵테일 한잔
하이 소
Hi So

복층 구조의 루프톱 바로 한적하고 여유롭다. 통유리 너머로 룸피니 공원이 내려다보이고 저 멀리 방콕의 스카이라인이 붉게 물든다. 다양한 칵테일 리스트도 만족스럽다. P.234

BANGKOK JAZZ

낭만이 꿀처럼 흐르는
베스트 재즈 바 & 라이브 바

낯선 도시가 어둠에 잠기고 반짝이는 등불이 하나씩 켜지는 시간,
흥겨운 음악 소리가 우리의 귀를 사로잡는다. 낭만 가득한 라이브 바를 소개한다.

01

작지만 강렬한 경험

애드히어 13 블루스 바
Adhere the 13th Blues Bar

방콕 재즈 신의 작은 거인이랄까. 공간은 무척 좁지만 연주자의 호흡을 그대로 담아낸다. 혼신을 다하는 연주에 기꺼이 호응하는 사람들이 마법 같은 시간과 공간을 만든다. P.165

02

전승기념탑 앞 터줏대감

색소폰 Saxophone

1층의 라이브 공간에 빙 둘러선 테이블이 있고, 연주하는 모습을 내려다볼 수 있는 2층 공간이 있다. 명성에 비해 라인업은 들쭉날쭉하지만 가볍게 즐기기엔 괜찮은 선택. P.205

03

람부뜨리 빌리지를 주름잡는

숙 사바이 Suk Sabai

이름난 라이브 바도 아닌데, 람부뜨리 로드에서 몇 년째 새벽까지 앉을 자리 없이 붐비는 라이브 바다. 맥주 한 잔 마시며 이국의 밤거리에서 여행하는 기분을 만끽하기에 제격인 곳이다. P.166

04

자리를 옮겨 명맥을 이어가는

브라운 슈거 Brown Sugar

한때 〈뉴스위크〉가 선정한 '세계 최고의 펍' 중 하나로 손꼽히던 브라운 슈거는 코로나19로 잠시 문을 닫았다가 차이나타운 근처로 이전해 오픈했다. 밴드의 연주 실력과 분위기가 여전히 좋다. P.180

DRESS CODE

입장을 위해 신경 써야 하는
태국 드레스 코드 가이드

사원을 방문할 때의 기본 옷차림

어깨와 무릎 가리기

불교의 나라 태국에서는 사원을 방문할 때 적절한 옷차림은 필수다. 여성이든 남성이든 상의는 어깨, 하의는 무릎을 가려야 한다. 규모가 큰 사원에서는 복장 단속이 엄격해 노출이 심한 옷, 레깅스나 시스루, 슬리퍼까지 단속하기도 한다. 소매 없는 옷이나 짧은 반바지를 입고 싶다면 카디건으로 어깨를 가리고, 스카프를 치마처럼 허리에 둘러매어 다리를 가려야 한다. 매표소 앞에서 치마 등을 대여하거나 판매하지만 시간과 비용이 아까우니 여행 계획에 따라 적절한 옷차림을 준비하자. 불상을 모신 실내에서는 신발과 모자를 벗어야 하니 신고 벗기 편한 신발을 신고, 양말이나 신발을 담을 비닐봉투를 준비하면 좋다.

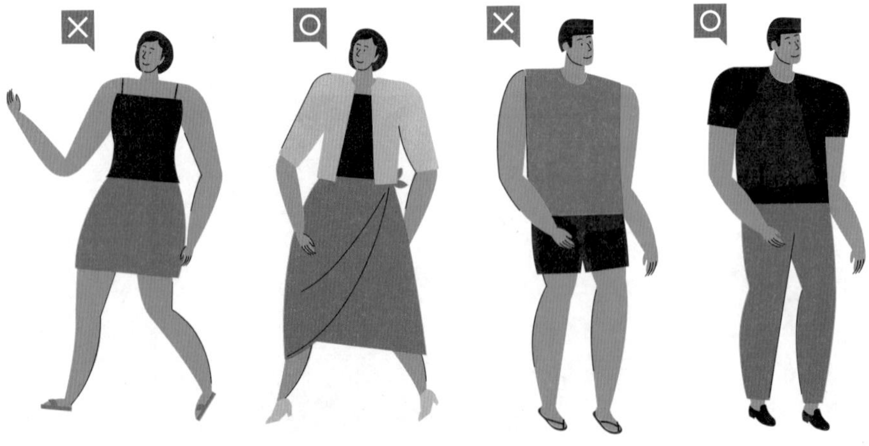

"방콕을 여행할 땐 적절한 드레스 코드가 필수다. 사원에서의 옷차림과 루프톱 바에서의 옷차림이 다르니 조금만 신경 써서 멋쟁이가 되어보자."

루프톱 바를 이용할 때의 기본 옷차림

스마트 캐주얼

스마트 캐주얼이나 비즈니스 캐주얼은 정장보다는 편안하지만 격식을 갖춘 옷차림을 지칭한다. 그러니 캐주얼보다는 '스마트'함에 무게를 싣고 연출하자.

남성 셔츠에 긴바지, 발가락이 보이지 않는 신발이면 무난하다. 폴로 티셔츠에 재킷을 걸치거나 운동화 대신 로퍼를 신으면 더욱 멋스럽다. 운동복, 등산복은 입장이 불가능한 경우가 많다.

여성 단정한 원피스에 구두를 매치하면 무난하다. 노출이 심한 옷이나 슬리퍼가 아니라면 특별히 제재를 받지 않지만, 복장 규제가 엄격한 곳은 청 반바지나 찢어진 청바지를 입고는 입장하지 못한다.

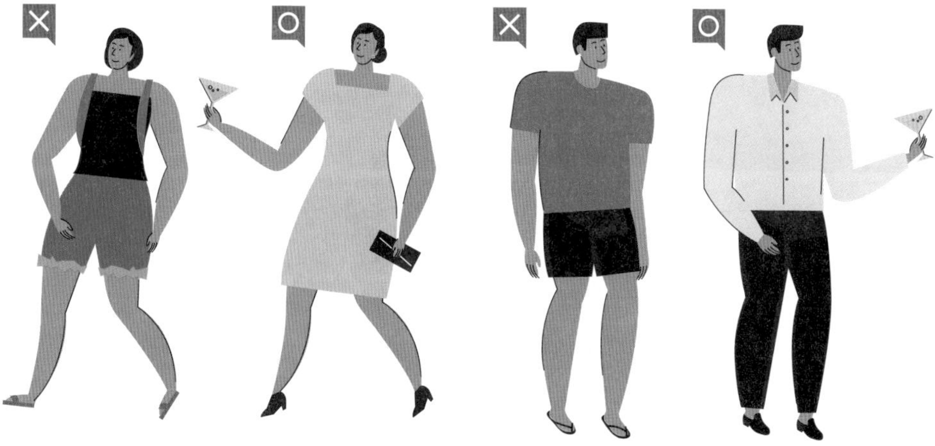

BEST MASSAGE SHOP

하루의 피로가 풀리는
베스트 마사지 숍

01

카오산 로드의 깔끔하고 만족스러운 숍

빠이 스파
Pai Spa

카오산 로드에서 꿋꿋하게 자리를 지키고 있는 정통 타이 마사지 숍이다. 140년 전에 지은 태국식 가옥에서 편안하고 건강한 마사지를 받아보자. 고급스러운 티크 가옥으로 들어서면 시원하고 깔끔한 내부가 나온다. 메뉴를 고른 후 따뜻한 차를 마신다. 샤워를 하고 싶다면 미리 말하자. 마사지사의 실력이 평균적으로 꽤 좋은 편이어서 어떤 마사지를 받아도 만족도가 높지만 이왕이면 타이 마사지를 받아보자. 1시간 30분짜리 콤보 메뉴가 인기.

156 Rambuttri Rd. Khwaeng Talat Yot, Khet Phra Nakhon 티니디 트렌드 방콕 카오산 호텔을 뒤로하고 왼쪽으로 160m, 도보 1분. 왓 차나 송크람에서 350m, 도보 5분 ฿ 타이 헤리티지 마사지 1시간 420밧·2시간 800밧, 발 마사지 1시간 420밧, 아로마 테라피 마사지 90분 1,400밧 10:00~23:00 02-629-5154 www.pai-spa.com 13.759504, 100.498768

02

가성비 좋은 마사지 체인점

헬스 랜드 스파 앤 마사지
Health Land Spa & Massage

방콕에 8개의 지점이 있는 스파 & 마사지 체인점. 어느 지점에서 어느 마사지를 받아도 기본은 하는 실력을 갖춰 방콕 여행을 계획할 때 한 번쯤은 들어봤을지도 모른다. 한국 여행자들은 아쏙, 에까마이, 파타야 지점을 가장 많이 찾는다. 카운터에서 접수와 수납을 마치고 기다리면 방송으로 이름을 부른다. 혼자라면 1인실로 안내하고, 일행이 있다면 한 방으로 안내한다. 옷을 갈아입고 마사지를 받은 후 대기실로 돌아와 따뜻한 차를 마신다.

아쏙 지점 55, 100 Pi Sayam Samakhom Alley, Khlong Toei Nuea, Khet Watthana BTS 아쏙(Asok)역 1번 출구에서 400m, 도보 5분. MRT 수쿰윗(Sukhumvit)역 1번 출구에서 350m, 4분 ฿ 타이 마사지 2시간 650밧, 아로마 테라피 보디 마사지 90분 1,100밧 09:00~23:00 02-261-1110 www.healthlandspa.com/en/home 13.740723, 100.560880

"
방콕에는 1일 1마사지를 놓칠 수 없을 정도로 가성비 좋은 마사지 숍이 많다.
그중에서도 가장 추천하는 마사지 숍 브랜드 네 곳을 소개한다.
"

03

허브로 몸을 편안하게

아시아 허브 어소시에이션

Asia Herb Association

방콕에만 3개의 숍을 둔 마사지 브랜드다. 아시아의 허브를 이용한 태국 전통의 허브 볼 마사지가 시그니처다. 뜨끈뜨끈하게 찐 허브의 향기에 몸이 더욱 편안해지는 느낌. 오일 마사지와 허브 볼 마사지가 가장 인기 있다. 몸 상태에 따라 많이 뭉친 곳을 중점적으로 마사지해준다. 일본인이 운영하는 숍으로 깔끔하고 친절하다.

수쿰윗 지점 Sukhumvit 24 Alley, Khlong Toei Nuea, Khet Watthana BTS 프롬퐁(Phrom Phong)역 5번 출구에서 600m, 도보 7분 ฿ 허브 볼 마사지 90분 1,450밧, 허브 아로마 오일 마사지 1시간 1,250밧, 타이 마사지 1시간 700밧 09:00~22:00 02-261-7401 www.asiaherbassociation.com 13.737189, 100.567247

04

깔끔한 시설, 적절한 가격

바디튠

BODY Tune

바디튠은 방콕에 2개 지점을 운영한다. 다양한 마사지를 받을 수 있지만, 그중에서도 타이 마사지에 가장 능하다. 모든 지점의 시설이 깔끔한데, 특히 시내 중심에 자리한 칫롬 지점은 내부가 가장 모던하며 현지인부터 외국인까지 두루 이용한다. 개인실이 아니라 커튼으로 가린 큰 방에서 마사지를 받는다. 고급 마사지 숍에 비할 순 없지만 가격 대비 적절한 서비스로 늘 평균 이상은 한다.

칫롬 지점 518/5 Maneeya Center Bldg, 1st Flr Phloen Chit Rd, Lumphini BTS 칫롬(Chit Lom)역 2번 출구에서 24m, 도보 1분 ฿ 타이 마사지+발 마사지 2시간 749밧, 타이 마사지+아로마 오일 마사지 2시간 999밧 11:00~24:00 02-253-7177 www.bodytune.co.th 13.744197, 100.542084

EVERYDAY MASSAGE

방콕 여행의 기쁨 **1일 1마사지**

하루의 피로를 몽땅 날려주는 마사지에 일단 맛을 들이고 나면 한국보다 훨씬 저렴한 가격에 실속 있는 마사지를 받을 수 있는 방콕이 더욱 좋아진다. 1일 1마사지를 계획한다면 이 정도는 알고 떠나자.

방콕 마사지, 이것만은 미리!

예약을 서두르자

유명한 마사지 숍에서 꼭 마사지를 받고 싶다면, 여행을 떠나기 전에 예약하자. 막상 방콕에 도착해서 예약하려 하면 원하는 숍에서 원하는 시간에 마사지를 받기 어렵다.

온라인 예약이 답

인터넷에 올라오는 마사지 숍의 후기를 꼼꼼히 읽어보고 마음에 드는 숍을 골라 온라인에서 예약한다. 숙소의 위치와 숍의 분위기, 가격대까지 한눈에 비교 가능하며 호텔 스파까지 예약할 수 있다. 호텔이나 마사지 숍 홈페이지 또는 아래 소개하는 여행 액티비티 사이트에서 예약 가능하다.

- 몽키트래블 thai.monkeytravel.com
- 클룩 www.kkday.com/ko

내게 맞는 마사지는 무엇일까?

태국에서는 지압과 무게를 이용한 타이 마사지, 베트남에서는 오일을 이용한 마사지, 캄보디아에서는 부드러운 크메르 마사지를 내세운다.

정통 타이 마사지

타이 마사지는 오일을 사용하지 않고 스트레칭과 지압을 위주로 한다. 강한 압력으로 긴장한 근육을 꾹꾹 눌러서 풀어주고, 상체와 하체를 크게 움직여 뚝뚝 소리가 날 만큼 스트레칭을 해준다.

오일 마사지

고급 숍에서는 향기로운 천연 오일을 사용해 부드럽게 근육을 문지르며 풀어준다. 피부가 예민한 사람은 오일을 고를 때 피부에 테스트를 해보는 편이 좋다.

핫스톤 마사지, 허브 볼 마사지

핫스톤 마사지는 둥글넓적한 돌을 뜨겁게 해서 몸 위에 올려놓거나 문질러 혈액순환을 돕는다. 허브 볼 마사지는 허브나 약초를 천으로 싸서 찐 다음 몸에 강하게 눌러 압박하는 마사지다. 핫스톤 마사지나 허브 볼 마사지는 다른 마사지와 병행하는 경우가 많다.

마사지는 어떤 순서로 받을까?

① 마사지 종류 고르기

메뉴를 보고 어떤 마사지를 받을지 고른다. 오일 마사지를 선택하면 다양한 천연 오일의 향기를 맡아보고 자신에게 맞는 오일을 고를 수 있다.

② 마사지 전

마사지를 받기 전에 몸을 산뜻하게 하는 웰컴 드링크를 내온다. 자리에 앉으면 따뜻한 물과 스크럽 제품으로 발을 씻겨준다. 마사지를 받기 전에 샤워를 하고 싶다면 미리 이야기하자. 마사지 룸으로 들어가 마사지를 받기 위한 옷으로 갈아입는다. 타이 마사지는 헐렁한 옷 한 벌, 오일 마사지는 팬티 한 장을 제공한다.

③ 마사지 후

마사지를 받고 나면 다시 옷을 갈아입고 따끈한 차를 마신다. 마사지 이후에 스파나 사우나를 할 수 있는 숍도 있다. 차를 마시고, 신발을 챙겨 신고, 계산을 하고, 팁을 건넨다.

마사지, 이것이 궁금해요!

Q. 마사지 후에 샤워를 해야 하나요?

오일 마사지가 끝날 때 수건으로 오일을 닦아주지만 그래도 약간 촉촉한 건 사실. 피부가 건성이거나 몸에 좋은 천연 오일을 사용했다면 굳이 샤워할 필요가 없지만, 날씨가 더워서 번들거림이 불쾌하거나 오일의 향이나 성분이 피부에 맞지 않는 느낌이 들면 샤워실로 안내해달라고 하자.

Q. 팁은 얼마나 주어야 하나?

보통 팁을 100밧, 200밧 이렇게 줘야 한다는 사람이 많은데 정해진 건 아니다. 카오산 로드에서 250밧짜리 발 마사지를 받고 100밧의 팁을 주면 과하고, 5성급 호텔에서 2시간짜리 마사지를 받았는데 100밧의 팁을 주면 부족한 느낌이다. 서비스의 만족도에 따라 마사지 금액의 10~20% 정도가 적당하다.

미식가를 위한 여행지
태국의 음식

13세기 람캄행 왕의 치적비에는 "물에는 물고기가 있고 논에는 쌀이 있다."고 적혔다. 예로부터 태국에는 먹거리가 풍부했다는 뜻이다. 태국은 중부, 북부, 북동부, 남부의 식문화권으로 나뉜다. 4개 지역이 각기 독특한 지형과 문화를 가지고 있기 때문이다.

랍무

태국 북동부 요리

라오스와 인접한 북동부는 농사를 짓다가 논에서 잡히는 작은 물고기를 이용해 젓갈을 만든다. 그래서 짜고 맵고 냄새가 강한 음식이 많다. 이싼 음식이라고 부른다.

랍무, 쏨땀

태국 북부 요리

치앙마이를 중심으로 한 북부는 고산지대라서 산에서 나는 채소를 날것이나 찜으로 먹고, 날씨가 서늘해 음식에 지방을 많이 사용한다. 보통 란나 음식이라고 부른다.

카오소이, 깽항래, 깽무, 남프릭 까삐, 사이우아

사이우아

팟타이

태국 중부 요리

방콕을 중심으로 한 중부는 큰 강이 흘러 농사짓기에 알맞다. 코코넛 밀크를 넣은 커리, 똠얌꿍처럼 새우를 넣은 새콤 달콤 매콤한 요리가 발달했다.

팟타이, 똠얌꿍, 그린 커리

태국 남부 요리

해안을 따라 내려가는 남부는 비가 자주 오고 덥기 때문에 상대적으로 음식을 더욱 맵게 먹는다. 해산물을 이용한 음식이 많고, 맵게 끓인 생선 뱃살 찌개를 먹는다.

깽맛사만, 깽르앙, 깽따이 쁠라

THAI FOOD

STEP 01

태국 요리 기본 편

여행의 재미 중 으뜸은 먹거리 탐방이 아닐까. 미식의 나라 태국의 수도 방콕에서는 마음만 먹으면 어떤 요리든 맛볼 수 있다. 내 입맛에 꼭 맞는 태국 음식을 골라보자.

01

세계 3대 수프의 감칠맛

똠얌꿍 Tom Yum Kung

매콤하면서도 신맛이 감도는 국물 맛에 빠져든다. 붉은 고추를 넣어 매운맛을 살리고, 라임을 넣어 새콤한 맛을 더한다. 여기에 레몬그라스, 버섯, 생강과 비슷한 뿌리인 고량강을 넣어 깊은 맛을 낸다. 부드러운 맛을 살리기 위해 코코넛 밀크를 더하기도 한다. 똠(Tom)은 끓인다는 뜻이고, 얌(Yum)은 맵고 신 샐러드를 말한다. 꿍(Kung)은 새우, 탈레(Talay)는 해산물이므로 똠얌꿍은 새우를 넣어 끓인 맵고 신 국물 요리, 똠얌탈레는 해산물을 넣어 끓인 맵고 신 국물 요리다. 생선을 넣으면 똠얌쁠라(Tom Yum Pla)다. 프랑스의 부야베스, 중국의 샥스핀 수프와 함께 세계 3대 수프로 손꼽힌다.

02

달콤 짭짤하게 볶은 쌀국수

팟타이 Pad Thai

단짠단짠의 진수를 보여주는 쌀국수가 바로 팟타이. 그만큼 누구나 좋아하는 볶음 국수다. 달콤하고 짭조름한 국수에 숙주가 아삭함을 살리고, 땅콩과 달걀이 고소한 맛을 더한다. 취향에 따라 고춧가루나 설탕, 라임즙을 더 넣어 먹는다. 태국 음식점에는 대부분 팟타이가 있을 정도로 대중적인 메뉴다. 노점의 팟타이도 푸짐하고 맛있다. 볶는다는 뜻의 팟(Pad)에 태국 국명인 타이(Thai)를 붙였으니 가히 태국을 대표하는 볶음 국수라 할 수 있다. 닭고기나 새우를 먼저 볶다가 쌀국수와 숙주를 넣고 피시 소스와 타마린드 소스, 팜 슈거로 양념한다.

03

산뜻한 뒷맛의 파파야 샐러드

쏨땀 Som Tam

한국에 김치가 있다면 태국에는 쏨땀이 있다. 쏨땀은 그린 파파야로 만든 매콤 새콤한 태국식 샐러드다. 파파야의 속살을 채 썰어 고추와 마늘, 라임즙과 피시 소스를 넣고 버무린 다음 절구에 모두 넣고 빻는다. 쏨(Som)은 신맛, 땀(Tam)은 빻는다는 뜻이다. 고추의 매운맛과 라임의 신맛, 피시 소스의 짠맛에 달콤한 설탕이 어우러져 어떤 음식과 함께 먹어도 잘 어울린다. 해산물을 데쳐서 넣으면 쏨땀탈레(Som Tam Talay), 게를 넣으면 쏨땀뿌(Som Tam Poo)라고 하며 다양한 재료로 변주가 가능하다. 한번 쏨땀의 맛에 빠지면 매끼 김치를 먹듯 쏨땀을 주문하게 된다. 바비큐나 치킨에 쏨땀을 곁들이면 최고의 맥주 안주다.

04

게살에 커리 소스 듬뿍

뿌팟퐁까리 Poo Pad Pong Kari

뿌팟퐁까리는 한국인들 사이에서 태국에 가면 꼭 먹어봐야 할 음식으로 손꼽힌다. 뿌(Poo)는 게, 팟(Pod)은 볶다, 퐁(Pong)은 가루라는 뜻으로 카레 가루에 볶은 게 요리를 말한다. 쫄깃하고 담백한 게살을 부드러운 코코넛 밀크를 넣은 향긋한 옐로 커리로 볶아내는데, 커리의 향보다 게살의 고소함과 단맛이 훨씬 진해 그야말로 밥도둑이 따로 없다. 게 껍데기를 발라 먹기가 어렵다면 게살을 모두 발라낸 뿌팟퐁까리나 껍질째 먹을 수 있는 뿌님팟퐁까리를 주문하면 먹기에 편할뿐더러 밥을 비비기에도 좋다.

05

언제 먹어도 맛있는 볶음밥

카오팟 Khao Pad

동남아를 여행하다 음식이 입에 맞지 않으면 카오팟을 시켜보자. 카오(Khao)는 쌀, 팟(Pad)은 볶는다는 뜻이니 태국식 볶음밥을 두루 이르는 말이다. 새우나 오징어, 닭고기, 돼지고기, 소고기, 달걀 등 맛있는 주재료에 다양한 채소를 곁들여 볶는다. 새우가 들어가면 카오팟 꿍(Khao Pad Kung), 게살이 들어가면 카오팟 뿌(Khao Pad Poo), 닭고기가 들어가면 카오팟 까이(Khao Pad Kai), 돼지고기를 사용하면 카오팟 무(Khao Pad Moo), 쇠고기를 사용하면 카오팟 누아(Khao Pad Nua)라고 한다.

06

국물 맛이 진한 쌀국수

꾸웨이띠여우 Kuay Teaw

태국의 쌀국수는 진한 국물 맛이 일품이다. 베트남의 쌀국수가 육수를 우려낸 담백하고 진한 맛이라면 태국의 쌀국수는 인도와 중국의 영향으로 강한 향신료를 가미해 더욱 풍부한 맛을 낸다. 맑게 우려낸 남싸이(Nam Sai), 고기를 푹 삶아 간장을 넣은 뚠(Toon), 맵고 신 똠얌(Tom Yum), 돼지나 소피를 넣어 걸쭉하고 짭짤한 남똑(Nam Tok), 토마토소스가 들어간 분홍색 옌타포(Yentafo)처럼 국물의 종류도 다양하다.

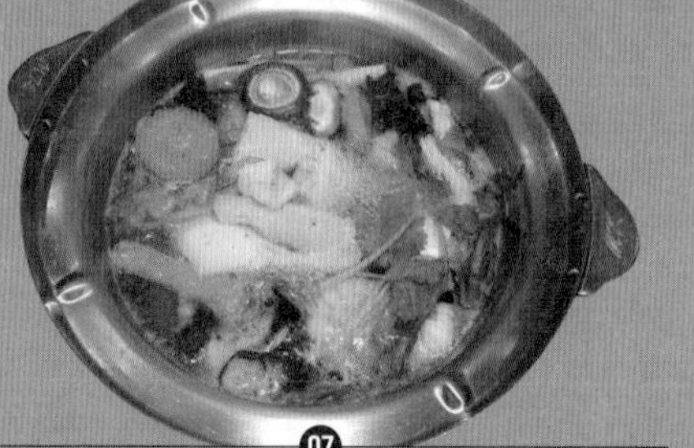

07

해물과 고기를 데쳐 소스에 찍먹

수끼 Suki

팔팔 끓는 닭 육수에 다양한 재료를 데쳐 먹는 태국식 전골 요리. 중식당에서 먹던 훠궈를 태국식으로 발전시킨 음식으로 태국식 훠궈, 태국식 샤부샤부라고 부른다. 전골냄비에 육수를 끓이면서 각종 채소와 버섯, 새우나 관자, 오징어 같은 해산물과 어묵, 소고기나 돼지고기, 면을 살짝 데쳐 소스에 찍어 먹는다. 칠리소스와 생강, 마늘, 라임즙, 땅콩과 고추를 버무린 매콤한 스키야키 소스가 수끼의 인기에 한몫을 한다.

08

태국에서도 역시 치느님

까이양, 까이텃 Kai Yang, Kai Tod

까이양은 닭고기 바비큐다. 불맛이 살아 있는 큼지막한 닭고기를 매콤한 소스에 찍어 먹는다. 까이텃은 닭튀김인데 짭조름하게 튀겨 달콤한 칠리소스를 찍어 먹는다.

09

돼지고기에 불맛을 더했다

사테, 커무양 Satay, Ko Mu Yang

꼬치구이는 사테, 돼기고기 사테는 사테 무(Satay Moo)라고 한다. 달콤한 양념을 발라 구워 간식으로 먹기에도 좋다. 커무양은 돼지 목살을 구운 고기다.

10

태국식 족발 덮밥

카오카무 Kao Kha Moo

달고 짭조름한 양념에 돼지고기와 족발을 푹 삶은 다음 살코기를 발라 밥에 얹어 먹는 덮밥이다. 양념은 장조림처럼 친숙한 맛이고 식감은 껍질까지 부드럽고 쫄깃하다.

11

아삭아삭하게 볶아낸 모닝글로리

팟 팍붕 파이댕 Pad Pakboong Faidaeng

모닝글로리라는 이름으로 잘 알려진 태국식 나물로 미나리과에 속하는 채소를 볶아서 만든다. 태국 된장이나 굴소스, 간장 등을 뿌려 아삭아삭하게 볶아 반찬으로 딱 좋다.

얌운센

12

매콤한 샐러드와 당면의 조화

얌운센, 얌탈레
Yum Woon Sen, Yum Talay

태국 음식에 익숙한 사람이라면 얌운센의 매력을 익히 알 것이다. 채소에 투명한 당면, 새우를 넣고 매콤 달콤한 소스로 버무리면 얌운센, 오징어와 각종 해물을 넣으면 얌탈레다.

13

속이 싹 풀리는 든든한 한 끼

쪽, 카오똠 Jok, Khao Tom

태국에서는 흰 죽을 쪽이라고 한다. 죽에 달걀이나 돼지고기 고명을 얹고 간장, 쪽파, 생강 등을 취향껏 넣어 먹는다. 카오똠은 보통 간이 된 국물에 끓인 죽이다. 수끼를 먹고 남은 국물이나 고기 육수를 이용한다.

TIP

음식 주문 팁

고수는 빼주세요!

우리말로는 고수, 중국말로는 향차이, 태국말로는 팍치라고 하는 허브 식물은 태국 요리의 맛을 돋우는 향신료의 일종이다. 고수를 처음 맛보면 이상하지만 조금씩 자주 먹다 보면 어느새 특유의 향에 이끌리게 된다. 고수를 빼달라는 말은 '마이 싸이 팍치'인데, 여자는 뒤에 '카'를 붙여 "마이 싸이 팍치 카."라고 말하고, 남자는 뒤에 '캅'을 붙여 "마이 싸이 팍치 캅."이라고 하면 예의를 갖춘 말이다. "노 팍치!"라고 해도 대부분 알아듣는다.

STEP 02

태국 요리 심화 편

01

샐러드 요리

얌땅과 Yum Tang Gwa

오이샐러드. 오이를 매콤하고 새콤한 양념으로 무쳐 오이 특유의 시원한 식감과 매운 기운이 조화롭다.

얌마무앙 Yam Mamuang

망고샐러드. 쏨땀과 비슷한 양념을 사용하는데, 그린 망고의 신맛이 아주 강하게 드러난다.

02

국수 요리

옌타포 Yentafo

고춧가루를 넣어 발효시킨 두부에 칠리소스와 토마토소스를 더해 분홍빛이 도는 국수. 옌타포의 국물은 색깔만큼이나 맛이 오묘하다.

남똑 Nam Tok

빠약 보트 누들 P.198의 남똑 국물은 돼지나 소의 선지를 넣어 끓인 국물로, 진한 갈색에 걸맞은 깊은 맛이 우러난다.

카놈찐 Khanom Chin

카놈찐은 보통 쪄서 익혀둔 쌀국수 소면을 말한다. 카놈찐 위에 커리 소스를 붓고 생채소와 섞어서 함께 먹는다. 카놈찐 남야오(Khanom Chin nam Ngeo)라고도 한다.

“

한국에서도 먹을 수 있는 뿌팟퐁까리나 똠얌꿍 말고 태국에서만 먹을 수 있는 요리들이 있다.
새로운 미식의 세계에 도전장을 내밀고픈 사람에게 추천한다.

”

03

해물 요리

쁠라카퐁 톳 남쁠라 Pla Kapong Tod Nam Pla

튀긴 농어에 짭짤한 피시 소스 양념을 끼얹은 요리. 양도 넉넉해서 여럿이 나눠 먹기 좋다.

어쑤언 Or Suan

굴을 좋아한다면 태국식 굴전인 어쑤언을 먹어보자. 식감이 꽤 부드러워 부침개라기보다는 오믈렛에 가깝다.

04

돼지고기 요리

무끄랍 Moo Krob

태국식 삼겹살 튀김인 무끄랍은 껍질은 바삭하고 속살은 부드럽다. 쏨땀에 얹어 먹기도 하고 밥에 얹어 덮밥으로 먹기도 한다.

랍무 Larb Moo

다진 돼지고기를 태국 고추, 바질, 민트, 고수와 함께 볶은 이싼 요리로, 매운 요리를 좋아하는 사람에겐 꽤나 매력적이다.

05

커리 요리

태국식 커리, 깽 Kaeng

태국에서는 커리를 깽이라고 하며 고추와 강황, 레몬그라스 등을 한데 넣고 빻아 만든 가루를 기본으로 만든다. 한국에서 맛보는 커리보다 매운맛과 신맛이 강한 것이 특징이다.
커리 페이스트에 코코넛 밀크를 넣고 끓인 깽에는 붉은 고추를 넣은 레드 커리 깽펫(Kaeng Phet), 초록 고추와 가지, 바질을 넣어 만든 그린 커리 깽키여우완(Kaeng Khiao Wan)이 있다. 커리 페이스트에 물만 넣고 끓인 깽은 깽쏨(Kaeng Som)이라고 하는데 매운맛과 신맛이 강하게 느껴진다.

새우를 넣은 깽쏨꿍

인도식 커리, 까리 Kari

태국에서 인도식 커리는 까리라고 부른다. 그래서 옐로 커리는 깽까리(Kaeng Kari)라고 하고, 게를 넣은 옐로 커리는 뿌팟퐁까리(Poo Pad Pong Kari)라고 한다.

뿌팟퐁까리

중동식 커리, 마사만 Massaman

마사만은 색으로 구분하는 옐로 커리, 그린 커리, 레드 커리와 달리 중동 요리의 영향을 받은 무슬림식 커리다. 깽 마사만(Kaeng Massaman)이라고 하는데 푹 익힌 소고기, 감자, 땅콩, 코코넛 밀크가 들어가 고소하다.

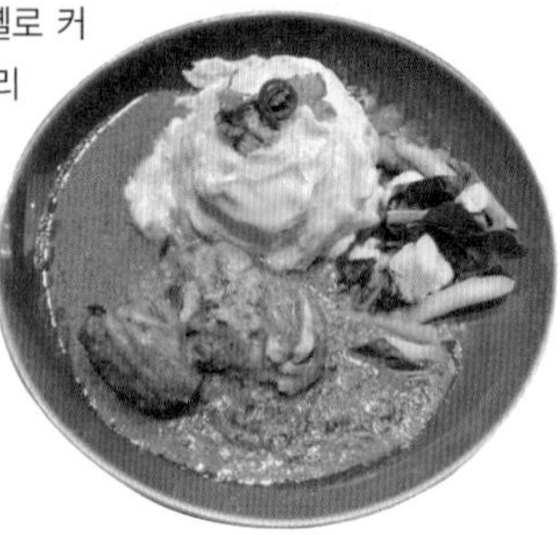

06

달걀 요리

호텔 조식을 먹을 때 오믈렛을 꼬박꼬박 챙겨 먹는다면 태국식 오믈렛에 도전해보자. 달걀을 잘 풀어서 납작하게 부쳐냈을 뿐인데 속은 부드럽고 겉은 바삭해 자꾸 손이 간다. 짭조름한 오믈렛을 밥에 얹어 덮밥처럼 먹기도 한다. 태국식 오믈렛에 반하면 의외로 오믈렛 메뉴를 갖춘 식당이 많다는 사실에 즐거워진다.

07

태국의 기본 소스

태국 음식점에 가면 종종 테이블 한쪽에 양념을 담은 종지들이 늘어서 있다.
입맛에 따라 양념을 추가해서 음식을 더 맛있게 먹어보자.

남쁠라, 프릭 남쁠라 Nam Pla, Prik Nam Pla

남쁠라는 태국식 액젓으로 흔히 피시 소스라고 부른다. 짜고 향이 강하다. 고추를 프릭(Prik)이라고 하는데 남쁠라에 매운 고추를 송송 썰어 넣은 프릭 남쁠라도 자주 먹는다. 튀김 요리나 오믈렛, 볶음밥에 곁들이면 알싸한 매운맛에 입맛이 살아난다.

프릭 남쁠라

남쁠라

남프릭 파오 Nam Prik Pao

태국식 볶음 고추장이다. 고추의 매콤함과 팜슈거의 달콤함이 섞여 매콤 달콤한 양념 고추장 맛을 낸다.

프릭 퐁 Prik Pong Pung

태국식 고춧가루로 잘 말린 맵고 붉은 고추를 갈아서 무척 맵다. 태국인들은 팟타이나 국수에 뿌려 먹는다.

남프릭 타댕 Nam Prik Ta Daeng

붉은 고추에 양파와 마늘, 피시 소스와 타마린드 소스, 라임즙을 섞어 만든 양념장이다.

씨유 담 See Ew Dam

태국어로 간장을 씨여우 담이라고 한다. 간장으로 볶은 쌀국수를 팟씨유(Pad See Ew)라고 부른다.

남딴 Nam Tan

맵고 달고 시고 짠 4가지 맛을 내는 태국 음식에 설탕이 빠질 수 없다. 태국인들의 설탕 사랑은 유난하다. 이미 다디단 음식에도 설탕을 뿌려 먹곤 한다.

STEP 03

태국 북부 요리 편

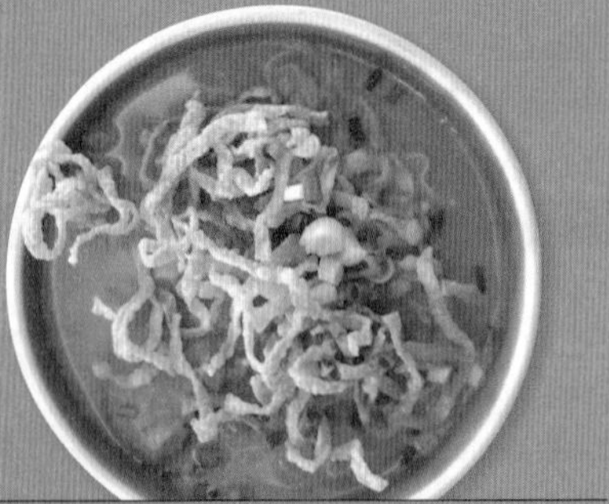

튀긴 면을 고명으로 올린 커리 국수

카오소이 Khao Soi

부드럽게 익은 면 위에 튀긴 면발을 고명처럼 얹는다. 보통 달걀이 들어가 노란색을 띠는 바미 면을 쓴다. 코코넛 밀크를 넣어 진하고 고소한 커리 국물과 함께 바삭하고 부드러운 2가지 면의 식감을 동시에 느낄 수 있다. 취향에 따라 라임즙을 넣어 신맛을 더하고, 함께 나온 채소절임을 넣어 아삭함을 더한다.

마담 무써 P.163, 홈 두안 P.265

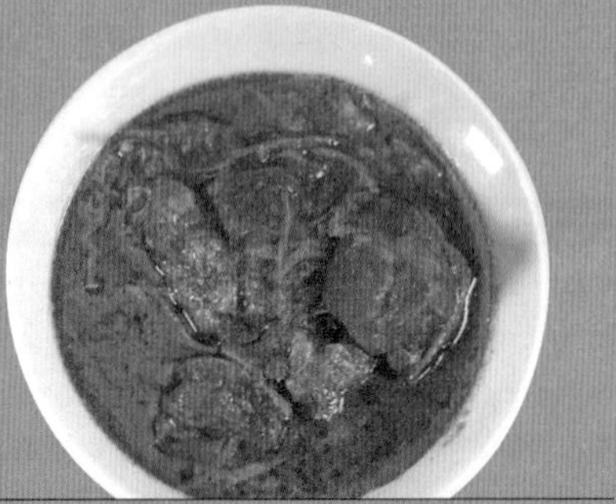

마치 갈비찜을 먹는 기분

깽항래 Kaeng Hang Lay

돼지고기 커리인 깽항래는 돼지갈비찜과 비슷한 맛으로 여행자들의 사랑을 받는다. 야들야들하게 삶은 돼지고기에 감자와 양파까지 커리의 향을 듬뿍 머금었다. 돼지고기로 만들면 깽항래 무, 닭고기로 만들면 깽항래 까이라고 한다. 달짝지근한 깽항래 무가 갈비찜과 비슷하다면 깽항래 까이는 닭볶음탕과 비슷한 맛이다.

마담 무써 P.163, 홈 두안 P.265, 수파니가 이팅룸 P.171

매콤하고 강한 향의 소시지

사이우아 Sai Ua

태국 북부에서는 돼지고기에 각종 허브와 향신료, 고추를 넣어 매콤한 소시지를 만든다. 레드 커리를 넣은 사이우아는 붉은빛이 진하다. 향신료가 많이 들어가지만 고추의 칼칼한 맛이 냄새와 향을 무마한다. 당면이나 밥으로 속을 채운 사이우아는 우리의 순대와도 비슷하다.

마담 무써 P.163, 홈 두안 P.265

북부의 바삭한 국민 간식

캡무 Khaep Moo

뭐든 튀기면 맛있다는데 하물며 돼지 껍질 튀김이다. 바삭바삭하고 고소하고 짭조름한 캡무는 식감이 과자 같아 아이들도 어른들도 좋아하는 간식이다. 쌈장 같은 남프릭 옹이나 남프릭 눔에 찍어 먹기도 하고, 국수 위에 고명으로 얹어 먹기도 한다.

길거리 노점, 푸드코트, 보트 누들 골목의 식당 P.200

“

태국 음식점이라고 해서 들어갔는데 익숙한 똠얌꿍이나 팟타이 대신
쌈 채소가 풍성한 음식을 팔고 있다면 북부 지역의 음식을 파는 식당임에 틀림없다.
방콕에서 태국 북부 요리를 즐기는 특별한 시간!

”

돼지고기와 함께 볶아낸 걸쭉한 토마토소스
남프릭 옹 Nam Prik Ong

북부에서 먹는 볶음 쌈장. 다진 돼지고기에 다진 양파와 마늘, 잘게 썬 토마토를 넣고 고추와 피시 소스로 간을 해 볶는다. 오이나 배추 같은 채소나 깹무를 찍어 먹는다.

마담 무써 P.163, 수파니가 이팅룸 P.171

풋고추로 만든 매콤 소스
남프릭 눔 Nam Prik Num

불에 구워서 껍질을 약간 익힌 풋고추와 마늘, 고수, 라임즙, 피시 소스를 넣고 갈면 남프릭 눔이다. 채소나 깹무, 찰밥에 곁들여 먹는다.

마담 무써 P.163, 수파니가 이팅룸 P.171

채소와 생선을 찍어 먹는 새우 쌈장
남프릭 까삐 Nam Prik Kapi

피시 소스에 다진 마늘과 고추, 라임즙, 설탕, 건새우나 새우젓을 버무려 만든 쌈장으로 고소한 맛이 난다. 재미있게도 채소와 생선을 주문하면 쌈장이 같이 나오는 게 아니라 남프릭 까삐를 시키면 채소와 생선을 함께 준다.

딸링쁠링 P.230, 수파니가 이팅룸 P.171

TIP
란나 음식? 이싼 음식?

미식의 도시 방콕에서는 치앙마이를 중심으로 발전한 북부의 란나 음식(Lanna Food)이나 라오스와 가까운 북동부의 이싼 음식(Issan Food)을 내세운 식당들도 곳곳에서 만날 수 있다. 북부의 산악지대에서 발전한 란나 음식은 강하고 자극적인 향신료를 듬뿍 쓰며 쌈 채소나 익힌 채소를 곁들인다. 라오스와 가까운 북동부의 이싼 음식은 혀를 내두를 정도로 매운맛이 강하다. 쏨땀이나 똠얌 같은 매콤한 음식들이 이싼 지역에서 유래했다.

LOCAL FOOD RESTAURANT

방콕에서 놓칠 수 없는 **베스트 로컬 맛집**

행복한 여행에서 빼놓을 수 없는 것이 바로 끼니마다 맛있는 현지 음식을 골라서 맛보는 일이 아닐까. 태국 음식 특유의 진한 향과 오묘한 맛에 도전하고 싶다면 현지인과 여행자 모두에게 사랑받는 맛집을 찾아가 보자.

서쪽 강변

크루아 압손 signature 뿌팟퐁까리

뿌팟퐁까리의 게살을 커다랗게 쏙쏙 발라내어 줘 먹기도 편하고 맛도 좋다. P.169

팁싸마이 signature 팟타이

달달하게 볶은 팟타이의 참맛을 느끼려면 줄을 설 각오를 하고 가자. P.168

수파니가 이팅룸 signature 남프릭 까삐

태국식 쌈장 남프릭 까삐 맛집으로 여러 종류의 채소와 생선을 곁들여 먹는다. 태국 북부 요리 탐험에 제격이다. P.171

찌라 옌타포 signature 옌타포 국수

태국 음식의 진한 신맛을 좋아한다면 분홍색의 새콤하고 구수한 옌타포 국물을 맛보자. P.162

시내 중심

매끌롱 랭쌥 signature 랭쌥

입에 착 붙는 매콤하고 새콤한 국물의 뼈해장국물과 칼칼하게 매운 고추의 조화. P.246

쏨땀 누아 signature 쏨땀

한국에서 '치맥'할 때는 치킨무를 곁들이듯 태국에서는 '치맥'에 쏨땀을 곁들여야 제맛! P.205

빠약 보트 누들 signature 남똑

걸쭉하고 텁텁하지만 진하고 매력적인 남똑 국물에 다양한 종류의 국수를 말아먹자. P.198

짜런상 실롬 signature 카오카무

달콤 짭조름한 국물에 입에서 살살 녹는 고기까지 한국인 입에 딱 맞는 태국식 족발. P.231

시내 동쪽

크루아 쿤 푹
signature 갈비 국수

시내 동쪽에서 맛보는 제대로 된 갈비국수. 진한 맛과 실한 고기가 일품! P.247

홈 두안
signature 카놈찐

쌀밥에 찌개에 온갖 반찬을 골라 담아 맛보는 태국식 백반. P.265

싯 앤 원더
signature 랍무

매운 랍무와 커리, 쏨땀, 볶음 요리 모두 맛있어 단골하고 싶은 집. P.264

COOKING CLASS

직접 만들어 더 맛있는

태국 요리 쿠킹 클래스

방콕에서는 태국의 전통 음식을 만들어보는 쿠킹 클래스가 인기다. 독특한 허브와 양념, 다양한 재료를 사용하는 태국 요리 레시피가 궁금했다면 직접 만드는 경험을 해보자.

쿠킹 클래스 진행 순서

★ 로차스 컬리너리 스쿨의 쿠킹 클래스 과정

01 준비하기

쿠킹 클래스 교실로 들어서면 시원한 물수건과 차를 내온다. 직접 만들어볼 음식의 레시피를 확인한다. 앞치마와 보조 가방은 사용 후 기념으로 주기도 한다.

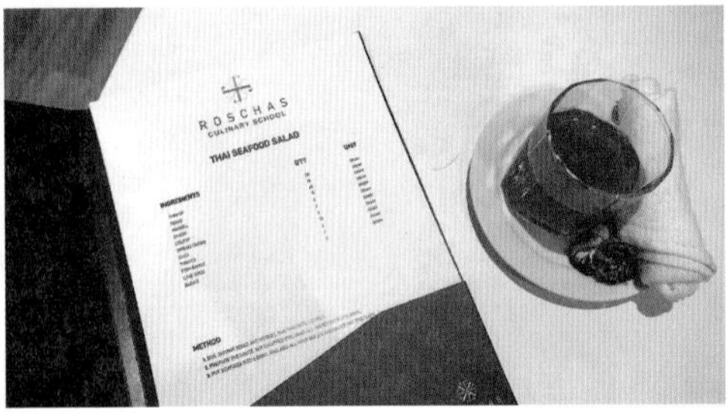

02 음식 만들기

셰프가 재료에 대해 설명한 다음 먼저 요리 시범을 보인다. 셰프가 만든 음식을 수강생들이 나누어 맛본다. 각자 준비된 재료가 놓인 작업대에서 요리를 하는 동안 셰프가 작업대를 돌며 도움을 준다. 취향에 따라 양념의 비율을 달리하며 자신의 입맛에 딱 맞게 요리한다. 서너 접시의 요리를 다 만들고 나면 수료증을 주고 단체 사진을 남긴다.

TIP

쿠킹 클래스 예약하기

쿠킹 클래스는 대부분 요일별로 다른 메뉴를 만든다. 특별히 만들어 먹고 싶은 요리가 있다면 홈페이지에서 찾아보고 예약하자. 여행을 떠나기 전 온라인에서 미리 할인된 금액으로 예약할 수 있다.

03 칵테일 만들기

코스에 따라 추가로 칵테일을 만들기도 한다. 만든 음식을 식당으로 옮기는 동안 잠시 바에 들른다. '로챠스 컬리너리 스쿨'에서는 바텐더의 지시에 따라 적당한 비율로 리커와 주스를 섞어 '방콕 딜라이트'라는 칵테일을 만든다. 상큼하고 달달해 식전주로 제격.

04 직접 만든 음식 맛보기

레스토랑으로 이동하면 자신이 만든 음식이 테이블에 근사하게 세팅되어 있다. 분위기 있는 레스토랑에서 우아하게 식사하자.

로챠스 컬리너리 스쿨 Roschas Culinary School

호텔에서 운영하는 만큼 호텔 셰프가 강습을 하며 깔끔하고 정갈하게 운영한다. 앞치마와 레시피를 기념으로 제공하고, 한 사람 앞에 작업대가 하나씩 주어지며, 칵테일도 만들어볼 수 있어 인기가 높다. 호텔 측에서 미리 1인분씩 재료를 소분해두어 편리하다. 3시간 동안 애피타이저 한 접시에 메인 요리 3가지와 디저트 한 접시를 만든다. 요리 한 가지를 만드는 1시간짜리 클래스, 베이커리를 만드는 클래스도 있다.

372 Sri Ayutthaya Rd, Khwaeng Phyathai, Khet Ratchathewi 아카라 호텔 3층. BTS 파야타이(Phaya Thai)역 4번 출구에서 800m, 도보 10분. ARL 라차프라롭(Ratchaprarop)역에서 200m, 도보 2분, 쿠킹 클래스 예약 시 파야타이역이나 라차프라롭역에서 픽업 서비스 제공 ฿ 인원 및 메뉴에 따라 요금 변동, 예약 시 문의 09:00~18:00 02-248-5511 roschasbkk.com 13.756105, 100.541312

실롬 타이 쿠킹 스쿨 Silom Thai Cooking School

오전, 오후, 저녁 클래스를 운영한다. 클래스를 등록하면 텃밭에서 직접 키운 허브와 채소를 둘러보거나, 시장에서 다양한 태국의 채소와 과일에 대해 설명을 듣고 요리할 장소로 이동한다. 한 가지 요리를 만들고 음식을 맛본 후 다음 요리를 진행한다. 네 가지의 요리와 망고 찰밥을 만들어 먹고 나면 꽤 배가 부르다.

6/14 Decho Rd, Khwaeng Silom, Khet Bang Rak BTS 총논시(Chong Nonsi)역 3번 출구에서 700m, 도보 9분 ฿ 1,200밧 오전 클래스 09:00~12:20, 오후 클래스 13:40~17:00, 저녁 클래스 18:00~21:00 084-726-5669 www.silomthaicooking.com 13.722444,100.524715

FOOD COURT

무엇을 먹어야 할지 고민될 때
푸드코트 이용법

방콕의 대형 쇼핑몰 안에는 다양한 먹거리를 갖춘 푸드코트가 있다. 공간이 시원하고 쾌적하면서 가격도 합리적인 데다 여러 가지 메뉴를 한자리에서 골라 먹을 수 있어 만족스럽다.

01 충전하기

푸트코트를 이용하려면 충전식 선불카드가 필요하다. 푸드코트 입구 카드 충전소에서 현금으로 충전한다. 카드는 보증금이 없고 발급 비용이 들지 않으며, 금액은 원하는 만큼 충전할 수 있다. 특별한 음식을 먹고 싶다면 충전하기 전에 푸드코트를 한 바퀴 둘러본 다음 음식의 가격에 맞춰서 충전하는 것도 좋다.

02 주문하기

먹고 싶은 음식을 파는 가게로 가서 메뉴를 고르고 카드를 내밀면 음식값만큼 돈이 빠져나간다. 팝업 스토어나 음료 매장의 경우 카드가 아닌 현금으로만 계산하는 경우도 있다.

03 환불받기

푸드코트를 떠나기 전에 다시 충전소로 돌아가 카드를 반납하고 남은 금액을 환불받는다. 방콕에 오래 머물면서 특정 푸드코트를 자주 이용할 계획이라면 굳이 반납하지 않아도 괜찮다. 대신 유효기간을 확인하자.

TIP

푸드코트 이용 팁

푸드코트의 가격대는?

푸드코트의 가격대는 쇼핑몰의 규모에 따라 천차만별이다. 예를 들어 터미널 21 P.258의 푸드코트 피어 21은 음식 1접시에 보통 100밧이 넘지 않지만, 센트럴 엠버시의 잇타이 푸드코트 P.214는 100~200밧 정도로 가격대가 높은 편이다. 음식 1접시 가격이 합리적이면서 깔끔하고 쾌적하게 식사를 할 수 있는 푸드코트는 킹파워 랑남 면세점의 타이 테이스트 허브 P.203나 엠쿼티어 P.259의 푸드홀이다.

후불식 카드로 계산하는 푸드코트

센트럴 엠버시의 잇타이 푸드코트는 입장할 때 1,000밧이 미리 충전된 카드를 1장씩 나눠줘 줄을 서서 충전할 필요가 없다. 출구에 정산소가 있어 나갈 때 카드를 돌려주면 먹은 만큼만 계산한다.

FOOD DELIVERY

숙소에서 편안하게 즐기는 맛집
배달 음식 주문 방법

방콕에서 배달 앱을 잘 이용하면 방콕의 소문난 맛집들을 숙소에서 편안하게 즐길 수 있다. 택시를 잡을 때 사용하는 그랩 앱으로 맛있는 요리를 시켜보자.

① 그랩 앱을 켜고 '택시' 옆에 있는 **'음식'** 탭을 누른다.

② **배달(Delivery)**에 들어가서 음식, 음료, 치킨, 패스트푸드 등 메뉴 카테고리를 선택한다.

③ **음식(Cooked to Order)**을 누르면 음식점 리스트가 뜬다. 별점과 배달비, 배달 시간을 확인할 수 있다.

④ 음식점 선택 후 먹고 싶은 메뉴를 담는다. 영어로 된 음식 설명이 맞지 않을 때가 많으니 사진을 잘 보고 고른다. 배달이 시작되면 취소할 수 없으니 다시 한 번 주문 내용과 배송지를 체크한 후 주문한다.

⑤ 배송이 얼마나 빠르게 되느냐에 따라 배송비가 달라지며, 숙소에 수저가 없으면 일회용 요청에 체크한다.

⑥ 음식 가격과 배달비, 해외 결제 수수료를 합친 총액이 결제된다. 해외 결제 수수료는 태국에서 발급하지 않은 모든 카드(외화 충전식 선불카드, 신용카드, 체크카드 등)에 부과된다. 배달 기사가 보내는 메시지를 바로 받기로 설정한다.

⑦ 결제가 완료되면 음식을 만들고 배달되는 과정이 앱에 표시된다.

⑧ 배달이 시작되면 배달 기사의 위치와 도착 예정 시간을 알려준다.

⑨ 지정한 숙소 위치(로비, 주차장 등)에서 음식을 건네받는다.

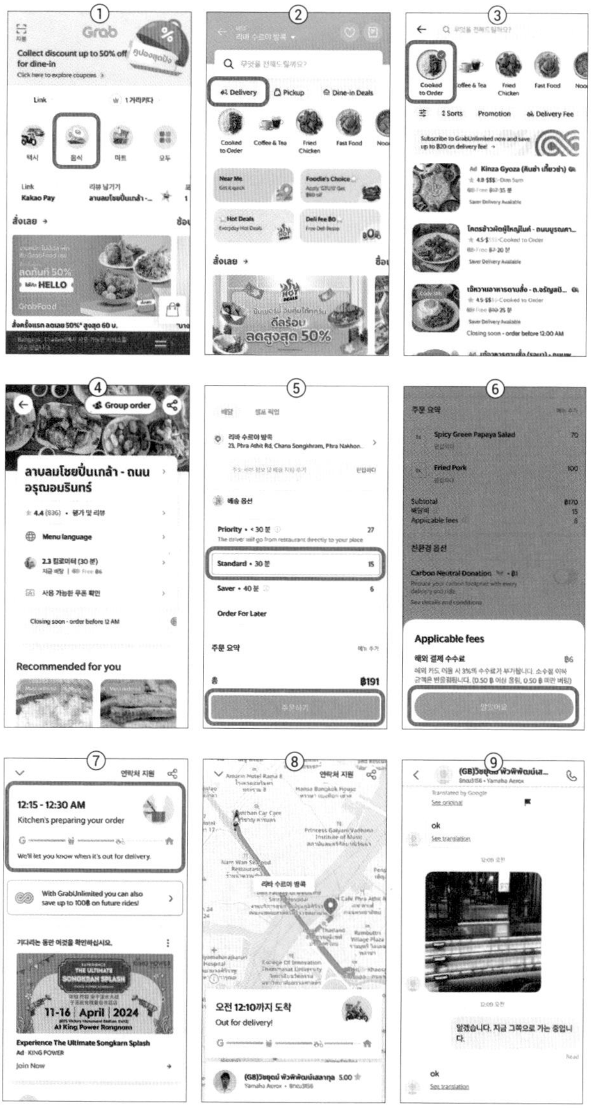

BEST CAFE

근사한 분위기에서 즐기는 커피 한잔
방콕의 베스트 카페

스타킹에 내려주던 길거리 커피나 비닐에 담아주던
봉지 커피는 옛 방콕 여행의 추억으로 묻어두자.
요즘 트렌드에 맞는 멋진 분위기, 고급스러운 맛,
독특한 개성 등으로 승부하는 좋은 카페를 소개한다.

01

나만 알고 싶은 근사한 카페

커피아스 P.270

커피 맛에 진심인 주인장이 향긋한 커피를 내려준다. 앉은 자리에서 커피 2잔을 마시게 하는 힘이 있다. 갤러리에 온 듯 감각적인 인테리어 덕분에 오래 머물고 싶은 카페다.

☺ 멋진 인테리어와 커피 맛
☹ 저녁 6시면 영업 종료

02

차이나타운의 정취와 어우러진 강변 뷰

홍 시엥 꽁 P.180

옛 건물과 나무, 차오프라야강의 정취가 가장 잘 어우러지는 공간이다. 브런치나 맥주 등 메뉴도 다양한 편이고, 골동품이 전시된 갤러리까지 있다.

☺ 에어컨이 있는 시원하고 깨끗한 공간
☹ 골목 끝에 위치해 접근성이 좋지 않음

03

환하고 싱그러운 카페테라스

쩨디 카페 앤 바 P.170

싱그러운 나무 아래 그늘이 드리워진 테라스에 앉아서 운하를 바라보면 그야말로 힐링된다. 실내에 있어도 통유리를 통해 작은 정원에 앉은 느낌을 만끽할 수 있다.

☺ 환하고 깨끗한 인테리어 다양한 커피 메뉴

☹ 적은 실내 테이블 수와 애매한 위치

04

뷰도 인테리어도 인스타그래머블!

프티 솔레일 P.165

시끌벅적한 카오산 로드에서 조금만 벗어나 차오프라야 강변으로 내려오면 조용하게 커피 한잔하기 좋은 고풍스러운 카페를 만난다. 멋진 강변 풍경도 놓치지 말자.

☺ 카오산과 람부뜨리 로드 근처에서 가장 좋은 뷰

☹ 인테리어는 좋지만 커피 맛은 평범

05

방콕 동쪽의 초록초록한 힐링 장소

빠톰 오가닉 리빙 P.269

오가닉 음료와 제품을 함께 판매하는 카페로 통유리로 된 건물 앞으로 커다란 정원을 품고 있다. 야외를 선호하는 서양 여행자들이 잔디밭을 뒹굴며 망중한을 보낸다.

☺ 초록 배경으로 사진 찍기 좋은 힐링 장소

☹ 실내석이 적고, 한낮의 야외석은 비추천

STREET FOOD

거리에서 맛보는 태국
길거리 음식

방콕은 길거리 음식도 맛있다. 2016년과 2017년 두 해에 걸쳐 CNN에서 세계 최고의 길거리 음식 도시로 선정했을 정도다. 그동안 잘 몰라서 도전하지 못한 간식들이 있다면 이제는 자신 있게 도전해보자.

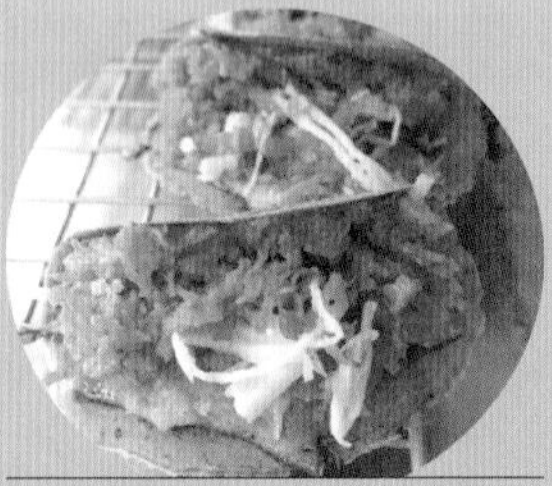

카놈브앙 Khanom Buang

바삭한 쌀전병 위에 코코넛 속살과 달걀, 고구마, 새우 같은 고명을 잔뜩 얹어 구워낸 태국식 크레이프다. 고명의 맛에 따라 달콤하기도 하고 짭짤하기도 하다.

로띠 Roti

기름을 두른 팬에 반죽을 얇게 펴고 그 위에 바나나와 달걀을 얹어 굽는다. 연유와 초코시럽을 듬뿍 뿌려 먹으면 황홀한 단맛을 경험할 수 있다.

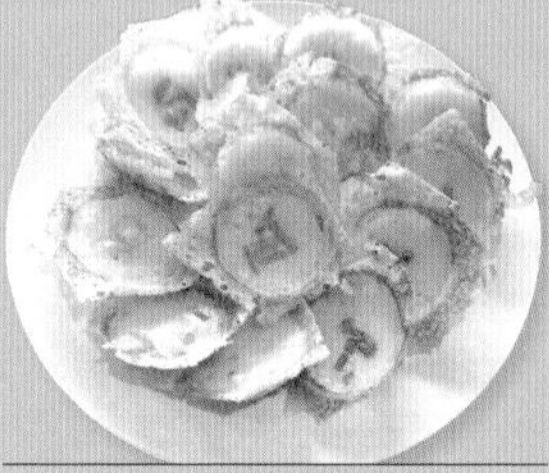

카놈크록 Khanom Krok

코코넛 밀크와 쌀가루를 넣은 반죽에 쪽파나 옥수수, 고구마를 올려 예쁘게 굽는데, 겉은 바삭하고 속은 쫀득하다. 고소한 맛에 끌려 자꾸 손이 간다.

카놈두앙 Khanom Duang

색색으로 길게 뽑아낸 쫄깃한 떡과 오독오독한 코코넛 과육을 담고 따끈한 코코넛 밀크를 부은 다음 설탕을 왕창, 소금을 조금 뿌려준다. 은근한 단맛과 독특한 식감이 살아 있다.

카놈투어이 Khanom Thuay

쌀가루와 코코넛 밀크, 설탕을 섞은 반죽을 작은 접시에 담아 찜기에 쪄낸다. 달고 부드러우며 식감이 푸딩 같다. 주로 보트 누들 집에서 디저트로 판다.

통요드, 포이통
Thong Yod, Foy Thong

통요드는 밀가루에 달걀노른자를 섞어 둥근 공 모양으로 만든다. 포이통은 끓는 설탕 시럽에 달걀노른자를 실처럼 가늘게 둘러 만든다. 특별한 날 먹는 디저트인데 매우 달다.

타오 후이 남킹
Tao Huay Nam Khing

작은 그릇에 연두부, 튀김, 바질 씨앗, 은행 등을 담고 달콤하게 끓인 생강물을 부어 먹는 디저트. 따뜻하게 먹기도 하고 얼음을 넣어 차게 먹기도 한다.

남캥사이 Nam Kang Sai

태국식 빙수다. 얼음을 갈아 코코넛 밀크를 조금 부은 뒤 각종 젤리와 과일, 달콤하게 조린 콩과 은행 같은 견과류를 듬뿍 얹어준다.

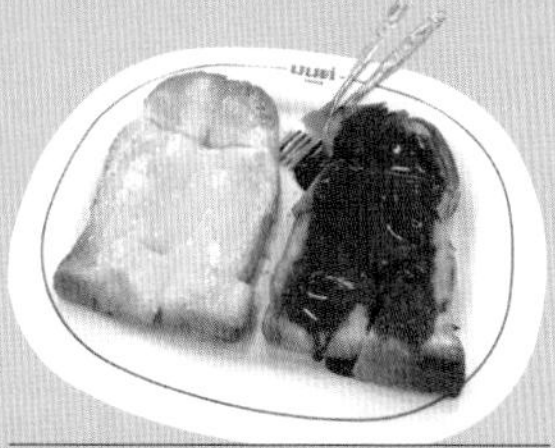

토스트 Toast

두툼하게 썬 식빵을 숯불에 얹고 마가린을 듬뿍 바른 다음 설탕을 사정없이 뿌리는데 맛이 없을 수가 있을까. 한번 맛보면 자꾸 생각난다.

코코넛 아이스크림
Coconut Ice cream

코코넛 과육을 싹 긁은 다음 그 위에 코코넛 아이스크림을 얹고 초코시럽과 연유를 뿌려준다. 코코넛 과육이 아이스크림과 함께 씹혀 맛이 좋다.

카오니여우문
Khao Neow Moon

찹쌀에 설탕과 코코넛 밀크, 소금을 더해 밥을 짓는다. 다양한 색을 더해 화려하게 쪄낸 찰밥을 간식으로 먹는다. 망고와 함께 먹기도 한다.

카놈똠 Khanom Thom

코코넛 밀크를 넣은 밀가루 반죽에 코코넛과 설탕을 섞은 소를 채우고 둥그렇게 감싸 쪄낸 떡. 말린 코코넛 과육을 채 썰어 두루 묻혀준다. 달콤하고 고소하다.

롯청 남카티
Lod Chong Nam Kati

밀가루와 판단 잎으로 만든 초록색 면을 달콤한 코코넛 밀크에 넣어 먹는다. 코코넛 밀크의 달콤함과 젤리 같은 롯청의 식감이 꽤 잘 어울린다.

TIP

길거리 음식 Q&A

길거리에서 사먹어도 괜찮을까?

로띠나 토스트, 카놈브앙이나 카놈투어이처럼 불에 굽고 찐 음식들은 길에서 사먹어도 괜찮지만 롯청이나 남캥사이처럼 얼음이 들어간 음식들은 잘못 먹으면 배앓이가 걱정되는 것도 사실이다. 그럴 땐 대형 푸드코트를 이용해 보자. 웬만한 푸드코트에는 위생적으로 만들어 포장해주는 간식들이 있어 골고루 맛보기에 좋다.

길거리 음식의 가격은 얼마나 하나?

길거리 음식은 가격대가 저렴한 편이다. 꼬치 하나에 5밧, 아이스크림 1개에 5밧짜리도 있다. 카놈브앙 12밧, 토스트 10밧 정도로 웬만한 간식은 10밧 정도면 사먹을 수 있다. 쇼핑몰의 푸드코트에서는 1팩의 가격이 30~50밧으로 높아진다.

DRINK MENU

주스에서 맥주까지
시원한 음료

매일 색다른 음료를 맛보는 것도 방콕 여행의 묘미다. 신선한 과일을 즉석에서 갈아 만든 주스의 종류가 많아 행복하다. 태국 요리의 맛을 살리는 시원한 맥주도 빼놓을 수 없다.

수박 주스

수박 주스는 태국어로 땡모반이라고 하는데 어찌나 달콤한지 1일 1땡모반이라는 말이 있을 정도다. 수박을 갈았을 뿐인데 설탕을 듬뿍 뿌린 듯 달고 시원하다.

오렌지 주스

태국의 오렌지 주스는 한국에서 먹던 오렌지 주스와는 차원이 다른 단맛이 난다. 오렌지 주스라고 부르긴 하지만 사실 엄청나게 달콤한 귤에 가깝다. 즉석에서 갈아주는 길거리 주스는 말할 것도 없고 편의점에서 파는 오렌지 주스도 맛있다.

망고스무디

시원하고 청량한 수박 주스나 오렌지 주스를 마시다 보면 망고스무디가 순위에서 밀리곤 한다. 가장 달고 부드러운 망고가 나오는 3월에서 5월에는 망고스무디를 마시자.

석류 주스

오렌지 주스만큼이나 길에서 흔하게 볼 수 있는 석류 주스는 색이 붉을수록 맛이 진하다. 한국에서는 석류를 생과일주스로 먹을 기회가 흔치 않으니 한번 시도해보자.

코코넛 주스

땀을 많이 흘린 날은 코코넛 주스로 원기를 회복한다. 시원하게 냉장해둔 코코넛에 빨대를 꽂아 쭉 마시면 잃어버린 수분을 보충해준다. 천연 이온 음료가 따로 없다.

판단 주스

판단 잎을 우려 녹색 빛깔이 나는 주스로 판단 특유의 신선하고 향긋한 느낌이 살아 있다. 마셔보면 상큼한 맛과 향에 고개를 끄덕이게 된다. 식사에 곁들이면 음식의 풍미가 살아난다.

여러 가지 주스

이외에도 태국에는 입맛을 사로잡는 다양한 주스가 있다. 진한 남색이나 보라색의 독특한 버터플라이피 주스, 새콤해서 침이 절로 고이는 패션 프루트 주스, 열대 과일의 단맛이 살아 있는 롱안 주스나 망고스틴 주스까지 맛볼 수 있다. 대형 푸드코트에는 신선한 주스 코너가 마련되어 있어 원하는 과일 주스를 고르기 좋다.

태국 커피

태국 북부에서도 커피를 재배한다. 대부분의 카페에서 그윽하고 진한 태국 커피를 맛볼 수 있다. 길거리 커피는 물에 커피 가루를 넣고 끓여 베트남 커피처럼 진하고 달다.

태국의 맥주

가장 흔하게 볼 수 있는 3대 맥주는 창, 싱하, 레오로 모두 라거 맥주다. 창은 쌉쌀하고 강한 반면 레오는 상대적으로 순하고 부드럽다. 싱하는 깔끔하고 부드러운 풍미가 있다. 아유타야 지역에서 많이 마시는 아차 맥주는 가볍고 시원하다. 방콕의 생맥주집에서는 아사히 생맥주와 호가든이 대세다. 벨기에 맥주를 좋아한다면 레페 블론드나 호가든 로제를 실컷 마실 수 있다. 여럿이 모일 경우 타워를 시켜서 직접 따라 마시는 재미도 쏠쏠하다.

태국의 밀크티

보통 타이 티라고 하면 진하게 우려낸 차에 우유를 섞은 밀크티를 말하는 경우가 많다. 단맛을 좋아하는 태국 사람들이 먹는 디저트답게 무척 진하고 달다.

TIP

태국 음료 Q&A

길거리에서 사먹어도 괜찮을까? 태국은 과일이 싸기 때문에 길거리 주스라도 굳이 물이나 설탕을 섞지 않는다. 배앓이가 염려된다면 얼음과 섞어서 갈아주는 스무디나 커피는 믿을 만한 매장에서 사먹는 편이 좋다. 생과일주스는 얼음을 채운 박스에 들어 있는 것을 골라 그 자리에서 다 마시는 편이 좋다. 날이 더워서 가방에 넣고 오래 돌아다니면 금세 맛이 변한다.

술을 양동이에 마신다고? 카오산 로드의 술집에서 버킷을 주문하면 얼음이 가득 든 양동이를 들고 와서 콜라 같은 탄산음료와 태국 위스키 생솜을 부어서 칵테일을 만든다. 말 그대로 양동이 칵테일이다. 큰 버킷을 주문하면 인원수대로 빨대를 꽂아준다. 서양 여행자들은 작은 버킷을 주문해 1인 1버킷을 즐긴다. 언제든 양동이의 손잡이를 잡고 길거리를 걸으며 원하는 음악이 나오는 곳에서 마실 수 있다는 장점이 있다.

FRUIT

제철 과일의 맛!
태국의 과일

태국은 열대기후라서 1년 내내 달콤한 과일을 맛볼 수 있다.
하지만 열대 과일도 제철이 있으니 여행 기간에 맞는 과일을 실컷 즐겨보자.

망고 Mango 마무앙 Mamuang

부드럽고 달콤한 노란색 망고는 생 과일과 스무디로 먹고, 사각거리고 새콤한 초록색 망고는 썰어서 소금에 찍어 먹거나 매콤한 샐러드로 무쳐 먹는다.

두리안 Durian 투리안 Turian

과일의 제왕으로 불리는 두리안은 크기도 클뿐더러 자를 때 냄새가 심하기 때문에 잘 자른 다음 한 조각씩 팩에 담아 판매한다. 부드러운 질감에 특유의 단맛을 낸다. 향이 강해서 대부분의 호텔에서는 반입을 금지한다.

망고스틴 Mangosteen
망꿋 Mungkoot

두리안이 과일의 왕이라면 망고스틴은 과일의 여왕이다. 두꺼운 보라색 껍질을 벗기고 나면 달콤한 과즙이 뚝뚝 흐르는 하얀 속살이 드러난다. 진한 단맛과 새콤한 향이 조화롭다.

파파야 Papaya 말라꺼 Malagor

덜 익은 초록색 파파야는 속살을 채 썰어 샐러드로 먹고, 잘 익어서 주황색을 띠는 파파야는 잘라서 생으로 먹는다. 잘 익은 진한 주황색 파파야는 망고만큼 달고 부드럽다.

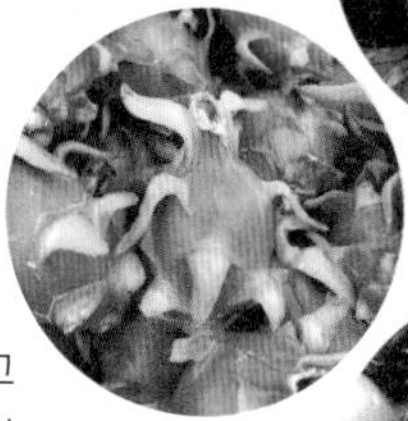

용과 Dragon Fruit
깨오 망꼰 Kaeo Mangkon

용의 비늘로 덮여 있는 듯한 겉모습 때문에 용과라고 불린다. 씨가 골고루 퍼져 있는 과육의 식감이 마치 키위 같다. 맛은 심심하며 붉은 과육이 조금 더 달다.

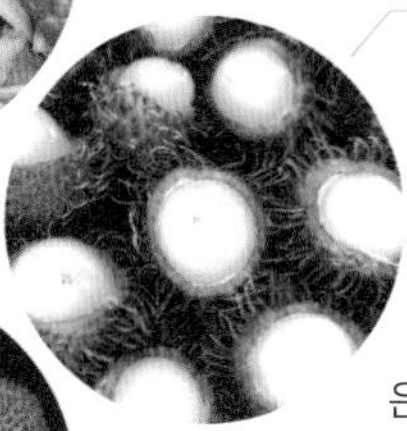

람부탄 Rambutan 응어 Ngo

빨간 껍질에 수염이 무성하게 자란 모습의 람부탄은 얇은 껍질을 비틀어서 벗겨내고 먹는다. 속에 꽉 찬 달콤한 과육은 커다란 포도알 같은 식감이며 즙이 많다.

리치 Lychee 린 찌 Lin Chee

람부탄과 비슷한 붉은색이지만 수염이 없는 리치는 향긋한 과육으로 사랑받는다. 방콕의 편의점에서는 리치 음료를 여럿 찾아볼 수 있다.

롱안 Longan 람야이 Lamyai

동그란 열매를 냉장고에 넣었다가 차게 해서 먹으면 맛있다. 얇은 껍질 속에 달콤한 과육이 들었다. 과육 속에 커다란 씨가 들어 있으니 확 깨물지 않도록 주의하자.

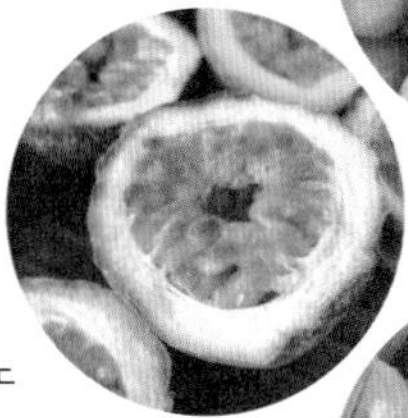

패션 프루트 Passion fruit
싸와롯 Sao Wa Rot

새콤한 과일을 좋아한다면 이보다 맛좋은 과일도 없다. 반으로 잘라 노란색 과육과 씨를 티스푼으로 퍼먹는다. 오독오독 새콤하다. 단맛을 더해 주스로 마시면 무척 상큼하다.

잭 프루트 Jack fruit 카눈 Kanoon

두리안과 크기와 색깔은 비슷하지만 두리안은 껍질이 뾰족뾰족하고 잭 프루트는 우둘투둘하다. 쫄깃하고 오독오독한 과육이 달콤하다. 커다란 씨가 들어 있다.

STREET SHOPPING

합리적인 가격에 득템!
시장 & 노점 쇼핑 리스트

향기가 진해 장식용으로도 좋은
비누

이게 바로 동남아 스타일
티셔츠와 바지

하나둘 모으는 재미
자석

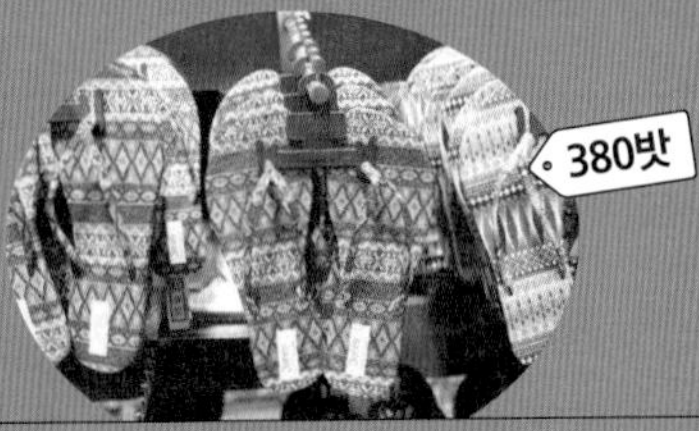

편안하게 막 신는
샌들

코가 뻥 뚫리는 국민 약
야돔

화려한 색깔에 은은한 향기를 더한
향초

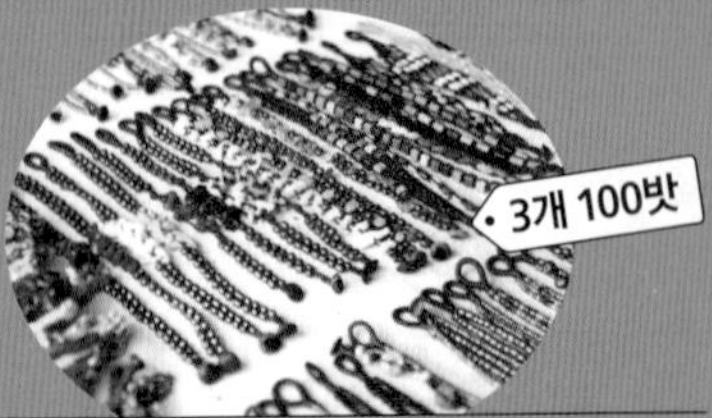

여행 기분 물씬 나는
팔찌

수채화 느낌의 퀄리티 좋은
그림엽서

"

방콕에서는 잘만 고르면 적당한 가격에 괜찮은 물건을 살 수 있다.
카오산 로드나 여러 재래시장, 노점 등에서 주로 구입할 수 있는 기념품을 소개한다.

* 가격은 구입 가능한 대략적인 금액이며 변동될 수 있습니다.

"

나쁜 꿈을 꾸지 않도록
드림캐처

반짝반짝 불을 밝혀주는
등불

선물하기 딱 좋은
동전 지갑

두루두루 유용한 가정상비약
호랑이 연고

예쁜 장식을 달고 이름을 새기는
여권 지갑

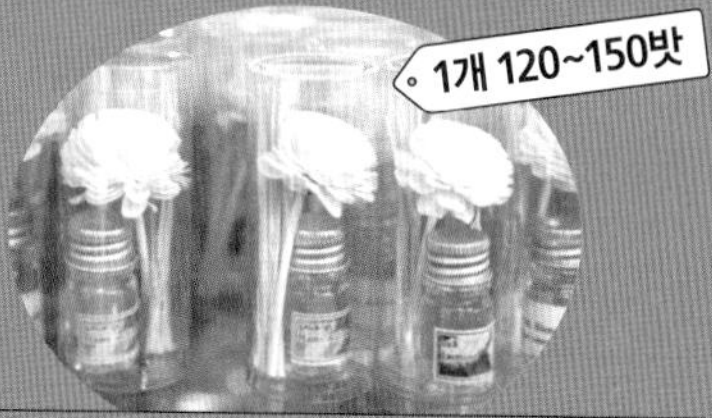

가격 부담 없이 골라 골라
디퓨저

뜨거운 햇살을 막아주는
모자

개굴개굴 소리 나는 고산족의 공예품
목각 개구리

MARKET SHOPPING

태국이니까, 방콕이니까 **몰링하고 쇼핑하고**

태국 실크로 만들어 고급스러운
짐 톰슨 백
짐 톰슨 매장 P.215 작은 크기 호보 백 7,500밧

리본으로 소녀 감성 물씬 내는
나라야 파우치
나라야 매장 1개 120밧

고급스러운 용기에 근사한 향
디바나 디퓨저
디바나 매장 디퓨저 1세트 2,665밧

깊고 진한 아로마 향에 빠져드는
카르마 카멧 천연 오일
카르마 카멧 매장 오일 1병 400~800밧

은근한 향으로 몸을 감싸는
판푸리 마사지 오일
판푸리 매장 오일 1병 1,645밧

장바구니에 하나씩
폰즈 비비 파우더
쇼핑몰, 마트 1개 49밧

"

길거리에서 소소하게 득템하는 재미도 쏠쏠하지만 쾌적한 매장에서
벼르던 상품을 찾는 기쁨도 만만치 않다. 태국을 대표하는 브랜드 숍이나 쇼핑몰, 마트로 가보자.

*가격은 구입 가능한 대략적인 금액이며 변동될 수 있습니다.

"

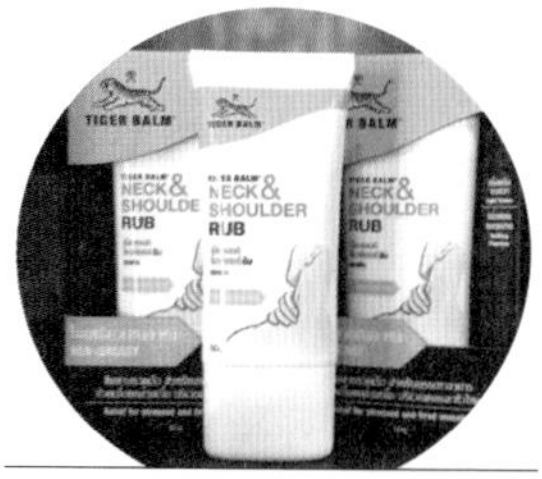

파스 대용으로 쓰는
튜브형 호랑이 연고
마트 1개 150밧

시원하고 깔끔한
달리 치약
마트, 편의점 1개 46밧

고소한 향에 부드러운 텍스처
코코넛 오일
마트, 편의점 250ml 250밧

헤어 숍에서 관리 받는 느낌
선실크 헤어 팩
마트, 편의점 1개 165밧

일러스트를 그려 넣은 디자인
배지
기념품 숍 1개 89밧

코끼리를 살리는 사업에 동참해요
장식용 코끼리
엘리펀트 퍼레이드 매장
코끼리 인형 795밧

TIP

가성비와 가심비 최고 방콕의 세일 기간

홍콩에 박싱 데이가 있고 싱가포르에 메가 세일이 있다면, 방콕에는 어메이징 타일랜드 그랜드 세일이 있다. 매년 6월부터 8월 사이에 최대 80%까지 할인 행사를 연다. 쇼핑몰뿐만 아니라 호텔과 스파 숍, 항공사, 렌터카 업체, 레스토랑까지 참여해 정말 어메이징한 쇼핑의 기쁨을 누릴 수 있다.

TIP

기분 좋게 환급받자 방콕의 부가세

큰맘 먹고 쇼핑을 했다면 구매액에 따라 부가세를 환급받을 수 있다. 부가세 환급 조건과 방법을 미리 익혀두고 쇼핑하자.

쇼핑 당일, 매장에서 부가세 환급 서류 챙기기 ① 부가세 환급(Vat Refund) 표시가 있는 매장에서 구입하되, ② 한 매장에서 하루 동안 2,000밧 이상을 사용하고, ③ 영수증과 함께 환급 서류(Vat Refund Form)를 받는다. 총 구입액이 5,000밧 이상인 경우 부가세 환급 신청이 가능하다.

출국 당일, 공항에서 부가세 환급 창구 방문하기 ① 방콕의 수완나품 국제공항에서 출국 체크인 수속을 하기 전에 부가세 환급 창구(Vat Refund for Tourist Information)를 방문한다. ② 매장에서 받은 부가세 환급 서류를 제출하고 스티커를 받아 구입한 물품에 붙인다. ③ 체크인 수속을 마치고 여권 심사를 받은 후 부가세 환급 창구에서 부가세를 돌려받는다.

GOURMET SHOPPING

맛으로 남는 여행의 여운
먹거리 쇼핑

바삭바삭 태국식 김과자
타오케노이 빅롤

갓성비 편의점 밀크티
차놈옌

마시면 소화를 돕는 차
피트네 허브티

국수부터 소스까지 들어 있는
팟타이 밀키트

맥주 안주로 좋은
어포채

따뜻한 우유에 타먹는
차트라뮤 밀크티

태국의 유명 과자 브랜드 쿤나의
말린 망고

진하게 우려 마시는
타이 티 믹스

태국에서 '득템'하는
똠얌 맛 프링글스

"

방콕에서 먹은 똠얌꿍을 또 먹고 싶을 때, 고소한 코코넛이나 달콤한 망고의 맛이 그리울 때가 있다.
여행을 마치고 집으로 돌아와 현지의 기분을 다시금 느낄 수 있는 먹거리 쇼핑 리스트를 소개한다.
쇼핑몰 내 고메 마켓, 마트, 푸드코트 등에서 구입할 수 있다.

★ 가격은 구입 가능한 대략적인 금액이며 변동될 수 있습니다.

"

설탕보다 저렴한
태국 꿀

독특한 향신료의 맛을 살린
마마 라면

골라 마시는 재미가 있다
태국 맥주

쿤나의 달달하고 고소한
코코넛 칩

조금만 넣어도 요리가 살아나는
태국 허브

쫄깃 짭쪼롬 매콤한 쥐포
벤또

집에서 똠얌꿍을 끓일 수 있는
똠얌 파우더

인도 카레 대신 태국식 커리
커리 파우더

과육이 살아있는 오렌지 주스
미닛 메이드 펄피

ACCOMMODATIONS

여행의 질을 좌우하는
방콕 숙소 총정리

어떤 숙소에서 머무는 지에 따라 여행 전체의 만족도가 달라진다.
여행 기간과 예산, 취향에 맞춰 합리적인 가격으로 좋은 숙소를 찾아보자.

❶ 숙소의 위치를 정하자 숙소의 위치에 따라 여행의 경험이 무척 달라지는 도시가 바로 방콕이다. 서쪽 강변에 묵으면 사원과 박물관을 돌아보고 일일 투어를 다녀오기 편하고, 시내 중심에 묵으면 쇼핑몰부터 루프톱 바까지 두루 방문하며 도시 여행을 하기에 적격이고, 시내 동쪽에 묵으면 맛집 탐방이나 클러빙을 하기에 좋다. 가고 싶은 스폿을 메모해두고 BTS와 MRT의 라인을 고려해 숙소를 잡아보자. 어디에 묵든 택시비가 저렴해 부담이 없지만, 아침저녁의 출퇴근 시간에는 택시가 잘 잡히지 않으니 여행 계획 시 이 부분을 고려한다.

❷ 함께 갈 사람을 고려하자 유유자적 휴식을 원하는 커플에게는 숙소에 인피니티 풀이 있는지 주변에 맛집이 많은지가 우선이고, 조금이라도 더 신나는 구경거리를 원하는 부모님과 함께라면 숙소 뷰도 중요하다. 아이와 함께라면 수영장은 기본, 쇼핑몰과 푸드코트의 접근성도 고려해야 한다. 혼자 여행하는 사람이라면 카페 놀이를 즐길 수 있는 시내 동쪽이나 밤마다 새로운 사람들과 어울릴 수 있는 카오산 로드를 취향에 따라 선택한다.

❸ 기간과 예산을 생각하자 방콕에 머무는 기간과 자신의 예산을 고려해 숙소의 형태를 정하자. 방콕에는 세계적인 클래스의 고급 호텔부터 강변 뷰가 좋은 호텔, 나이트 라이프를 즐기기 좋은 호텔, 가성비 좋은 호텔까지 다양한 호텔이 있어 선택의 폭이 넓다. 방콕의 호텔 가격대가 점점 높아지고 있긴 하지만 동남아시아의 호텔답게 가성비가 좋은 편이다.

❹ 숙소를 비교하고 예약하자 짧게 머무는 대신 가격대는 높아도 고급 호텔에서 머물지, 합리적인 가격의 호텔에서 오래 머물지, 번화한 거리의 호텔에 머물지, 조용한 강변에 머물지 결정했다면 숙소 예약 사이트에서 가격을 비교해보자. 똑같은 호텔이라도 성수기인지 비수기인지, 프로모션을 하는지의 여부에 따라 가격이 달라진다. 예약 사이트마다 가격과 할인 폭이 다르고, 조식 포함 여부가 다르니 꼼꼼하게 비교해보고 예약하자.

숙소 예약 사이트

- **몽키트래블** thai.monkeytravel.com
- **호텔스컴바인** www.hotelscombined.co.kr
- **아고다** www.agoda.com
- **호텔스닷컴** kr.hotels.com
- **에어비앤비** www.airbnb.co.kr

TIP

방콕의 서비스드 레지던스

방콕에는 괜찮은 레지던스가 많다. 호텔과 같은 서비스를 제공하는 풀옵션 아파트다. 보통 거실과 주방 공간이 분리되어 있고, 세탁기나 건조기와 같은 가전제품을 구비했으며 수영장과 헬스장을 갖춘 곳이 많다. 조식을 제공하기도 한다. 호텔에서 운영하는 레지던스도 있고, 개인이 운영하는 에어비앤비 숙소도 있다. 장기 여행이나 한 달 살기를 계획할 때, 아이와 함께 여행하면서 이유식 등을 만들어 먹어야 할 때, 대가족과 함께여서 방이 여럿 있는 숙소를 구할 때는 레지던스를 살펴보자. 아고다 홈페이지 내 홈즈 앤 아파트먼트(Homes& Apts), 에어비앤비 사이트에서 찾을 수 있다.

BEST THEMED HOTELS

취향에 맞는 숙소 선택하기
방콕 테마별 추천 숙소

머무는 숙소가 여행의 경험을 크게 좌우하는 방콕이니만큼 숙소의 위치와 가격대, 여행 동행자와 개인의 취향을 고려해 테마별로 가장 적절한 숙소를 소개한다.

차오프라야강을 한눈에 담다
강변 뷰가 근사한 숙소

밀레니엄 힐튼 방콕 P.328의 객실은 모두 강변을 향해 있어 어느 객실에 머물든 강변 뷰를 즐길 수 있다. 샹그릴라 호텔 방콕 P.330은 수영장 불빛이 강변의 야경과 어우러지고, 더 페닌슐라 방콕 P.329에서는 차오프라야강뿐만 아니라 방콕 시내가 한눈에 내려다보인다.

밀레니엄 호텔 방콕 ©Millenium Hilton Bangkok

한낮의 더위를 싹 날려버리자
수영장이 만족스러운 숙소

카오산 로드의 오아시스이자 강변 뷰 호텔인 리바 수르야 방콕 P.323에 머물면 강바람을 맞으며 시원하게 수영을 할 수 있다. 도심의 힐링처인 수코타이 방콕 P.336은 수영장이 꽤 넓고 조용하다. 방콕 메리어트 호텔 더 수라웡세 P.336는 인피니티 풀로 워낙 유명해서 인생 사진을 찍으러 오는 사람이 많다. 아테네 호텔 럭셔리 컬렉션 방콕 P.334은 낮에 한가롭게 수영하기 좋지만 밤늦게까지도 수영을 할 수 있어 더욱 좋다.

메리어트 호텔 더 수라웡세 ©Bangkok Marriott Hotel the Surawongse

더 페닌슐라 방콕

미식과 미감을 만족시키는 호텔

유명 맛집을 갖춘 숙소

수코타이 방콕 P.336에는 미셰린 더 플레이트에 선정된 셀라돈 레스토랑이 있고, 아리야솜 빌라 P.338에는 채식 레스토랑으로 유명한 나 아룬이 있다. 특별한 여행이라면 샹그릴라 호텔 방콕 P.330의 디너 크루즈나 더 페닌슐라 방콕 P.329의 애프터눈 티를 즐겨보자.

더 세인트 레지스 방콕

BTS역과 연결은 기본, 쇼핑몰은 덤

교통편이 좋고 몰링하기 좋은 숙소

BTS 칫롬역과 시암역 사이에 위치한 그랜드 하얏트 에라완 방콕 P.331은 시내 중심을 둘러보기에 더할 나위 없이 좋은 위치다. 더 세인트 레지스 방콕 P.333은 BTS 라차담리역과 이어지고, 쉐라톤 그랑데 수쿰윗 럭셔리 컬렉션 호텔 방콕 P.339은 BTS 아속역에서 연결된다.

더 시암

최고급의 안락한 서비스를 누리고 싶다면

서비스가 남달리 훌륭한 숙소

더 세인트 레지스 방콕 P.333은 24시간 전담 버틀러가 객실에 필요한 모든 것을 서빙한다. 빌 벤슬리가 디자인한 더 시암 P.324도 전 객실 전용 버틀러 서비스를 제공한다. 더 페닌슐라 방콕 P.329은 명성에 걸맞는 섬세한 서비스를 갖췄다.

방콕이 배낭여행자의 성지인 이유

카오산 로드의 가성비 숙소

카오산 로드를 불야성으로 만드는 여행자들은 카오산 로드 근처의 가성비 좋은 숙소에 머물며 방콕을 즐긴다. 카오산 로드의 중심에는 카오산 팰리스P.327, 반 차트 호텔P.327이 위치한다. 람부뜨리 로드의 람부뜨리 빌리지P.326에는 루프톱 수영장이 있어 인기가 많고, 최근 지어진 티니디 트렌디 방콕 카오산P.325에는 넓고 쾌적한 수영장이 있다.

카오산 팰리스

도심 속의 자연을 누리다

정원이 아름다운 숙소

수코타이 방콕P.336에는 드넓은 연못 위로 연꽃이 가득하다. 아리야솜 빌라P.338는 빌라 전체를 마치 숲으로 덮어놓은 듯하다. 쉐라톤 그랑데 수쿰윗 럭셔리 컬렉션 호텔 방콕P.339은 수영장에 초록빛 나무 터널을 만들어두어 눈이 시원하다.

아리야솜 빌라

트렌디하고 힙한 감성이 가득

젊은 감각으로 단장한 숙소

눈 돌리는 곳마다 보랏빛으로 블링블링한 더블유 방콕P.337이나 도시적이고 세련된 감각의 네 가지 테마로 단장한 소 방콕P.337에 머물면 젊고 힙한 분위기가 온몸을 감싸는 듯하다. 알로프트 방콕 수쿰윗 11 P.340은 레벨스 클럽 앤 라운지를 운영하는 만큼 인테리어도 젊고, 머무는 사람도 젊다.

더블유 방콕

태국에 왔으니 태국 스타일로

태국의 전통미가 물씬 느껴지는 숙소

아난타라 시암 방콕 호텔P.332은 대형 벽화가 그려진 로비에만 들어서도 여행하는 기분이 물씬 난다. 태국 궁전을 모티프로 인테리어를 마감한 아테네 호텔 럭셔리 컬렉션 방콕P.334의 객실에 들어서면 태국의 귀족이라도 된 기분이다. 아리야솜 빌라P.338는 방콕의 옛 건물을 그대로 호텔로 바꾸어 실내도, 정원도 모두 태국스럽다.

아테네 호텔 럭셔리 컬렉션 방콕

PART 03

진짜 방콕을 만나는 시간

BANGKOK

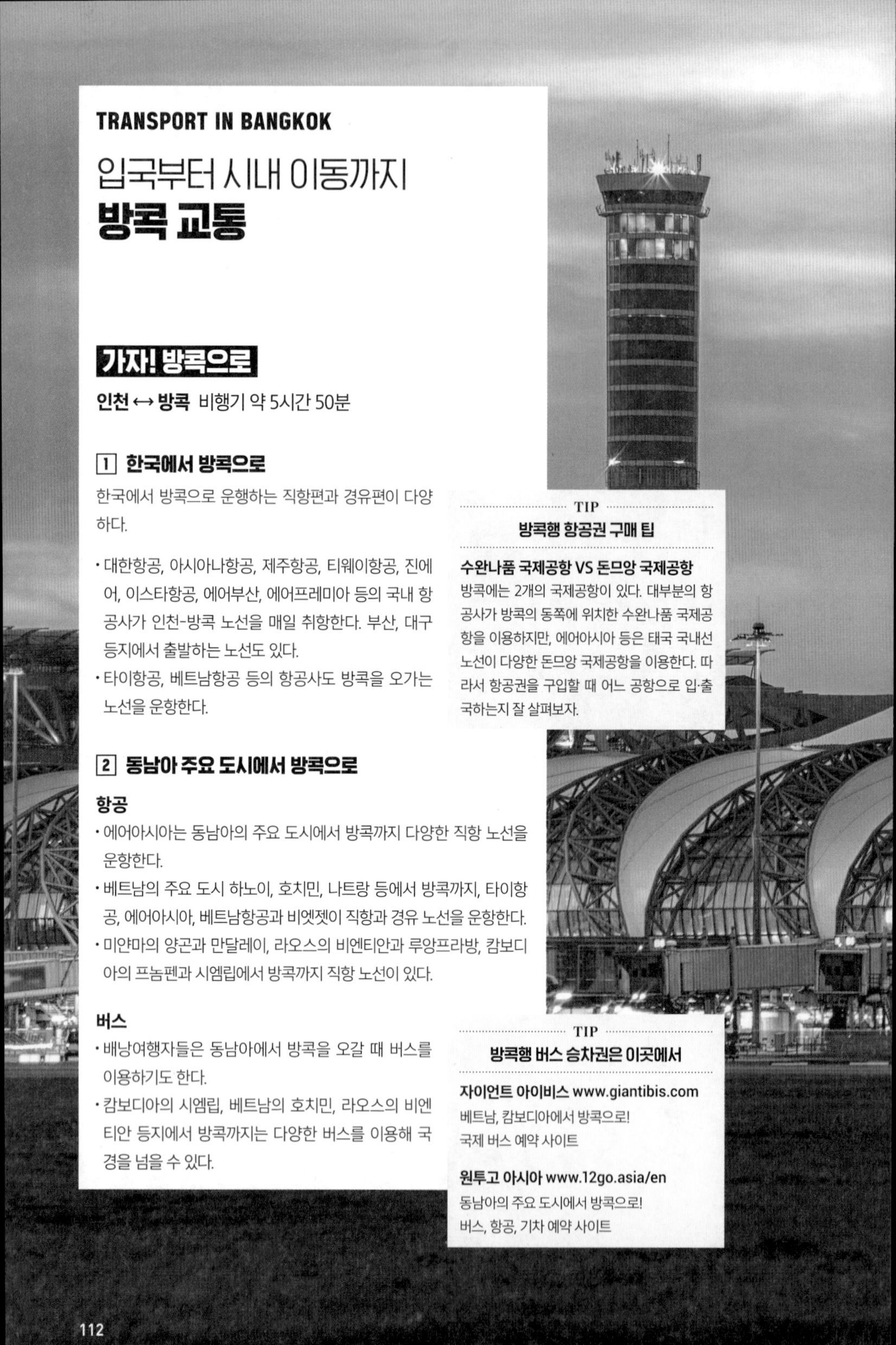

TRANSPORT IN BANGKOK

입국부터 시내 이동까지
방콕 교통

가자! 방콕으로

인천 ↔ 방콕 비행기 약 5시간 50분

1 한국에서 방콕으로

한국에서 방콕으로 운행하는 직항편과 경유편이 다양하다.

- 대한항공, 아시아나항공, 제주항공, 티웨이항공, 진에어, 이스타항공, 에어부산, 에어프레미아 등의 국내 항공사가 인천-방콕 노선을 매일 취항한다. 부산, 대구 등지에서 출발하는 노선도 있다.
- 타이항공, 베트남항공 등의 항공사도 방콕을 오가는 노선을 운항한다.

TIP

방콕행 항공권 구매 팁

수완나품 국제공항 VS 돈므앙 국제공항

방콕에는 2개의 국제공항이 있다. 대부분의 항공사가 방콕의 동쪽에 위치한 수완나품 국제공항을 이용하지만, 에어아시아 등은 태국 국내선 노선이 다양한 돈므앙 국제공항을 이용한다. 따라서 항공권을 구입할 때 어느 공항으로 입·출국하는지 잘 살펴보자.

2 동남아 주요 도시에서 방콕으로

항공

- 에어아시아는 동남아의 주요 도시에서 방콕까지 다양한 직항 노선을 운항한다.
- 베트남의 주요 도시 하노이, 호치민, 나트랑 등에서 방콕까지, 타이항공, 에어아시아, 베트남항공과 비엣젯이 직항과 경유 노선을 운항한다.
- 미얀마의 양곤과 만달레이, 라오스의 비엔티안과 루앙프라방, 캄보디아의 프놈펜과 시엠립에서 방콕까지 직항 노선이 있다.

버스

- 배낭여행자들은 동남아에서 방콕을 오갈 때 버스를 이용하기도 한다.
- 캄보디아의 시엠립, 베트남의 호치민, 라오스의 비엔티안 등지에서 방콕까지는 다양한 버스를 이용해 국경을 넘을 수 있다.

TIP

방콕행 버스 승차권은 이곳에서

자이언트 아이비스 www.giantibis.com
베트남, 캄보디아에서 방콕으로!
국제 버스 예약 사이트

원투고 아시아 www.12go.asia/en
동남아의 주요 도시에서 방콕으로!
버스, 항공, 기차 예약 사이트

수완나품 공항에서 시내까지

- 오전이나 낮 시간에 공항 도착, 카오산 로드에 숙소를 잡았다면? **공항버스 S1 노선**
- 숙소 근처에 역이 있다면? **공항철도 ARL**
- 짐이 많거나 밤늦게 도착하는 일정이라면? **택시나 픽업 서비스**

1 공항버스

수완나품 공항 국제선 터미널 1층의 7번 게이트 앞에서 카오산 로드로 가는 공항버스 S1 노선을 이용할 수 있다. 카오산 로드로 직행한다면 공항철도보다 나은 선택. 다만 저녁 8시 이후에는 운행하지 않으니 비행기 시간을 고려한다.

06:00~20:00, 30분~1시간 간격, 카오산 로드까지 소요 시간 50~60분 ฿ 60밧

2 공항철도 ARL

수완나품 공항 지하(B)로 내려가면 공항철도역(ARL, Airport Rail Link)에서 전철을 타고 시내로 이동할 수 있다. 종점인 ARL(공항철도) 파야타이(Phaya Thai)역에서 BTS(지상철) 파야타이역과 연결되어 갈아탈 수 있으며 막까싼(Makkasan)역에서 MRT(지하철) 펫차부리(Phetchaburi)역으로 갈아탈 수 있다. 단, 우리나라의 환승 개념과 달라 ARL, MRT, BTS 노선으로 서로 갈아탈 때마다 다시 요금을 내야 하고, 층계가 있어 캐리어를 끌기 어렵다. 하지만 가장 빠르고 저렴하게 시내로 이동할 수 있는 방법이다.

05:30~24:00, 10~15분 간격, 종점까지 소요 시간 26분 ฿ 15~45밧

3 택시

수완나품 공항 국제선 터미널 1층으로 이동하면 4번과 7번 게이트 앞에서 택시 서비스를 이용할 수 있다. 대형 택시, 중형 택시, 단거리 택시로 줄이 나뉘는데 일반적으로 중형 택시를 이용한다. 키오스크에서 번호표를 뽑은 다음, 번호가 쓰인 자리에 대기하는 택시를 타면 된다. 번호표에는 기사 정보와 탑승 정보 등이 적혀 있으므로 내릴 때까지 기사에게 건네지 말고 직접 보관한다. 번호표가 있어야 짐을 놓고 내렸을 때 다시 찾을 수 있고, 바가지요금을 방지할 수 있다. 지역에 따라 다르지만 공항에서 시내까지 택시로 40~50분 소요된다.

TIP

공항에서 택시를 탔다면 미터 요금에 170밧을 더하세요!

공항에서 택시 서비스를 이용하는 경우 고속도로를 타면 요금이 추가된다. 택시 요금은 시내까지 250~300밧 정도이며, 고속도로를 이용하는 경우 톨게이트 비용이 50밧 한 번, 70밧 한 번이 청구되어 총 170밧이 미터 요금에 추가된다.

4 픽업 서비스

방콕 여행을 떠나기 전 한국에서 미리 픽업 서비스를 예약할 수 있다. 방콕 택시의 미터 요금보다 금액은 높지만 이동할 숙소의 주소를 숙지하고 바로 데려다주기 때문에 밤늦게 도착하거나 노약자와 함께 이동하는 경우 이용할 만하다. 국내 여행사의 홈페이지에서 2만 원대에 예약할 수 있다.

돈므앙 공항에서 시내까지

- 오전이나 낮 시간에 공항 도착, 카오산 로드에 숙소를 잡았다면? **공항버스 A4 노선**
- 수쿰윗 혹은 시내 동쪽에 숙소를 잡았다면? **택시나 SRT**
- 시내의 남쪽인 룸피니 공원이나 실롬 근처로 간다면? **공항버스 A3 노선이나 리모버스**
- 짐이 많거나 밤늦게 도착하는 일정이라면? **택시나 픽업 서비스**

1 공항버스

돈므앙 공항의 국제선 1터미널 1층 6번 게이트, 국내선 2터미널 1층 12번 게이트로 이동하면 정류장이 나온다. 시내로 들어가는 버스 노선은 4개, 운영 시간은 06:15~24:00다. 버스 안에는 별도의 짐칸이 없다.

- **A1 노선** 방콕 북부의 짜뚜짝 시장 근처로 운행하며 BTS 모칫(Mo Chit)역, MRT 짜뚜짝파크(Chatuchak Park)역을 지난다.
  05:45~24:00, 약 5분 간격 ฿ 30밧
- **A2 노선** 아눗싸와리라고 불리는 전승기념탑, BTS 빅토리모뉴먼트(Victory Monument)역으로 향한다.
  06:15~21:00, 약 30분 간격 ฿ 30밧

- **A3 노선** 시내 중심에서 룸피니 공원까지 이어지며 빠뚜남, 센트럴 월드를 지난다.
  06:20~23:00, 30분~1시간 간격 ฿ 50밧
- **A4 노선** 민주기념탑에서 카오산 로드를 지나 사남루앙까지 이어진다. 여행자가 많이 이용하지만 배차 간격이 길어서 시간을 잘못 맞추면 꽤 오래 기다려야 한다.
  06:00~23:00, 30분~1시간 간격 ฿ 50밧

2 리모버스

돈므앙 공항의 1터미널 1층 7번 게이트, 2터미널 1층 14번 게이트에서 출발하는 리모버스(Limobus)를 타고 시내로 이동할 수 있다. 노선이 카오산 로드행과 실롬행으로 나뉜다. 짐칸이 따로 마련돼 편안하게 탑승할 수 있다.

08:00~23:00, 30분 간격, 카오산 로드까지 소요 시간 40~60분 ฿ 150밧 www.limobus.co.th

3 SRT 다크 레드 라인

SRT는 방콕의 통근열차로 2개 라인을 개통했는데, 그 중 다크 레드 라인이 돈므앙 공항에서 짜뚜짝을 거쳐 시내로 이어진다. 돈므앙 공항에 내려 SRT 안내 표지판을 따라 2층에서 무빙워크로 이동하면 매표소가 나온다. 돈므앙 공항에서 시내 동쪽의 수쿰윗으로 가는 저렴한 방법(소요 시간 50분, 73밧)이지만 공항에서 매표소까지 오래 걸어야 하고, SRT에서 MRT나 BTS로 갈아탈 때마다 층계를 오르내리며 다시 표를 구매해야 해 짐이 많다면 택시 이용을 권한다.

SRT 돈므앙역-방쓰역 05:43~19:52, 소요 시간 25분 ฿ 33밧

4 택시

돈므앙 공항의 1터미널 1층 8번 게이트 앞으로 이동하자. 키오스크에서 번호표를 뽑고 대기하면 창구 직원이 목적지를 확인한 다음 목적지와 택시 번호, 기사의 이름이 적힌 종이를 준다. 지정된 택시 대기 장소에서 탑승한다. 종이는 내릴 때까지 직접 보관하자. 돈므앙 공항에서 택시를 이용하는 경우 미터 요금에 50밧이 추가된다. 택시 요금은 시내까지 200~250밧 정도다. 고속도로를 이용하는 경우 톨게이트 비용이 50밧, 70밧 두 차례 청구된다.

TIP

수완나품 공항 ↔ 돈므앙 공항 무료 셔틀버스

수완나품 공항과 돈므앙 공항을 오가는 셔틀버스가 있다. 단, 이용 공항에서 이륙하는 비행기 항공권을 지참해야 버스에 탑승할 수 있다. 약 1시간에서 1시간 30분이 소요된다.

05:00~24:00(30분 간격/ 08:00~11:00, 16:00~ 19:00은 12분 간격으로 운행) 수완나품 공항 안내 전화 1722, 돈므앙 공항 안내 전화 02-535-1111

시내에서는 어떻게 이동할까?

방콕의 서쪽에서 시내 중심으로 이동하거나, 시내의 동쪽에서 서쪽으로 이동하는 경우 출퇴근 시간을 피하는 편이 좋다.
방콕 시내는 출퇴근 시간에 교통 체증이 극심해서, 택시와 그랩 모두 가격이 높아지는데다 잘 잡히지도 않는다. 지역 간의 이동은 최소화하고, BTS나 MRT, 수상 교통을 이용하는 편이 좋다.

지상철과 지하철 BTS & MRT

지상철 BTS

방콕에는 지상에 설치한 레일 위로 운행하는 지상철(BTS, Bangkok Mass Transit System)이 있는데, 노선은 실롬 라인(Silom Line)과 수쿰윗 라인(Sukhumvit Line), 옐로 라인(Yellow Line) 3개다. 스카이트레인이라고도 부른다. 실롬 라인은 시암 지역에서 차오프라야 강변의 아시아티크나 룸피니 공원으로 이동할 때, 수쿰윗 라인은 수쿰윗 지역에서 머물 때, 시내 쇼핑몰을 방문하거나 짜뚜짝 시장으로 오갈 때 편리하다. 실롬 라인과 수쿰윗 라인은 시암(Siam)역에서 환승할 수 있다.

지하철 MRT

지하철(MRT, Metropolitan Rapid Transit)은 블루 라인(Blue Line)으로 불리는 1호선과 퍼플 라인(Purple Line)으로 불리는 2호선이 있다. 두 노선은 타오푼(Tao Poon)역에서 무료로 환승이 가능하다. 여행자들은 보통 차이나타운에서부터 시내를 관통해 룸피니 공원, 터미널 21이 있는 아속역, 짜뚜짝 주말 시장까지 블루 라인을 따라 이동한다. 실롬역, 아쏙역, 모칫역 등에서 BTS로 환승할 수 있다.

지상철(BTS) & 지하철(MRT) 이용 방법

- BTS와 MRT는 서로 환승되지 않는다. 갈아탈 때마다 표를 사야 한다.
- BTS 일회용 승차권은 우리나라의 교통카드와 비슷하다. 탈 때는 개찰구 단말기에 승차권을 갖다 대고, 내릴 때는 카드 모양의 구멍에 넣어 반납한다.

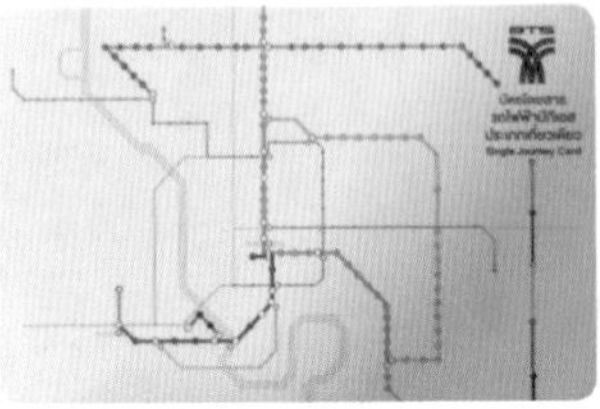

- MRT 일회용 승차권은 토큰 모양이다. 개찰구의 단말기에 카드 대신 토큰을 대고 탄다. 출구로 나갈 땐 동전을 저금하듯 토큰 구멍에 투입하고 내린다(일부 구간에서는 종이 승차권도 사용한다).

- BTS 당일권은 150밧으로 하루 동안 무제한 사용할 수 있다.

- BTS를 이용할 수 있는 래빗 카드는 충전이 가능한 선불 교통카드다. BTS뿐만 아니라 방콕 내 다양한 매장에서 사용 가능하다. 초기 발급 시 여권이 필요하며 현지에서 충전할 때도 여권이 필요하다. 마찬가지로 MRT에는 MRT 카드가 있다.
- 래빗 카드로 MRT를 이용할 수 없고, MRT 카드로 BTS를 이용할 수 없기 때문에 방콕에 오래 머물 예정이라면 래빗 카드와 MRT 카드를 모두 만드는 것이 낫다.

구분	지상철 BTS	지하철 MRT
운행 시간	06:00~24:00	06:00~24:00
운행 간격	3~8분	5~10분
요금	거리에 따라 16~62밧	거리에 따라 16~71밧
패스 및 카드	BTS 당일권 150밧, 래빗 카드 100밧~	MRT 카드 180밧~
구입처	• 해당 역의 자동판매기나 매표소 • 래빗 카드는 온라인으로 구매 후 국내 공항 등에서 수령 가능	해당 역의 자동판매기나 매표소

TIP

여행이 편해지는 교통 팁

BTS, MRT 이용 시 결제는 어떻게?

BTS 승차권은 자동판매기에서 현금으로 구입한다. 상단에 'QR Code'가 적힌 자동판매기에서는 GLN 결제도 가능하다. MRT의 경우 토큰을 사려면 자동판매기에서 동전으로 계산하거나, 역무원이 있는 창구에서 GLN으로 결제할 수 있다. MRT를 탑승할 때는 비접촉식 결제가 되는 신용카드, 체크카드(트래블월렛, 트래블로그 등)를 이용해 간편하게 승차할 수 있다. 출금은 승차 직후 바로 되지 않고, 하루 이틀 지나서 되는 경우가 많다.

승차권 자동판매기 이용 방법

터치패드로 된 노선도에서 가고 싶은 역을 누르면 금액이 자동으로 표시된다. 승차권 구입 매수와 인원수를 입력한 다음 총액이 표시되면 동전을 투입한다. 승차권과 영수증이 나오면 잘 챙긴다. 자동판매기는 동전으로만 이용 가능하므로 동전이 없는 경우 매표소에서 줄을 서서 승차권을 구입한다. 당일권이나 래빗 카드, MRT 카드도 매표소에서 구입한다.

방콕 대중교통 노선도

- BTS 수쿰윗 라인(BTS Sukhumvit Line)
- BTS 실롬 라인(BTS Silom Line)
- BTS 옐로 라인(BTS Yellow Line)
- MRT 블루 라인(MRT Blue Line)
- MRT 퍼플 라인(MRT Purple Line)
- 공항철도(ARL, Airport Rail Link)
- SRT 다크 레드 라인(SRT Dark Red Line)
- SRT 라이트 레드 라인(SRT Light Red Line)
- APM 골드 라인(APM Gold Line)
- BRT 간선급행버스(BRT, Bus Rapid Transit)

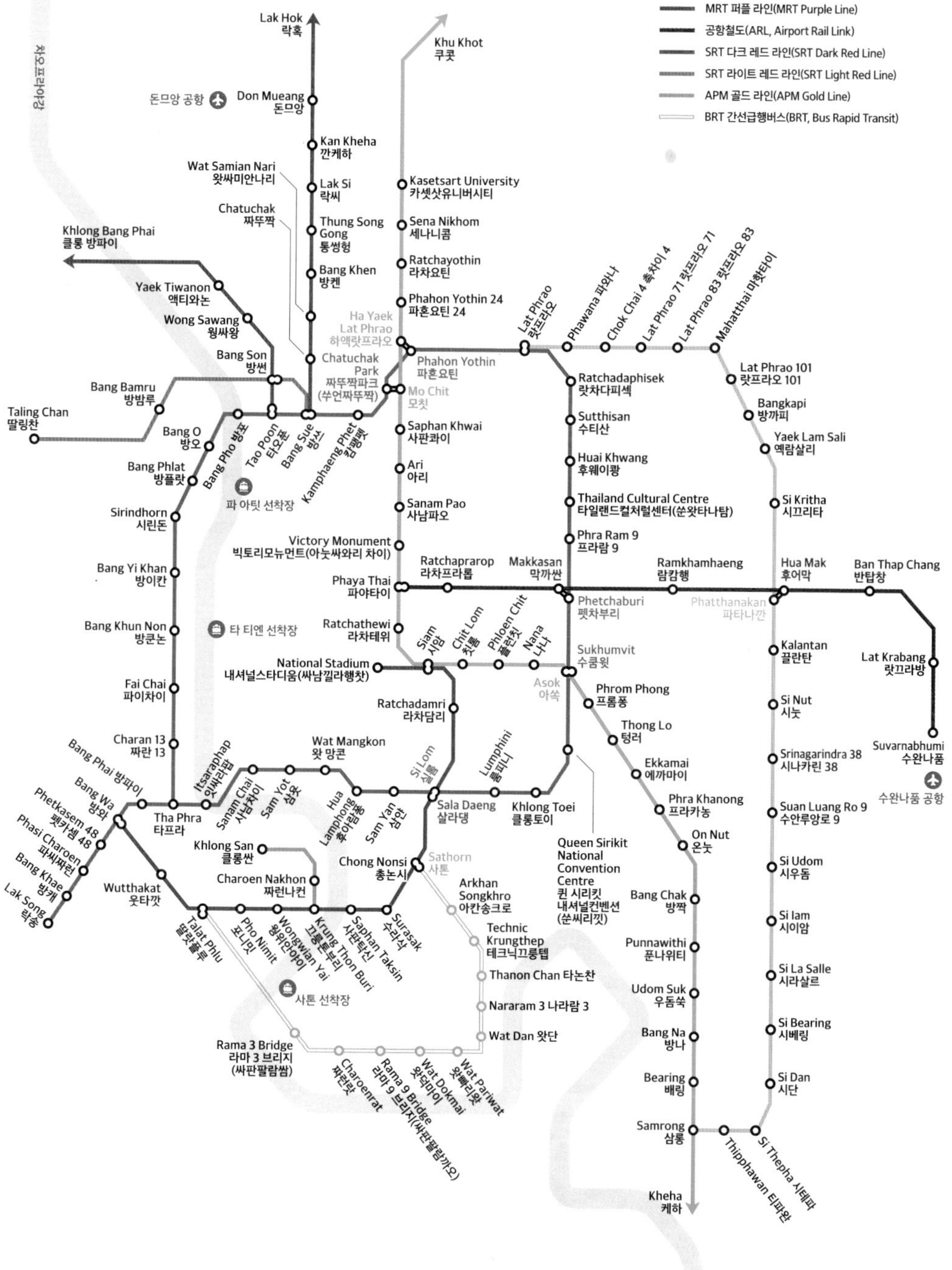

수상 버스 & 투어리스트 보트

방콕 서쪽을 남북으로 가르는 차오프라야강에는 여행자가 주로 이용하는 파란색 투어리스트 보트 노선과 현지인이 주로 이용하는 5개 노선, 새로 생긴 전기 보트 3개 노선을 합쳐 총 9개의 노선이 있다. 교통체증 없이 이용할 수 있어 편리하다. 여행자가 주로 이용하는 구간은 북쪽 카오산 로드의 파 아팃(Phra Athit) 선착장에서 남쪽 아시아티크(Asiatique) 선착장까지로 투어리스트 보트(파랑 깃발 보트)와 주황 깃발 보트를 많이 이용한다.

☑ 차오프라야 투어리스트 보트 Chao Phraya Tourist Boat

2019년 차오프라야강의 수상 교통이 개편되면서 파란 깃발 보트가 2층짜리 투어리스트 보트로 단장했다. 선착장의 보수 공사 등으로 2024년 10월 현재 10개(낮에는 9개)의 선착장에만 정차한다. 속도가 빠르고 내려서 볼거리가 많다. 당일권(데이 패스)을 구입하면 하루 동안 무제한으로 이용할 수 있다. 단, 노선 남쪽의 마지막 선착장인 아시아티크 선착장으로 갈 계획이라면 파 아팃 선착장에서 15:30~18:30, 사톤(Sathon) 선착장에서 16:00~19:00에만 배를 운항하니 시간을 잘 맞춰야 한다. 요금은 편도 승차권 30밧, 당일권 150밧이다.

🕓 사톤발 09:00~19:15, 파 아팃발 08:30~18:30 ฿ 편도 30밧/ 당일권 150밧(08:30~19:15) 🏠 chaophrayatouristboat.com

☑ 주황 깃발 보트 Orange Express Line

논타부리에서 왓 라싱콘까지 하루 종일 왕복하는 보트. 투어리스트 보트의 운행 간격이 30분인 데 비해 상대적으로 운행 간격이 짧다. 투어리스트 보트보다는 속도가 느리지만 가격이 저렴하다.

🕓 06:00~19:00, 소요 시간 65분 ฿ 16밧

크로스 리버 페리 Cross River Ferry

차오프라야강 동쪽과 서쪽의 톤부리 지역을 잇는 크로스 리버 페리를 타고 강을 건널 수 있다. '르아 캄팍'이라고도 한다. 여행자는 주로 왓 포 사원이 있는 타 티엔과 왓 아룬, 리버시티 방콕과 아이콘 시암, 리버시티 방콕과 클롱산을 잇는 페리를 이용한다.

🕓 05:00~21:00(선착장에 따라 다름) ฿ 5밧

노랑 깃발 보트 Yellow Express Line

현지인이 주로 이용하며, 논타부리에서 사톤까지 출퇴근 시간에만 주요 역을 골라 운행한다. 저녁에는 다른 보트보다 조금 더 오래 운행한다.

🕓 월~금요일 06:15~08:20, 16:00~20:00, 소요 시간 50~60분 ฿ 21밧

초록 깃발 보트 Green Express Line

현지인이 출퇴근을 할 때 주로 이용하며, 북쪽으로 가장 먼 선착장인 팍끄렛 선착장에서 출발해 모든 보트가 정차하는 선착장인 사톤까지 운행한다.

🕓 월~금요일 06:00~08:10, 15:45~18:05, 소요 시간 75분 ฿ 거리에 따라 14밧, 21밧, 33밧

빨간 깃발 보트 Red Express Line

차오프라야 익스프레스 보트 회사에서 2020년 에어컨이 장착된 고속선인 빨간 깃발 보트를 운영하기 시작했다. 논타부리에서 사톤까지 운행한다.

🕓 월~금요일 논타부리발 06:50~07:40, 사톤발 16:00~17:00, 소요 시간 30분 ฿ 1회 탑승 시 30밧

타이 스마일 보트 Thai Smile Boat

에어컨이 나오는 3개의 전기 보트 노선이 새로 생겼다. 초록색 시티 라인, 파란색 메트로 라인, 보라색 어반 라인으로 주로 시내의 가장 번화한 구간을 운항한다.

🕓 07:30~17:30, 소요 시간 20~60분 ฿ 편도 30밧
🏠 www.facebook.com/Thaismileboat

TIP

보트 이용 팁

승선권은 선착장 매표소나 배 안에서 구입!

차오프라야 익스프레스는 대부분의 선착장에 매표소가 있다. 선착장의 매표소에서 목적지를 말하면 승선권을 발행해준다. 배 안에서 차장이 표를 검사하면 구입한 표를 보여준다. 매표소가 없는 작은 선착장에서는 배를 타면 차장이 다가와 바로 요금을 받는다. 크로스 리버 페리는 내린 뒤에 요금을 내기도 한다.

선착장 하나에 보트 타는 곳은 여럿

태국어로 선착장을 타(Tha)라고 한다. 타 티엔, 타 창은 티엔 선착장, 창 선착장이라는 뜻. 관광객이 많이 드나드는 큰 선착장이나 크로스 리버 페리를 운행하는 선착장은 보트의 종류별로 탑승하는 곳이 다르다. 마치 우리나라 버스 정류장의 환승 센터와 비슷하다. 매표소에서 목적지를 말하고 탑승할 위치를 찾아가자.

보트를 탈 때는 방향을 살피자

차도는 우측통행과 좌측통행으로 나뉘지만 물길은 그렇지 않다. 북쪽으로 올라가는 보트와 남쪽으로 내려가는 보트가 모두 한자리에 정차한다. 그러니 보트가 향하는 방향을 보고 탑승해야 한다. 주황색 조끼를 입은 안전요원이 호루라기를 불며 승하차를 돕는다.

수상 버스 & 투어리스트 보트 노선도

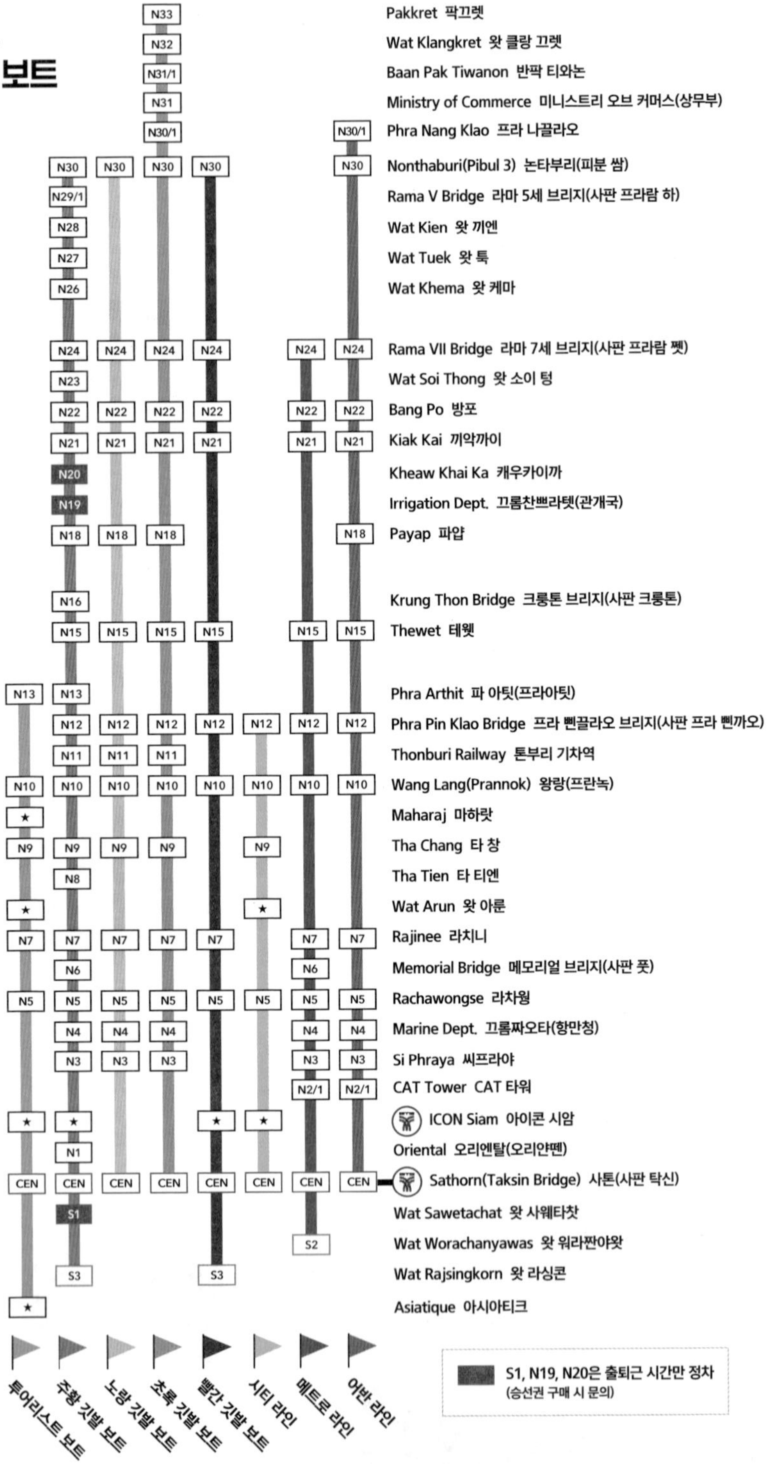
Pakkret 팍끄렛
Wat Klangkret 왓 클랑 끄렛
Baan Pak Tiwanon 반팍 티와논
Ministry of Commerce 미니스트리 오브 커머스(상무부)
Phra Nang Klao 프라 나끌라오
Nonthaburi(Pibul 3) 논타부리(피분 쌈)
Rama V Bridge 라마 5세 브리지(사판 프라람 하)
Wat Kien 왓 끼엔
Wat Tuek 왓 툭
Wat Khema 왓 케마
Rama VII Bridge 라마 7세 브리지(사판 프라람 쩻)
Wat Soi Thong 왓 소이 텅
Bang Po 방포
Kiak Kai 끼악까이
Kheaw Khai Ka 캐우카이까
Irrigation Dept. 끄롬찬쁘라탯(관개국)
Payap 파얍
Krung Thon Bridge 크룽톤 브리지(사판 크룽톤)
Thewet 테웻
Phra Arthit 파 아팃(프라아팃)
Phra Pin Klao Bridge 프라 삔끌라오 브리지(사판 프라 삔까오)
Thonburi Railway 톤부리 기차역
Wang Lang(Prannok) 왕랑(프란녹)
Maharaj 마하랏
Tha Chang 타 창
Tha Tien 타 티엔
Wat Arun 왓 아룬
Rajinee 라치니
Memorial Bridge 메모리얼 브리지(사판 풋)
Rachawongse 라차웡
Marine Dept. 끄롬짜오타(항만청)
Si Phraya 씨프라야
CAT Tower CAT 타워
ICON Siam 아이콘 시암
Oriental 오리엔탈(오리얀뗀)
Sathorn(Taksin Bridge) 사톤(사판 탁신)
Wat Sawetachat 왓 사웨타찻
Wat Worachanyawas 왓 워라짠야왓
Wat Rajsingkorn 왓 라싱콘
Asiatique 아시아티크
투어리스트 보트
주황 깃발 보트
노랑 깃발 보트
초록 깃발 보트
빨간 깃발 보트
시티 라인
메트로 라인
어반 라인
S1, N19, N20은 출퇴근 시간만 정차
(승선권 구매 시 문의)

주요 수상 버스 & 투어리스트 보트 선착장

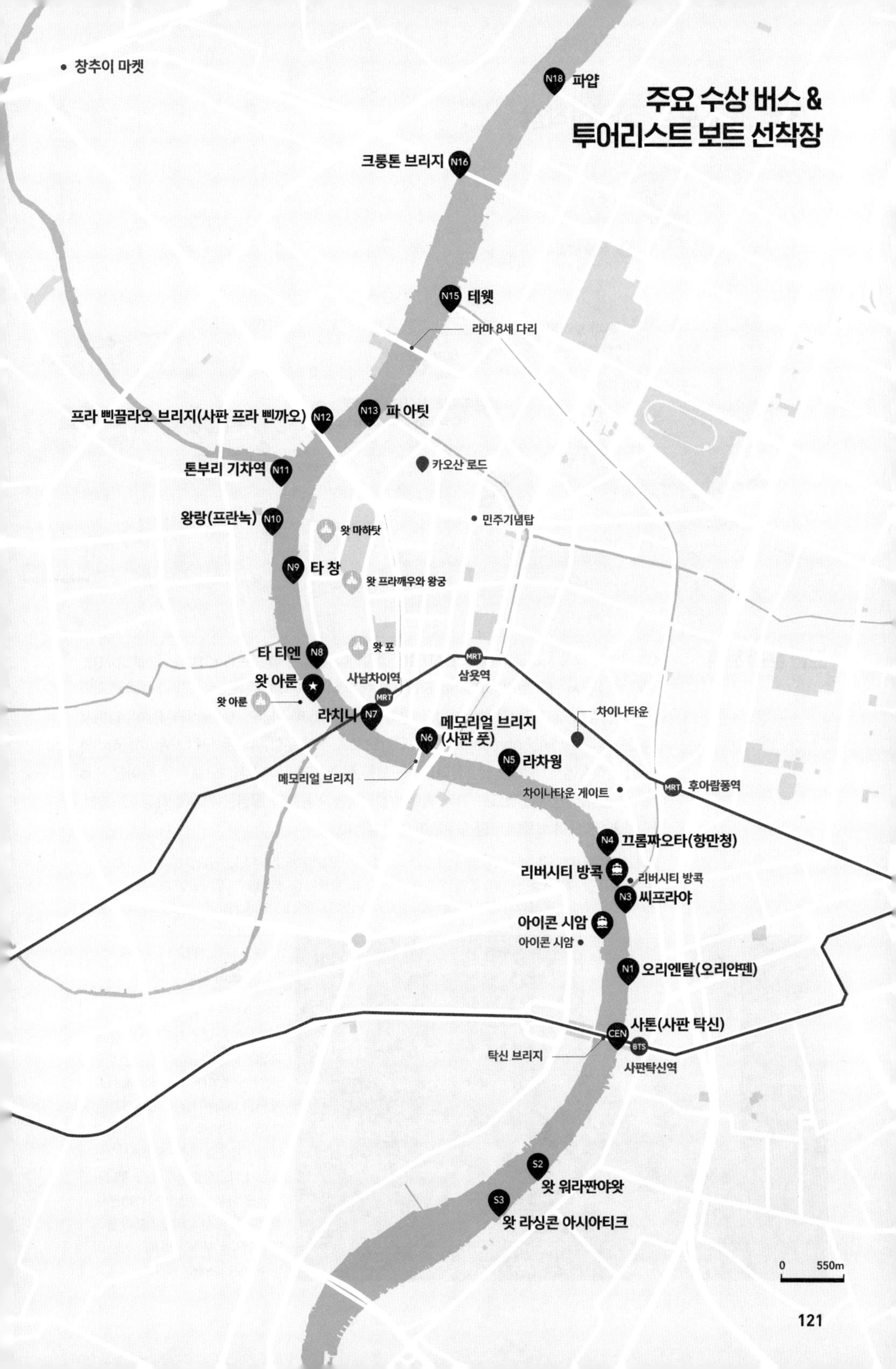

창추이 마켓
N18 파얍
N16 크룽톤 브리지
N15 테웻
라마 8세 다리
N13 파 아팃
N12 프라 삔끌라오 브리지(사판 프라 삔까오)
카오산 로드
N11 톤부리 기차역
민주기념탑
N10 왕랑(프란녹)
왓 마하탓
N9 타 창
왓 프라깨우와 왕궁
N8 타 티엔
왓 포
왓 아룬
왓 아룬
사남차이역
MRT
삼욧역
N7 라치니
메모리얼 브리지
N6 (사판 풋)
차이나타운
N5 라차웡
메모리얼 브리지
차이나타운 게이트
후아람퐁역
N4 끄롬짜오타(항만청)
리버시티 방콕
리버시티 방콕
N3 씨프라야
아이콘 시암
아이콘 시암
N1 오리엔탈(오리얀뗀)
CEN 사톤(사판 탁신)
탁신 브리지
BTS
사판탁신역
S2 왓 워라짠야왓
S3 왓 라싱콘 아시아티크
0 550m

쌘쌥 운하 보트

쌘쌥 운하는 방콕 시내를 동서로 가로지르는 물길이다. 쌘쌥 운하 보트(Saensab Canal Boat)는 민주기념탑 근처 판파 브리지(Phanfa Bridge) 선착장에서 시작해 동쪽으로 시암과 수쿰윗 지역을 지나 람캄행 대학교까지 뻗어나간다. 판파 브리지에서 빠뚜남(Pratunam)까지, 빠뚜남에서 왓 씨분르엉(Wat Sriboonreung)까지 두 구간으로 나누어 운항한다. 두 구간 모두 이용하려면 빠뚜남 선착장에서 내려 환승한다. 여행자는 보통 짐 톰슨의 집이나 시암으로 가는 후아창(Hua Chang) 선착장, 센트럴 월드로 가는 빠뚜남 선착장을 이용한다. 요금은 거리에 따라 12~22밧, 당일권 200밧으로 보트에 타면 승무원이 와서 걷는다.

- **판파 브리지에서 빠뚜남까지** 월~금요일 06:20~20:00, 토요일 06:20~19:30, 일요일 07:00~19:00
- **빠뚜남에서 왓 씨분르엉까지** 월~금요일 06:15~20:30, 토요일 06:15~19:45, 일요일07:00~19:15
- **왓 씨분르엉에서 판파 브리지까지** 월~금요일 05:30~19:15, 토요일 06:00~18:30, 일요일 06:00~18:00

TIP

운하 보트 이용 팁

좁은 수로를 빠른 속도로 내달리는 운하 보트는 교통 체증을 걱정할 필요 없는 이동 수단이다. 현지인이 출퇴근용으로 이용하기 때문에 보트에 타고 내리는 시간이 느긋하지 않다. 정신을 바짝 차리고 내려야 할 역에서 제대로 내리도록 하자. 다른 보트가 아슬아슬하게 옆을 지나가며 물을 튀길 땐 천장에서 내려온 줄을 잽싸게 당긴다. 비닐 커튼이 올라와 방어막을 쳐준다. 방콕의 어떤 이동 수단보다 스릴이 넘친다.

택시

택시를 타고 목적지를 말한다. 기사가 목적지를 숙지하면 미터기를 켜달라고 말하자. 교통 체증이 심각한 출퇴근 시간이 아니면 대부분 미터기를 켜고 가지만, 방콕은 지역과 시간에 따라 심하게 막히는 구간이 있어 택시를 타기도 전에 기사가 창문을 내리고 흥정을 하거나 승차를 거부하는 일이 빈번하다. 기본요금은 소형 택시가 35밧, 7인승 택시는 40밧이다. 시내에서 이동할 때 미터기를 켜면 100밧이 넘는 경우가 드물지만, 택시 기사들은 100밧, 200밧을 부르며 흥정을 시작한다. 보통 10밧 이하는 거스름돈을 주고받지 않는다.

TIP

방콕 택시 이용법

- 차의 앞 유리창 안쪽으로 빨간불이나 초록불이 들어와 있으면 빈 택시다. 빨간불은 구형 택시, 초록불은 신형 택시이며 요금은 같다.
- 정차된 택시는 가격을 흥정하려는 경우가 많으니 지나가는 택시를 타는 편이 바가지요금을 피하기에 좋다.
- 택시가 목적지로 출발하면 미터를 확인한 후 켜달라고 말하자(손가락으로 가리키며 "미터 온, 플리즈").
- 영어를 못 하는 기사가 많으니 지도나 번역기 애플리케이션을 준비한다.
- 목적지가 유명한 관광지가 아니라면 도로명 주소를 보여주거나 근처의 랜드마크를 알려준다.

시내버스

방콕의 버스는 요금은 무척 저렴하지만 의사소통이 안 되는 경우가 많아 노선을 정확히 모르면 타기 어렵다. 요즘은 구글 맵스에서 버스 노선이 검색되어 미리 정류장의 위치와 번호를 파악하고 탈 수 있다. 아직 에어컨이 없는 옛날 차가 많아 창문을 열고 다닌다. 버스를 타면 차장이 다가와 요금을 걷는다. 에어컨 유무와 거리에 따라 요금은 8~32밧 정도다.

툭툭

방수천으로 천장을 덮은 삼륜차인 툭툭(Tuk Tuk)은 화려한 색깔로 단장하고 여행자를 맞는다. 툭툭을 잡아타는 일이 여행지의 낭만이라면 참 좋겠지만, 좋은 기사를 만나기가 쉽지 않은 데다 웬만한 흥정의 달인이 아니고서는 바가지를 쓰기 일쑤다. 아주 짧은 거리를 가더라도 기본으로 100밧 이상을 부른다. 에어컨도 나오지 않는데 택시보다 훨씬 비싼 요금을 내야 하는 경우가 많다.

TIP

툭툭 이용 시 주의할 점

- 툭툭을 타게 된다면 지도를 보면서 가는 길을 꼭 확인한다.
- 툭툭 기사가 투어 프로그램을 소개해주겠다며 바가지 요금 투어를 권할 때 거절하거나 목적지까지 가는 길이 너무 막히면, 아무 데나 세우고 내리라고 하기도 한다.
- 모자를 썼다면 날아가지 않도록 꼭 잡고, 손을 툭툭 밖으로 내밀지 않아야 한다.

오토바이 택시

방콕의 BTS나 MRT 역에 내리면 주황색 조끼를 입은 오토바이 택시들이 모여 있다. 현지에서는 모토싸이(Motor-sai) 혹은 랍짱(Rap Chang)이라고 부른다. 붐비는 역에는 승객 대기 장소가 있어 줄을 서곤 한다. 대형 쇼핑몰이나 관광지 앞에서도 볼 수 있다. 택시를 타기에는 애매하고 걸어가기에는 꽤 먼 거리일 때 오토바이 택시가 꽤 유용하다. 텅러역이나 에까마이역에서 거리가 먼 카페나 레스토랑을 찾아갈 때, 수쿰윗 지역에서 차가 많이 막힐 때 이용하면 편리하다. 짧은 거리를 이동할 때는 헬멧을 주지 않는 경우가 많으니 타기 전에 달라고 요청하자. 요금은 거리에 따라 15~40밧이다.

TIP

방콕에서 그랩 이용하기

동남아에서 인기가 많은 그랩(GRAB) 애플리케이션을 다운받으면 방콕에서도 그랩을 이용할 수 있다. 애플리케이션에서 출발지와 목적지를 설정하고 금액을 확인한 후 호출하면 그랩 기사가 차량을 몰고 나타나 픽업한다. 이미 목적지와 금액이 협의된 상태에서 차를 타기 때문에 흥정하지 않아도 되는 장점이 있지만, 출퇴근 시간이나 교통 정체가 심한 지역에서는 호출해도 응답이 없거나 가격이 훌쩍 높아지는 경우가 많다. 태국에서는 현재 그랩 카 이용이 불법이며 단속이 심해지는 추세다. 단, 그랩 택시는 합법이다.

CHAPTER

01

방콕 여행의 시작
서쪽 강변

차오프라야강 위로 온갖 유람선이 둥실거린다. 강변에는 햇살을 받아 반짝이는 왕궁과 사원이 늘어서 있고, 여행자를 반기는 카페와 레스토랑이 루프톱을 활짝 열고 기다린다. 카오산 로드에서 차이나타운까지 볼거리도, 먹을거리도 다양하다.

QUICK VIEW

구역별로 만나는 서쪽 강변

방콕의 서쪽은 차오프라야강을 중심으로 옛 왕궁과 사원이 밀집해 있다. 여행지로 향하는 선착장과 가까운 위치에 배낭여행자의 천국 카오산 로드가 자리 잡았다. 강을 따라 물건을 실어 나르며 부를 축적해온 방콕의 차이나타운까지 서쪽 강변에서 만날 수 있다.

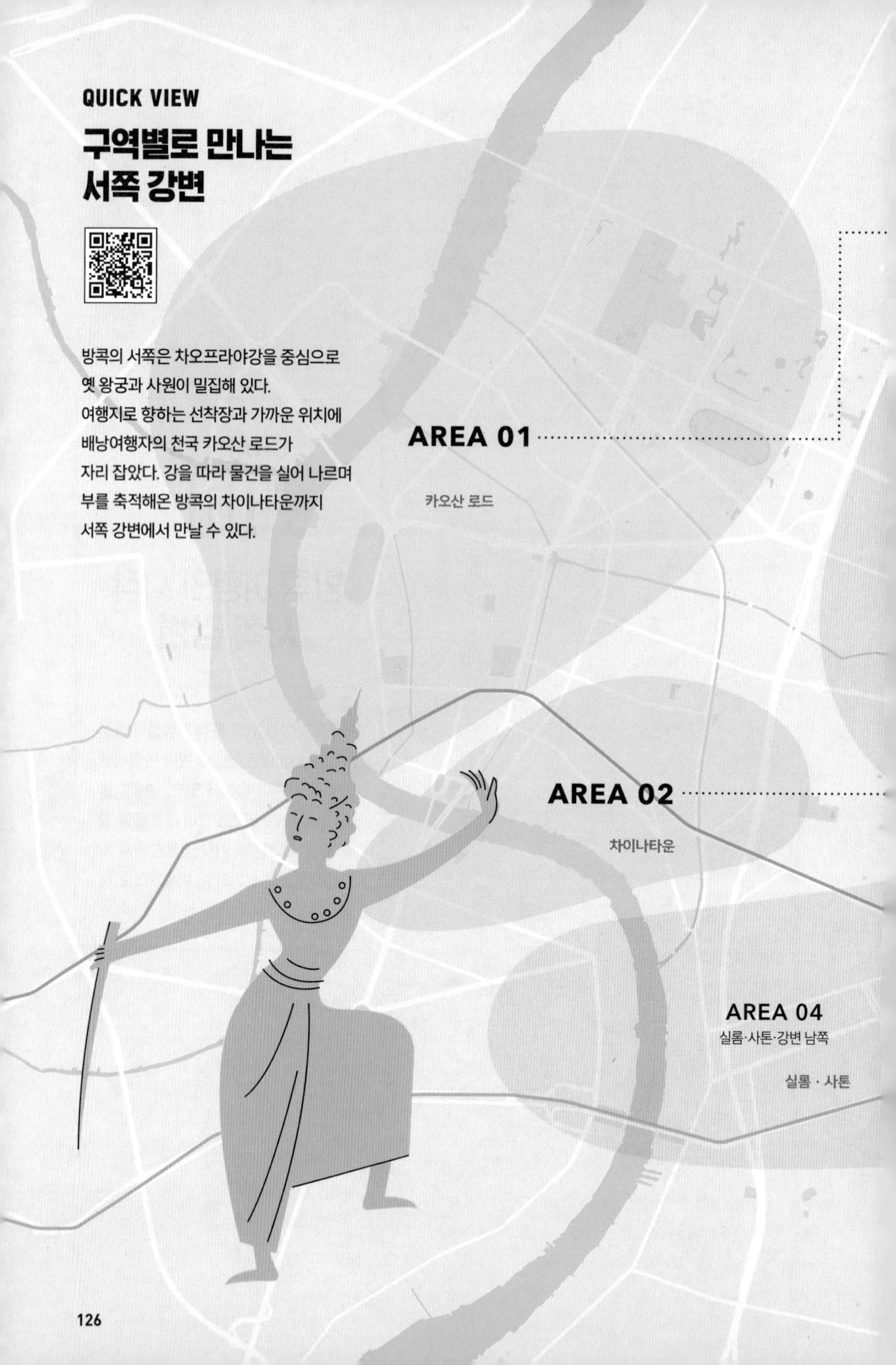

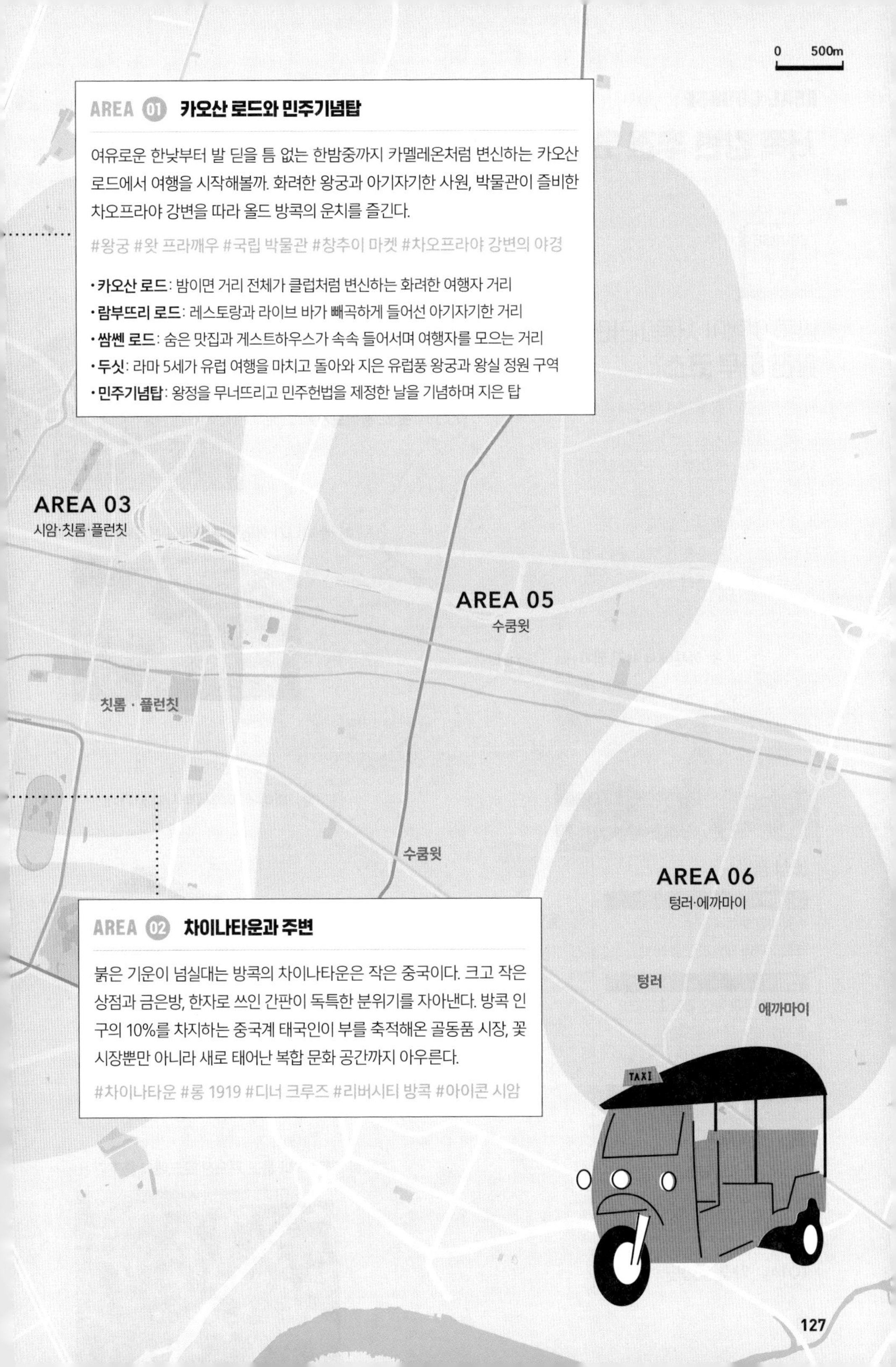

AREA 01 카오산 로드와 민주기념탑

여유로운 한낮부터 발 딛을 틈 없는 한밤중까지 카멜레온처럼 변신하는 카오산 로드에서 여행을 시작해볼까. 화려한 왕궁과 아기자기한 사원, 박물관이 즐비한 차오프라야 강변을 따라 올드 방콕의 운치를 즐긴다.

#왕궁 #왓 프라깨우 #국립 박물관 #창추이 마켓 #차오프라야 강변의 야경

- **카오산 로드**: 밤이면 거리 전체가 클럽처럼 변신하는 화려한 여행자 거리
- **람부뜨리 로드**: 레스토랑과 라이브 바가 빼곡하게 들어선 아기자기한 거리
- **쌈쎈 로드**: 숨은 맛집과 게스트하우스가 속속 들어서며 여행자를 모으는 거리
- **두싯**: 라마 5세가 유럽 여행을 마치고 돌아와 지은 유럽풍 왕궁과 왕실 정원 구역
- **민주기념탑**: 왕정을 무너뜨리고 민주헌법을 제정한 날을 기념하며 지은 탑

AREA 02 차이나타운과 주변

붉은 기운이 넘실대는 방콕의 차이나타운은 작은 중국이다. 크고 작은 상점과 금은방, 한자로 쓰인 간판이 독특한 분위기를 자아낸다. 방콕 인구의 10%를 차지하는 중국계 태국인이 부를 축적해온 골동품 시장, 꽃 시장뿐만 아니라 새로 태어난 복합 문화 공간까지 아우른다.

#차이나타운 #롱 1919 #디너 크루즈 #리버시티 방콕 #아이콘 시암

REAL COURSE

서쪽 강변 추천 코스

COURSE 01

방콕 여행이 처음이라면 **알찬 하루 코스**

카오산 로드나 람부뜨리 로드에 묵으며 낮에는 왕궁과 사원을 둘러보고 저녁에는 후끈한 여행자 거리의 열기를 만끽해보자. 여기서는 대부분 수상 보트를 기준으로 이동 시간을 제시했으나 상황에 맞게 택시를 타거나 도보로 이동해도 좋다.

07:30 나이쏘이에서 갈비국수 맛보기 P.162

파 아팃 선착장 – 수상 보트 15분 – 타 창 선착장

08:30 왓 프라깨우 구경하기 P.142

타 창 선착장 – 도보 10분 혹은 수상 보트 15분 – 타 티엔 선착장

10:30 왓 포 돌아보기 P.146

도보 5분

12:20 수파니가 이팅룸에서 점심 식사 P.171

©윤우섭

타 티엔 선착장 – 수상 보트 25분+ – 왓 아룬 선착장

14:00 왓 아룬에서 사진 찍기 P.148

왓 아룬 선착장 – 타 티엔 선착장 – 수상 보트 40분 – 파 아팃 선착장

16:00 빠이 스파에서 마사지 받기 P.072

도보 4분

18:00 똠얌꿍 레스토랑에서 저녁 식사 P.161

도보 1분

20:00 숙 사바이에서 라이브 즐기기 P.166

도보 1분

22:00 버킷 하나 들고 카오산 로드에서 춤추기 P.134

예상 경비

교통비

주황 깃발 보트 4회 및 크로스 페리 1회 이용, 총 69밧

입장료

왓 프라깨우와 왕궁 입장료 500밧
왓 포 200밧, 왓 아룬 50밧
빠이 스파 타이 마사지 1시간 420밧

식비

나이쏘이 국수 200밧
수파니가 이팅룸 300밧
똠얌꿍 레스토랑 180밧
숙 사바이 220밧
버킷 200밧

TOTAL 약 2,359밧

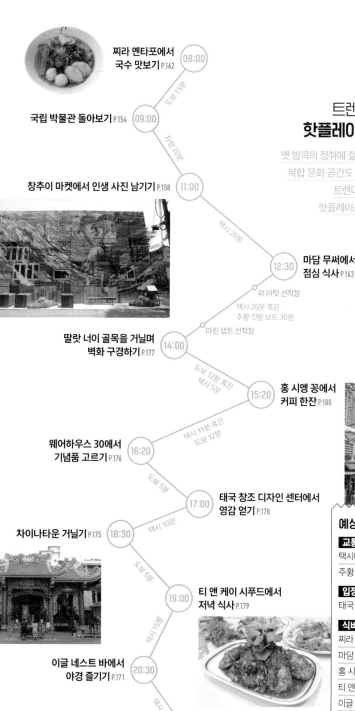

찌라 옌타포에서 국수 맛보기 P.162 — 08:00

도보 15분

국립 박물관 돌아보기 P.154 — 09:00

차량 20분

창추이 마켓에서 인생 사진 남기기 P.158 — 11:00

택시 20분

마담 무써에서 점심 식사 P.163 — 12:30

파 아팃 선착장

택시 20분 혹은 주황 깃발 보트 30분

마린 뎁트 선착장

딸랏 너이 골목을 거닐며 벽화 구경하기 P.177 — 14:00

도보 12분 혹은 택시 5분

홍 시엥 꽁에서 커피 한잔 P.180 — 15:20

택시 11분 혹은 도보 12분

웨어하우스 30에서 기념품 고르기 P.176 — 16:20

도보 5분

태국 창조 디자인 센터에서 영감 얻기 P.178 — 17:00

택시 10분

차이나타운 거닐기 P.175 — 18:30

도보 5분

티 앤 케이 시푸드에서 저녁 식사 P.179 — 19:00

택시 15분

이글 네스트 바에서 야경 즐기기 P.171 — 20:30

택시 15분

애드히어 13 블루스 바에서 하루 마무리 P.165 — 22:00

COURSE 02

트렌디한 여행자를 위한 핫플레이스 투어 하루 코스

옛 방콕의 정취에 젊은 감각을 더해 새롭게 변신한 복합 문화 공간도 궁금하고, 미술관이나 박물관, 트렌디한 카페까지 섭렵하고 싶다면 핫플레이스를 총정리한 이 코스를 추천!

예상 경비

교통비
- 택시비 약 400밧,
- 주황 깃발 보트 1회 16밧

입장료
- 태국 창조 디자인 센터 100밧

식비
- 찌라 옌타포 국수 70밧
- 마담 무써 200밧
- 홍 시엥 꽁 음료 160밧
- 티 앤 케이 시푸드 500밧
- 이글 네스트 바 450밧
- 애드히어 13 블루스 바 300밧

TOTAL 약 2,274밧

AREA

1

배낭여행자의 천국 **카오산 로드와 민주기념탑**

Khaosan Road & Democracy Monument

ACCESS

수완나품 공항에서 카오산 로드로

- 수완나품 공항 1층 7번 게이트
- 공항버스 S1 ⓒ50분 ฿60밧
- 카오산 로드

돈므앙 공항에서 카오산 로드로

- 돈므앙 공항 1층 6번 게이트
- 공항버스 A4 ⓒ40분 ฿50밧
- 카오산 로드

시암에서 카오산 로드로

택시 ⓒ20분 ฿100밧

사톤에서 카오산 로드로

- 사톤 선착장
- 투어리스트 보트 ⓒ30분 ฿30밧
- 파 아팃 선착장

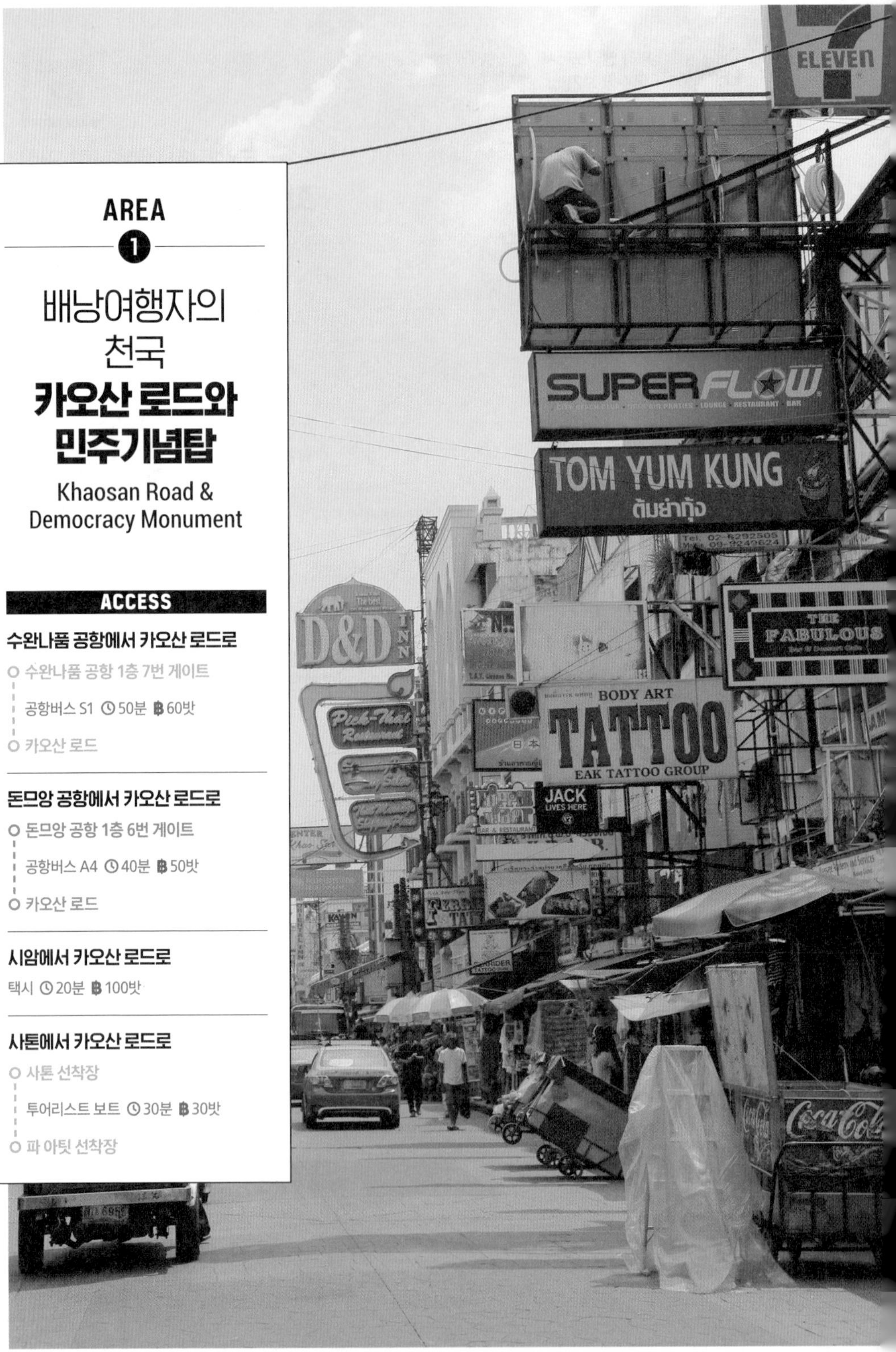

카오산 로드와 민주기념탑 상세 지도

0 250m
21 창추이 마켓 Chang Chui Market
23 스티브 카페 앤 퀴진 Steve Cafe & Cuisine
11 왓 인타라위한 Wat Intharawihan
12 왓 벤차마보핏 Wat Benchamabophi
카오산 로드 & 람부뜨리 로드 P.132
람부뜨리 로드
카오산 로드
04 민주기념탑 Democracy Monument
01 부적 시장 Amulet Market
15 왓 마하탓 Wat Mahathat
22 크루아 압손 Krua Apsorn
05 마하깐 요새 Mahakan Fort
25 쩨디 카페 앤 바 JEDI Café & Bar
20 통 헹 리 Thong Heng Lee
24 몬놈솟 Mont Nom Sod
21 팁싸마이 Thipsamai
16 왓 사켓 Wat Saket
타 창 선착장
07 왓 프라깨우 & 왕궁 Wat Phra Kaew & Phra Borom Maha Ratcha Wang
17 왓 수탓 & 싸오 칭 차 Wat Suthat & Sao Ching Cha
아룬 레지던스 H
27 더 덱 레스토랑 The Deck Restaurant
14 왓 라차쁘라딧 Wat Rachapradit
13 왓 라차보핏 Wat Ratchabophit
살라 아룬 H
28 이글 네스트 바 Eagle Nest Bar
08 왓 포 Wat Pho
MRT 삼욧역
타 티엔 선착장
26 수파니가 이팅룸 Supanniga Eating Room
09 왓 아룬 Wat Arun
20 시암 박물관 Museum Siam
MRT 사남차이역
06 위차이 프라싯 요새 Wichai Prasit Fort
02 팍 클롱 꽃 시장 Pak Khlong Flower Market
MRT 왓망콘역
팍 클롱 딸랏 선착장 (구 욧피만 선착장)
차이나타운 China Town

카오산 로드 & 람부뜨리 로드
확대 지도

0 80m
03 파쑤멘 요새 Phra Sumen Fort
10 카림 로띠 마타바 Karim Roti Mataba
파 아팃 선착장
01 쪽 포차나 Jok Pochana
14 애드히어 13 블루스 바 Adhere the 13th Blues Bar
16 보타닉 백야드 바 앤 레스토랑 Botanic Backyard Bar & Restaurant
11 매 프라파 크리스피 팬케이크 Mae Prapha Crispy Pancake
나이쏘이 Nai soi 04
09 마담 무써 Madame Musur
쿤댕 꾸어이짭 유안 Khun Dang Kuay Jub Yuan 05
12 쿤 다오 Khun Dao
07 타이 가든 Thai Garden
리바 수르야 방콕
람부뜨리 빌리지
13 프티 솔레일 Petit Soleil
06 찌라 옌타포 Jira Yentafo
사와디 테라스 Sawasdee Terrace 08
03 방람푸 시장 Bang Lamphu Market
21 창추이 마켓 Chang Chui Market
왓 차나 송크람 Wat Chana Songkhram 02
왓 보원니웻 Wat Bowonniwet Wihan 10
람부뜨리 로드 Rambuttri Road 01
반 차트 호텔
티니디 트렌디 방콕 카오산
18 죽 포장마차
차나 송크람 경찰서
숙 사바이 Suk Sabai 15
스웬센
태국 국립 미술관 The National Gallery of Thailand 18
똠얌꿍 레스토랑 Tom Yum Kung 02
01 카오산 로드 Khaosan Road
빠이 스파 Pai Spa
카오산 팰리스
버디 로지
사남 루앙 버스 터미널 (공항버스 S1 종점)
버디 비어 와인 바 앤 그릴 Buddy Beer Wine Bar & Grill 03
19 멀리건스 아이리시 바 Mulligans Irish Bar
마이 달링 카오산 My Darling Khaosan 17
19 국립 박물관 National Museum

01 WRITER'S PICK

카오산 로드 & 람부뜨리 로드 Khaosan Road & Rambuttri Road

전 세계 배낭여행자가 사랑하는 거리

람부뜨리 로드

카오산 로드는 '여행자의 천국', '여행자의 성지', '전 세계 배낭여행자의 베이스캠프'라는 다양한 별명을 가졌다. 카오산 로드가 홍대 앞의 클럽 거리와 비슷하다면, 카오산 로드와 인접한 람부뜨리 로드는 그 옆의 상수동과 비슷하다. 카오산 로드가 시끌벅적한 젊음의 열기로 가득한 화끈한 거리라면, 람부뜨리 로드는 중심에서 한 발짝 물러선 듯 차분하고 개성이 있달까. 전 세계의 여행자와 함께 밤을 새워 춤을 춰도 지치지 않을 체력의 소유자라면 카오산 로드에서, 좋은 음악을 배경으로 누군가와 도란도란 이야기를 나누며 맛있는 음식을 먹고 싶다면 람부뜨리 로드에서 방콕의 밤을 즐겨보자. 한 손에 맥주를 들고 거리를 걷다 흥겨운 음악이 들리면 그 자리에서 춤을 추던 사람 모두 친구가 되어 어우러지는 짜릿한 경험이 기다린다.

Khaosan Rd, Khwaeng Talat Yot, Khet Phra Nakhon 왓 차나 송크람 사원(Wat Chana Songkhram)에서 길 건너편 골목 **카오산 로드** 13.758865, 100.497357, **람부뜨리 로드** 13.759702, 100.497595

REAL GUIDE

카오산 로드를 알차게 즐기는 9가지 방법

낮의 카오산 로드는 무척이나 한가해서 놀라울 정도다. 헤나를 그리거나 머리를 땋고 콘 파이를 맛보며 화끈한 밤이 올 때까지 카오산의 매력을 만끽해보자.

❶ 포토존에서 사진 찍기

카오산 로드의 대표적인 포토존은 맥도날드 앞에 있는 합장한 로날드. 두 손을 공손히 모아 태국식 인사인 와이(Wai)를 따라 하며 사진을 찍고, 잠시 맥도날드에 들러 우리나라 맥도날드에서는 보기 드문 콘 파이(Corn Pie)를 먹어보자.

❷ 길거리에서 하염없이 군것질하기

태국은 길거리 음식도 맛있다. 전 세계 여행자의 입맛을 만족시키는 팟타이 집은 언제나 인기. 과육이 오독오독 씹히는 코코넛 아이스크림, 눈이 휘둥그레질 만큼 달콤한 생과일 오렌지 주스와 버터를 듬뿍 바른 불맛 토스트도 눈에 띄면 꼭 맛보자.

❸ 헤나와 레게 머리에 도전!

근사한 문신을 해보고 싶은데 이런저런 이유로 망설였다면 카오산 로드에서 헤나를 그려보고, 레게 머리는 부담스럽다면 한 줄이나 두 줄 정도만 포인트로 머리도 땋아보자. 여행 내내 행복해지는 비법이다.

❹ 여유롭게 누워 발 마사지 받기

거리를 향해 놓인 의자에 앉아 시원하게 몸을 펴고 발 마사지를 받으며 거리를 오가는 여행자를 바라보거나 옆자리의 친구와 수다를 떨면, 카페에서는 느끼지 못했던 색다른 여유로움을 한껏 느낄 수 있다. 하루 종일 걷다 지친 다리가 시원하게 풀리는 건 덤이다.

❺ 생솜 버킷에 도전하기

카오산 로드에서 밤을 즐기려면 버킷을 빼놓을 수 없다. 말 그대로 콜라나 스프라이트를 위스키와 섞은 양동이 칵테일이다. 이왕이면 태국 위스키인 생솜(Sangsom)으로 만든 버킷을 주문하자. 다만 꽤 달달해서 마실 때는 술술 들어가지만 그 자리에서 금방 취하거나 다음 날 숙취가 심할 수 있으니 주의하자.

❻ 밤새 춤추며 길거리 주름잡기

흥이 넘치는 당신, 춤이라면 뒤지지 않는 당신에게 카오산 로드에서 매일 밤 벌어지는 춤판이 얼마나 흥겨울까. 버킷을 들고 음악이 가장 시끄러운 곳으로 향하면 된다. 보통 럭키 비어와 센트럴 사이가 가장 후끈하다. 밤 11시 이후부터 새벽 2시까지가 분위기 피크!

❼ 태국 스타일 죽으로 해장하기

카오산 로드에서 좀 놀아봤다는 사람들은 다 아는 집이다. 거리 끄트머리에 조용하게 자리 잡은 죽 포장마차가 밤새 지친 사람들의 속을 달랜다. 간장 양념을 넣고 생강과 파를 곁들인 죽이 은근히 별미다.

❽ 카오산에서 일일 투어 예약하기

만약 방콕 여행이 처음인데 아유타야나 칸차나부리 같은 방콕 근교와 수상시장을 방문할 계획이라면 카오산에서 여행을 시작하는 편이 좋다. 챙겨야 할 사람이 있는 가족 여행이나 커플 여행이라면 프라이빗 투어가 좋겠지만, 혼자 여행하거나 편한 친구와 함께 배낭여행을 해보고 싶다면 카오산 로드와 람부뜨리 로드의 수많은 여행사에서 다양하고 저렴한 여행 상품을 골라 예약하자.

❾ 여행 기념품 쇼핑하기

쇼핑을 하기 위해 일부러 아시아티크나 짜뚜짝 주말 시장까지 가지 않아도 태국 여행 기분이 물씬 나는 기념품을 살 수 있다. 호텔이 카오산 로드 근처라면 옷이든, 액세서리든, 신발이든 이곳에서 쇼핑하고 바로 방에 들어가 짐을 풀 수 있어 편하다.

TIP

헤나 & 레게 머리는 이렇게!

❶ 헤나 그리기

헤나 문신은 헤나 염료로 피부를 염색해 문신 효과를 내기 때문에 문신과 달리 시간이 지나면 지워진다. 옅게 그리면 3~5일, 짙게 그리면 2주일 정도 유지된다. 카오산 로드에는 문신 숍과 헤나 숍이 많아서 플라스틱 의자에 앉아 팔을 내밀고 그림을 그리는 사람을 흔히 볼 수 있다. 헤나 숍에 방문하면 원하는 도안을 골라 가격을 흥정하자. 손톱만큼 작은 문양부터 손을 뒤덮거나 팔과 어깨를 덮는 문양까지 다양하다. 크기에 따라 가격도 다르다. 하지만 피부가 예민한 사람이라면 주의하자. 천연 헤나 염료는 식물성이라 특별히 피부에 자극을 주지 않지만, 인공 헤나 염료는 피부에 착색되거나 알레르기 반응을 일으킬 수 있다. 헤나를 하고 나면 말릴 시간이 필요하다. 묻어나지 않도록 주의하자.

฿ 크기에 따라 100~300밧

❷ 레게 머리 땋기

카오산 로드에는 독특하게 머리를 땋아주는 숍들이 있다. 보통 헤나 숍과 함께 운영한다. 머리를 땋는 방법이 꽤 다양하다. 부숭하게 머리카락을 넣어 땋아주는 드레드록스(Dreadlocks) 스타일도 있고, 다양한 색실을 넣어 땋는 브레이드(Braids) 스타일도 있다. 매장 밖에 비치된 사진이나 마네킹의 머리 스타일, 매장 안에 비치된 스타일북을 보고 원하는 머리 스타일을 고르면 된다. 스타일을 고른 다음에는 색상을 고른다. 금사나 은사를 끼워 넣으면 더욱 화려해진다. 숍에 따라 머리카락 끝에 깃털이나 참을 달아주기도 한다. 전체 머리가 아닌 한두 가닥만 포인트로 자신의 머리 길이에 맞추어 땋아도 예쁘다. 너무 짧은 커트 머리만 아니면 짧은 단발머리에도 가능하다.

한 줄을 하든 여러 줄을 하든 전체 길이를 맞춰야 머리를 묶거나 스타일링을 할 때 편하다. 전체 레게 머리에 도전한다면 머리가 꽤 무거워지고 머리 감기가 어렵다는 사실을 고려하자. 밤이 되면 사람들이 몰려들어 원하는 스타일링을 하기 어려울 수 있다. 한가로운 낮 시간에 방문하자.

฿ 머리 1줄 50~100밧, 특수 머리 500~800밧, 전체 레게 머리 1,000~2,000밧

REAL GUIDE

카오산 로드에서 만난 먹거리 노점

카오산 로드에서 람부뜨리 로드까지 짧지 않은 거리 곳곳에 보기만 해도 입맛이 돋는 먹거리 노점이 줄줄이 늘어서 있다. 저렴한 가격으로 달콤한 간식을 즐겨보자.

코코넛 과육과 달콤한 아이스크림의 만남

코코넛 아이스크림 Coconut Icecream

코코넛 밀크 특유의 고소한 단맛을 좋아하는 사람이라면 코코넛 아이스크림에 반할 게 분명하다. 연유와 초코시럽을 뿌린 아이스크림에 실한 코코넛 과육까지 들어 있다.

฿ 코코넛 아이스크림 50밧

신선한 열대 과일을 매일매일

과일과 주스 Fresh Fruit & Fresh Juice

망고, 용과, 수박, 잭 프루트 등 먹기 좋게 포장된 열대 과일을 원 없이 사먹자. 오렌지 주스, 구아바 주스, 패션 프루트 주스, 석류 주스 등 달고 시원한 생과일주스가 다양하다.

฿ 오렌지 주스 30밧, 석류 주스 60밧

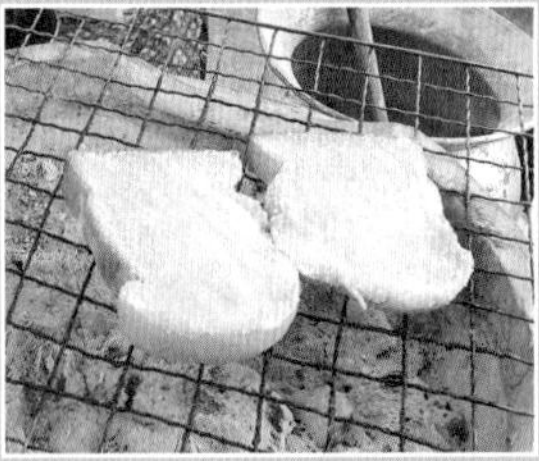

자꾸만 손이 가는

토스트 Toast

식빵을 숯불에 구워 불맛을 머금었다. 바삭하게 구운 겉면에 노릇노릇하게 버터를 바르면 고소한 냄새에 절로 킁킁거리게 된다. 설탕까지 듬뿍 뿌린 토스트가 환상의 맛을 선사한다.

฿ 토스트 1쪽 10밧

진하고 달콤한 태국식 연유 커피

길거리 커피 Street Coffee

설탕과 프림은 기본, 연유와 우유까지 합세한 다디단 커피를 즐길 수 있다. 비닐봉지 가득 담아주던 길거리 커피는 거의 사라지고 대부분의 노점이 플라스틱 용기에 담아준다.

฿ 커피 25밧

여럿이 함께 즐기는 태국 스타일

버킷 Bucket

말 그대로 양동이 칵테일. 양동이에 얼음을 채우고 위스키와 스프라이트를 부어 인원수대로 빨대를 꽂고 마신다. 밤이면 길거리에 버킷을 들고 춤을 추는 무리가 늘어난다.

฿ 버킷 150~250밧

REAL GUIDE

카오산 로드에서 길거리 쇼핑

굳이 유명 야시장이나 주말 시장을 찾아가지 않아도 충분하다. 눈썰미가 좋은 사람이라면 카오산 로드와 람부뜨리 로드에서 '득템'할 기회를 놓치지 않을 테니!

여행하는 기분을 한껏 느껴보자
티셔츠와 바지

커다란 코끼리가 그려진 민소매 티셔츠, 아이 러브 방콕이라고 쓰인 반팔 티셔츠, 시원한 코끼리 바지가 여기저기서 유혹한다. 예쁜 디자인을 골라 적당히 흥정하자.

฿ 티셔츠 80~200밧, 코끼리 바지 100~150밧, 치마 250~350밧

동남아 여행자의 패션 아이템
팔찌와 액세서리

빈티지한 가죽 팔찌도, 구슬과 참이 주렁주렁 달린 팔찌도, 동남아 여행자의 필수품인 끈 팔찌도 멋스럽다. 여러 개 골라 선물하기에도 좋다.

฿ 팔찌 1개 39밧, 3개 100밧, 코코넛 반지 20밧

기념품은 자석이 최고
자석

여행지를 대표하는 자석을 모은다면 눈을 크게 뜨고 골라보자. 태국과 방콕을 대표하는 자석의 종류가 플라스틱부터 패브릭까지 무궁무진하고 디자인도 천차만별이다.

฿ 자석 1개 60밧, 2개 100밧

더운 나라의 시원한 쇼핑
신발과 모자

굳이 한국에서 신발과 모자를 바리바리 싸들고 올 필요 없다. 카오산 로드에는 어떤 옷차림에나 어울리는 모자와 가벼운 샌들이 가득하니 마음에 드는 것을 구입해 바로 착용해보자.

฿ 샌들 380밧, 모자 150밧

예쁜 코끼리 한 마리 골라가세요
동전 지갑

한때 태국 여행 인기 기념품 1순위였던 작은 동전 지갑. 일명 코끼리 지갑이라고도 한다. 동전이나 이어폰 같은 소품을 넣어 다니기 좋다. 선물용으로도 가성비가 좋은 아이템.

฿ 5개 100밧

REAL GUIDE

서쪽 강변에선 어떤 사원을?
방콕 사원 여행 내비게이션

많고 많은 방콕의 사원,
어디로 가야 할지 모르겠다면 취향껏 골라보자.
한눈에 보는 방콕 사원 맵핑!

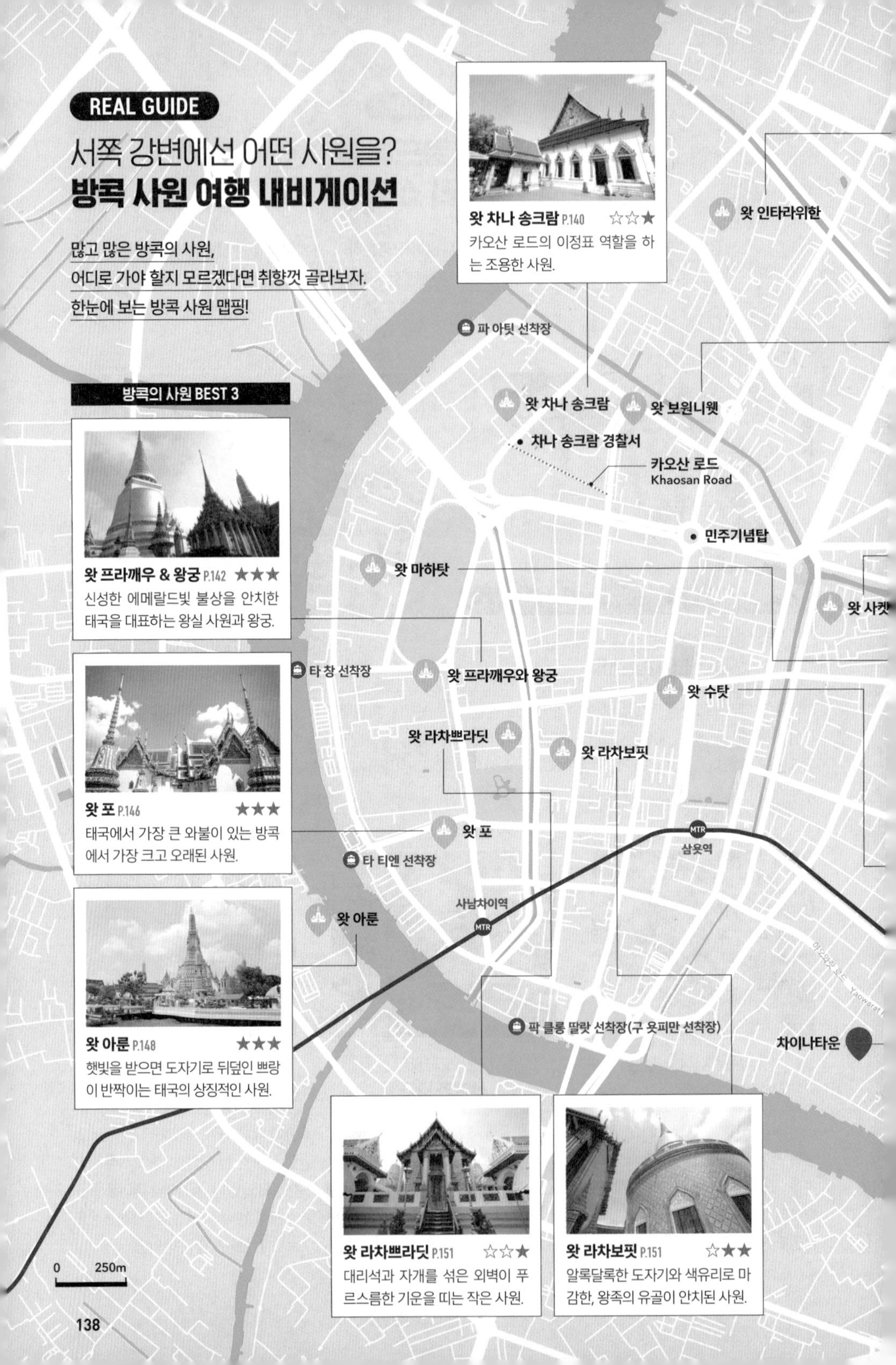

왓 차나 송크람 P.140 ☆☆★
카오산 로드의 이정표 역할을 하는 조용한 사원.

방콕의 사원 BEST 3

왓 프라깨우 & 왕궁 P.142 ★★★
신성한 에메랄드빛 불상을 안치한 태국을 대표하는 왕실 사원과 왕궁.

왓 포 P.146 ★★★
태국에서 가장 큰 와불이 있는 방콕에서 가장 크고 오래된 사원.

왓 아룬 P.148 ★★★
햇빛을 받으면 도자기로 뒤덮인 쁘랑이 반짝이는 태국의 상징적인 사원.

왓 라차쁘라딧 P.151 ☆☆★
대리석과 자개를 섞은 외벽이 푸르스름한 기운을 띠는 작은 사원.

왓 라차보핏 P.151 ☆★★
알록달록한 도자기와 색유리로 마감한, 왕족의 유골이 안치된 사원.

왓 벤차마보핏

왓 인타라위한 P.150 ☆☆★

60년에 걸쳐 완성한 32m 높이의 거대한 불상이 우뚝 선 사원.

왓 보원니웻 P.150 ☆★★

카오산 로드 끄트머리에서 거대한 쩨디의 위용을 자랑하는 사원.

왓 사켓 P.152 ☆★★

인공 언덕 위에 자리해 방콕을 한눈에 내려다볼 수 있는 사원.

왓 벤차마보핏 P.150 ☆☆★

대리석을 사용해 매끈하게 마감한 거대하고 균형 잡힌 사원.

왓 마하탓 P.151 ☆☆★

부적 시장 앞에 있어 현지인이 많이 찾는 사원.

왓 수탓 P.152 ☆★★

사원 앞의 빨간 그네 싸오 칭 차와 함께 유네스코 문화유산으로 지정된 사원.

이밋

MTR 후아람퐁역

차이나타운 게이트

왓 트라이밋 P.175 ☆☆★

진짜 황금으로 만든 불상을 안치한 차이나타운 앞 사원.

TIP

왕궁은 절대(99.99%) 문을 닫지 않습니다!

왕궁 근처에서 가장 흔하게 일어나는 사기 유형은 "오늘은 왕궁이 문을 닫았다"라고 말을 건네는 사기다. 오죽하면 왕궁 홈페이지에 "왕궁은 99.99% 문을 닫지 않는다"라고 써두었을까. 왕실의 이벤트가 열린다거나 사원에 예식이 있다는 등의 핑계를 대며 왕궁은 문을 닫았으니 자신이 다른 관광지를 알려주겠다고 나서는데, 이런 친절한 안내에 속아 그들이 권하는 택시나 툭툭은 타지 말자. 관광지는커녕 금은방이나 양복점, 마사지 숍에 데려가 바가지를 씌운다. 태국에서는 길거리에서 모르는 사람에게 말을 거는 문화가 없으므로 누군가 말을 시키면 못 들은 척하는 편이 낫다.

02

왓 차나 송크람 Wat Chana Songkhram

카오산 로드의 이정표

카오산 로드에서 머문다면 한 번쯤 기웃거리게 되는 사원. 차나 송크람 경찰서 바로 앞에 있어 카오산 로드의 이정표 역할을 톡톡히 한다. 택시를 타고 '카오산 로드'를 아무리 부르짖어도 못 알아듣는 기사님이 "왓 차나 송크람!" 한마디에 오케이를 외칠 정도. 라마 1세 때 붙여진 사원의 이름은 전쟁에서 승리한 사원이라는 뜻이다. 사원 내부는 그리 크지 않지만 금빛으로 빛나는 라따나꼬신(차크리 왕조) 사원 특유의 지붕과 창문이 화려하다. 꽃을 사들고 공양을 올리는 현지인을 만날 수 있다.

77 Chakrabongse Rd, Khwaeng Chana Songkhram, Khet Phra Nakhon 카오산 로드의 차나 송크람 경찰서 맞은편 ฿ 무료 08:00~17:00 093-126-4000
13.760525, 100.495548

03

파쑤멘 요새 Phra Sumen Fort

방콕을 둘러싼 성벽의 자취

파쑤멘 요새는 18세기에 차오프라야강 동쪽의 라따나꼬신 지역을 수도로 삼으면서 수도를 방어할 목적으로 지었다. 강 서쪽에서 침략해오는 적군을 막기 위해 성벽처럼 둘러 지은 요새는 모두 14개였다. 현재는 파쑤멘 요새와 마하깐 요새만 남아 있다. 파쑤멘 공원이라 불리는 요새 옆 공원의 정식 명칭은 싼띠차이 쁘라깐 공원(Santichai Prakan Park)이다. 번잡한 카오산을 살짝 벗어나 라마 8세 다리를 바라보며 평화로운 산책을 즐기는 여행자를 종종 볼 수 있다.

147 Phra Athit Rd, Khwaeng Chana Songkhram, Khet Phra Nakhon 파 아팃 선착장에서 200m, 도보 3분. 차나 송크람 경찰서에서 800m, 도보 10분
฿ 무료 08:00~21:00
13.764022, 100.495776

04

민주기념탑 Democracy Monument

왕정에서 민주정으로의 변화를 기념하다

민주기념탑은 카오산 로드나 쌈쎈 로드(Samsen Road)를 오가는 길에 택시를 타면 종종 마주치는 거대한 조형물이다. 카오산에서 크루아 압손P.169과 몬놈솟P.170, 왓 수탓P.152까지 가는 길의 이정표이기도 하다. 1932년 6월 24일 왕정을 무너뜨리고 민주헌법을 제정한 날을 기념하기 위해 세웠다.

Democracy Monument, Ratchadamnoen Avenue, Wat Bowon Niwet, Khet Phra Nakhon 카오산 로드에서 800m, 도보 10분 13.756712, 100.501859

05

마하깐 요새 Mahakan Fort

라마 1세가 세운 방콕의 경계

민주기념탑 동쪽으로 마하깐 요새가 자리한다. 차오프라야강으로 흘러들어가는 운하 안쪽 도시의 북동쪽을 지키던 요새의 모습이 늠름하다. 운하 건너편으로 방콕의 도심을 가로지르는 쌘쌥 운하 보트가 출발하는 판파 브리지역과 언덕 위의 왓 사켓P.152이 보인다.

Mahakan Fort, Maha Chai Rd, Khwaeng Wat Bowon Niwet, Khet Phra Nakhon 민주기념탑에서 400m, 도보 5분. 팁싸마이에서 300m, 도보 4분 13.755671, 100.505524

ⓒ태국정부관광청 서울사무소

06

위차이 프라싯 요새 Wichai Prasit Fort

바다에서 나타나는 적들을 막다

차크리 왕조가 차오프라야강 동쪽에 방콕을 세우기 전, 아유타야 시대에 지은 요새다. 바다에서 강을 거슬러 아유타야로 올라가는 적을 막기 위해 세웠다. 현재는 왕립 해군 사령부 소속으로 일반에 개방하지 않아 수상 교통을 이용해 강 위에서 바라볼 수 있다.

Wichai Prasit Fort, Arun Amarin Rd, Khet Bangkok Yai 왓 아룬에서 남쪽으로 200m, 수상 보트나 리버크루즈 탑승 시 관람 가능 13.742165, 100.490768

07 WRITER'S PICK

왓 프라깨우 & 왕궁 Wat Phra Kaew(Emerald Temple) & Phra Borom Maha Ratcha Wang(Grand Palace)

에메랄드 불상을 모신 왕실 사원

왓 프라깨우는 태국을 대표하는 왕실 사원으로 왕궁 안에 위치했다. 경내에 그린 라마끼안 벽화에는 금박을 둘렀고, 고개를 젖혀 올려다본 종 모양의 쩨디는 금빛으로 번쩍인다. 알록달록한 자개 옷을 입은 초록 얼굴, 흰 얼굴의 약을 지나면 황금을 두른 킨나리, 색유리로 치장한 나가와 가루다가 눈부시게 반짝이며 관광객을 맞는다. 왓 프라깨우는 차크리 왕조의 라마 1세가 방콕을 수도로 삼으며 지은 왕실 사원이라 승려가 살지 않는다. 본당으로 들어가면 국왕의 수호신이자 태국에서 가장 신성한 불상으로 추앙하는 에메랄드 불상이 있는데, 이름과는 달리 옥으로 만들었다. 예부터 이 불상을 모신 나라는 번영한다고 믿어와 계절마다 국왕이 직접 옷을 갈아입힌다. 사원을 지나 출구로 향하는 길에 왕궁 경내를 지난다. 라마 8세까지 이곳에 거주했다. 왕궁 1층에는 왕실에서 사용했던 물품과 무기가 전시되어 있다.

Wat Phra Kaew, Na Phra Lan Rd, Phra Borom Maha Ratchawang, Khet Phra Nakhon
타 창 선착장에서 400m, 도보 5분 ฿ 입장료 500밧, 오디오 가이드 200밧, 키 120cm 이하 어린이 무료 입장 08:30~16:30(입장 마감 15:30) 02-623-5500
www.royalgrandpalace.th 13.751190, 100.492610

TIP

방콕을 여행할 때 어린이 요금

동남아의 많은 나라처럼 태국에서도 키를 기준으로 어린이 요금을 책정한다. 대부분의 사원과 입장료를 받는 관광지에서 키가 120cm 이하인 어린이는 무료로 입장시켜준다. 아이와 함께 방콕 한 달 살기를 한다면 쏠쏠하게 도움이 될 것이다.

에메랄드 불상 ©태국정부관광청 서울사무소

TIP

입장권으로 태국 전통 가면극 관람하기

500밧의 왕궁 입장료에 태국 전통 가면극 〈콘(Khon)〉과 방파인의 왕궁예술박물관의 관람 비용이 포함되어 있다. 〈콘〉은 〈라마끼안〉의 줄거리를 바탕으로 가면을 쓴 무용수들이 태국 전통 노래와 춤을 선보인다. 〈라마끼안〉은 비슈누 신의 화신인 프라람과 악마 토사칸 간의 전쟁 이야기로 인도의 서사시 〈라마야나〉를 태국식으로 각색한 내용이다.

쌀라 찰럼끄룽 왕립극장 Sala Chalermkrung Theatre

방콕을 수도로 삼은 지 150년을 기념하며 라마 7세가 1933년에 지은 극장. 처음에는 영화를 상영했으나 1992년에 리노베이션을 마치고 태국 전통 가면극인 〈콘〉을 비롯해 다양한 콘서트가 열리는 문화 예술 공간으로 탈바꿈했다.

66 Chalermkrung Rd, Khwaeng Wang Burapha Phirom, Khet Phra Nakhon 무료 공연 시작 30분 전에 왓 프라깨우 앞에서 극장으로 무료 셔틀 출발. 왓 프라깨우에서 1.5km, 택시 10분 ฿ 왕궁 입장권으로 볼 수 있는 공연은 무료, 입장권 구매 후 7일 내 관람 월~금요일 무료 공연 13:00, 14:30, 16:00/ 공연 시간 25분 02-222-0434 www.salachalermkrung.com 13.746814, 100.500004

REAL GUIDE

왓 프라깨우의 감상 포인트

태국을 대표하는 사원인 왓 프라깨우에는 에메랄드 불상 외에도 볼거리가 많다. 화려함의 극치를 뽐내는 건물들과 조각상을 하나하나 살펴보자.

▶▶ 자세히 보는 태국 사원 P.054

01 프라 씨 라따나 쩨디 Phra Sri Rattana Chedi

부처님 가슴뼈가 안치되어 있다는 스리랑카 스타일의 황금빛 쩨디.

02 프라 몬돕 Phra Mondop

초록으로 번쩍이는 외관, 자개로 장식한 문이 화려한 왕실 도서관.

03 프라삿 프라 텝 비돈 Prasat Phra Thep Bidon

라마 4세가 에메랄드 불상을 모시려고 지은 왕실 신전. 라마 5세가 더 큰 우보솟을 지으면서 이곳에는 차크리 왕조 역대 왕들의 실물 크기 동상을 배치했다. 차크리의 날인 4월 6일에만 문을 연다.

04 골든 쩨디 Two Golden Chedis

왕실 신전 옆으로 두 기의 황금빛 쩨디가 서 있다. 라마 1세가 남쪽 쩨디는 아버지에게, 북쪽 쩨디는 어머니에게 바쳤다. 〈라마끼안〉의 캐릭터들이 쩨디를 떠받들고 있다.

05 앙코르와트 모형 Model of Angkor Wat

캄보디아의 거대 신전 앙코르와트의 모형이 태국 왕실 사원 안에 있는 이유는 라마 4세의 이루지 못한 꿈 때문이다. 힘을 과시하고 싶었던 라마 4세는 앙코르와트를 철거해 방콕으로 가져오라고 명령했으나 실현하기 어려워지자 왓 프라깨우 안에 모형을 만들게 했다.

06 프라 사웻 쿠다칸 위한 욧
Phra Sawet Kudakhan Wihan Yot

알록달록한 도자기 타일로 장식한 흰 건물 안에 다양한 탱화와 불상을 보관한다. 왕실과 귀족만 열람할 수 있다.

07 호 프라 몬티엔 탐 Ho Phra Monthian Tham

왕실 도서관으로 부속 서고 역할을 하며 경전을 보관한다.

08 회랑 벽화 Ramakian Mural Cloisters

인도의 서사시인 〈라마야나〉를 태국식으로 변형한 〈라마끼얀)의 이야기가 약 2km 길이의 회랑을 따라 178개의 장면으로 그려져 있다.

⓽ 프라 우보솟
Phra Ubosot and the Emerald Buddha

에메랄드 불상을 안치한 가장 크고 화려한 본당이다. 우보솟을 빙 둘러 정자처럼 앉아 쉴 수 있는 12개의 살라가 세워져 있으며, 우보솟 바깥의 낮은 담장을 따라 8개의 바이세마를 볼 수 있다.

⓾ 수도자 The Hermit

서문으로 들어서자마자 보이는 우보솟 건물 앞에 배를 내밀고 앉아 있는 수도자의 석상이 있다. 발밑에 약을 가는 맷돌이 놓여 있어 치유의 힘을 가진 위대한 의사로 여긴다. 뒤편의 작은 금빛 탑에는 부처의 진신사리가 봉안되어 있다고 한다.

⓫ 왕궁 Grand Palace

라마 5세가 지은 차크리 마하 프라삿(Chakri Maha Prasat)이라는 길고 웅장한 유럽풍 건물, 두싯 마하 프라삿(Dusit Maha Prasat)이라는 태국식 뾰족 지붕의 건물이 볼 만하다.

⓬ 킨나라와 킨나리 Kinnara & Kinnari

힌두 신화에서 유래한 자비로운 반인반조의 생물.

⓭ 아수라팍시 Asurapaksi

아수라는 선과 악의 양면성을 가진 존재다. 왓 프라깨우의 아수라팍시는 얼굴은 험상궂지만 불법의 수호자로 보인다. 상체는 아수라이며 하체는 새의 모습을 하고 있다. 보통 뱃머리에 조각한다.

⓮ 약 Yak

힌두 신화의 도깨비로 우리나라에는 야차로 전해진다.

⓯ 가루다와 나가 Garuda & Naga

가루다는 인간의 몸에 독수리의 머리와 날개를 가진 힌두의 신으로 뱀의 신 나가와는 사이가 좋지 않다.

⓰ 탄티마 Tantima Bird

불상을 보관하는 프라 사웻 쿠다칸 위한 욧 앞을 지키는 힌두교의 전설 속 새.

⓱ 싱하 파논 Singha Panorn

얼굴과 상체는 원숭이인데 사자의 꼬리를 달고 원숭이의 발을 가진 수호상.

09

10

12

11

13

14

15

16

17

08 WRITER'S PICK

왓 포 Wat Pho

태국에서 가장 큰 와불상을 만나다

방콕에서 가장 크고 오래된 사원이다. 16세기 아유타야 왕조 시대에 지었고, 라마 1세가 방콕을 수도로 정하면서 사원을 증축했다. 전성기에는 1,300명의 승려가 살았다고 한다. 불당에는 길이 46m, 높이 15m에 달하는 어마어마한 크기의 와불이 있다. 자개로 섬세하게 조각한 발바닥 크기만도 무려 폭 5m, 높이 3m에 이른다. 와불 뒤편에는 108개의 그릇이 놓여 있어 동전을 하나씩 넣으며 마음의 평화를 비는 사람이 많다. 천장이 높아 더욱 웅장한 느낌을 주는 본당으로 들어서면 화려한 받침대에 놓인 불상이 있고, 본당을 둘러싼 회랑에는 우아한 불상들이 줄을 섰다. 사원 서쪽에 위치한 4기의 쩨디는 도자기 조각을 붙여 장식해 화려하다. 경내가 넓으니 천천히 둘러보자.

Wat Pho, 2 Sanam Chai Rd, Phra Borom Maha Ratchawang, Khet Phra Nakhon
타 티엔 선착장에서 180m, 도보 3분 ฿ 입장료 200밧(무료 생수 쿠폰 포함)
08:00~19:30 83-057-7100 www.watpho.com 13.746630, 100.493299

TIP

왓 포 여행 팁

거대한 와불 옆에는 20밧을 내면 1밧짜리가 가득 들어 있는 동전통으로 바꿔주는 창구가 있다. 108개의 그릇에 동전을 하나씩 넣으며 소원을 빌어보자. 단, 동전에 정신이 팔려 있을 때 접근하는 소매치기를 조심할 것. 왓 포 사원의 마사지 스쿨은 태국 전통의학과 연계해 체계적으로 교육하기로 유명하다. 마사지를 받아볼 수도 있고, 마사지를 직접 배워볼 수도 있다.

왓 포 마사지 09:00~17:00 ฿ 타이 마사지 1시간 480밧, 발 마사지 30분 320밧 www.watpomassage.com

REAL GUIDE

왓 포의 볼거리

방콕 최대 규모의 사원인 만큼 경내도 넓고 볼거리도 많다. 하늘을 향해 뻗은 쩨디와 주황색 가사를 두른 불상을 천천히 구경해보자.

01 위한 프라논
Wiharn Phranorn, Wiharn of the Reclining Buddha

와불을 모신 불당. 한눈에 담기 힘들 만큼 엄청난 크기의 와불이 있어 왓 포를 열반 사원이라고도 부른다. 108번뇌를 묘사한 부처의 발바닥도 살펴보고, 108개의 항아리에 동전을 넣으며 소원도 빌어보자.

02 프라 마하 쩨디 Phra Maha Chedi Group

42m 높이의 쩨디 4기가 위풍당당하다. 녹색은 라마 1세, 흰색은 라마 2세, 노란색은 라마 3세, 파란색은 라마 4세를 상징한다.

03 쩨디를 둘러싼 회랑

쩨디 4기를 둘러싼 작은 회랑 안에 불상들이 우아한 포즈로 서 있다.

04 프라 몬돕 Phra Mondop

라마 3세가 지은 불교의 경전을 보관하는 도서관.

05 프라 쩨디 라이 Phra Chedi Rai

왕족의 유해를 품은 작은 쩨디가 사원에 여럿이다. 1개의 기단 위에 5개의 쩨디가 놓인 모습도 볼 수 있다.

06 프라 우보솟 Phra Ubosot

왓 포의 본당이다. 아유타야에서 가져온 불상을 화려한 기단에 올렸다. 경내의 벽화가 근사하다.

07 프라 우보솟을 둘러싼 회랑

우보솟을 둘러싼 회랑을 프라 라비앙(Phra Rabiang)이라고 한다. 커다란 불상이 줄지어 앉아 있다.

08 프라 쁘랑 Phra Prang

프라 라비앙 안쪽의 네 귀퉁이에 쁘랑을 세웠다.

09 WRITER'S PICK

왓 아룬 Wat Arun(Temple of the Dawn)

햇살 받아 반짝이는 새벽 사원

우보솟회랑

아유타야 시대에 지은 왓 아룬은 방콕을 넘어 태국의 상징일 정도로 친숙하고 아름답다. 톤부리 왕조를 세운 탁신 왕이 미얀마와의 전쟁을 마치고 돌아왔을 때 새벽빛을 받아 은근하게 빛나던 사원을 보고 '새벽 사원'이라는 이름을 붙였다고 한다. 강을 바라보고 서 있는 탁신 왕의 동상이 있다. 2017년 오랜 기간에 걸친 보수 공사를 모두 끝내고 조명을 설치해 야경도 무척 근사하다. 낮이면 쁘랑에 촘촘하게 박아둔 오색 빛깔 도자기들이 햇살을 받아 화려한 자태를 뽐내고, 저녁이면 은은한 불빛을 머금고 차오프라야강에 반짝이는 실루엣을 드리운다. 불교 국가의 왕실 사원이었음에도 가장 높은 82m의 프라 쁘랑을 크메르 스타일로 지어 독특하다. 바람의 신 프라 파이, 새의 신 가루다, 반인반조 킨나리의 상뿐만 아니라 본당 입구의 거대한 약과 쁘랑의 기단을 받친 약들도 근사하다.

Wat Arun, 158 Thanon Wang Doem, Khwaeng Wat Arun, Khet Bangkok Yai 왓 아룬 선착장 앞
입장료 200밧 08:00~18:00 02-891-2185
13.743751, 100.488921

1 프라 쁘랑의 머리 셋 달린 코끼리 아이라바타를 탄 인드라
2 우보솟을 지키는 약
3 네 기의 작은 쁘랑에 있는 바람의 신 프라 파이
4 쁘랑을 받치는 약
5 벽감으로 새겨진 킨나라
6 아유타야에서 톤부리로 천도하고 쁘랑을 세운 탁신 왕의 동상

10
왓 보원니웻 Wat Bowonniwet Wihan

어마어마한 쩨디가 번쩍번쩍

2016년 서거한 라마 9세가 승려로 수행했던 사원으로 유명하다. 차크리 왕조의 라마 4세, 6세, 7세가 모두 이 곳에서 수행해 왕실 사원급으로 여긴다. 카오산 로드의 동쪽 끄트머리에 있으니 슬쩍 들러 50m의 거대한 쩨디와 법당 안에 모신 두 기의 황금 불상을 만나보자.

248 Phra Sumen Rd, Khwaeng Wat Bowon Niwet, Khet Phra Nakhon 람부뜨리 로드 끝의 스웬센 앞 로터리에서 200m, 도보 3분 ฿ 무료 08:00~18:00 02-629-5854 www.facebook.com/WatBovoranivesVihara 13.760311, 100.499870

11
왓 인타라위한 Wat Intharawihan(Big Buddha Temple)

거대한 황금 불상의 머리에는 무엇이?

진짜 24K 황금으로 칠했다는 높이 32m의 거대한 불상이 있다. 양양 낙산사의 해수관음상이 16m이니 딱 2배 크기다. 60년에 걸쳐 세운 불상의 머리 부분에 부처의 사리를 모셨다. 입구 쪽의 작지만 알찬 박물관에 들러 다양한 불상 관련 유물도 구경해보자.

144 Wat Intharawihan, Khwaeng Bang Khun Phrom, Khet Phra Nakhon 나이쏘이에서 1.6km, 택시로 7분 ฿ 입장료 40밧 06:00~18:00, 박물관 08:30~18:00 02-282-3173 www.facebook.com/WatIndharaviharn 13.767187, 100.502987

12
왓 벤차마보핏 Wat Benchamabophit(The Marble Temple)

대리석 사원의 균형 잡힌 아름다움

라마 5세가 두싯 정원 구역을 만들며 함께 지은 사원이다. 외벽에는 이탈리아에서 수입한 대리석을 사용하고, 문과 창틀은 모두 금빛으로 마감했다. 층층이 내려앉은 지붕과 균형 잡힌 건축물이 아름답다. 단체 관광객이 끊임없이 들락거린다.

69 5 Khwaeng Dusit, Khet Dusit 람부뜨리 로드 끝의 스웬센 앞 로터리에서 3km, 택시로 10분 ฿ 입장료 50밧 06:00~18:00 098-395-4289 www.facebook.com/watbencham 13.766635, 100.514180

13 왓 라차보핏 Wat Ratchabophit

태국 왕족들의 유골이 안치된 사원

붉고 푸른 빛깔의 색유리로 치장한 사원이 무척이나 화려하다. 톤 다운된 도자기 타일들과 지붕의 색깔이 어우러져 독특한 분위기를 풍긴다. 한가운데 놓인 둥그런 쩨디를 둘러싸고 외벽을 둥그렇게 마무리했다. 사원 동쪽에 라마 5세 시절 왕족의 유골을 모셨다.

2 Fueang Nakhon Rd, Khet Phra Nakhon 왓 프라깨우에서 750m, 도보 10분. 왓 포에서 500m, 도보 6분 ฿ 무료
06:00~18:00 02-222-3930
13.749133, 100.497400

14 왓 라차쁘라딧 Wat Rachapradit

푸른빛을 머금은 작은 왕실 사원

대리석과 자개, 목조 조각으로 지은 푸르스름한 건물의 기운이 서늘하다. 외벽의 푸른빛이 황금색 장식을 더욱 돋보이게 만든다. 라마 4세 시절에 왕실의 행사를 목적으로 지은 작은 사원이다. 돌로 만든 종 모양 불탑 쩨디와 사각형 불탑 몬돕이 아기자기하다.

2 Saranrom Rd, Phra Borom Maha Ratchawang, Khet Phra Nakhon 왓 프라깨우에서 400m, 도보 5분. 왓 포에서 450m, 도보 6분 ฿ 무료 08:00~18:00 086-500-6123 www.facebook.com/Watrajapradit
13.749624, 100.495525

15 왓 마하탓 Wat Mahathat

부적 시장 앞 사원

아유타야 시대의 사원으로 원래 이름은 왓 살락(Wat Salak). 차크리 왕조의 라마 1세부터 사원을 확장하기 시작하면서 아유타야의 왓 마하탓과 같은 이름으로 바꿨다. 방콕에서 가장 높은 10개의 왕실 사원 중 하나다. 관광객을 대상으로 사원을 구경시켜주겠다는 사기꾼을 조심하자.

3, 5 Tha Suphan Alley, Khwaeng Phra Borom Maha Ratchawang, Khet Phra Nakhon 타 창 선착장에서 700m, 도보 9분. 부적 시장 맞은편 ฿ 무료 06:00~18:00
02-222-6011 13.755194, 100.490888

16 WRITER'S PICK

왓 사켓 Wat Saket(The Golden Mount Temple)

방콕을 한눈에 내려다보는 언덕 사원

90m에 달하는 인공 언덕을 만들고 그 위에 황금빛 쩨디를 올렸다. 라마 3세 때 세운 쩨디가 너무나 무거워 언덕이 무너져 내렸으나 라마 4세가 다시 황금빛 언덕을 일으켜 세웠다. 낮에는 사원 위에서 방콕 시내를 내려다보는 즐거움이 있고, 밤에는 불 밝힌 사원의 야경을 올려다보는 맛이 있다. 언덕 위 사원까지 빙글빙글 계단을 오르는 동안 종을 치고 방콕의 시내를 구경하며 시원한 바람을 쐬는 재미는 덤이다. 사원의 옥상에 오르면 금빛 쩨디가 맞이한다. 내려오는 길에는 독수리상과 부처의 발자국상을 만날 수 있다.

344 Thanon Chakkraphatdi Phong, Ban Bat, Khet Pom Prap Sattru Phai 팁 싸마이에서 300m, 도보 4분. 카오산 로드에서 1.5km, 택시로 6분 입장료 100밧 07:00~19:00 065-626-3553 www.facebook.com/watsraket 13.753985, 100.506602

17 WRITER'S PICK

왓 수탓 & 싸오 칭 차 Wat Suthat & Sao Ching Cha(The Giant Swing)

사원 앞 그네에는 무슨 사연이?

왓 수탓 사원과 그 앞의 거대한 빨간 그네 모두 유네스코 문화유산이다. 싸오 칭 차라고 부르는 그네는 힌두교의 영향을 받아 만들었는데, 방콕에서는 음력 2월이면 힌두교의 시바신을 기리기 위해 그네를 탔다. 그네 앞에 25m 높이의 장대를 세우고 금화 주머니를 매달아 그네를 타는 장정들이 이로 금화 주머니를 물어 획득하는 놀이를 했는데, 사고가 많아 1930년대부터 행사가 금지되었다. 라마 1세가 건축한 왓 수탓 사원의 본당에서는 수코타이 시대에 만든 불상과 태국의 대표 서사문학 〈라마끼안〉 이야기를 그린 벽화를 볼 수 있다. 아직도 정교하고 화려한 디테일이 살아 있는 벽화가 환상적이다.

146 Bamrung Mueang Rd, Khwaeng Wat Ratchabophit, Khet Phra Nakhon 팁싸마이에서 450m, 도보 6분. 민주기념탑에서 600m, 도보 7분 입장료 100밧 08:00~20:00 063-654-6829 watsuthatthepwararam.com 13.751130, 100.501121

18

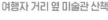

태국 국립 미술관 The National Gallery of Thailand

북적이는 카오산 로드를 지나 거리 끝에 다다르면 연노란색 건물이 우아하고 고요하게 서 있다. 입구로 들어가면 정면에 매표소, 왼편에 짐을 맡길 수 있는 라커가 있다. 1층은 전시품이 많지는 않지만, 태국 왕실과 관련된 미술품과 현대 조각품을 전시한다. 왕실에서 그린 왕족들의 초상화와 왕족들이 직접 그린 그림들도 볼 수 있다. 1932년 이후에 제작한 조각 작품들이 인상적이다. 2층에는 불교문화에서 기인한 독특한 태국의 전통 회화를 전시한다. 라마 3세와 4세의 재위 기간 중에 그린 불교 회화 작품을 볼 수 있는데, 태국의 전통적인 불교 회화에 서양의 기법을 접목한 작품은 눈이 휘둥그레질 만큼 근사하다. 정원을 둘러싼 건물이 ㅁ자형으로 꽤 넓지만, 기획 전시실은 대부분 문을 닫아 구경할 수 있는 곳은 한정적이다. 태국을 대표하는 수준 높은 작품을 볼 수 있지만 국립 미술관이라는 기대를 충족시키기에는 전시 규모나 작품 수가 조금 아쉽다.

4 Chao Fa Rd, Khwaeng Chana Songkhram, Khet Phra Nakhon 차나 송크람 경찰서에서 350m, 도보 4분 입장료 200밧 09:00~16:00, 월·화요일 휴관 02-282-8525
www.virtualmuseum.finearts.go.th/nationalgallery
13.759077, 100.493967

19 WRITER'S PICK

국립 박물관 National Museum

태국의 역사와 예술을 한눈에

어둑한 공간에서 각자 독특한 분위기를 뿜어내는 검은 조각상을 만나면 누구라도 나지막한 탄성을 내지를 테다. 태국 역사의 연대기 순으로 불상과 조각을 전시한 제1전시실만 둘러보아도 태국의 보물이 여기 다 모인 느낌이다. 방콕의 국립 박물관은 태국에서 가장 크고 유서 깊은 박물관으로 꼽힌다. 라마 1세가 지은 화려한 건물은 궁전으로 사용하다 라마 4세 때 개인 박물관으로 용도가 바뀌었으며, 라마 7세가 왕실에 기증된 보물과 유물을 모아 전시관으로 공개했다. 왕비가 쓰던 가구를 그대로 보존한 '붉은 집'이 인상적이다. 궁전을 개조해 14개의 섹션으로 나눈 중앙 전시실에는 태국의 전통 악기, 전통 공연 〈콘(Khon)〉에 사용했던 가면과 머리 장식, 알록달록한 색을 머금은 도자기, 아름다운 부조가 새겨진 목조 가구, 가마와 왕좌 등 왕가에 전해지던 미술품뿐만 아니라 왕실의 생활용품까지 1천여 점의 소장품을 볼 수 있다.

4 Soi Na Phra That, Phra Borom Maha Ratchawang, Phra Nakhon
카오산 로드에서 700m, 도보 9분. 왓 프라깨우에서 600m, 도보 7분 ฿ 입장료 200밧
08:30~16:00, 월·화요일 휴관 02-282-8525
www.finearts.go.th/museumbangkok 13.757528, 100.492331

REAL GUIDE

국립 박물관의 볼거리

여행은 아는 만큼 보이는 법.
주요 전시품만 훑어보아도 태국의 역사와 문화가 새롭게 보인다.

주요 전시품

법륜과 사슴
Wheel of the Law and a Crouching deer

7세기에 만든, 사슴이 사는 숲에서 이루어진 부처의 첫 설법을 기념하는 법륜.

람캄행 대왕비
The First Stone Inscription

수많은 업적을 남긴 람캄행 왕의 비문. 수코타이 시대의 사회, 종교, 생활사 등 다방면의 기록을 담은 가치 있는 사료다.

발자국을 남기는 부처
Buddha making a Footprint

15세기 란나 지역의 작품으로 부처가 몸을 기울이고 발자국을 남기는 중이다.

붉은 집
Red House

티크 나무로 만든 수코타이 양식의 집으로 왕실의 공주와 왕비가 쓰던 가구들이 남아 있다.

중앙 전시실의 전시품

공연 예술과 음악 예술
Theatre Art and Music

태국의 전통 가면극과 인형극, 음악과 악기에 대한 자료를 총망라했다.

궁중의 도자기
Porcelain in the Royal Court

태국 왕실에서 사용하던 화려한 도자기를 전시했다.

왕실의 코끼리 안장
Royal Howdah

왕의 권위를 높이기 위해 화려하게 만든 코끼리 위에 얹는 안장 의자.

금속 공예
Metal Craft

세심한 세공으로 마무리한 금속 공예실에서는 향로와 장식품을 볼 수 있다.

목공예
Wood Carving

왕실에서 쓰던 가림막부터 침대와 장롱까지 입체적으로 조각했다.

왕실의 직물
Royal Textile

왕족과 귀족이 입었던 옷을 전시해 복식까지 한눈에 파악할 수 있다.

자개 예술
Mother of Pearl Art

자개로 만든 다양한 세공품을 볼 수 있으며 한국, 중국, 태국의 자개 예술을 비교했다.

승려의 도구
Buddhist Monk Utensils

승려가 사용하는 부채와 탁발 그릇 등을 전시했다.

아유타야관

아유타야관, 라따나꼬신관으로 이어지는 전시는 화려했던 시대별 예술 작품을 모았다.

20 WRITER'S PICK

시암 박물관 Museum Siam

만지고 체험할 것들이 한가득

경제부 청사로 사용했던 고풍스러운 건물의 외관이 딱 봐도 박물관답다. 태국의 옛 이름인 시암(Siam)을 박물관명으로 사용해 전통 박물관으로 착각할 수 있지만, 사실은 멀티미디어를 활용한 인터랙티브하고 생동감 넘치는 전시를 하는 곳이다. 이곳은 전시실마다 뉴미디어를 이용해 태국의 역사와 문화를 구체적으로 조망한다. 태국의 요리, 왕족, 사진, 미신, 교육, 축제, 불교 등 일상에서 흔히 접하는 태국의 문화 속에서 우리가 생각하는 태국의 이미지와 실제 태국의 모습을 비교해볼 수 있다. 신나게 만지고 들여다보고 체험하다 보면 태국의 문화에 대해 저절로 깨닫게 된다. 아이와 함께 여행한다면 제일 먼저 추천하고픈 박물관이다.

4 Sanam Chai Rd, Khwaeng Phra Borom Maha Ratchawang, Khet Phra Nakhon MRT 사남차이(Sanam Chai)역 1번 출구 바로 앞, 왓 포에서 300m, 도보 4분. 팍 클롱 꽃 시장에서 500m, 도보 6분
฿ 성인 100밧, 15~20세 50밧, 15세 미만·60세 이상 무료
10:00~18:00, 월요일 휴관 02-225-2777
www.museumsiam.org 13.744180, 100.494131

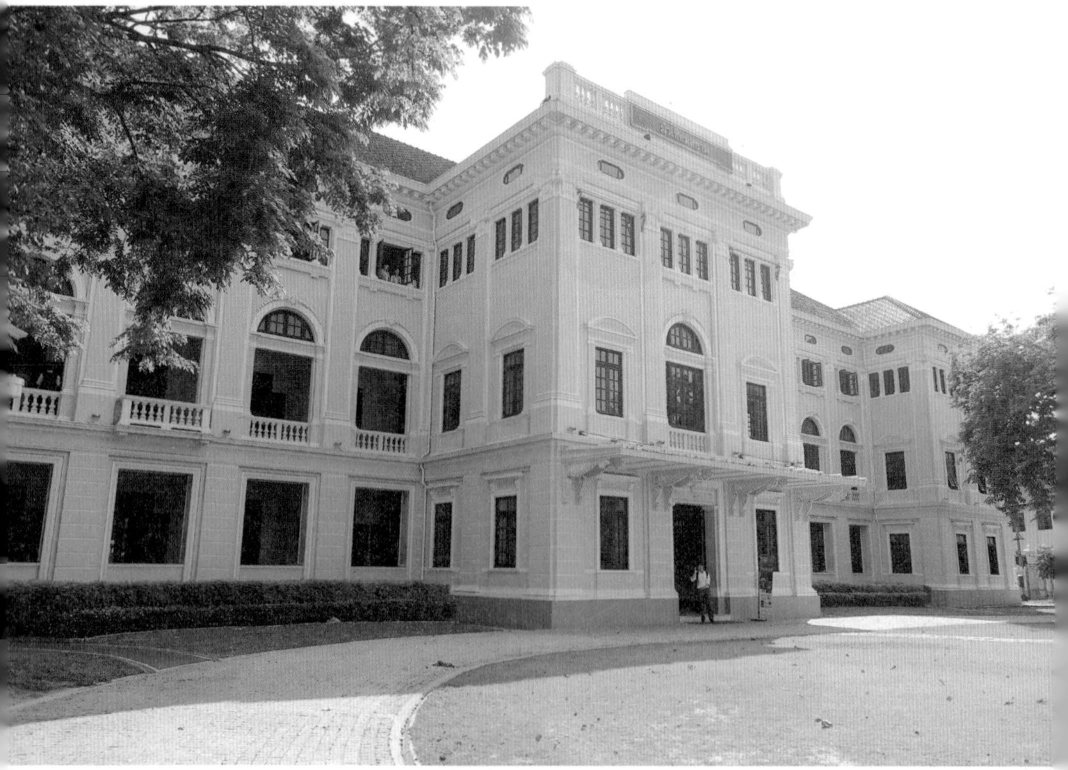

REAL GUIDE

시암 박물관의 볼거리

'태국다움이란 무엇인가'를 주제로 한 전시가 호평을 받는 중이다. 현지인도 좋아하는 전시로, 뚜렷한 주제를 담은 2층과 3층의 전시실을 돌아보면 어느새 태국다움에 대한 나름의 답을 찾을지도.

태국다움은 언제부터 시작되었나?
'Thai' since Birth

방을 가득 채운 거대한 테이블이 30분에 한 번씩 움직인다. 태국의 역사를 담은 블록이 테이블 아래에서 위로 솟구치다가 가라앉는다.

태국다움에 대한 정의
Defining 'Thainess'

방 안 가득한 서랍을 열면 태국과 관련된 자료가 쏟아진다. 마치 보물찾기를 하는 기분으로 서랍을 열어본다.

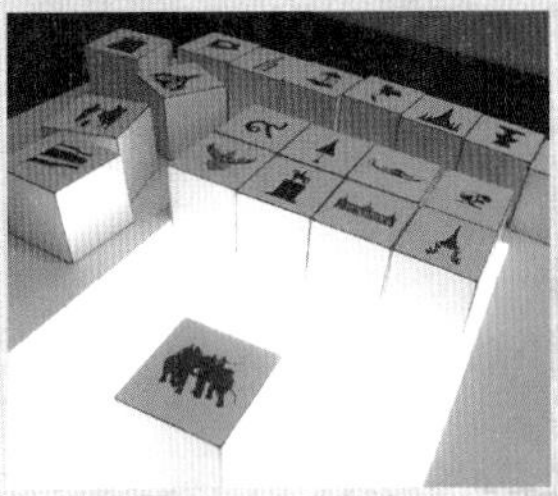

태국의 키워드
Thai Institution

큐브를 주제별로 모으면 벽에 그림이 나타난다. 태국의 상징적인 그림을 국가, 지역, 왕실 등 주제별로 모으면서 태국적인 것에 대해 생각해본다.

어떤 것이 태국인가?
How Thai?

와이를 하는 맥도날드의 캐릭터부터 태국 왕실의 옷을 차려입은 마네킹을 둘러보며 다양한 층위의 태국다움을 발견한다.

태국의 맛
Thai Taste

우리가 태국 음식이라고 알고 있는 것이 정말 태국 음식인지, 우리가 태국 요리에 대해 진정으로 알고 있는지를 보여준다.

국제 사회의 태국
International Thai

세계인이 태국에 대해 생각하는 바와 태국 사람이 스스로 생각하는 태국에 대해 재미있게 비교해둔 전시관이다.

오로지 태국에만
Thai Only

일상생활에서 흔히 접하는 태국의 문화에 대해 생각해본다. 상자를 열면 태국만의 문화 콘텐츠가 사진이나 미니어처, 게임 형식으로 들어 있다.

태국의 믿음
Thai Beliefs

불교 국가라고는 하지만 다양한 신과 동물, 미신을 믿는 태국의 현주소를 보여준다.

21 WRITER'S PICK

창추이 마켓 Chang Chui Market

방콕의 핫플레이스로 다시 태어나다

창추이의 창(Chang)은 예술가, 추이(Chui)는 느릿하다는 뜻이니 느긋하고 여유로운 예술가의 마켓이라고 할 수 있다. 하지만 이곳을 그냥 마켓으로 한정 짓기엔 아쉽다. 오히려 흥미진진한 복합 문화 공간에 가깝다. 폐자재로 만든 문을 지나면 창추이 마켓의 상징인 거대한 비행기 실물이 늠름한 위용을 자랑한다. 발길 닿는 대로 걷다 보면 방콕의 예술 흐름을 주도하는 젊은 예술가의 작품과 개성이 넘치는 편집 숍, 트렌디한 카페, 펍, 레스토랑, 전시 공간, 공연장, 마켓이 쉴 새 없이 튀어나온다. 화장실 벽에 그려 넣은 그라피티조차 예술이다. 해가 지고 조명이 켜지는 해 질 무렵 방문하는 편이 선선하고 사진 찍기도 좋다. 2018년 〈타임〉지에서 선정한 '추천 여행지 100선'에 이름을 올렸다.

460/8 Sirindhorn Rd, Khwaeng Bang Phlat, Khet Bang Phla 카오산 로드에서 7km, 택시로 20분 ฿ 무료 11:00~23:00, 벼룩시장 화~일요일 16:00~23:00 081-817-2888 www.changchuibangkok.com 13.789293, 100.470641

REAL GUIDE

창추이 마켓의 거대한 예술 작품들

창추이 마켓에서는 굳이 전시실 안을 들여다보지 않아도 심미안을 키울 수 있다. 곳곳에 무심하게 서 있는 동상이나 벽에 그려진 그라피티 모두가 예술 작품이다.

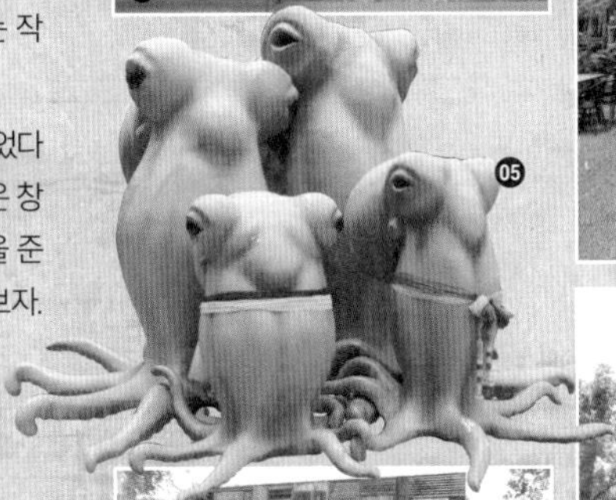

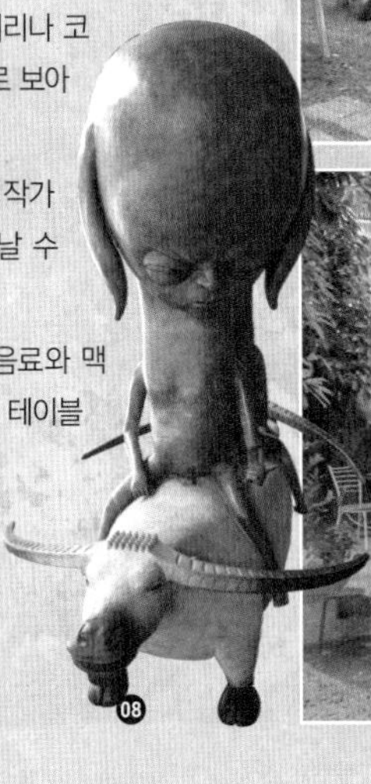

01 창추이 마켓의 시그니처, 비행기 구조물

02 귀여운 강아지 모양의 대형 동상

03 꼭 한 번은 화장실에 들러보자. 개성 있는 화장실의 문짝과 내부 인테리어는 차치하더라도 〈숨겨진 눈(The Hidden Eyes)〉이라는 작품이 벽에 그려져 있기 때문.

04 작가가 아내에 대한 고마움을 담아 만들었다는 8m 높이의 선녀상(Lady Propitious)은 창추이 마켓을 방문하는 사람들에게 행운을 준다는 설이 있다. 선녀상에게 소원을 빌어보자.

05 〈분홍색 문어 가족(The Pink Octopus Family)〉이 부드럽고 매끈한 피부를 뽐내며 서 있다.

06 〈윤회의 해골(The Transmigration Skull)〉은 보는 각도에 따라 턱이 떨어지기도 하고 붙기도 하며 죽었다가 살아난다.

07 창추이 마켓에서는 코끼리나 코뿔소 동상 정도는 애교로 보아 주자.

08 전시실에서는 태국 젊은 작가들의 강렬한 작품을 만날 수 있다.

09 다양한 게임을 즐기며 음료와 맥주를 마실 수 있는 야외 테이블이 준비되어 있다.

01

쪽 포차나 Jok Pochana

길거리에서 맛보는 소문난 게 커리

한국 여행자 사이에서 게살이 듬뿍 들어간 뿌팟퐁까리로 유명한 곳. 똠얌꿍이나 팟타이 같은 태국 음식도 판매한다. 쌈쎈 로드를 지나 이런 곳에 식당이 있나 싶을 정도로 허름한 골목으로 들어가면 환하게 불을 밝히고 손님들을 맞는다. 거리 맞은편 주방에서는 유쾌한 주인아저씨가 카메라를 들이대며 사진을 찍는 손님에게 쇼맨십 넘치는 불쇼를 선사해 요리하는 모습을 지켜보는 재미도 있다. 커리 향이 은은하게 감도는 뿌팟퐁까리는 소문대로 달달하고 맛있다. 미나리나물을 볶은 듯한 모닝글로리도 인기 메뉴. 커리는 밥을 비벼 먹기에 약간 기름진 편이며, 달걀과 함께 볶아서 게살이 으깨져 조금 아쉽다.

34 Thanon Samsen, Ban Phan Thom, Phra Nakhon 차나 송크람 경찰서에서 600m, 도보 8분. 복개천을 잇는 다리를 건너자마자 오른쪽 골목 ฿ 뿌팟퐁까리 450밧, 팟타이 100밧, 모닝글로리 70밧~ 월~목요일 16:00~23:00, 금·토요일 16:30~22:30, 일요일 휴무 088-890-5263 restaurant-39430.business.site 13.763505, 100.499593

02

똠얌꿍 레스토랑 Tom Yum Kung

카오산 로드의 깔끔한 레스토랑

카오산 로드나 람부뜨리 로드에 위치한 여느 레스토랑과 달리 시원한 에어컨 바람을 쐬며 산뜻한 인테리어로 꾸민 실내에서 분위기 있게 식사를 할 수 있는 곳이다. 길거리 식당에 비해 가격대가 조금 높은 편이라 그런지 북적이지 않아 도란도란 대화를 나누며 식사할 수 있다. 시그니처 메뉴인 똠얌꿍에는 실한 새우가 들어가 만족스럽고, 볶음 쌀국수인 팟타이나 팟씨유, 게살을 넣은 커리인 뿌팟퐁까리 같은 태국 음식 모두 기대 이상이다. 접시도 플레이팅도 나무랄 데 없다.

9 Khaosan Rd, Khwaeng Talat Yot, Khet Phra Nakhon 차나 송크람 경찰서에서 50m, 도보 1분. 카오산 로드 초입 ฿ 똠얌꿍 180밧, 게살볶음밥 180밧, 새우팟타이 180밧 12:00~24:00 065-519-3000 13.759271, 100.495945

03

버디 비어 와인 바 앤 그릴 Buddy Beer Wine Bar & Grill

카오산 로드의 운치 있는 작은 정원

북적거리는 카오산 로드의 한복판에 있지만 조용하고 운치 있는 레스토랑이다. 레몬색 건물 사이에 달린 알록달록한 풍선 장식을 따라 안쪽으로 들어서면 초록 나무 사이로 테이블이 여럿이다. 화덕 피자를 비롯한 서양 음식과 다양한 태국 음식을 모두 갖췄다. 낮에는 한적하게 식사를 즐기기 좋고, 저녁에는 은은한 불빛 아래서 라이브 음악을 즐기며 맥주 한잔하기에 좋다.

181 Khaosan Rd, Taladyod Phra Nakhon 차나 송크람 경찰서에서 210m, 도보 3분
฿ 카오팟무 160밧, 쏨땀 190밧 12:00~02:00 065-521-8396
www.facebook.com/buddybeerkhaosan 13.758965, 100.497651

04 나이쏘이 Nai soi

진한 육수에 소갈비를 얹은 국수

진하고 짭짤한 국물에 소고기를 푸짐하게 담아주는 쌀국수집으로 갈비국수로 유명하다. 카오산에서 뜨거운 밤을 보낸 여행자들이 아침 일찍부터 해장을 하기 위해 몰려들던 곳인데 최근 양에 비해 가격이 많이 올라 호불호가 갈린다. 한국어 간판이 있어 찾기 쉽다.

100/4-5 Phra Athit Rd, Khwaeng Chana Songkhram, Khet Phra Nakhon 파 아팃 선착장에서 50m, 도보 1분. 카오산 로드에서 500m, 도보 7분
갈비국수 큰 사이즈 200밧, 작은 사이즈 150밧
07:00~21:00(금~일요일 ~21:30) 062-064-3934
13.762648, 100.494436

05 쿤댕 꾸어이짭 유안 Khun Dang Kuay Jub Yuan

쫀득쫀득한 면발에 얼큰한 국물

돼지고기 육수에 끓인 국수가 대표 메뉴인 식당. 면의 식감이 쫄깃해 '끈적이 국수'라고도 부른다. 돼지 살코기, 돼지고기 완자, 소시지, 버섯, 무를 넣어 우려낸 국물은 첫맛이 어묵 국물과 비슷하다. 후추를 많이 넣어 뒷맛이 칼칼하다. 외관이 연두색이어서 찾기 쉽다.

68-70 Thanon Phra Athit Rd, Khwaeng Chana Songkhram, Khet Phra Nakhon 나이쏘이에서 100m, 도보 1분. 카오산 로드에서 500m, 도보 7분
기본 70밧, 계란 추가 80밧 09:30~20:30
085-246-0111 13.762132, 100.493747

06 WRITER'S PICK 찌라 옌타포 Jira Yentafo

맛있는 어묵으로 끓여 더 맛난 국수

옌타포는 두부와 마늘 피클, 케첩 등을 넣어 만든 매콤한 분홍색 소스다. 찌라 옌타포의 어묵국수는 다양한 어묵과 튀김을 고명으로 얹은 국수에 신맛이 강한 옌타포 소스를 넣는다. 소스와 재료가 꽤 잘 어울린다. 옌타포 국물 외에도 깔끔하고 맑은 국물, 매콤 새콤한 똠얌 국물을 선택할 수 있다.

118 Chakrabongse Rd, Khwaeng Chana Songkhram, Khet Phra Nakhon 카오산 로드에서 200m, 도보 2분. 방람푸 시장 맞은편 큰 사이즈 80밧, 작은 사이즈 70밧
08:00~15:00, 화·수요일 휴무 02-282-2496
13.761173, 100.496997

07

타이 가든 Thai Garden

인테리어는 단정 음식 맛은 정갈

인테리어가 단정한 레스토랑으로 람부뜨리 빌리지 호텔에서 운영한다. 깔끔하고 묵직한 느낌의 외관 대비 가격대는 다른 레스토랑과 비슷한 편. 번잡하지 않고 음식 맛이 괜찮아 식사와 함께 맥주를 곁들이기에 좋은 선택이다. 커리와 팟타이 같은 태국 음식이 정갈하게 나온다. 오후 2시부터 5시까지는 해피 아워로 맥주를 할인한다. 람부뜨리 로드에서 몇 손가락 안에 꼽을 만큼 맛과 분위기 모두 괜찮다.

55 Soi Ram Butri, Khwaeng Chana Songkhram 람부뜨리 빌리지 호텔 바로 앞, 사와디 테라스 옆 ฿ 똠얌꿍 180밧, 매운 돼지고기볶음(Spicy Minced Pork) 145밧, 맥주 90밧 11:30~23:00 13.761349, 100.496161

08

사와디 테라스 Sawasdee Terrace

람부뜨리 로드의 24시간 분주한 식당

람부뜨리 로드를 오가는 사람들은 누구나 한 번쯤 들러보았을 레스토랑. 특유의 꽃무늬 식탁보를 보면 홀린 듯 자리에 앉게 된다. 낮이건 밤이건 맥주 한잔과 간단한 음식을 시켜놓고 앉아 더위를 식히는 여행자가 바글거린다. 태국 음식부터 서양 음식까지 온갖 요리가 다 있지만 치킨이나 꼬치처럼 굽거나 튀긴 음식, 팟타이 같은 볶음 국수, 얌운센이나 쏨땀 같은 샐러드가 괜찮은 편이다.

149, 2 Ram Buttri Aly, Chana Songkhram, Phra Nakhon
왓 차나 송크람 사원 옆 골목, 람부뜨리 로드 초입 ฿ 쏨땀 120밧, 라임 소스를 얹은 돼지고기 170밧, 맥주 100밧 08:00~02:00
13.760951, 100.496365

09 WRITER'S PICK

마담 무써 Madame Musur

사이우아
랍무

입맛에 딱 맞는 태국 북부 요리

초록 식물이 지붕을 뒤덮고 내려와 싱그러움을 더한다. 한쪽에는 신발을 벗고 올라가 뒹굴거리기 좋은 좌식 공간이 펼쳐지고, 여럿이 가도 식사하기 편한 큰 테이블이 많다. 저녁이면 시원한 바깥쪽 자리가 인기. 마담 무써에서는 맵고 얼큰한 태국 북부 요리를 맛볼 수 있다. 매운 돼지고기볶음인 랍무, 태국식 순대인 사이우아, 토마토소스를 베이스로 얼큰한 맛을 살린 카놈찐 남야오까지 예쁜 그릇에 담겨 나와 더 맛있다.

41 Ram Butri, Khwaeng Chana Songkhram, Khet Phra Nakhon
차나 송크람 경찰서에서 350m, 도보 5분. 파 아팃 선착장에서 300m, 도보 3분
฿ 카놈찐 남야오 160밧, 랍무 150밧, 사이우아 160밧 08:00~24:00
02-281-4238 13.762143, 100.494982

10

카림 로띠 마타바 Karim Roti Mataba

달콤한 간식이 당기는 날

달달한 로띠(Roti)와 짭짤한 마타바(Mataba)를 함께 판다. 바나나를 넣고 구워 초코시럽과 연유를 듬뿍 뿌려 먹는 로띠는 달콤하고, 잘 부친 마타바는 명절에 먹는 부침개처럼 고소하다. 여행자는 달콤한 로띠를 먹기 위해 찾고, 현지인은 마타바나 커리 같은 간단한 식사를 하기 위해 찾는다. 2층에는 에어컨이 있어 시원하다.

136 Phra Athit Rd, Khwaeng Chana Songkhram, Khet Phra Nakhon 파쑤멘 요새 바로 앞. 나이쏘이에서 150m, 도보 2분 ฿ 바나나 초코 연유 로띠 79밧, 치킨 마타바 69밧 09:30~22:00 02-282-2119 www.roti-mataba.net 13.763615, 100.495560

11 WRITER'S PICK

매 프라파 크리스피 팬케이크 Mae Prapha Crispy Pancake

이 거리의 카놈브앙 원조는 나야 나!

카놈브앙(Khanom Buang)은 바삭한 쌀전병 위에 코코넛 속살과 달걀 같은 고명을 잔뜩 얹어 구운 태국식 크레이프다. 노란 고구마를 올려 달콤한 맛을 내기도 하고, 새우와 코코넛을 넣어 짭짤한 맛을 내기도 한다. 겉은 바삭하면서도 재료의 풍미가 촉촉하게 살아 있다.

102 Phra Sumen Rd, Khwaeng Chana Songkhram, Khet Phra Nakhon 카오산 로드에서 350m, 도보 4분. 파쑤멘 요새에서 250m, 도보 3분 ฿ 카놈브앙 15밧 09:00~18:00 02-282-9522 www.wongnai.com/restaurants/kanombuengmaeprapha 13.762570, 100.497667

12

쿤 다오 Khun Dao

카놈브앙의 다양한 베리에이션

원조가 있으면 따라쟁이도 생기기 마련. 젊은층의 취향을 공략하는 여러 가지 맛 카놈브앙을 파는 집이 매 프라파 크리스피 팬케이크 바로 옆에 생겼다. 단맛과 짠맛이 조화를 이루는 카놈브앙은 기본, 믹스와 두리안까지 더했다. 맛은 원조에 조금 못 미치는 듯하지만 깔끔함과 다양한 메뉴로 승부한다.

120-122 Phra Sumen Rd, Khwaeng Chana Songkhram, Khet Phra Nakhon 카오산 로드에서 350m, 도보 4분. 파쑤멘 요새에서 250m, 도보 3분 ฿ 카놈브앙 단맛 12밧, 짠맛 12밧, 믹스 12밧 07:00~19:00 085-778-9567 13.762472, 100.497759

13

프티 솔레일 Petit Soleil

강변 뷰의 인스타그래머블 카페

작은 대문으로 들어가 초록을 뽐내는 식물들을 따라가면 고풍스러운 카페와 만난다. 문을 열고 들어서자마자 시원한 공기가 쾌적하게 반기고, 내부의 고급스러운 인테리어는 마음을 사로잡는다. 주문을 하고 원하는 자리에 앉으면 직원이 음료를 직접 가져다준다. 공간 한쪽으로는 초록빛 정원이, 다른 한쪽으로는 차오프라야강이 보이며 큰 통유리를 통해 밝은 빛이 쏟아진다. 카오산 로드에서 보기 드문 사진 찍기 좋은 카페다.

23, 2 Phra Athit Rd, Chana Songkhram, Phra Nakhon
리바 수르야 방콕 바로 옆. 파 아팃 선착장에서 200m, 도보 3분
아이스 아메리카노 100밧, 아이스 카페라테 110밧
08:00~21:00 092-713-5599
13.762386, 100.493209

14 WRITER'S PICK

애드히어 13 블루스 바 Adhere the 13th Blues Bar

작지만 강렬한 밤을 선사하는 재즈 바

방콕에서 꼭 가봐야 할 재즈 바로 항상 꼽히는 곳. 카오산 로드에서 가까운 쌈쎈 로드에 있다. 오픈 시간에는 사람이 거의 없지만 오후 8시 30분부터 시작하는 1부 공연이 끝날 때쯤이면 합석을 해야 할 만큼 사람들이 북적인다. 세계 각국에서 몰려든 여행자와 현지의 단골들이 무대 앞에 모여 앉아 어깨를 들썩이며 공연에 빠져든다. 날마다 공연 팀도 다르고 관객도 다르니 분위기도 천차만별이지만 작은 공간에서 뿜어내는 열기는 언제 가도 후끈하다.

13 Samsen Rd, Khwaeng Wat Sam Phraya, Khet Phra Nakhon 카오산 로드에서 500m, 도보 6분. 쪽 포차나에서 200m, 도보 3분 모히토 220밧, 창 맥주 160밧, 싱하 맥주 170밧 19:00~01:00, 공연 시간 20:30, 22:00 089-769-4613 13.763119, 100.498748

15

숙 사바이 Suk Sabai

밤마다 흥겨운 라이브 음악

람부뜨리 로드에서 여행자들의 흥을 담당한다. 스크린에서는 전 세계의 스포츠 중계가 흘러나오고, 흥을 돋우는 라이브 음악이 끊임없이 연주된다. 음식 종류도 많고 맛도 좋은데다 가격도 부담이 없어서 실내에서부터 실외까지 항상 사람들로 북적거린다. 지나가는 길에 좋아하는 음악이 나오면 슬쩍 걸터앉아 태국 맥주에 쏨땀을 곁들이는 것만으로도 여행 오기를 잘했다는 생각이 든다.

96 Ram Buttri Aly, Talat Yot, Phra Nakhon 티니디 트렌디 방콕 카오산 호텔 맞은편 ฿ 새우와 당면 매운 샐러드 120밧, 창 맥주 120밧 08:00~05:00 089-456-5455 13.759553, 100.497652

16 WRITER'S PICK

보타닉 백야드 바 앤 레스토랑 Botanic Backyard Bar & Restaurant

산뜻하고 분위기 좋은 맛집

식물들로 초록빛 커튼을 드리운 공간에 불빛이 반짝인다. 녹색과 갈색의 자연과 어울리는 흰색의 인테리어가 산뜻하다. 음식도 정갈하고, 직원도 친절하다. 저녁 무렵 라이브 음악이 연주되면 람부뜨리 로드의 이국적인 분위기가 더욱 살아난다.

25/1 Soi Chana Songkhram, Khwaeng Chana Songkhram, Khet Phra Nakhon 람부뜨리 빌리지 호텔에서 220m, 도보 3분 ฿ 포크밸리 샐러드 180밧. 레오 라지 160밧 12:00~24:00 89-973-9918 www.facebook.com/profile.php?id=100039440871441 13.761861, 100.494649

17

마이 달링 카오산 My Darling Khaosan

길맥하며 사람 구경하는 재미

시끌벅적한 카오산 로드의 중심에서 살짝 벗어나 한숨을 돌릴 수 있는 레스토랑이다. 길거리를 바라보는 바깥 자리에 앉아서 지나가는 사람들을 구경하는 재미가 있다. 해산물보다는 치킨이나 쏨땀 같은 무난한 메뉴를 추천한다.

106 Ram Buttri Aly, Talat Yot, Phra Nakhon 멀리건스 아이리시 바 맞은 편. 티니디 트렌드 방콕 카오산에서 250m, 도보 3분 ฿ 쏨땀 120밧, 치킨 윙 180밧 07:00~02:00 02-629-5256 13.758272, 100.498338

18

죽 포장마차

속이 든든해지는 한 끼

람부뜨리 로드의 동쪽 끝자락에는 저녁마다 온갖 종류의 포장마차가 나와 밤을 밝힌다. 카오산 로드의 밤을 즐기던 젊은 이들이 잠시 쉬며 속을 달래는 죽 포장마차에 들러보자. 생강과 쪽파를 적당히 넣고 간장으로 간을 맞춘 죽 한 그릇이면 다시 밤새 달릴 기운이 난다. 구글 맵스에서는 '란 쪽 까오 머'로 검색한다.

📍 335 Soi Ram Butri, Khwaeng Talat Yot, Khet Phra Nakhon
🚶 람부뜨리 로드의 동쪽 끄트머리 스웬센 앞. 왓 차나 송크람에서 350m, 도보 5분 ฿ 달걀죽 30밧, 달걀 돼지고기죽 55밧
🕒 17:00~02:30, 월요일 휴무 📞 081-903-5462
📡 13.759878, 100.498930

19

멀리건스 아이리시 바 Mulligans Irish Bar

공연도 보고 생맥주도 마시고

카오산 로드 한복판의 복작복작한 술집에 들어갈 엄두가 나지 않으면 이곳에 앉아 생맥주를 즐겨보자. 관리가 잘되어 맛이 살아 있는 다양한 생맥주를 맛볼 수 있다. 아이리시 바를 표방하는 만큼 기네스 생맥주의 맛이 일품이다.

📍 265 Khaosan Rd, Khwaeng Talat Yot, Khet Phra Nakhon
🚶 카오산 로드 동쪽의 버디 로지 호텔 1층. 차나 송크람 경찰서에서 350m, 도보 4분 ฿ 하이네켄 생맥주 129밧, 창 생맥주 129밧
🕒 17:00~04:00 📞 081-893-5554 🏠 www.facebook.com/mulligansirishbarkhaosan 📡 13.758623, 100.498531

20 WRITER'S PICK

통 헹 리 Thong Heng Lee

방콕의 오믈렛은 이런 느낌

기껏해야 달걀일 뿐인데 맛있어 봐야 얼마나 맛있겠냐며 주문한 태국식 오믈렛. 한입 맛보자마자 오믈렛 맛집이라는 명성에 수긍이 가는 달걀 요리의 신세계를 경험한다. 바깥쪽은 바삭하고 안쪽은 폭신하며 기름지지 않다. 매운 고추 양념인 프릭 남쁠라를 곁들이면 밥도둑이 따로 없다.

📍 192 194 Tha Suphan Alley, Phra Borom Maha Ratchawang, Khet Phra Nakhon 🚶 타 창 선착장에서 120m, 도보 2분. 왓 프라깨우에서 350m, 도보 5분 ฿ 치킨데리야키 오믈렛 65밧, 치킨바질두부 오믈렛 70밧 🕒 08:30~16:30, 월요일 휴무 📞 081-649-4890
📡 13.752693, 100.489 409

팁싸마이 Thipsamai

팟타이 맛집? 오렌지 주스 맛집!

단짠단짠을 즐기는 한국인의 입맛에 팟타이처럼 딱 맞는 음식이 또 있을까. 짭짤하면서 달콤한 양념으로 볶은 국수와 숙주의 조화, 거기에 노란 달걀부침과 통통한 새우가 곁들여지면 맛이 없을 수가 없다. 방콕의 팟타이 맛집 중에서도 최고의 인기를 구가하는 팁싸마이는 문 여는 시간에 맞춰 가도 기본 30분은 줄을 서야 하고, 밤 12시에도 여전히 30분 이상 줄 설 각오를 해야 한다. 기다리는 동안 누군가는 국수를 볶고, 누군가는 달걀을 부치고, 누군가는 접시를 나르는 분주한 모습을 구경하다 보면 어느새 차례가 돌아온다. 포장 손님은 줄을 서지 않고 바로 음식을 받아갈 수 있다. 팟타이 메뉴만 8개가 넘어 무엇을 시켜야 할지 고민된다면 달걀부침으로 쌀국수를 덮은 4번 팟타이를 주문하자. 오렌지 주스를 곁들이면 금상첨화. 과육이 살아 있는 달콤하기 그지없는 오렌지 주스를 한 모금 마셔보면 이곳이 왜 팟타이 맛집이 아니라 오렌지 주스 맛집이라 불리는지 이해가 된다.

313-315 Maha Chai Rd, Khwaeng Samran Rat, Khet Phra Nakhon 민주기념탑에서 700m, 도보 9분. 카오산 로드에서 1.5km, 택시로 10분 ฿ 수퍼브 팟타이 150밧, 오렌지 주스 99~200밧
09:00~24:00, 화요일 휴무 02-226-6666
www.thipsamai.com 13.752856, 100.504814

22 WRITER'S PICK

크루아 압손 Krua Apsorn

방콕 현지인들이 손꼽는 맛집

맛집은 어떤 식으로든 소문이 나게 마련이다. 방콕 현지인에게 카오산 근처의 맛집을 물으면 너 나 할 것 없이 추천하는 집이 바로 크루아 압손이다. 한국 여행자에게는 뿌팟퐁까리 맛집으로 유명하다. 예능 프로그램 〈뿅뿅 지구오락실〉 방콕 편에 소개되며 손님이 더욱 늘었다. 이곳의 뿌팟퐁까리는 고소한 커리 양념에 껍데기 없이 오동통한 게살만 쏙쏙 발라져 나온다. 커다란 게살의 식감이 일품이며 밥에 쓱쓱 비벼 먹기도 편하다. 안쪽 공간이 매우 넓은데도 식사 시간이면 대기하는 사람으로 북적인다. 혼자서도 맛있는 식사를 할 수 있게끔 1인용 메뉴를 갖추었다.

169 Dinso Rd, Khet Phra Nakhon
민주기념탑에서 150m, 도보 2분. 카오산 로드에서 600m, 도보 8분 ฿ 게살볶음밥 99밧, 뿌팟퐁까리 530밧, 뿌팟퐁까리 1인 140밧
10:30~19:30, 일요일 휴무
080-550-0310 13.755357, 100.501623

23

스티브 카페 앤 퀴진 Steve Cafe & Cuisine

홈메이드 가정식을 맛보고 싶다면

라마 8세 다리가 보라색으로 물드는 저녁, 강변의 낭만을 즐기려는 사람들이 삼삼오오 모여드는 식당. 수상가옥을 개조한 레스토랑으로 들어가려면 현관에 신발을 벗어두어야 한다. 집주인 소라텝 스티브는 장모님의 음식 솜씨를 내세워 태국 남부 요리를 선보인다. 손맛이 좋은 어머님들이 그렇듯 웬만한 요리가 다 입에 맞는다. 홈메이드 스타일의 태국 음식을 적절한 가격으로 맛볼 수 있어 인기. 또한 천연 재료로 맛을 내고 조미료를 절대 쓰지 않기로도 유명하다. 식지 않는 인기에 힘입어 짜뚜짝 주말 시장과 가까운 곳에 화사한 분위기의 라마 6 지점과 민주기념탑에서 가까운 판파에 분점을 냈다.

68 Sri Ayuthaya Rd, Soi Sri Ayuthaya 21, Vachira phayabaan, Khet Dusit
카오산 로드에서 왓 테와랏(Wat Thewarat)까지 3km, 택시로 15분. 레스토랑까지 도보 1분 ฿ 쏨땀 160밧, 깽항래 무 220밧, 똠얌꿍 220밧
10:00~22:00 02-281-0915 www.stevecafeandcuisine.com
13.772411, 100.500643

24 WRITER'S PICK

몬놈솟 Mont Nom Sod

현지인들이 좋아하는 토스트 맛집

식빵의 두께가 한국에서 흔히 먹는 토스트의 두 배 정도이며 겉은 바삭하고 속은 촉촉하다. 연유나 커스터드 크림 혹은 잼을 듬뿍 발라 먹는데, 바삭하게 베어 문 식빵의 촉촉함과 달콤함에 반하게 된다. 담백하고 신선한 우유와 곁들이면 금상첨화. 테이크아웃도 가능하지만 이왕이면 따끈할 때 먹어야 제맛!

160, 1-3 Dinso Rd, Khwaeng Sao Chingcha, Khet Phra Nakhon 크루아 압손에서 130m, 도보 2분. 카오산 로드에서 750m, 도보 9분 ฿ 커스터드 토스트 30밧, 우유 작은 병 45밧 13:00~22:00 02-224-1147 www.mont-nomsod.com 13.754172, 100.501195

25 WRITER'S PICK

쩨디 카페 앤 바 JEDI Café & Bar

운하를 바라보며 힐링하는 시간

방콕 서쪽에서 보기 드물게 감각적인 인테리어를 자랑하는 카페다. 희고 깨끗한 내부 공간에 테이블이 널찍하게 놓여 있다. 운하가 내려다보이는 야외석에서 느긋하고 한적하게 시간을 보내기 좋다. 쩨디로 장식한 근사한 쟁반에 음료를 내어준다. 예쁜 기념사진을 남기라는 배려이자 SNS 홍보를 노린 꽤 괜찮은 전략이다. 왓 사켓의 쩨디를 보고 내려오는 길에 한 번 들러보자.

10 Boripat Rd, Ban Bat, Pom Prap Sattru Phai 왓 사켓에서 210m, 도보 3분. 크루아 압손에서 750m, 도보 10분 ฿ 드립커피 120밧, 쩨디 라테 140밧 08:30~17:30, 18:00~01:00 (월요일 08:30~17:30) 092-249-6217 @jedibangkok 13.754885, 100.506066

26

수파니가 이팅룸 Supanniga Eating Room

강변의 전망과 음식 맛 모두 일품

왓 아룬 사원을 바라보며 태국 북부 음식을 먹을 수 있는 레스토랑. 채소와 생선을 태국식 쌈장에 찍어 먹는 남프릭 까삐가 맛있다. 1층은 통유리 좌석이고 2층은 강변 전망 좌석이다. 2층의 명당자리를 사수하려면 예약은 필수. 사톤과 텅러에 분점이 있다.

392, 25-26 Maha Rat Rd, Khwaeng Phra Borom Maha Ratchawang, Khet Phra Nakhon 타 티엔 선착장에서 450m, 도보 6분. 왓 포에서 260m, 도보 3분 ฿ 남프릭 까삐 290밧, 카오 클룩 까삐(Khao Klook Ka Pi) 250밧, 새우 팟타이 320밧
10:00~22:00 092-253-9251
www.supannigaeatingroom.com
13.744297, 100.491897

27

더 덱 레스토랑 The Deck Restaurant(The Deck by Arun Residence)

유명세에 비해 뷰가 아쉬운 레스토랑

예약을 하지 않으면 앉을 자리가 없는 강변 뷰 레스토랑. 1층의 야외 자리 뷰가 좋은 편이다. 루프톱에 올라가면 오른쪽에 위치한 낡은 건물이 뷰를 가려 아쉽다. 서비스는 친절하나 음식 맛은 특별할 게 없는 관광지 주변의 식당 느낌이다. 하지만, 왓 아룬의 멋진 뷰를 즐길 수 있어서 여행자로 북적인다.

36-38 Soi Pratoo Nok Yoong, Maharat Rd, Khwaeng Phra Borom Maha Ratchawang, Khet Phra Nakhon 레스토랑은 아룬 레지던스 1층, 루프톱은 4층. 타 티엔 선착장에서 400m, 도보 5분. 왓 포에서 240m, 도보 3분 ฿ 연어 구이 590밧, 타이거새우 구이 550밧 11:00~22:00 02-221-9158 www.arunresidence.com/dinning-experience 13.744806, 100.491297

28 WRITER'S PICK

이글 네스트 바 Eagle Nest Bar

왓 아룬의 실루엣은 여기서!

왓 아룬의 야경을 가장 정면으로 바라볼 수 있는 루프톱 바. 살라 아룬 호텔의 5층에 자리하고 있다. 1층에도 발코니석이 있지만 예약을 해야 앉을 수 있고, 5층의 이글 네스트 바는 예약을 받지 않는다. 해 질 무렵이면 자리를 기다리는 줄이 늘어선다. 유명세 때문에 북적거림을 각오해야 하지만 아름다운 야경이 모든 걸 용서한다.

47-49 Soi Phen Pi Marn, Tha Tien, Khwaeng Phra Borom Maha Ratchawang, Khet Phra Nakhon 살라 아룬 호텔 5층. 왓 포에서 200m, 도보 2분 ฿ 방콕 슬링 390밧, 타이거 맥주 260밧 16:00~23:00(토·일요일 ~24:00) 02-622-2933
www.salaarun.com 13.745269, 100.490902

01

부적 시장 Amulet Market

행운을 불러오는 부적이 가득

방콕의 부적 시장에서는 붉은 글씨를 휘갈긴 노란 종이가 아니라 액운을 물리치고 복을 불러오는 특별한 아이템을 판매한다. 몸에 지니는 작은 불상부터 차량용 중간 크기 불상, 집 안의 사당에 모실 큰 불상은 물론이고 염주, 팔찌, 보석, 반지가 매대에 그득하다. 재미있게도 힌두교의 신인 가루다, 나가, 아이바라타에 악어, 부엉이, 남근까지 있다. 열쇠고리나 펜던트, 목걸이를 만들 수 있다.

1 Sanam Phra, Khwaeng Phra Borom Maha Ratchawang, Khet Phra Nakhon 타 프라찬 선착장에서 200m, 도보 2분. 왓 프라깨우에서 500m, 도보 6분. 국립 박물관에서 600m, 도보 7분 ฿ 동전 모양 부적 10밧, 팔찌 20밧, 작은 모형 50밧 09:00~16:00 13.755641, 100.489465

02

팍 클롱 꽃 시장 Pak Khlong Talat

불심의 향기로 가득한 꽃 시장

태국 사람들은 크고 작은 사원이나 집 앞 마당의 사당에 바칠 꽃을 사기 위해 부지런히 꽃 시장에 들른다. 팍 클롱 꽃 시장은 방콕뿐만 아니라 근교에도 꽃을 공급하기 때문에 늘 바쁘다. 냉장 시설이 부족해 여기저기에 얼음들이 널렸다. 아주 작은 꽃송이는 무게를 달아 판매한다. 정성스럽게 꿴 꽃 장식이 단돈 10밧.

390/17 Chakkraphet Rd, Khwaeng Wang Burapha Phirom, Khet Phra Nakhon 라치니 선착장에서 150m, 도보 3분. 시암 박물관에서 300m, 도보 5분 ฿ 꽃 장식 10밧 24시간 13.741154, 100.496216

03

방람푸 시장 Bang Lamphu Market

현지인이 옷과 음식을 구입하는 재래시장

방람푸 시장은 카오산 로드와 가깝지만 여행자들이 그리 눈여겨보지 않아 꽤 한적하다. 현지인은 이곳에서 평소에 입을 옷이나 교복도 구입하고, 꽃과 생활용품도 산다. 그만큼 현지인에게 특화된 가성비 좋은 시장. 한낮보다는 새벽이 훨씬 분주하다. 카오산 로드에 오래 머무르는 여행자는 이곳에서 저렴하게 과일과 식재료, 태국식 반찬을 구입하며 바비큐나 생선구이 같은 먹거리를 사기도 한다.

61 Chakrabongse Rd, Chana Songkhram, Khet Phra Nakhon 티니디 트렌디 방콕 카오산에서 180m, 도보 2분. 차나 송크람 사원에서 150m, 도보 2분 ฿ 돼지고기꼬치 1개 10밧, 망고스틴 한 봉지 40밧 10:00~22:00, 월요일 휴무 13.760998, 100.497172

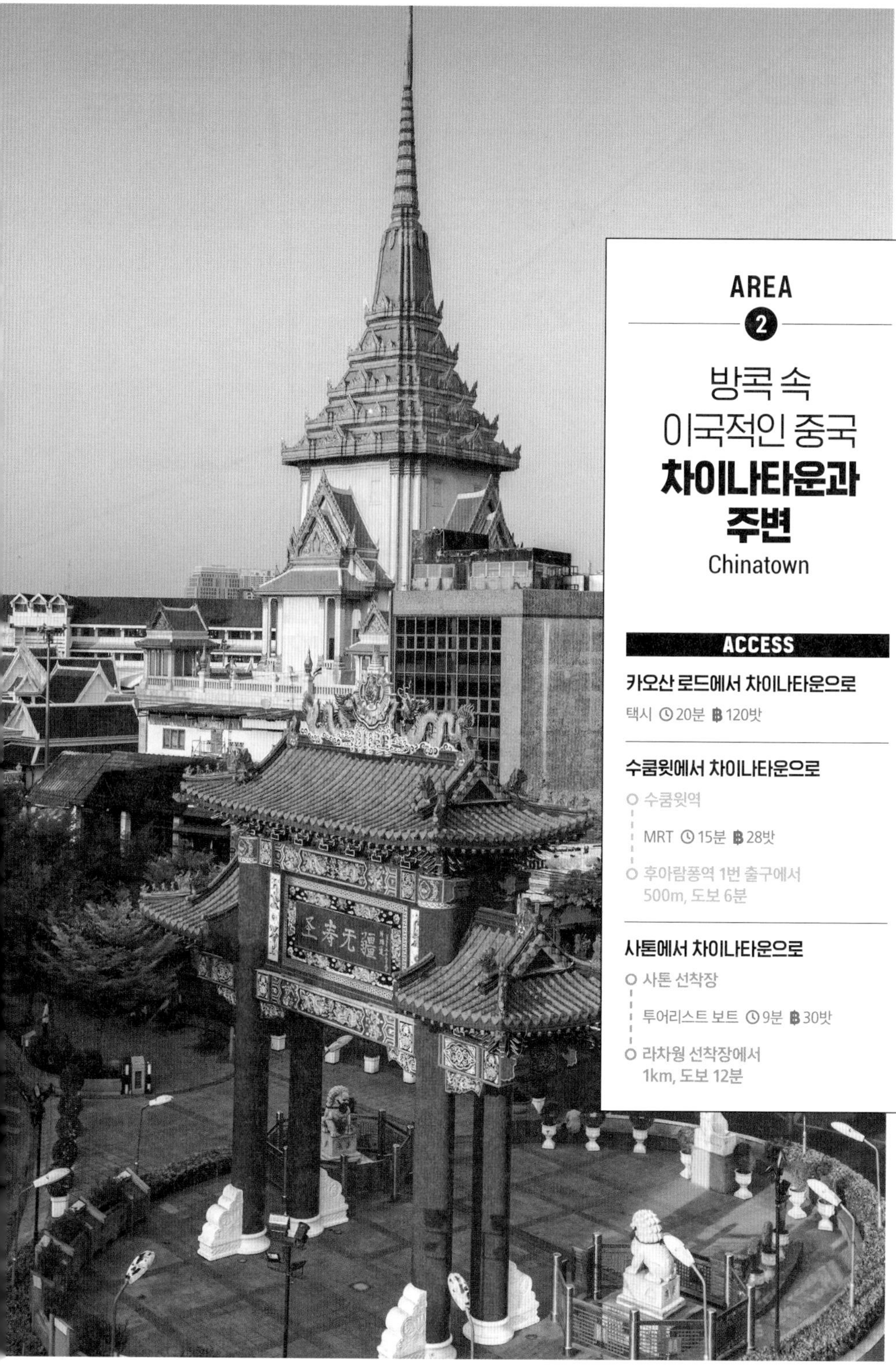

AREA

2

방콕 속 이국적인 중국 **차이나타운과 주변**

Chinatown

ACCESS

카오산 로드에서 차이나타운으로

택시 ⓒ20분 ฿120밧

수쿰윗에서 차이나타운으로

- 수쿰윗역
- MRT ⓒ15분 ฿28밧
- 후아람퐁역 1번 출구에서 500m, 도보 6분

사톤에서 차이나타운으로

- 사톤 선착장
- 투어리스트 보트 ⓒ9분 ฿30밧
- 라차웡 선착장에서 1km, 도보 12분

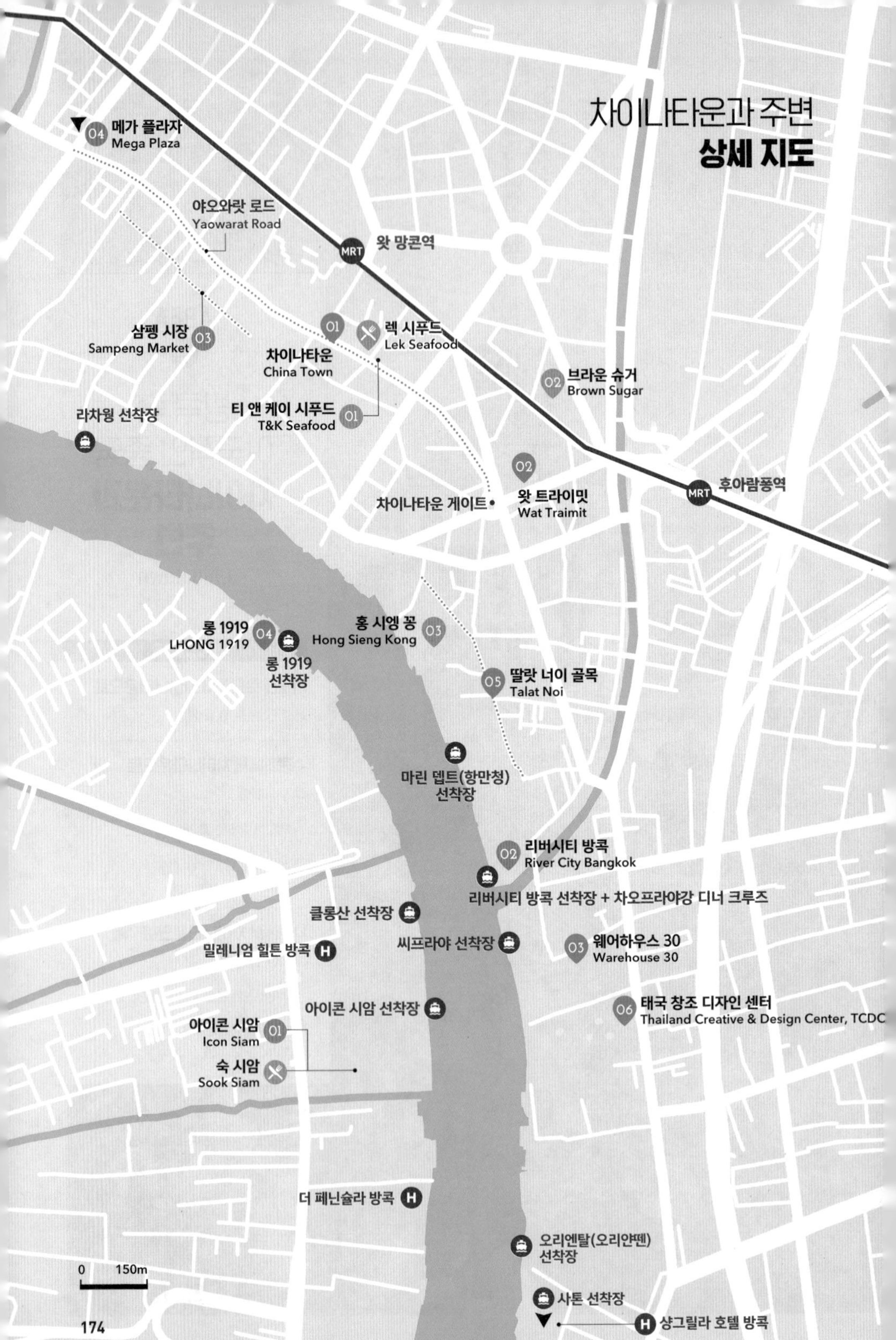

차이나타운과 주변
상세 지도
메가 플라자
Mega Plaza
야오와랏 로드
Yaowarat Road
MRT
왓 망콘역
삼펭 시장
Sampeng Market
렉 시푸드
Lek Seafood
차이나타운
China Town
브라운 슈거
Brown Sugar
티 앤 케이 시푸드
T&K Seafood
라차웡 선착장
후아람퐁역
차이나타운 게이트
왓 트라이밋
Wat Traimit
롱 1919
LHONG 1919
홍 시엥 꽁
Hong Sieng Kong
롱 1919
선착장
딸랏 너이 골목
Talat Noi
마린 뎁트(항만청)
선착장
리버시티 방콕
River City Bangkok
리버시티 방콕 선착장 + 차오프라야강 디너 크루즈
클롱산 선착장
씨프라야 선착장
웨어하우스 30
Warehouse 30
밀레니엄 힐튼 방콕
아이콘 시암 선착장
태국 창조 디자인 센터
Thailand Creative & Design Center, TCDC
아이콘 시암
Icon Siam
숙 시암
Sook Siam
더 페닌슐라 방콕
오리엔탈(오리얀뗀)
선착장
0 150m
사톤 선착장
샹그릴라 호텔 방콕

01
차이나타운 Chinatown
중국의 시장통 같은 독특한 거리

차이나타운 게이트에서부터 야오와랏 로드(Yaowarat Road) 끝까지 약 1.5km를 중심으로 차이나타운이 펼쳐진다. 붉은 바탕에 흘겨 쓴 한자 간판, 점멸하는 네온사인 사이 빨갛고 노란 글자, 한약재와 중국풍 기념품을 파는 가게, 딤섬과 국수를 파는 노점. 길을 걷다 보면 마치 중국의 시장통에 와 있는 듯한 기분이다. 국수부터 생과일주스, 딤섬, 샥스핀이나 제비집을 파는 레스토랑, 해산물 바비큐 레스토랑까지 길거리 곳곳의 먹거리를 구경하는 재미가 쏠쏠하다. 마린 뎁트 선착장에서 출발하면 딸랏 너이 골목P.177이나 근처의 삼펭 시장P.183, 메가 플라자P.183까지 도보로 둘러볼 수 있다.

Yaowarat Rd, Khwaeng Samphanthawong, Khet Samphanthawong 카오산 로드에서 4km, 택시로 20분. MRT 후아람퐁(Hua Lamphong)역 1번 출구에서 500m, 도보 6분 13.740009, 100.510473

02
왓 트라이밋 Wat Traimit
세계에서 가장 값비싼 황금 불상

사원의 규모는 작지만 본당 안에 커다란 황금 불상을 모셔두었다. 수코타이 시대에 만든 이 불상은 수코타이에서 아유타야로, 다시 방콕으로 옮겨지는 동안 석회 불상으로 알려져 있었다. 그런데 운송 도중 사고로 회반죽이 깨지면서 황금빛 불상이 드라마틱하게 모습을 드러냈다. 미얀마의 약탈을 막기 위해 석회를 발라둔 것으로 추정한다. 불상은 높이가 약 3m, 무게가 5톤 정도인데 몸통은 순도 60% 이상, 머리 부분은 순도 80% 이상 금으로 만들었다. 차이나타운 초입에 위치해 들르기 좋다.

661 Charoen Krung Rd, Khwaeng Talat Noi, Khet Samphanthawong
MRT 후아람퐁(Hua Lamphong)역 1번 출구에서 500m, 도보 6분. 카오산 로드에서 4km, 택시로 20분
฿ 2~3층 전시관 100밧, 4층 불상 100밧
08:00~17:00 089-002-2700
13.737766, 100.513450

©태국정부관광청 서울사무소

03

웨어하우스 30 Warehouse 30

컨테이너를 개조한 복합 문화 공간

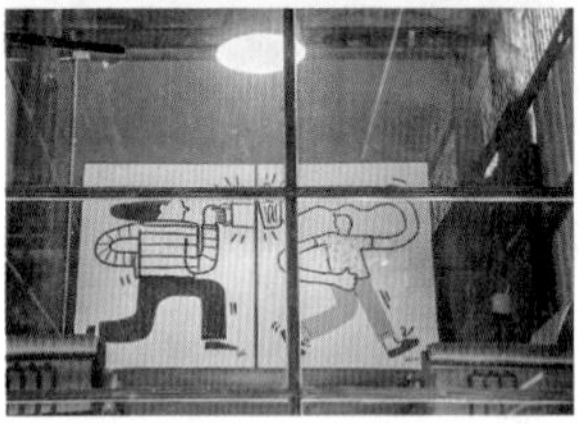

붉은 지붕과 대비되는 청회색 외벽이 세련된 색감을 뽐낸다. 길게 늘어선 옛 창고 건물이 바로 웨어하우스 30이다. 태국의 건축가이자 크리에이티브 디렉터 두앙릿 분낙(Duangrit Bunnag)의 손을 거쳐 2017년에 오픈했다. 컨테이너 창고 안으로 들어서면 복도 끝까지 한눈에 들어온다. 쓰임새별로 7개의 구역으로 나뉘어 옷과 생활용품 매장, 카페와 레스토랑, 독특한 기념품 숍과 갤러리가 이어진다. 복도를 걷다 통유리 너머로 들여다보이는 매장 안으로 들어가는 것이 아니라 매장과 매장 사이가 연결되어 처음부터 끝까지 한 번에 둘러볼 수 있다.

건물을 정면에서 바라볼 때 왼쪽 끝에는 옷 가게가 하나 있고, 오른쪽 끝으로 인테리어 용품과 주방용품, 생활용품을 파는 편집 숍이 넓게 펼쳐진다. 트렌디한 가드닝 코너, 밀리터리 덕후를 유혹하는 숍 호스 유닛(Horse Unit), 다양한 생활용품을 판매하는 30_6 편집 숍 등이 모여 있다. 가격대가 저렴하지는 않지만 시선을 끄는 독특한 소품이 많아 발길이 절로 멈춘다. 향이 좋은 천연 비누, 이그조틱한 향의 향초는 선물용으로도 제격. 무언가를 사도 좋고 구경만 해도 좋은 감각적인 공간을 누비는 기쁨이 크다.

48 Khwaeng Charoen Krung, Khet 30 Bang Rak 아이콘 시암에서 차오프라야강 건너편. 리버시티 방콕에서 280m, 도보 3분 09:00~18:00 02-237-5087
www.warehouse30.com 13.728172, 100.514750

04

롱 1919 LHONG 1919

중국 상인들이 남겨둔 예술의 자취

차오프라야강 서쪽에 자리한 롱 1919는 중국에서 배로 실어 보낸 물건을 쌓아두던 창고였다. 강 건너편이 바로 차이나타운이니 중국인들의 교역에는 최적화된 장소였을 것이다. 선착장과 맞닿은 창고 건물 1층에는 상점, 2층에는 상인들의 숙소가 있었다. 중국식 건물답게 마당을 두고 ㄷ자로 지었고, 건물 한가운데에 안전한 항해를 기원하는 사원을 두었다. 1919년부터는 정미소로 운영하다 2017년에 새롭게 단장한 후 예술가와 디자이너를 위한 작업장이자 전시장, 아트 마켓으로 거듭났다. 1층에는 판매와 전시를 겸하는 공방이 있고, 2층에는 당시의 벽화를 복원해두어 흥미롭다. 건물 안팎에 그려진 그림이 사진 찍는 재미를 더한다. 원래 레스토랑과 기념품 숍이 여럿 있었으나 코로나19 이후 많은 상점이 문을 닫았다. 시간이 멈춘 듯한 방콕 속의 중국을 조용히 산책해 보자.

248 Chiang Mai Rd, Khwaeng Khlong San, Khet Khlong San 롱 1919 선착장에서 30m, 도보 1분. 카오산 로드에서 5.5km, 택시로 20분 08:00~18:00(금~일요일 ~22:00) 091-187-1919 www.facebook.com/Lhong1919 13.734488, 100.508249

05

딸랏 너이 골목 Talat Noi

수수하지만 개성 있는 골목

차이나타운에서 그리 멀지 않은 거리에 위치한 골목으로 중국계 태국인이 모여 산다. 골목길을 돌 때마다 독특한 벽화가 튀어나와 여행자의 시선을 잡아끈다. 작은 공장과 공업사가 흩어져 있어 특유의 냄새가 감도는 골목은 우리나라 문래 창작촌과 비슷한 느낌이다. 개성 만점의 작은 카페와 숨겨진 맛집도 골목 여기저기 흩어져 있어 볼거리가 쏠쏠하다.

22 Charoen Krung Road, Talat Noi, Samphanthawong 마린 뎁트 선착장에서 200m, 도보 3분. MRT 후아람퐁(Hua Lumpong)역에서 850m, 도보 12분 13.732945, 100.513120

06

태국 창조 디자인 센터 Thailand Creative & Design Center, TCDC

태국 상업 디자인의 메카

태국 정부가 운영하는 태국 창조 디자인 센터는 태국 디자인의 현주소를 엿볼 수 있는 예술적인 공간이다. 아시아 최초의 디자인 도서관으로 출발했으며, 절판된 출판물을 포함해 7만여 점의 미술, 건축, 패션, 사진, 영화 등 디자인과 관련된 자료와 전문 서적뿐 아니라 디자이너의 작품과 작품의 재료까지 모아두었다. 또한 디자인을 전공하는 학생이나 디자이너를 위한 각종 교육 프로그램을 운영하며, 협동 작업을 위한 공간뿐만 아니라 디자인 관련 컨설팅을 제공한다. 꼭 디자이너가 아니더라도 세련된 디자인 감각을 뽐내는 공간에서 책을 보거나 커피를 마시는 기쁨을 느껴보자. 옥상에는 초록 식물과 벤치를 두어 방콕의 시내를 내려다보며 쉬어갈 수 있다.

Central Post Office, 1160 Charoen Krung Rd, Khwaeng Bang Rak, Khet Bang Rak 웨어하우스 30에서 400m, 도보 5분. 리버시티 방콕에서 700m, 도보 9분 입장료 100밧
10:30~19:00, 월요일 휴관 02-105-7400
web.tcdc.or.th 13.727147, 100.515613

01

티 앤 케이 시푸드 T&K Seafood

방콕의 가성비 좋은 해산물 바비큐

차이나타운에는 제비집과 샥스핀, 딤섬을 파는 온갖 식당이 몰려 있는데 그중에서도 저녁때 가장 붐비는 해산물집이 두 곳 있다. 소이 텍사스 골목 입구에 위치한 렉 시푸드(Lek Seafood)와 이곳 티 앤 케이 시푸드다. 렉 시푸드의 종업원은 빨간색, 이곳의 종업원은 초록색 티셔츠를 입고 있어 구별하기 쉽다. 전에는 양쪽 집 모두 사람이 몰렸으나, 최근에는 티 앤 케이 시푸드가 더 맛있다는 소문이 나서 그런지, 이 집에 줄을 서는 사람이 더 많아졌다. 양쪽 가게의 종업원이 길에서 생선과 새우, 랍스터를 구우며 손님을 유혹하고, 유혹에 못 이긴 사람은 펼쳐진 테이블에 앉아 다양한 해산물 요리를 먹는다.

49-51 Phadung Dao Rd, Khwaeng Samphan thawong, Khet Sam phanthawong MRT 후아람퐁(Hua Lumpong)역에서 900m, 도보 12분. 카오산 로드에서 4km, 택시로 20분 ฿ 칠리새우 250밧, 똠얌꿍 150밧, 뿌팟퐁까리 400밧 16:00~24:00 02-223-4519 www.facebook.com/tkseafood 13.740133, 100.510657

02

브라운 슈거 Brown Sugar

차이나타운과 가까운 재즈 바

방콕의 3대 재즈 바로 손꼽히던 브라운 슈거가 코로나19 동안 문을 닫았다가 차이나타운 근처에서 다시 오픈했다. 1층에는 바가 있고, 재즈 공연은 2층에서 열린다. 무대와 가까운 자리는 2인석이지만 복층으로 되어 있어 여럿이 앉을 수 있는 테이블도 넉넉하다. 방콕 동쪽의 고급스러운 바와 견줄 만큼 맥주와 칵테일 요금이 만만치 않지만, 수준급의 재즈를 즐기는 비용이라 생각하자. 브라운 슈거만의 IPA 생맥주가 맛이 괜찮은 편이다. 카오산 로드 근처에 있을 때만큼 북적이지는 않지만 밴드들의 흥겨운 연주는 여전히 만족스럽다.

18 Soi Nana, Pom Prap Sattru Phai MRT 후아람퐁(Hua Lumpong)역에서 400m, 도보 6분 IPA 스몰 250밧, 라지 350밧, 하이네켄 180밧 17:00~01:00(금·토요일 ~02:00), 월요일 휴무 063-794-9895
www.facebook.com/brownsugarbangkok
13.740037, 100.514032

03 WRITER'S PICK

홍 시엥 꽁 Hong Sieng Kong

분위기 좋은 강변 뷰 카페

차이나타운의 오래된 건물을 개조해서 만든 근사한 강변 뷰 음식점이자 카페다. 건물 몇 채를 이어서 만든 카페 내부에는 묵직한 의자와 테이블을 두었다. 나선 계단을 오르면 세월의 흔적이 담긴 소품과 중국식 앤티크 가구를 전시한 갤러리가 있다. 차오프라야 강을 마주하는 자리에는 파라솔을 펴두어 선선한 강바람을 맞으며 커피와 맥주를 즐길 수 있다. 에어컨이 나오는 실내석에서도 통유리를 통해 강변의 정취를 감상할 수 있어 시원하게 브런치를 즐기는 사람이 많다. 카페지만 다양한 맥주와 요리를 갖추어 메뉴 선택의 폭이 넓다.

734, 736 Soi Wanit 2, Talat Noi, Samphanthawong MRT 후아람퐁(Hua Lumpong)역에서 750m, 도보 11분. 마린 뎁트 선착장에서 500m, 도보 7분 아이스 카페라테 160밧, 크림치즈 크로플 240밧, 레페 브라운 260밧
10:00~20:00, 월요일 휴무 095-998-9895
www.facebook.com/HongSiengKong
13.734820, 100.511607

01 WRITER'S PICK

아이콘 시암 Icon Siam

강 서쪽에 위치한 럭셔리 쇼핑몰

2018년 10월에 차오프라야강 서쪽 편에 개장한 매우 큰 규모의 쇼핑몰이다. 까르띠에, 보테가 베네타, 루이 비통, 구찌 등이 있는 으리으리한 명품관을 자랑한다. 1층(GF)에 수상시장을 콘셉트로 인테리어를 한 푸드코트 숙 시암(Sook Siam)이 있어 태국 77개 지역의 3천 가지가 넘는 특산품을 만날 수 있다. 2층에는 애플 스토어, 3층에는 스포츠 브랜드와 로프트, 4층에는 푸드코트인 푸드 리퍼블릭, 5층에는 유아동 브랜드와 토이저러스가 입점해 시간을 보내기 좋다. 5층과 6층에는 나라 타이 퀴진, 팁싸마이 등의 유명 레스토랑도 있다. 아기자기한 기념품 숍은 다른 로컬 시장보다 가격이 살짝 높은 편. 층마다 강이 내려다보이는 카페가 있어 쉬어가기 좋다. 저녁이면 강변에서 400m 길이의 분수가 춤을 춘다. 매장의 면적이 넓으니 둘러볼 시간을 넉넉하게 잡고 가자.

299 Charoen Nakhon Rd, Khwaeng Khlong Ton Sai, Khet Khlong San 밀레니엄 힐튼 방콕에서 도보 5분. 만다린 오리엔탈, 샹그릴라, 페닌슐라 호텔에서 셔틀 보트 운행. 리버 시티 방콕 선착장과 사톤 선착장에서 무료 셔틀 운행 10:00~22:00, 분수 쇼 18:30, 20:00 02-495-7000 www.iconsiam.com 13.726269, 100.510052

추천 아이콘 시암에서는 이곳을!

숙 시암 Sook Siam

아이콘 시암을 특별하게 만드는 푸드코트가 바로 숙 시암이다. 랭쌥부터 카오카무, 다양한 과일과 간식까지 맛보고 싶었던 태국 음식을 마음껏 골라 먹자. 식사 시간이 되면 앉을 자리가 없을 정도로 사람이 밀려든다. 여유롭게 식사하고 싶다면 붐비는 시간을 피하는 게 좋다.

아이콘 시암 G층 삼겹살 구이 200밧, 카오카무 140밧, 오징어 똠얌 라면 160밧 10:00~22:00 092-713-5599 www.sooksiam.com

02

리버시티 방콕 River City Bangkok

디너 크루즈와 골동품으로 유명한 쇼핑몰

리버시티 방콕은 차이나타운과 가까운 거대한 쇼핑몰이자 차오프라야 강변 동쪽에 위치한 리버크루즈의 메카다. 원래 오래된 골동품 매장이 있던 자리에 지은 쇼핑몰이라 지금도 2층부터 4층까지 골동품 매장이 많다. 유서 깊은 골동품도 취급하지만 값비싼 조각품, 금박을 입힌 불상, 여러 나라에서 수입한 동양적인 물건, 고급스러운 식기도 판매한다. 크고 작은 갤러리에서는 현대 미술품을 내다 걸었다. 해가 저물면 리버시티 방콕 선착장에서 차오프라야강을 유람하는 디너 크루즈 P.184가 출발한다. 크루즈가 출발하는 시간에는 발 디딜 틈이 없다. 1층에는 크루즈 선사들의 매표소가 몰려 있고, 골동품 가게와 소소한 기념품 숍, 카페, 레스토랑 등이 있다.

23 Soi Charoen Krung 24, Khwaeng Talat Noi, Khet Samphanthawong 카오산 로드에서 5km, 택시로 20분. 파 아팃 선착장에서 리버시티 방콕 선착장까지 보트로 30분 10:00~20:00 02-237-0077 rivercitybangkok.com 13.730243, 100.513181

03

삼펭 시장 Sampeng Market

아이들이 좋아하는 문구가 가득

현지인이 이용하는 재래시장이 도로를 따라 길게 이어진다. 좁은 골목마다 작은 가게가 다닥다닥 붙어 있고, 현지인끼리 활발한 흥정이 오간다. 도매로 사고파는 생활용품과 의류, 천, 문구와 악세사리, 짝퉁 캐릭터 상품이 많아서 짜뚜짝 주말 시장에서 구입하던 쇼핑 리스트와는 조금 차이가 난다. 아이들이 좋아할만한 캐릭터 가방이나 각종 문구류를 저렴하게 사기 좋다.

Chakkrawat, Khet Samphanthawong 메가 플라자에서 300m, 도보 5분. 차이나타운에서 500m, 도보 8분 ฿ 머리끈 한 묶음 50밧, 머리핀 3개 100밧, 열쇠고리 10밧
월~토요일 09:00~17:00, 23:30~05:30, 일요일 08:00~14:00 092-713-5599
www.shopschinatown.com 13.742998, 100.504272

04

메가 플라자 Mega Plaza

아이도 어른도 가슴 설레는 쇼핑몰

피규어를 좋아하는 '덕후'라면 놓칠 수 없는 6층짜리 대형 쇼핑몰이다. 1층부터 6층까지 모든 층에서 전자제품, 카메라, 비디오 게임, 레고, 헐리웃 영화와 일본 애니메이션에서 보던 개성 넘치는 피규어, 프라모델 등을 판매한다. 1층에는 카페와 유아용 자동차가 있어 아이들의 발걸음을 멈추게 하고, 맨 위층에는 메가 푸드 센터가 있어 출출함을 달랠 수 있다. 삼펭 시장 끄트머리에 위치해 함께 둘러보기 좋다.

900 Maha Chai Rd, Wang Burapha Phirom, Phra Nakhon MRT 삼욧(Sam Yot)역에서 180m 도보 3분, 삼펭 시장에서 300m 도보 5분 10:00~19:30
02-623-7888 www.facebook.com/MegaPlazaSaphanlek
13.745468, 100.502452

REAL GUIDE

방콕의 야경을 즐기는 낭만 크루즈 **차오프라야강 디너 크루즈**

보통 출발 30분 전까지 선착장의 체크인 카운터에서 체크인을 마친 후 승선 시간에 맞추어 정해진 게이트로 나간다. 배에 탑승하고 운항을 시작하면 약 2시간 동안 라마 8세 다리까지 돌아보고 온다. 크루즈는 선사별로 리버시티 방콕 선착장과 아시아티크 선착장, 아이콘 시암 선착장 중에서 출발 지점을 고를 수 있다. 태국식과 서양식이 적절히 섞인 뷔페 음식을 맛보며 강변을 따라 이어지는 방콕의 랜드마크를 구경한다. 음료와 주류는 현장에서 사서 마실 수 있다. 예매할 때 높은 층의 야외석과 낮은 층의 실내석 중 어디에 앉을지 고른다. 야외석의 바깥쪽 자리에 앉으면 야경 사진을 찍기에 좋고, 실내석은 통유리 너머로 야경을 보게 되지만 에어컨이 나와 시원하다. 식사 시간이 끝나면 흥겨운 공연을 시작한다.

฿ 선사별로 성인 1,000~3,200밧(국내 여행사 예매 시 30,000~70,000원) ⓒ 선사별·선착장별 탑승시간 다름. 19:00~21:00, 19:30~21:30, 19:45~21:45

TIP

디너 크루즈 이렇게 이용하자

❶ 여행 일정이 정해지면 방콕으로 출발하기 전에 한국에서 표를 예매하자. 할인 폭이 다양하니 꼼꼼하게 비교한 후 예매하고 바우처를 잘 챙긴다. 바우처는 이메일과 스마트폰으로 받아 저장하고, 인쇄를 해가는 편이 좋다.

❷ 승선 시간보다 30분 앞서 출발 지점에 도착해 매표소에서 바우처와 승선권을 교환한다. 방콕의 무시무시한 교통 체증을 감안해 일찍 나서자. 승선 시간에 탑승하지 못하면 환불이 안 된다.

❸ 승선 시간에 맞춰 선착장에 나가 대기한다. 교환한 승선권에 좌석이 지정되어 있으니 자신의 자리를 찾아 앉는다. 선사별로 현장에서 자리를 바꿔주기도 한다.

❹ 대부분의 크루즈가 리버시티 방콕 선착장에서 출발해 무척 붐빈다. 아시아티크나 아이콘 시암에 갈 계획이라면 승선 지점을 잘 골라서 예약하자.

차오프라야강 디너 크루즈 선착장

리버시티 방콕 선착장 River City Pier

23 Soi Charoen Krung 24, Khwaeng Talat Noi, Khet Samphanthawong

MRT 후아람퐁(Hua Lamphong)역 1번 출구에서 택시로 10분(약 50밧), 도보 20분. 혹은 투어리스트 보트를 타고 리버시티 방콕 선착장에서 하차

선사별 크루즈 소개

차오프라야 프린세스 디너 크루즈

방콕에서 규모가 가장 큰 크루즈 선사로 그만큼 많은 사람이 찾는다. 선상에 울려 퍼지는 라이브 음악과 함께 인터내셔널 뷔페를 즐길 수 있다.

฿ 1,200밧~ www.thaicruise.com

화이트 오키드 디너 크루즈

차오프라야 프린세스만큼 인기 있는 디너 크루즈로 뷔페를 즐기면서 트랜스젠더의 공연을 감상할 수 있다. 2층은 실내석, 3층은 야외석이다.

฿ 699밧~

www.facebook.com/whiteorchidrivercruise

차오프라야 오퓰런스 디너 크루즈

아이콘 시암에서 출발하는 디너 크루즈로 깔끔하고 고급스러운 실내 인테리어가 돋보인다. 시원한 야외석에서 해산물 뷔페와 공연을 즐길 수 있다.

฿ 1,300밧~ www.theopulencecruise.com

아이콘 시암 선착장
Icon Siam Pier

299 Charoen Nakhon Rd, Khwaeng Khlong Ton Sai, Khet Khlong San

BTS 사판탁신(Saphan Taksin)역 1번 출구에서 강 방향으로 이동, 사톤 선착장에서 아이콘 시암행 무료 셔틀 보트(08:00~23:30) 탑승. 혹은 투어리스트 보트를 타고 아이콘 시암 선착장에서 하차, 2번 선착장에서 디너 크루즈 탑승

아시아티크 선착장 Asiatique Pier

2194 Charoen Krung Rd, Khwaeng Wat Phraya Krai, Khet Bang Kho Laem BTS 사판탁신(Saphan Taksin)역 2번 출구에서 강 방향으로 이동, 사톤 선착장에서 아시아티크행 무료 셔틀 보트(16:30~23:30) 탑승. 혹은 투어리스트 보트를 타고 아시아티크 선착장에서 하차

CHAPTER

02

도시 한복판의 매력
시내 중심

깔끔하고 편리한 도시 여행을 즐기는 사람에게 방콕 시내 중심은 더할 나위 없이 매력적이다. 백화점과 야시장에서 맛집 탐방과 쇼핑을 즐기고, 우아하게 애프터눈 티를 마시며 여유를 부리다 근사한 루프톱 바에 올라 방콕의 야경에 푹 빠져보자.

QUICK VIEW

구역별로 만나는 시내 중심

연두색과 초록색 BTS 라인이 방콕 시내의 중심부를 엮어낸다. BTS역을 따라 개성 있는 쇼핑몰이 자리를 잡은 시내 중심은 쇼핑과 먹거리의 천국이기도 하다. 북부의 미술관에서 남부의 강변 야시장까지 오가며 도심의 매력에 흠뻑 취해본다.

AREA 03 시암·칫롬·플런칫

시암에서 칫롬을 지나 플런칫까지 BTS역마다 쇼핑몰과 이어진다. 시원한 쇼핑몰에서 구경도 하고 쉬어가는 재미가 쏠쏠하다. 쌘샙 운하의 보트를 타고 짐 톰슨의 집을 방문하거나, 에라완 사당에서 소원을 비는 소소한 재미를 느껴보자.

#짐 톰슨의 집 #쌘샙 운하 #에라완 사당 #몰링 #애프터눈 티

- **시암, 칫롬, 플런칫**: 쇼핑몰과 맛집, 호텔이 즐비한 방콕의 명동
- **전승기념탑**: 현지인이 자주 찾는 보트 누들 골목과 유명 재즈 바 색소폰
- REAL PLUS **짜뚜짝 주말 시장**: 자칫 길을 헤맬 만큼 엄청난 규모의 주말 재래시장
- REAL PLUS **방콕 현대 미술관**: 먼 거리에도 불구하고 미술관 나들이를 좋아한다면 추천

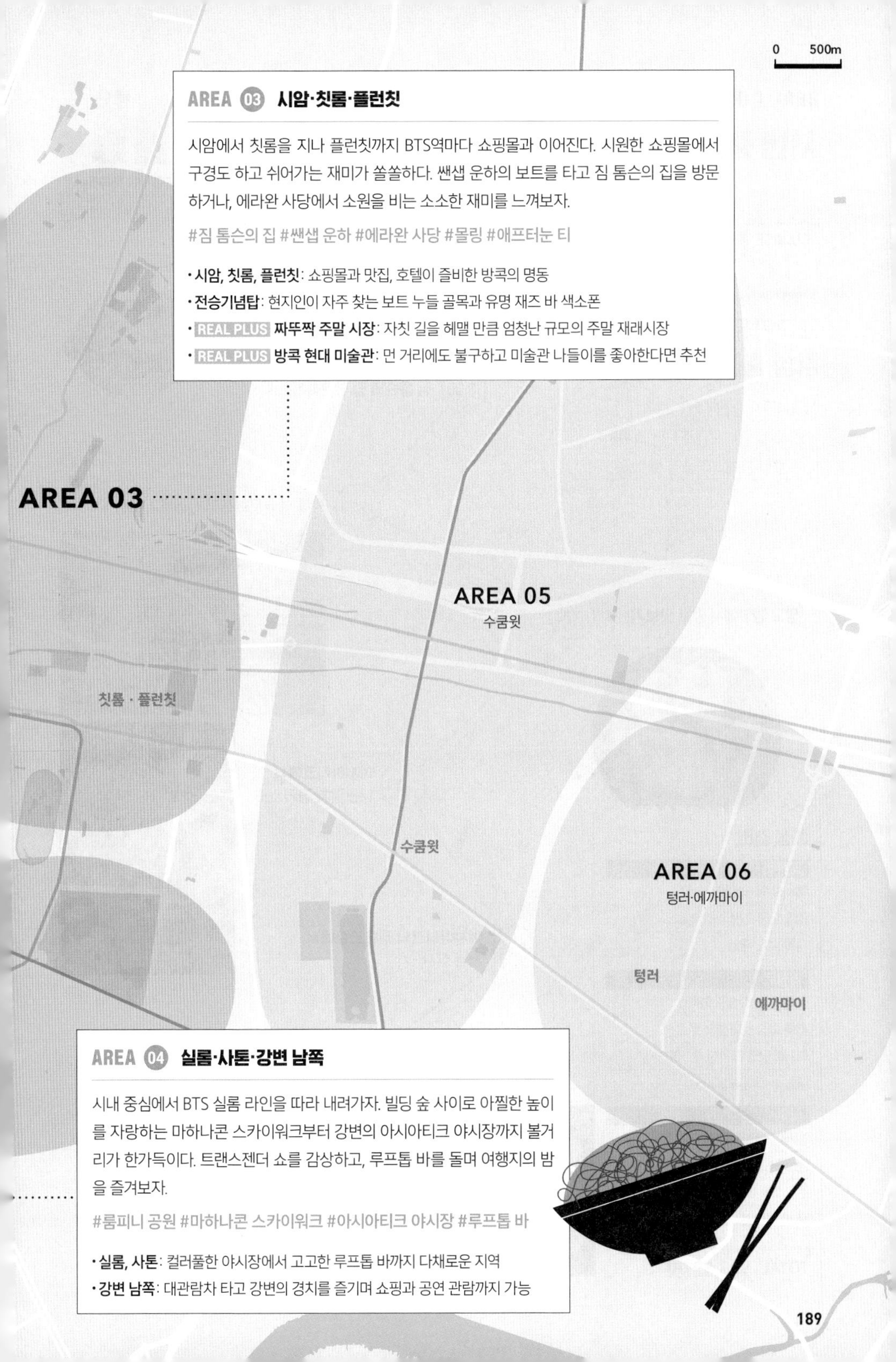

AREA 04 실롬·사톤·강변 남쪽

시내 중심에서 BTS 실롬 라인을 따라 내려가자. 빌딩 숲 사이로 아찔한 높이를 자랑하는 마하나콘 스카이워크부터 강변의 아시아티크 야시장까지 볼거리가 한가득이다. 트랜스젠더 쇼를 감상하고, 루프톱 바를 돌며 여행지의 밤을 즐겨보자.

#룸피니 공원 #마하나콘 스카이워크 #아시아티크 야시장 #루프톱 바

- **실롬, 사톤**: 컬러풀한 야시장에서 고고한 루프톱 바까지 다채로운 지역
- **강변 남쪽**: 대관람차 타고 강변의 경치를 즐기며 쇼핑과 공연 관람까지 가능

REAL COURSE

시내 중심 추천 코스

COURSE 01

태국의 문화 예술을 즐기는 **감성 충전 하루 코스**

현대적인 미술관부터
강변의 야시장, 트랜스젠더 쇼까지
하루 종일 방콕스러움에 빠져드는 시간!

10:00 방콕 현대 미술관 거닐기 P.218

택시 30분

12:00 엠케이 레스토랑에서 점심 식사 P.205

도보 10분

13:30 짐 톰슨의 집 방문하기 P.194

도보 6분

15:00 방콕 예술문화센터 둘러보기 P.195

도보 10분

16:30 망고 탱고에서 망고 맛보기 P.204

BTS로 15분 & 셔틀 보트 15분

17:30 아시아티크에서 대관람차 타기 P.228

도보 5분

18:00 아시아티크의 푸드코트에서 저녁 식사

도보 5분

19:00 칼립소 카바레 공연 보기 P.227

택시 15분

21:00 문 바에서 방콕의 야경 즐기기 P.233

예상 경비

교통비
- 택시비 약 500밧
- BTS 요금 37밧
- 셔틀 보트 무료

입장료
- 방콕 현대 미술관 280밧
- 방콕 예술문화센터 무료
- 아시아티크 대관람차 500밧
- 칼립소 카바레 900밧

식비
- 엠케이 레스토랑 400밧(1인)
- 망고 탱고 190밧
- 푸드코트 120밧
- 문 바 400밧

TOTAL 약 3,327밧

COURSE 02

쇼핑몰에서 루프톱 바까지
도시 여행자의 하루 코스

시원한 쇼핑몰에서 쇼핑의 천국 방콕을 탐험하고, 차 한잔 마시며 여유도 부리고, 탁 트인 루프톱 바에서 낯선 도시의 야경을 즐겨볼까.

10:00 방콕 예술문화센터 방문하기 P.195

도보 5분

11:00 시암 센터 P.210에서 시암 파라곤 P.211까지 쇼핑몰 둘러보기

시암 센터

도보 7분

12:30 쏨땀 누아에서 점심 먹기 P.205

도보 10분

14:00 에라완 사당 구경하기 P.196

도보 2분

14:30 센트럴 월드에서 쇼핑하기 P.213

도보 10분

16:00 잇타이 푸드코트에서 태국식 간식 즐기기 P.203

BTS로 5분 & 도보 10분

18:30 하이 소에서 야경 감상하기 P.234

도보 10분 & BTS로 15분

21:00 색소폰에서 재즈 즐기기 P.205

예상 경비

교통비
BTS 요금 49밧

입장료
방콕 예술문화센터 무료
에라완 사당 무료

식비
쏨땀 누아 400밧
잇타이 푸드코트 디저트 100밧
하이 소 400밧
색소폰 400밧

TOTAL 약 1,349밧

AREA 3

지상철이 가로지르는 쇼핑 중심지 **시암·칫롬·플런칫**

Siam·Chit Lom·Phloen Chit

ACCESS

수완나품 공항에서 시암으로

- 수완나품 공항 지하 1층
- ARL 공항철도 ⏱26분 ฿45밧
- 종점 파야타이역 하차
- BTS로 환승 ⏱6분 ฿23밧
- 시암역

돈므앙 공항에서 시암으로

- 돈므앙 공항 1층 6번 게이트
- 공항버스 A3 ⏱50분 ฿50밧
- 센트럴 월드

카오산 로드에서 시암으로

택시 ⏱25분 ฿미터요금 60~80밧,
택시비 흥정 시 100~200밧

시암·칫롬·플런칫 상세 지도

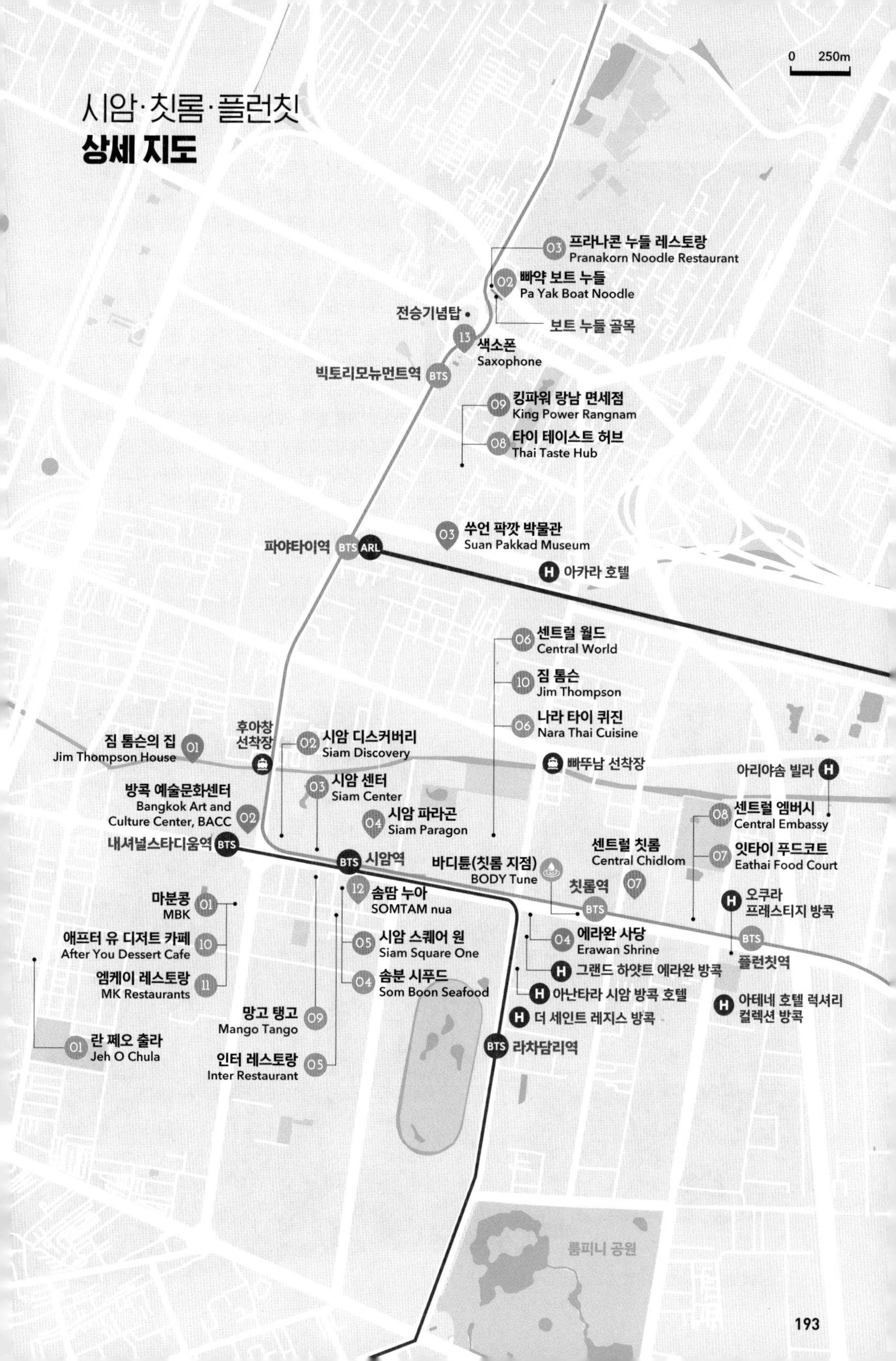

01

짐 톰슨의 집 Jim Thompson House

태국 실크를 세계에 알리다

짐 톰슨은 '태국 실크 왕(Thai Silk King)'으로 불린 미국인이다. 태국에 살면서 태국의 실크를 미국에 소개한 사업가이자 태국 골동품 수집에 열을 올린 컬렉터였다. 짐 톰슨은 말레이시아로 휴가를 갔다가 실종되었고, 시체조차 찾지 못했다. 그가 사라진 후 그의 집에 모아두었던 태국의 골동품을 고스란히 보존한 채 일반에 개방했다. 태국 전통 가옥의 건축 양식을 살리면서 서양식 인테리어를 가미한 내부가 흥미롭다. 아유타야 시대의 불상, 정교하게 깎은 목재 파티션, 가구와 도자기를 볼 수 있다. 태국어, 영어, 중국어, 일본어, 프랑스어 가이드를 선택해 가이드 투어로만 관람할 수 있다. 한국어 가이드는 없지만 한국어 안내문을 나누어준다. 전시관 외에 레스토랑과 실크 매장이 있으며, 전시관 밖에서는 누에고치에서 실 짓는 모습을 재연한다.

6 Soi Kasemsan 2, Rama 1 Rd, Khwaeng Wang Mai, Khet Pathum Wan BTS 내셔널 스타디움(National Stadium)역 1번 출구에서 300m, 도보 3분. 시암 디스커버리에서 750m, 도보 9분. 쌘쌥 운하 보트 후아창 선착장에서 250m, 도보 3분 ฿ 실내+정원 200밧, 정원 100밧, 10~21세 100밧, 10세 미만 무료 10:00~17:00 02-216-7368 jimthompsonhouse.org 13.749334, 100.528240

02 WRITER'S PICK

방콕 예술문화센터 Bangkok Art and Culture Center, BACC

도심 속의 무료 예술 공간

방콕 예술문화센터는 쇼핑몰이 밀집된 번화가 시암의 한복판에서 고고하게 존재감을 뽐낸다. 1층부터 9층까지 이어지는 넓고 환한 전시장에서는 방콕 비엔날레나 방콕 디자인 위크 같은 큰 행사부터 신진 작가의 작은 전시회까지 쉴 새 없이 볼 만한 전시가 열린다. 달팽이의 껍질처럼 빙글빙글 돌아가는 내부 공간을 거닐며 다양한 그림과 전시를 접하다 보면 예술적인 감성이 몽글몽글 피어오른다. 시내 한복판에 무료 예술 공간을 마련해둔 방콕 사람들의 센스에 감탄하게 된다. 시원하고 넓은 공간 자체도 멋지지만 작은 공방과 카페도 여럿 있으니 들러보자. 색다른 여행의 영감을 받을지도 모른다.

939 Rama I Rd, Khwaeng Wang Mai, Khet Pathum Wan BTS 내셔널스타디움(National Stadium)역 3번 출구에서 연결 ฿ 무료 10:00~21:00, 월요일 휴관 02-214-6630 www.bacc.or.th 13.746788, 100.530242

03

쑤언 팍깟 박물관 Suan Pakkad Museum

잔디밭을 둘러싼 태국의 전통 가옥

마치 도심 속 비밀의 정원 같다. 새소리가 들리는 잔디밭을 걷다 보면 태국 귀족의 집에 초대받은 느낌이다. 원래 배추밭이었던 자리에 궁전을 지어 라마 5세의 손자인 왕자와 왕비가 살았고, 그들이 수집한 귀중품들을 공개하며 박물관으로 변신했다. 래커 박물관과 갤러리를 포함해 태국 북부의 반 치앙 마을에서 출토한 도자기, 청동으로 만든 무기, 보석, 전통 공연 〈콘〉을 설명하는 전시관 등 모두 11개의 전시관을 갖추었다. 일부러 찾아갈 만큼 규모가 크지는 않지만 근처에 머문다면 한 번쯤 들러볼 만하다.

* 2024년 10월 현재 내부 공사로 임시 휴관 중

352 354 Thanon Si Ayutthaya, Khwaeng Thanon Phaya Thai, Khet Ratchathewi BTS, ARL 파야타이(Phaya Thai)역 4번 출구에서 400m, 도보 5분. 아카라 호텔에서 400m, 도보 5분 ฿ 입장료 100밧 09:00~16:00 02-245-4934 www.suanpakkad.com 13.756789, 100.537555

04

에라완 사당 Erawan Shrine

브라흐마에게 소원을

북적이는 도심 한복판에 꽃을 든 사람들이 줄을 잇는다. 힌두교의 신인 브라흐마를 모신 작은 사당이다. 그랜드 하얏트 에라완 방콕 호텔을 건설할 때 종종 사고가 있었으나 에라완 사당을 짓고 나서 건물을 무사히 완공했다는 이야기가 전해진다. 브라흐마는 4개의 머리로 사방을 둘러보고 있는데 각 방위마다 다른 소원을 들어준다고. 그래서 사람들은 원하는 소원을 이루어준다는 머리 쪽에 꽃을 바치고 기도를 한다. 한쪽에서는 신에게 춤을 공양한다. 누구나 일정 금액을 내면 춤을 공양할 수 있다.

494 Phloen Chit Rd, Khwaeng Lumphini, Khet Pathum Wan BTS 칫롬(Chit Lom)역 8번 출구에서 120m, 도보 1분. 그랜드 하얏트 에라완 방콕 바로 앞 ฿ 무료 06:00~22:00 02-252-8750 13.744362, 100.540433

01

란 쩨오 출라 Jeh O Chula

각종 해산물을 넣은 똠얌 라면

미쉐린 맛집이자 〈스트리트 푸드 파이터〉라는 방송에 소개된 이후 더욱 유명세를 떨치는 똠얌 라면집이다. 예전에는 라면을 기본으로 한 다양한 메뉴를 저렴한 가격에 맛볼 수 있어서 근처의 대학생이 즐겨 찾던 분식집 스타일의 식당이었는데, 방송을 탄 이후 오픈하기 1시간 전부터 줄을 설 정도로 대기하는 사람이 늘어났다. 최근에는 한국인 관광객이 손님의 대부분을 차지한다. 주요 메뉴는 똠얌 라면과 연어 샐러드, 바삭하게 튀겨낸 삼겹살이고, 주류는 팔지 않는다. 똠얌 라면에 들어가는 재료와 사이즈를 선택할 수 있어서 돼지고기, 해산물을 취향껏 넣어 주문할 수 있다. 똠얌 라면의 국물은 시판되는 라면 소스의 맛이어서 태국 음식만의 독특한 맛과 향을 즐기는 사람에게는 조금 아쉽다. 더운 날 오래 기다리고 싶지 않다면 대기표를 나눠주는 시간을 고려해 가거나 라인 앱으로 배달시켜서 맛보자. 여럿이 가는 경우 클룩 사이트에서 예약하고 방문하면 대기 시간을 줄일 수 있다.

113 Rong Muang, Pathum Wan 센트럴 월드에서 2.3km, 차로 8분. 카오산 로드에서 7km, 차로 20분 ฿ 해산물 똠얌 라면 소 300밧, 삼겹살 튀김 100밧, 연어무침 소 300밧 16:00~24:00 ※15:15부터 대기표 발급 064-118-5888 www.facebook.com/RanCeXow 13.742543, 100.522515

02

빠약 보트 누들 Pa Yak Boat Noodle

진하게 우려낸 고기 국물의 맛

전승기념탑 앞 고가도로에서 북동쪽 층계로 내려가면 보트 누들 골목이 나온다. 수상 마을이 발달한 태국에서는 보트를 타고 다니면서 빨리 후루룩 먹을 수 있는 적은 양의 국수를 팔았는데 그 국수가 보트 누들이라는 이름으로 알려졌다. 제일 유명한 보트 누들 집인 빠약 보트 누들은 골목 끄트머리에 있고, 종업원들이 주황색 유니폼을 입고 일한다. 갈색의 걸쭉한 국물이 기본. 한 그릇에 18밧(700원 정도)짜리 국수는 양이 그만큼 적어서 여자들은 한 번에 네다섯 그릇, 남자들은 예닐곱 그릇씩 먹는다. 고기와 면 종류를 선택할 수 있고, 바삭한 식감을 위해 튀김을 얹어 먹기도 한다. 에어컨이 나오는 실내 좌석은 늘 붐빈다.

Ratchawithi 10 Alley, Thanon Phaya Thai BTS 빅토리모뉴먼트(Victory Monument)역 4번 출구에서 500m, 도보 7분. 택시를 타고 '아눗싸와리(전승기념탑)'에서 내린 후 고가도로를 이용해 북쪽 방향으로 이동 후 수로를 보고 내려가면 보트 누들 골목 ฿ 국수 18밧, 튀김 18밧 09:00~21:00 089-921-3378 13.765672, 100.539540

03

프라나콘 누들 레스토랑 Pranakorn Noodle Restaurant

젊은 취향의 깔끔하고 담백한 국숫집

보트 누들 골목의 첫 번째 집으로 점원들이 보라색 유니폼을 입고 있다. 고가도로에서 내려가는 길에 붙어 있어 찾기 쉽다. 빠약 보트 누들의 국물이 마치 종갓집에서 진하게 우려낸 깊은 맛이라면, 이곳의 국물은 담백하다. 깔끔한 맛과 매장 분위기 덕분인지 현지의 젊은이가 많이 찾는다. 국수를 먹고 나면 테이블 위에 놓인 코코넛 디저트로 마무리해보자. 고소하고 달콤한 코코넛 향에 기분이 좋아진다.

Pranakorn Noodle, Ratchawithi Rd, Khwaeng Samsen Nai, Khet Phaya Thai BTS 빅토리모뉴먼트(Victory Monument)역 4번 출구에서 500m, 도보 7분. 택시를 타고 '아눗싸와리(전승기념탑)'에서 내린 후 고가도로를 이용해 북쪽 방향으로 이동 후 수로를 보고 내려가면 보트 누들 골목
฿ 국수 20밧, 튀김 20밧, 큰 그릇 국수 80밧
08:00~21:00 089-841-8558
13.765967, 100.539125

REAL GUIDE

남똑 국물을 즐기는
보트 누들 골목

수로를 따라 보트 누들 가게가 줄지어 서 있다.
테이블에 그릇을 수북하게 쌓아놓은 현지인 사이에서
기죽지 말고 국수를 주문해보자.

이런 국물 맛은 처음이야!

보트 누들 골목에서 파는 국수의 기본 국물은 돼지나 소의 피를 넣어 진하고 텁텁한 남똑 국물(Thicken Soup)이다. 호불호가 강하게 갈리므로 진한 향에 익숙하고 현지인 입맛이라 자부하는 사람에게 추천한다. 맑고 담백한 국물을 파는 집은 거의 없으며 아예 국물이 없는 국수(Dried Noodle with Beef or Pork)나 약간 신맛이 나는 맑은 국물(Sour Soup), 맵고 시큼한 똠얌 국물(Tom Yum Soup), 새콤하고 쿰쿰한 옌타포 국물(Brewed Bean Curd) 중에서 고를 수 있다.

다양한 식감을 경험하는 국수의 면발

보통 굵기의 센렉 면을 주로 먹는다. 취향에 따라 면발이 가느다란 센미, 넓적한 국수인 센야이, 달걀을 넣어 노란색이 나는 바미, 투명한 당면인 운센을 선택할 수 있다. 국수 샘플을 보여주는 가게도 있다.

보트 누들 주문하는 법

국물의 종류와 면을 선택하고 몇 그릇을 시킬지 결정하자. 보트 누들은 대접이 아니라 밥그릇만 한 작은 그릇에 담아준다. 입이 큰 사람은 젓가락질 한 번에 한 그릇을 비울 수 있는 정도로 양이 적다. 아무리 양이 적은 사람도 4~5그릇은 기본, 양이 많은 사람은 10그릇을 뚝딱 비울 정도. 가게에 들어설 때 먼저 국수 양을 가늠한 뒤 먹을 만큼 한 번에 주문한다. 한 그릇의 가격이 18밧으로 700원 정도 하니 부담 없이 시킬 수 있다.

현지인들이 국수에 곁들이는 튀김

바삭한 식감을 원한다면 튀김을 얹어서 먹는다. 튀김은 돼지 껍데기 튀김(깹무, Streaky Pork with Crispy Crackling)과 만두피 튀김(Fried Dumpling) 두 종류다. 면과 함께 바삭한 식감을 즐기거나 국물에 적셔 고소한 맛으로 먹는다. 튀김 역시 한 그릇에 16밧. 테이블 위에 놓인 물이나 얼음을 가득 담은 컵은 모두 유료다.

달콤한 디저트로 마무리

테이블 위 코코넛 디저트는 카놈투어이(Khanom Thuay)라고 한다. 쌀가루와 코코넛 밀크를 섞어서 찐 태국식 디저트인데, 보통 판단을 넣은 초록색 소가 들어 있다. 국수가 아니라 카놈투어이를 먹기 위해 보트 누들 가게에 갈 만큼 달콤하고 고소해 맛있다.

남똑 국물 + 센렉 면

남똑 국물 + 바미 면

남똑 국물 + 센미 면

남똑 국물 + 센야이 면

똠얌 국물 + 센미 면

국물 없는 국수

돼지 껍데기 튀김

만두피 튀김

카놈투어이

04

솜분 시푸드 Som Boon Seafood

뿌팟퐁까리가 먹고 싶을 때

한국인 사이에서 뿌팟퐁까리가 맛있다고 입소문이 난 집이다. 1969년부터 50년이 넘는 세월 동안 시푸드 맛집으로 사랑받았고, 미슐랭 빕구르망에도 몇 번 선정됐다. 도톰한 게의 순살이 푸짐하게 들어간 뿌팟퐁까리는 향신료의 맛이 강하지 않아 누구나 부담 없이 맛보기 좋다. 방콕 곳곳에 분점이 여럿이라 시내에 머문다면 가까운 쇼핑몰에 위치한 곳으로 들러 시원한 몰링을 겸해도 좋다.

388 Rama I Rd, Pathum Wan 시암 스퀘어 원 4층. BTS 시암(Siam)역에서 나와 시암 스퀘어 원으로 올라가는 에스컬레이터를 타면 바로 앞 프라이드 커리 크랩 미트 스몰 700밧, 미디엄 1,140밧, 얌운센 스몰 200밧 11:00~21:00 02-115-1401 www.somboonseafood.com/en 13.744515, 100.534143

05

인터 레스토랑 Inter Restaurant

가성비 좋은 방콕의 김밥천국

외국인이 한국의 김밥천국에 들러 온갖 메뉴를 가성비 좋게 즐기듯이 가볍게 들러 태국 음식을 다양하게 즐길 수 있는 레스토랑이다. 대부분의 메뉴가 100밧을 넘지 않아서 여럿이 가서 푸짐하게 시켜 먹을 수 있고, 가격 대비 맛도 좋다. 가족끼리 놀러나온 현지인도 많다. 주류를 팔지 않기 때문에 테이블 회전이 빨라서 대기가 있어도 금방 입장이 가능하다.

432/1-2 Siam Square 9 Alley, Pathum Wan 시암 스퀘어 원 뒤쪽 골목. BTS 시암(Siam)역에서 200m 도보, 3분 돼지고기 덮밥 68밧, 새우 팟타이 95밧, 오징어 샐러드 105밧 11:00~20:15(주문 마감) 02-251-4689 www.facebook.com/InterRestaurants1981 13.744316, 100.533518

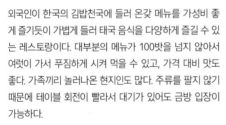

06 WRITER'S PICK

나라 타이 퀴진 Nara Thai Cuisine Central World

우아한 플레이팅, 만족스러운 맛

인테리어부터 소품까지 고급스러움을 지향한다. 간이 센 편이지만 향신료의 향이 강하지 않아 향신료에 민감한 사람의 입맛에도 맞을 듯하다. 쇼핑몰의 푸드코트에 비하면 가격대가 높지만 현지인과 관광객에게 모두 인기 있다. 몰링을 하다 배가 고프면 멀리 나갈 필요 없이 나라 타이 퀴진으로 가자.

센트럴 월드 지점 4 4/1-4/2 Rama I Rd, Khwaeng Pathum Wan, Khet Pathum Wan 센트럴 월드 7층. BTS 시암(Siam)역 5번 출구에서 300m, 도보 4분. BTS 칫롬(Chit Lom)역에서 시암역까지 고가도로로 연결 ฿ 치킨 그린 커리 300밧, 새우 팟타이 295밧 11:00~22:00 02-613-1658 www.naracuisine.com 13.743856, 100.546454

07

잇타이 푸드코트 Eathai Food Court

럭셔리 쇼핑몰에 걸맞은 푸드코트

고급스러운 푸드코트에 동서양 사람의 입맛을 고루 만족시키는 음식점들이 입점했다. 리틀 차이나타운, 스트리트 푸드 같은 다양한 섹션을 마련해 메뉴가 풍성하다. 방콕의 유명 맛집을 모아 맛은 살리고 위생 상태는 더욱 신경 썼다. 덕분에 길거리에서 눈요기만 하던 알록달록한 태국식 디저트와 다양한 요리를 마음껏 골라 먹을 수 있다.

1031 Phloen Chit Rd, Khwaeng Lumphini, Khet Pathum Wan 센트럴 엠버시 지하 1층(LG층). BTS 플런칫(Phloen Chit)역 5번 출구, BTS 칫롬(Chit Lom)역 5번 출구에서 연결 ฿ 닭다리 튀김 65밧, 꼬치와 찰밥 55밧, 족발 덮밥 190밧 10:00~21:30 02-160-5995 www.centralembassy.com/store/eathai 13.743827, 100.546584

08

타이 테이스트 허브 Thai Taste Hub

줄서지 않고 즐기는 유명 맛집

타이 테이스트 허브에는 방콕을 대표하는 길거리 식당 20곳이 모여 있다. 항상 30분 이상 줄서서 기다려야 하는 팁싸마이P.168의 팟타이도, 카무 출라(Kahmoo Chula)의 달콤 짭조름하고 부드러운 태국식 족발 덮밥 카오카무도 모두 이곳에서 기다리지 않고 맛볼 수 있다. 여럿이 다양한 메뉴를 맛보기에도 좋다.

487/1 Rang Nam Alley, Khwaeng Thanon Phaya Thai, Khet Ratchathewi 킹파워 랑남 면세점 3층. BTS 빅토리모뉴먼트(Victory Monument)역 2번 출구에서 500m, 도보 7분. 쑤언 팍깟 박물관에서 400m, 도보 5분 ฿ 팁싸마이 팟타이 169밧, 메이크미 망고 빙수 285밧 10:00~21:00 02-677-8888 13.760026, 100.537913

09

망고 탱고 Mango Tango

이렇게 달콤한 망고는 처음이야

무슨 디저트가 한 끼 밥값보다 비싸냐고 투덜거리다가도 망고 탱고의 망고 맛을 보고 나면 눈물을 머금고 또 한 번 지갑을 열게 된다. 망고 탱고에서는 유난히 부드럽고 깊은 단맛을 자랑하는 태국 망고 종류인 남독마이를 제공한다. 그냥 떠먹는 생망고가 가장 달콤하니 망고 맛에 자부심을 가질 만하다. 연유를 뿌린 찰밥을 망고와 함께 먹는 망고 찰밥도 인기 메뉴. 아시아티크와 터미널 21에도 지점이 있다.

시암 본점 258/8-10 Thanon Rama 1, Khwaeng Pathum Wan, Khet Pathum Wan BTS 시암(Siam)역 2번 출구에서 50m, 도보 1분, 시암스퀘어 옆 골목 ฿ 망고 탱고 230밧, 프레시 망고 230밧, 망고 찰밥 250밧 11:30~22:00 064-461-5956 13.745369, 100.532781

10

애프터 유 디저트 카페 After You Dessert Cafe

배불러도 디저트는 꼭 맛봐야 한다면

달달한 초코시럽과 연유, 버터의 풍미를 더한 메뉴로 순식간에 방콕의 핫플레이스로 등극한 디저트 카페. 식빵 위에 아이스크림과 생크림을 얹어주는 허니 토스트 메뉴들이 입소문을 타며 유명해졌고, 바나나와 초콜릿, 연유를 끼얹은 팬케이크와 퍼먹을 때마다 기분이 좋아지는 소복한 빙수도 인기다. 시암 파라곤, 센트럴 월드 등 웬만한 쇼핑몰에는 다 입점했다.

마분콩 지점 444 Phayathai Rd, Khwaeng Wang Mai, Khet Pathum Wan 마분콩 3층. BTS 내셔널스타디움(National Stadium)역 4번 출구 방향에서 고가도로를 통해 마분콩으로 연결, 도보 3분 ฿ 시부야 허니 토스트 215밧, 바나나 팬케이크 195밧, 타이 티 빙수 275밧 11:00~22:00 02-013-9017
www.afteryoudessertcafe.com
13.745739, 100.530177

11 엠케이 레스토랑 MK Restaurants

태국식 샤부샤부를 즐기자

담백한 국물에 고기와 해산물, 채소를 살짝 데쳐 소스에 찍어 먹는 맛이 일품이다. 어묵과 고기, 새우, 만두, 주꾸미 같은 여러 가지 재료를 이용한 태국식 샤부샤부다. 소스에는 취향껏 다진 마늘과 고추를 섞어 넣는다. 딤섬과 오리고기도 유명하다. 마분콩 외에도 시암 파라곤, 센트럴 월드, 터미널 21 등에 입점했다.

마분콩 지점 444 Phayathai Rd, Khwaeng Wang Mai, Khet Pathum Wan 마분콩 7층. BTS 내셔널스타디움(National Stadium)역 4번 출구 방향에서 고가도로를 통해 마분콩으로 연결, 도보 3분 ฿ 프리미엄 세트 1인분 259밧, 모듬 수키 세트 1인분 219밧 10:00~21:00 083-099-6080 www.mkrestaurant.com 13.745024, 100.529708

12 WRITER'S PICK 쏨땀 누아 SOMTAM nua

매콤 새콤한 파파야샐러드의 참맛

바삭바삭하고 짭조름하게 튀긴 닭고기와 오독오독 산뜻한 쏨땀이 찰떡궁합을 이룬다. 이곳은 쏨땀의 종류가 다양해 골라 먹는 재미가 있다. 망고 찰밥과 곁들이면 한 끼가 든든하고, 맥주와 곁들이면 한나절이 행복하다. 센트럴 월드, 센트럴 엠버시에도 지점이 있다.

392, 12-14 Rama I Rd, Khwaeng Pathum Wan, Khet Pathum Wan BTS 시암(Siam)역에서 110m, 도보 1분. 시암 스퀘어 원에서 100m, 도보 1분 ฿ 닭튀김 작은 사이즈 140밧, 큰 사이즈 180밧, 달걀 쏨땀 100밧, 돼지 목살 구이(Grilled Pork Neck) 155밧 11:00~21:30 080-068-1022 13.744424, 100.534296

13 색소폰 Saxophone

방콕에서 손꼽히는 재즈 바

누구나 망설임 없이 방콕의 3대 재즈 바 가운데 한 곳으로 색소폰을 꼽을 정도로 지난 32년간 명성을 지켜왔다. 라이브 음악을 코앞에서 즐기고 싶다면 2층보다는 1층을, 여럿이 음악을 즐기려면 2층을 예약하는 편이 좋다. 최근 라인업이 꽤 들쭉날쭉하지만 가볍게 한잔하며 공연을 즐기기에는 괜찮은 선택이다.

3, 8 Ratchawithi 11 Alley, Thanon Phaya Thai BTS 빅토리모뉴먼트(Victory Monument)역 4번 출구에서 170m, 도보 2분 ฿ 칵테일 300밧~, 생맥주 170밧 18:00~02:00, 공연 시간 19:30, 21:00, 00:00 02-246-5472 www.saxophonepub.com 13.763673, 100.538125

트렌디하고 패셔너블한
시암 센터 P.210
세계적으로 화려하게 자리매김한 태국의 패션 브랜드가 저마다 개성 뿜뿜.
시암역에서 규모가 가장 큰
시암 파라곤 P.211
해외 유수의 명품 브랜드부터 고급스러운 태국 브랜드까지 갖춘 몰.
파야타이역
BTS
ARL
막까산역
후아창 선착장
빠뚜남 선착장
시암 디스커버리
시암 센터
시암 파라곤
센트럴 월드
내셔널스타디움역
시암역
마분콩
시암 스퀘어 원
센트럴 칫롬
센트럴 엠버시
칫롬역
플런칫역
라차담리역
방콕의 힙플레이스
시암 디스커버리 P.209
세련된 인테리어 속에서 핸드메이드 가죽 제품, 오디오와 카메라까지 둘러보는 기쁨.
동대문의 패션몰 스타일
마분콩 P.208
저렴하게 득템할 수 있는 옷과 신발, 잡화, 시계, 가방이 가득.
방콕의 명동 거리
시암 스퀘어 원 P.212
방콕의 젊은이들이 모여들어 유행하는 팝업 스토어를 즐기는 곳.
대사관 옆 럭셔리 쇼핑몰
센트럴 엠버시 P.214
잇타이 푸드코트는 기본이요, 유명 맛집은 다 입점해 있는 데다 북 카페까지 갖춘 몰.
MRT
살라댕역
실롬역
룸피니역
총논시역

방콕 쇼핑몰 내비게이션

방콕 시내의 쇼핑몰만 돌아보아도
며칠 동안 신나게 눈요기를 할 수 있다.
쇼핑은 기본이요, 맛있는 음식을 먹으며
고메 마켓을 둘러보는 재미가 쏠쏠하다.

MRT 펫차부리역
BTS 나나역
터미널 21
MRT 수쿰윗역
BTS 아쏙역
엠쿼티어
BTS 프롬퐁역
엠포리움
BTS 텅러역
0 250m

방콕 현지인들의 몰링 1순위
센트럴 월드 P.213

백화점만 2개나 입점한 대규모 쇼핑몰에서 쇼핑도 하고 맛집도 가기.

규모는 작지만 고급스러운
센트럴 칫롬 P.214

명품 브랜드의 키즈 라인, 고급스러운 푸드코트인 로프터가 취향 저격.

트렌디한 만큼 북적거리는
터미널 21 P.258

영화관, 푸드코트, 기념품 쇼핑까지 합리적인 가격으로 즐길 수 있는 트렌디한 쇼핑몰.

웬만한 브랜드는 다 갖춘 명품관
엠포리움 P.259

엠쿼티어와 마주 보며 명품관을 특화하고 고급스러운 태국 브랜드도 구비.

고메 마켓으로 유명한
엠쿼티어 P.259

건물 3개가 이어지며 만들어낸 야외 정원에 폭포가 있는 대규모 쇼핑몰.

01

마분콩 MBK

소소한 옷가지와 기념품 쇼핑

마분콩 쇼핑몰에 들어서면 마치 동대문의 쇼핑센터나 용산 전자상가에 있는 듯한 느낌이 든다. 100밧이면 티셔츠 한 장이나 에코백 하나를 살 수 있고 200밧이면 무늬가 예쁜 스카프를 '득템'할 수 있다. 정가제를 표방하지만 여러 개를 사면 흥정도 가능하다. 가격대가 시장처럼 저렴하면서도 에어컨 바람을 쐬며 시원하게 쇼핑할 수 있어 야시장이나 주말시장 대신 이곳을 찾는 이가 많다. 옷 가게, 기념품 숍은 물론 잡화 매장, 약국, 푸드코트도 있다. 엠케이 레스토랑 P.205, 애프터 유 디저트 카페 P.204가 입점해 있다.

444 Phayathai Rd, Khwaeng Wang Mai, Khet Pathum Wan BTS 내셔널스타디움(National Stadium)역 4번 출구 방향에서 고가도로를 통해 마분콩으로 연결, 도보 3분. 방콕 예술문화센터와 시암 디스커버리에서 고가도로로 연결 10:00~22:00 02-853-9000 www.mbk-center.co.th 13.744575, 100.529930

✓ 추천 마분콩에서는 이곳을!

타이 스타일 스튜디오 Thai Style Studio

마분콩에서 가장 독특한 숍은 바로 여기, 사진관이다. 스튜디오 자체는 크지 않지만 태국 전통 의상을 골라 입고 마치 태국의 귀족이라도 된 듯한 사진을 남기는 특별한 경험을 할 수 있다. 홈페이지에서 다양한 의상과 프로모션 가격을 확인할 수 있으며, 예약도 가능하다. 1인 패키지, 2인 패키지 상품 등 옵션이 다양하며 수시로 할인 이벤트가 열린다.

마분콩 3층 C 09호 ฿ 1인 3,200밧(드레스 1벌), 1인 4,200밧(드레스 2벌) 10:00~20:30 02-048-7136 www.thaistylestudio1984.com

02

시암 디스커버리 Siam Discovery

젊고 감각적인 스타일의 쇼핑몰

완벽한 리노베이션으로 새롭게 단장한 시암 디스커버리에 들어서는 순간 감각적인 인테리어에 어느새 마음을 빼앗긴다. 가장 아래층인 G층은 여성 의류와 신발, 액세서리를 판매하고, M층은 남성 의류, 1층은 나이키, 아디다스 같은 스포츠 의류, 2층은 오디오, 카메라, 문구뿐만 아니라 디자이너의 수공예 아이템을 판매한다. 3층은 태국 디자이너가 만든 라이프스타일 제품, 가구와 인테리어 용품, 가드닝 용품이 눈에 띈다. M층과 1층에서 지상철 BTS로 이어지고, 2층에는 시암 센터와 시암 파라곤으로 연결되는 통로가 있다.

194 Phaya Thai Rd, Khwaeng Pathum Wan, Khet Pathum Wan BTS 내셔널스타디움(National Stadium)역 3번과 4번 출구 방향에서 고가도로로 연결. BTS 시암(Siam)역 1번 출구에서 200m, 도보 3분 10:00~22:00 02-658-1000 www.siamdiscovery.co.th 13.746685, 100.531513

추천 시암 디스커버리에서는 이곳을!

로프트 Loft

각종 문구류를 사랑하는 사람이라면, 취향에 꼭 맞는 소품을 발견했을 때 아낌없이 지갑을 여는 사람이라면 로프트에서 발길을 떼기 어렵다. 시암 디스커버리 2층에 넓게 자리한 로프트는 인테리어, 뷰티, 패션, 문구 제품 등을 판매한다. 부담 없는 가격에 최신 유행 제품을 만날 수 있어 저가 전자제품이나 휴대폰 케이스 등을 찾는 사람이 많다. 블링블링한 노트와 펜, 다양한 만화 캐릭터의 스티커, 마스킹테이프도 인기.

시암 디스커버리 2층 ฿ 텀블러 1,280밧, 캐릭터 볼펜 50밧, 스누피 스테이플러 85밧 10:00~22:00 081-987-1287 www.loftbangkok.com

03

시암 센터 Siam Center

트렌디한 방콕의 패션을 만나다

시암역에서 바로 연결되는 시암 센터는 방콕의 패션을 주도하는 신진 디자이너들이 한껏 개성을 뽐낸 숍이 입점해 있다. 시암 센터의 매력은 신진 디자이너의 숍이 밀집된 1층. 그레이하운드, 원더 아나토비, 앱솔루트 시암 스토어, 클로젯, 플라이나우 3 같은 매장을 둘러보면 시간 가는 줄 모르고 눈이 즐겁다. 패션 애비뉴라는 이름의 G층에는 화장품 편집 숍인 세포라, 나스, 시세이도를 비롯해 러쉬, 슈퍼드라이, 언더아머, 빅토리아 시크릿 매장이 들어서 있고, 패션 갤러리아를 표방하는 M층에는 바비브라운, 키엘 등이 있다. 1층에서 시암 파라곤으로 건너갈 수 있다.

979 Rama I Rd, Khwaeng Pathum Wan, Khet Pathum Wan BTS 시암(Siam)역 1번 출구에서 연결. 시암 파라곤에서 연결 10:00~22:00 02-658-1000 www.siamcenter.co.th 13.746282, 100.532733

✔ 추천 시암 센터에서는 이곳을!

그레이하운드 카페 Greyhound Cafe

태국의 패션 브랜드에서 론칭한 카페로 감각적인 패셔니스타의 입맛에 맞춘 힙한 인테리어와 매달 새롭게 나오는 메뉴로 태국의 고급 백화점뿐만 아니라 홍콩에도 진출해 태국 퓨전 요리의 저력을 뽐낸다. 이름은 카페지만 브런치부터 디너까지 아우르는 다양한 태국 요리, 서양식 요리, 아시아 요리를 선보인다. 널찍한 공간에 캐주얼한 분위기의 시암 센터 지점은 쇼핑하다 잠시 들르기에 좋다.

시암 센터 1층 ฿ 생맥주 320밧, 아메리카노 120밧 11:00~22:00 02-658-1129 www.greyhoundcafe.co.th

04

시암 파라곤 Siam Paragon

브랜드의 스펙트럼이 다양한 쇼핑몰

시암역을 둘러싼 쇼핑몰 중에서 가장 규모가 크다. 세련된 감각의 시암 디스커버리, 화려하고 패셔너블한 시암 센터, 젊은이들의 '힙'한 팝업 스토어가 눈에 띄는 시암 스퀘어에 둘러싸인 시암 파라곤은 해외 유수의 명품 브랜드부터 고급스러운 태국 브랜드를 총망라한다. MF층에는 샤넬, 불가리, 발리, 에르메스, 루이 비통 등이 입점해 있고, 짐 톰슨, 젊은 '패피'들이 즐겨 입는 그레이하운드, 슈퍼드라이 같은 캐주얼 브랜드는 물론 자라 홈, H&M 같은 SPA 매장도 눈에 띈다. 5층에는 다양한 직업을 체험하며 아이들과 시간을 보내기 좋은 테마파크인 키자니아 방콕, 지하에는 오션월드 방콕이 있다.

991 Rama I Rd, Khwaeng Pathum Wan, Khet Pathum Wan BTS 시암(Siam)역 3번 출구에서 연결. 시암 센터에서 연결 10:00~22:00 02-690-1000 www.siamparagon.co.th 13.746663, 100.534879

추천 시암 파라곤에서는 이곳을!

플라이나우 III Flynow III

플라이나우는 태국 패션계의 거물로 꼽히는 솜차이 송타와가 2003년에 론칭한 브랜드다. 독특한 마네킹만 봐도 디자이너의 감각을 짐작할 수 있다. 공간 자체가 워낙 화려해 블링블링하고 주렁주렁한 옷들이 과하게 느껴지지 않는다. 대담한 색채와 패턴을 사용한 옷은 '투머치'가 아닌가 하는 걱정의 경계를 아슬아슬하게 비껴가며 지름신을 부른다.

시암 파라곤 1층 ฿ 크롭 티 1,650밧, 지갑 2,950밧
10:00~22:00 02-610-9410

05

시암 스퀘어 원 Siam Square One

젊은 취향의 팝업 스토어가 가득

시암 근처에서 고객의 평균 연령대가 가장 낮은 쇼핑몰이다. 10대, 20대 청소년들이 자주 찾는 트렌디한 보세 옷 가게와 길거리 음식을 판매하는 팝업 스토어, 카페와 맛집이 즐비하다. 최신 유행을 좇는 젊은이, 분위기를 즐기러 나온 여행자가 바글거린다. 시암역에서 연결된 시암 스퀘어 원 건물은 사방이 뚫려 있어 시원한 에어컨 바람을 만끽하기에는 조금 부족하지만 쇼핑몰 1층을 통과해 뒤쪽의 맛집 골목으로 가기에 편리하다. 젊은이들이 많이 찾는 곳이니만큼 송크란 축제 때 카오산 로드와 맞먹는 격렬한 물총놀이가 벌어지기도 한다.

388 Rama I Rd, Khwaeng Pathum Wan, Khet Pathum Wan BTS 시암(Siam)역 4번 출구에서 연결 10:00~22:00 02-255-9994 pmcu.co.th/siam-square-one 13.744915, 100.533911

추천 시암 스퀘어 원에서는 이곳을!

시암 스퀘어 스트리트 마켓 SIAM Square Street Market

저녁이면 시암 스퀘어 원의 옆 골목에 산뜻한 천막이 쳐지고 야시장이 들어선다. 여느 야시장처럼 옷이나 속옷, 액세서리 같은 물품이 주를 이룬다. 판매하는 사람도 사가는 사람도 젊어서 그런지 상점마다 독특하고 개성 있는 물건을 선보인다. 핑크빛 선글라스도, 블링블링한 귀고리도 탐나는 아이템.

시암 스퀘어 원 뒤편으로 나가 건물의 서쪽 모퉁이를 돌면, 시암 스퀘어 소이 5 골목 ฿ 티셔츠 160밧, 수영복 390밧 18:00~22:00 13.744925, 100.533261

06

센트럴 월드 Central World

몰링에 최적화된 대형 쇼핑몰

방콕 사람들에게 주말에 뭐 할 거냐고 물으면 십중팔구는 센트럴 월드에 간다고 말한다. 더운 날씨에 여기저기 돌아다니지 않고 시원한 쇼핑몰 안에서 '몰링'을 한다는 뜻이다. 센트럴 월드에서라면 쇼핑도 하고, 점심도 먹고, 영화도 보고, 장도 보며 알찬 하루를 보낼 수 있다. 1층부터 8층까지 어마어마한 넓이를 자랑하는 센트럴 월드 안에는 지오다노, 자스팔, 자라와 H&M, 탑샵 같은 의류 매장, 카르마 카멧, 탄 같은 아로마 브랜드 매장도 있다. 또한 6층과 7층에는 쏨땀 누아, 솜분 시푸드, 애프터 유 디저트 카페, 딸링쁠링, 나라 타이 퀴진 등 유명한 식당도 입점했고, 아이들을 위한 토이저러스 매장이 6층에, SF월드 시네마가 7층에 있다. 매장이 넓어 북적거림은 덜하지만 그만큼 걷는 거리가 길어지니 쉬엄쉬엄 돌아보도록 하자.

4 4/1-4/2 Rama I Rd, Khwaeng Pathum Wan, Khet Pathum Wan BTS 시암(Siam)역 5번 출구에서 300m, 도보 4분. BTS 칫롬(Chit Lom)역에서 시암역까지 고가도로로 연결. 쌘쌥 운하 빠뚜남(Pratu Nam) 선착장에서 350m, 도보 4분 10:00~22:00 02-640-7000 www.centralworld.co.th 13.746651, 100.539335

추천 센트럴 월드에서는 이곳을!

에이치앤엠 홈 H&M Home

패스트 패션으로 유명한 브랜드인 H&M에서 운영하는 심플하고 정갈한 인테리어 숍. 흑백의 깔끔한 매장 안에는 수건이나 그릇 같은 일상에서 필요한 온갖 생활용품부터 화병이나 테이블보, 그림 액자 같은 인테리어 용품까지 보기 좋게 정리되어 있다. 짜뚜짝 주말 시장에서 발품을 팔기보다 시원한 곳에서 인테리어 용품을 수집하고 싶다면 이곳이 제격. 바로 옆에 H&M 의류 매장이 있으니 슬쩍 함께 둘러보아도 좋다.

센트럴 월드 1층 ฿ 수건 149밧, 티라이트 홀더 499밧, 비누받침 399밧 10:00~22:00 02-030-9777 th.hm.com/th_th

07

센트럴 칫롬 Central Chidlom

고급스러운 백화점, 고급스러운 고메 마켓

에스컬레이터를 타고 오르내리면서 보면 규모가 작은 백화점 같지만, 태국의 백화점 기업인 센트럴(현지인의 발음으로 '센탄') 쇼핑몰 중에서 매출이 높기로 손꼽히는 곳이 바로 센트럴 칫롬이다. 적당한 규모로 동선이 효율적이어서 쇼핑하는 데 부담이 없다. 베이비 디올, 구찌 키즈, 폴 스미스 주니어, 마르니 키즈 등 유아동 명품 브랜드가 눈에 띈다. 1층에 있던 고급 식품관인 로프트는 문을 닫았지만, 7층의 푸드코트인 로프터가 그 명맥을 잇는다. 고급스러우면서도 푸드코트의 가성비를 고수해 방문할 만하다.

1027 Phloen Chit Rd, Khwaeng Lumphini, Khet Pathum Wan BTS 칫롬(Chit Lom)역 5번 출구에서 연결. BTS 플런칫(Phloen Chit)역 5번 출구에서 센트럴 엠버시를 통해 연결
10:00~22:00 02-793-7777 www.central.co.th
13.744619, 100.544493

08 WRITER'S PICK

센트럴 엠버시 Central Embassy

우아하고 기품 있는 몰링

시암역 근처 쇼핑몰들이 젊고 활기찬 분위기라면 센트럴 엠버시와 센트럴 칫롬은 격조 높은 기품이 느껴진다. 여유롭게 몰링을 하고 싶다면 센트럴 엠버시로 가자. 톰 포드, 크리스찬 루부탱, 구찌, 폴 스미스, 발렌시아가, 자라 같은 매장을 구경해도 좋고, 6층의 아트타워와 북타워에서 책을 보고 카페 놀이를 하는 재미도 쏠쏠하다. LG층에 위치한 깔끔하고 고급스러운 잇타이 푸드코트 P.203에서는 식사를 해도 좋고 푸드코트 옆의 잇타이 딸랏에서 신선한 먹거리를 사도 좋다. 5층에는 솜분 시푸드, 오드리 카페, 시월라이 시티 클럽 같은 유명한 레스토랑이 모여 있어 여유롭게 식사할 수 있다. 6층에서 파크 하얏트 방콕 호텔로 가는 엘리베이터를 탈 수 있다.

1031 Phloen Chit Rd, Pathum Wan, Khet Pathum Wan BTS 플런칫(Phloen Chit)역 5번 출구에서 고가로 연결. 센트럴 엠버시 2층에서 센트럴 칫롬의 2층과 연결 10:00~22:00 02-119-7777
www.centralembassy.com 13.743808, 100.546581

09 킹파워 랑남 면세점 King Power Rangnam

방콕을 대표하는 시내 면세점

킹파워는 태국에서 가장 큰 면세점 브랜드다. 수완나품 공항, 치앙마이 공항 등 태국의 국제공항은 물론 킹파워 랑남, 킹파워 마하나콘 등 방콕 시내에서도 규모가 큰 면세점을 운영 중이다. 킹파워 랑남 면세점에는 태국의 전통 공예품, 태국의 대표 브랜드뿐만 아니라 보테가 베네타, 발리, 알렉산더 맥퀸, 구찌, 페라가모, 프라다 같은 브랜드가 입점해 있고, 2층에는 디올, 에스티 로더, 샤넬, 랑콤, 설화수 같은 화장품 브랜드가 위치한다. 3층에 푸드코트인 타이 테이스트 허브 P.203가 있어 쇼핑과 식사를 겸하기에 편리하다.

8 Rang Nam Alley, Khwaeng Thanon Phaya Thai, Khet Ratchathewi BTS 빅토리모뉴먼트(Victory Monument)역 2번 출구에서 290m, 도보 3분. 쑤언 팍깟 박물관에서 600m, 도보 7분 10:00~21:00 02-677-8888 www.kingpower.com 13.759807, 100.537997

10 짐 톰슨 Jim Thompson

화려한 패턴이 멋스러운 실크

태국 실크의 멋스러움을 느껴보자. 의류와 가방은 물론 넥타이, 플레이스 매트를 비롯한 다이닝 용품과 쿠션 커버, 침대 커버 같은 홈데코 용품까지 고급스러운 실크 제품이 가득하다. 립스틱 케이스나 안경집 등 소품도 갖췄다. 실크의 패턴이 동양적이고 이국적인 데다 색이 화려하면서도 매치하기 쉬워 구매욕을 자극한다. 가격대가 있지만 실크의 질을 생각하면 납득이 간다. 센트럴 엠버시, 킹파워 랑남 면세점, 공항 면세점에서도 만날 수 있다.

센트럴 월드 1층. 4 4/1-4/2 Rama I Rd, Khwaeng Pathum Wan, Khet Pathum Wan BTS 시암(Siam)역 5번 출구에서 300m, 도보 4분. BTS 칫롬(Chit Lom)역에서 시암역까지 고가도로로 연결. 쌘쌥 운하 빠뚜남(Pratu Nam) 선착장에서 350m, 도보 4분 ฿ 호보백 7,500밧, 스카프 4,750밧 10:00~22:00 02-613-4153 www.jimthompson.com 13.747945, 100.534759

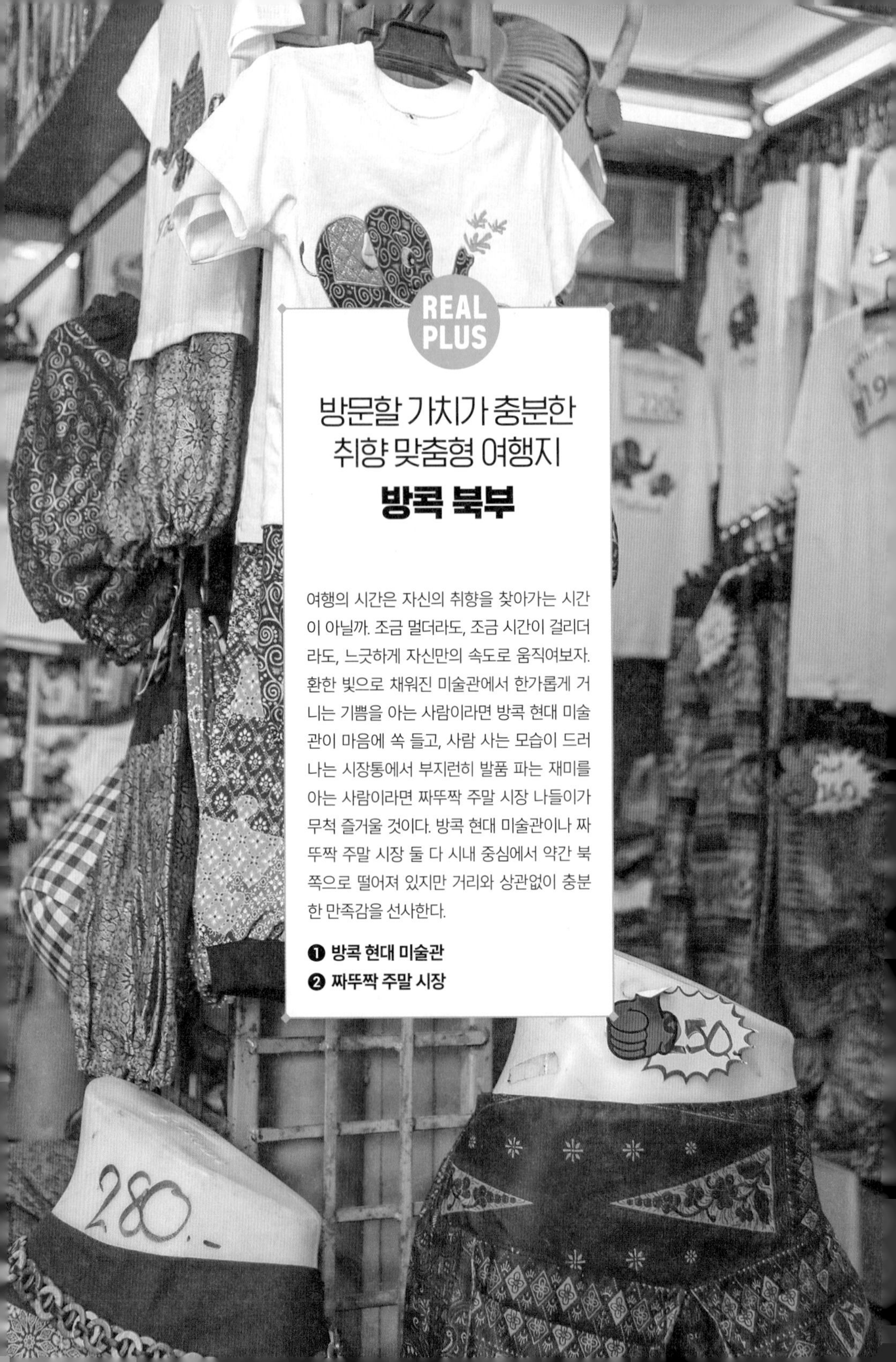

REAL PLUS

방문할 가치가 충분한 취향 맞춤형 여행지
방콕 북부

여행의 시간은 자신의 취향을 찾아가는 시간이 아닐까. 조금 멀더라도, 조금 시간이 걸리더라도, 느긋하게 자신만의 속도로 움직여보자. 환한 빛으로 채워진 미술관에서 한가롭게 거니는 기쁨을 아는 사람이라면 방콕 현대 미술관이 마음에 쏙 들고, 사람 사는 모습이 드러나는 시장통에서 부지런히 발품 파는 재미를 아는 사람이라면 짜뚜짝 주말 시장 나들이가 무척 즐거울 것이다. 방콕 현대 미술관이나 짜뚜짝 주말 시장 둘 다 시내 중심에서 약간 북쪽으로 떨어져 있지만 거리와 상관없이 충분한 만족감을 선사한다.

❶ 방콕 현대 미술관
❷ 짜뚜짝 주말 시장

방콕 북부 **상세 지도**

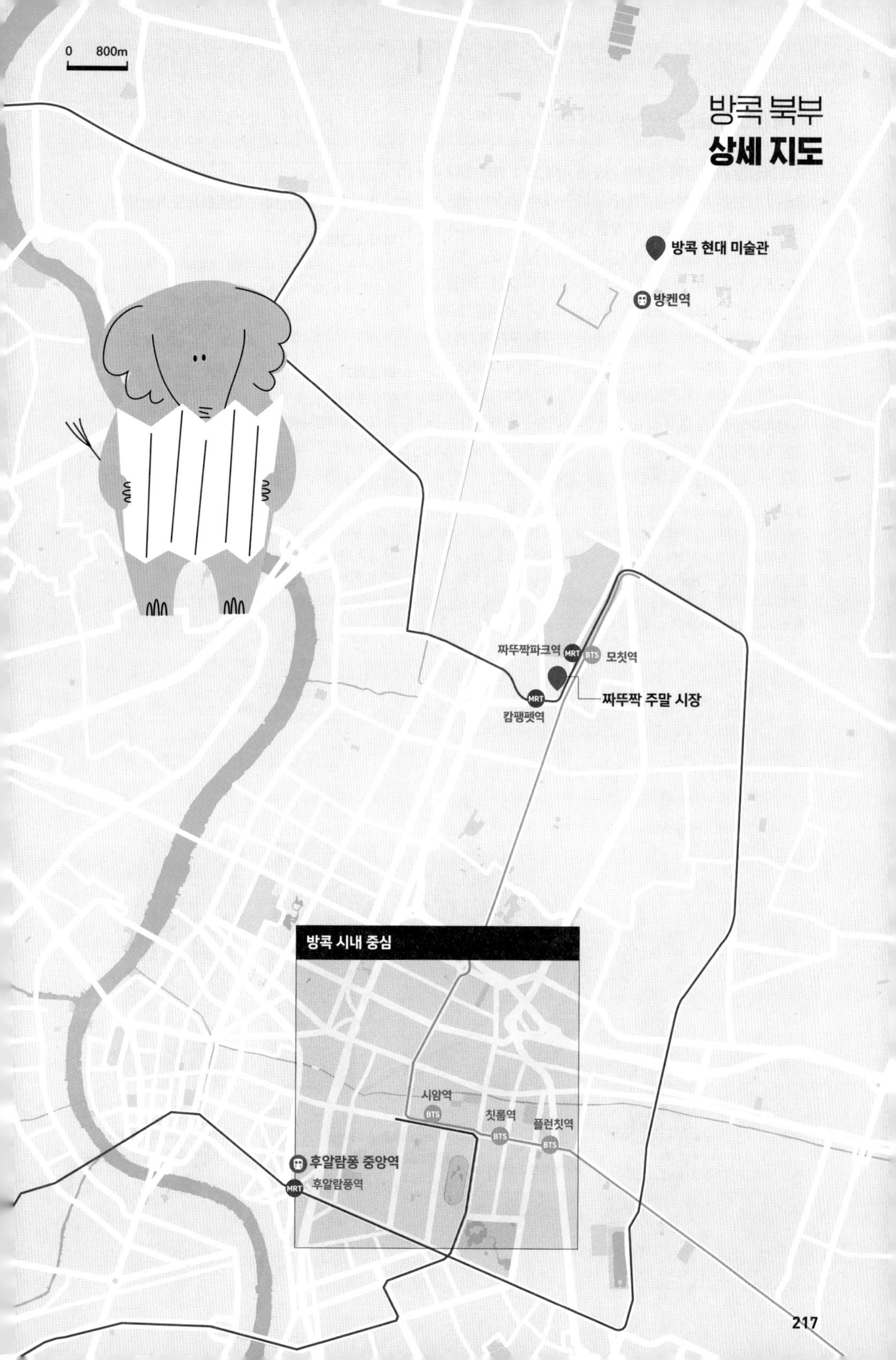
0 800m
방콕 현대 미술관
방켄역
짜뚜짝파크역
MRT
BTS
모칫역
짜뚜짝 주말 시장
MRT
캄팽펫역
방콕 시내 중심
시암역
BTS
칫롬역
BTS
플런칫역
BTS
후알람퐁 중앙역
MRT
후알람퐁역

방콕 현대 미술관 Museum of Contemporary Art, MOCA

희고 웅장한 건물 앞에 커다란 연꽃이 피어 있다. 방콕 현대 미술관의 상징이다. 햇살이 환하게 비추는 실내로 들어서면 우스꽝스러운 살바도르 달리가 붓을 들고 맞아준다. 달리와 함께 인증 사진을 찍고 관람을 시작해보자. 시내와 조금 떨어져서 그런지 관람객이 적어 1층부터 5층까지 한적하게 그림을 감상할 수 있다. 대부분이 태국인의 생활 속 깊이 스며든 불교에 대해 현대적인 해석을 가미한 작품이다. 전통 문화에 대한 현대적인 해석, 불심이 녹아든 초현실주의 작품이 독특하다. 4층에는 천국과 지옥, 인간계를 상징하는 거대한 벽화(The Three Kingdoms)가 3점 걸려 있다. 방콕 현대 미술관을 대표하는 근사한 작품이다. 넓은 전시장 곳곳에 관람을 돕는 의자가 놓여 있다. 버섯이 자라난 의자에서 예술적 감각을 엿본다.

499 Kamphaeng Phet 6 Rd, Khet Chatuchak BTS 모칫(Mo Chit)역이나 MRT 짜뚜짝파크(Chatuchak Park)역에서 9km, 택시로 15분. 카오산 로드에서 16km, 택시로 30분(택시 요금 약 220밧)
฿ 입장료 280밧, 학생증 소지자 120밧, 13세 이하·60세 이상 무료
10:00~18:00, 월요일 휴관 02-016-5666
www.mocabangkok.com 13.851927, 100.562579

TIP

방콕 현대 미술관을 스마트하게 오가는 방법

택시나 그랩 타기

카오산 로드나 시암에서 그랩을 이용하거나 택시를 타면 편도 요금이 200밧 정도 나온다. 왕복 400밧이 넘는 교통비가 부담스럽다면 MRT 짜뚜짝파크역이나 BTS 모칫역에 내려 택시나 그랩을 이용하면 편도 요금 100밧 이내.

버스 타기

BTS 모칫역 3번 출구 앞에서 29번이나 134번 버스를 타고 태국 평화원자력청(Office of Atoms for Peace) 정류장에서 내린 후 미술관까지 300m, 4분 정도 걸어야 한다.

기차 타기

미술관과 가장 가까운 방켄(Bang Khen)역은 기차역이다. MRT 후아람퐁(Hua Lamphong)역에서 연결된 후아람퐁 중앙역(Hua Lamphong Railway Station)으로 이동한 후 기차표(3밧)를 사면 30분 만에 방켄역에 도착한다. 단, 낡은 기차라 에어컨이 나오지 않는다.

REAL GUIDE

태국 현대 미술의 지평을 넓히는 **방콕 현대 미술관 산책**

방콕 현대 미술관은 시내에서 멀리 떨어져 있어서인지 전시관의 규모나 작품 수에 비해 관람객이 적어 한가롭게 둘러보기 좋다. 반나절 정도 시간을 내서 여유롭게 다녀오자.

TIP
미술관을 나와 어디로 갈까?

주말이라면 방콕 현대 미술관에서 나와 짜뚜짝 주말 시장을 둘러보자. 쇼핑할 품목이 많지 않다면 날이 더워지기 전에 오전 일찍 짜뚜짝 주말 시장을 둘러보고 점심을 먹은 뒤 방콕 현대 미술관으로 향하는 편이 나은 선택. 미술관을 먼저 방문하고 짜뚜짝 주말 시장을 둘러본 후 전승기념탑(아눗싸와리)으로 이동해도 괜찮다. 보트 누들 골목P.200에서 배불리 국수를 먹은 다음 어두워지면 근처의 색소폰P.205 재즈 바에 들러 음악을 들으며 알찬 하루를 마무리하자.

기념품 숍과 카페가 있는
G층
달리와 인사하고 입구로 들어가 5층까지 관람을 마친 후 기념품 숍과 카페에 들러보자.

태국 현대 미술의 현주소
2층
현대를 살아가는 태국인들의 다양한 생각과 생활양식을 반영하는 작품들을 전시한다.

태국인의 환상을 녹여낸
3층
태국 문학작품 속 주인공인 핌피랄라이의 집이라든가 힌두교의 영향을 받은 불교의 이미지를 환상적으로 재현했다.

놀라운 영감을 주는
4층
깜깜한 우주 공간을 지나 천국과 지옥을 들여다보고, 붉은 벽에 걸린 강렬한 회화 작품을 만나는 경험이 아찔하다.

국제적인 예술가들의 작품들
5층
미국, 중국, 일본, 러시아 등 여러 나라 예술가의 작품을 전시한다.

짜뚜짝 주말 시장 Chatuchak Weekend Market

짜뚜짝 주말 시장은 마치 한국의 남대문 시장을 뻥튀기해서 방콕에 옮겨놓은 것 같다. 물론 "골라, 골라!" 하며 시끌벅적한 기운을 뿜어내는 호객 행위는 없지만, 파는 물건의 종류가 워낙 다양하다. 세상에서 가장 큰 주말 시장이라는 명성답게 4만 평의 부지에 1만 5천 개의 상점이 들어섰다. 주말이면 관광객과 현지인을 포함해 하루에 30만 명 이상 나들이를 나온다. 평일에도 문을 여는 상점들이 있지만 주말에만 여는 상점이 더 많다. 짜뚜짝 주말 시장은 27개 구역으로 나뉘어 인테리어 소품, 의류, 액세서리, 도자기 제품, 골동품, 꽃, 그릇을 판다. 가만히 두어도 향기가 좋아 쓰기에는 아까울 것 같은 망고비누나 코코넛비누도 선물용으로 인기다. 쇼핑을 하다 지치면 발 마사지를 받거나 에어컨이 나오는 시원한 카페에서 아이스커피를 마시는 것도 괜찮다.

587/10 Kamphaeng Phet 2 Rd, Khwaeng Chatuchak, Khet Chatuchak BTS 모칫(Mo Chit)역 1번 출구 혹은 MRT 짜뚜짝파크(Chatuchak Park)역 1번 출구에서 300m, 도보 4분. MRT 캄팽펫(Khampaeng Phet)역 2번 출구에서 바로 ฿ 망고비누 3개 100밧, 반팔 티셔츠 100밧 수·목요일 07:00~18:00, 금요일 18:00~24:00, 토·일요일 09:00~18:00, 월·화요일 휴무 www.chatuchakmarket.org 13.798989, 100.550228

TIP

짜뚜짝 주말 시장 여행 팁

짜뚜짝 주말 시장은 워낙 규모가 커 아무리 방향 감각이 좋아도 헷갈리기 쉽다. 시장 한가운데 우뚝 서 있는 시계탑을 기준으로 삼으면 이동이 편리하다. 돌아다니면 덥고 지치니 오전 일찍 방문하길 권한다. 금요일에는 도매시장만 열리므로 다량의 물건을 사고 싶다면 금요일에 방문해보자.

REAL GUIDE

짜뚜짝 주말 시장에서 쇼핑 잘하는 방법

넓은 부지에 많은 상점이 자리 잡은 짜뚜짝 주말 시장에서 지치지 않고 쇼핑에 성공하는 방법을 공개한다.

짜뚜짝 주말 시장 안내도

1 책 2~4 가드닝, 잡화 5~6 빈티지 의류 & 신발 7 아트, 페인팅 8 조각품, 스파, 인센스 9~11 수공예품, 조화

12 14 21~24 의류, 액세서리, 신발 13 엽서, 기념품, 애완동물 용품 15 19~20 식기, 도자기, 인테리어 용품

16~18 의류, 등산 장비, 가죽 제품 25 도자기, 실크 26 앤티크, 인테리어 용품, 실크, 액자 27~28 수공예품, 책, 기타 잡화

❶ 짜뚜짝 주말 시장에는 없는 게 없다. 진짜다. 만약 찾는 물건이 보이지 않는다면 없는 게 아니라 못 찾는 게 분명하다. 그러니 정말 마음에 쏙 드는 물건을 발견했다면, 심지어 '희귀템'이라고 판단된다면 흥정을 해서라도 그 자리에서 사자. 다음에는 그 가게가 어딘지 찾지 못할 확률이 반, 넓은 시장을 돌아다니다 지쳐서 돌아오지 못할 확률이 반이다.

❷ 짜뚜짝 주말 시장은 도매 시장을 겸하기 때문에 한 가지 물건을 대량으로 가지고 있는 가게가 많다. 선물용 기념품을 구매할 계획이라면 한 가게에서 여러 개를 사며 흥정하자. 여행자는 주로 동전 지갑, 파우치, 비누, 원피스, 티셔츠, 액세서리, 디퓨저, 코끼리 바지를 구입한다. 아이들에게는 툭툭 장난감, 에메랄드 부처 모형, 캐릭터 시계가 인기다.

❸ 도매 시장을 겸하지만 숨어 있는 보석 같은 가게도 많다. 세련된 디자인의 옷, 직접 만든 액세서리 등 구석구석에 에어컨을 틀어 놓은 가게를 유심히 살펴보자. 물론 에어컨을 틀어놓는 가게는 가격이 높은 편.

❹ 짜뚜짝 주말 시장의 메인 도로로 다니면 길을 잃을 염려는 없지만 해가 너무 뜨거워서 걷기 힘들다. 그늘진 천막 안으로 적당히 드나들며 구석구석에 숨어 있는 아이템을 찾아보자. 천막 안이 미로 같아서 방향 감각이 사라지면 다시 메인 도로로 나가 자신의 위치를 확인한다.

❺ 시장 입구에서부터 다양한 먹거리가 등장한다. 코코넛 아이스크림, 토스트, 오렌지 주스, 커피 같은 간식거리도 많고, 천막 안쪽으로 국수와 밥을 파는 식당도 많다. 주인아저씨의 흥겨운 퍼포먼스에 놀라고, 거대한 파에야에 더 놀라는 맛집, 비바 에잇 파에야(Viva 8 Paella)는 늘 붐빈다.

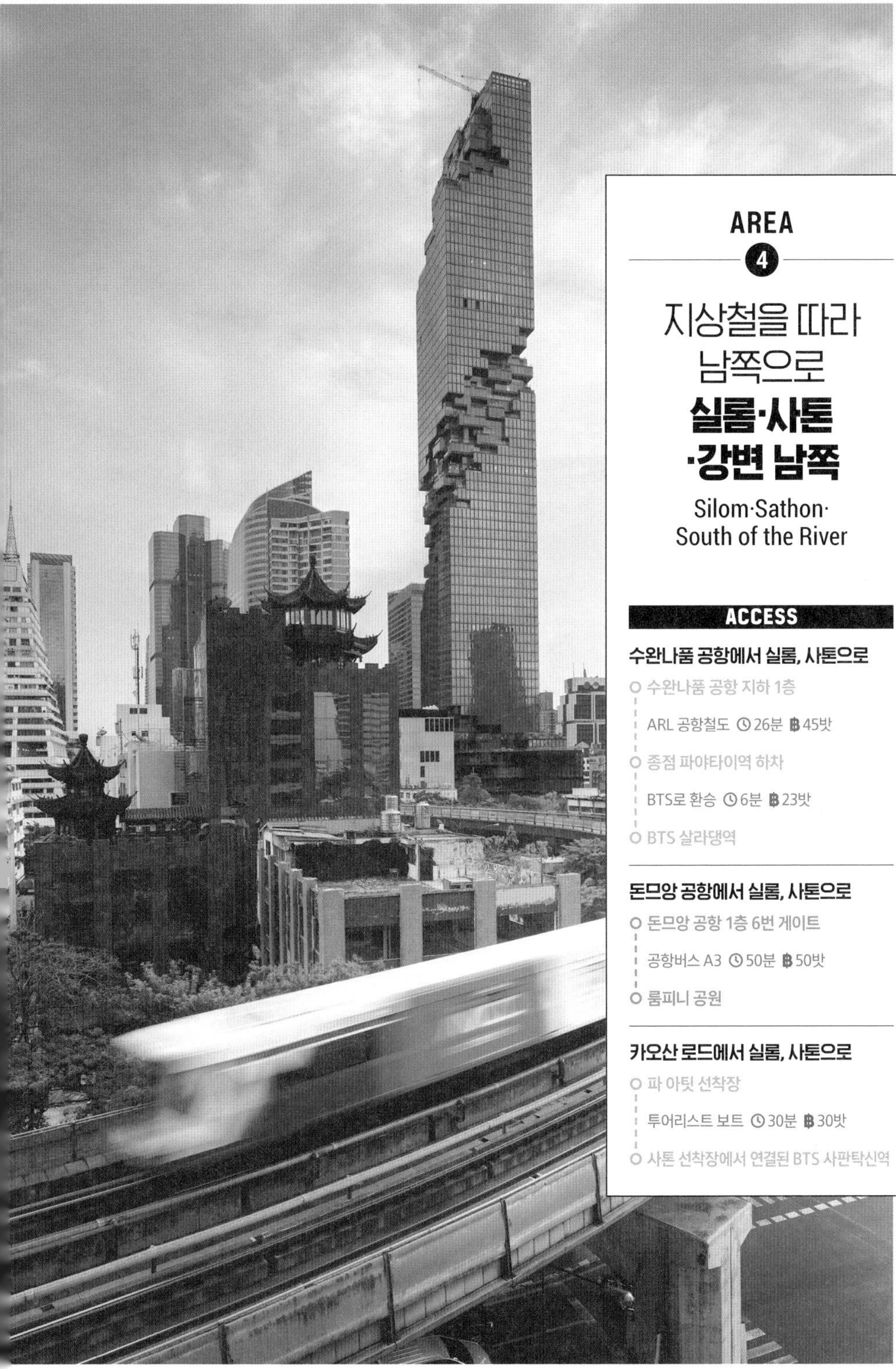

AREA 4

지상철을 따라 남쪽으로 실롬·사톤 ·강변 남쪽

Silom·Sathon·
South of the River

ACCESS

수완나품 공항에서 실롬, 사톤으로

- 수완나품 공항 지하 1층
- ARL 공항철도 26분 ฿45밧
- 종점 파야타이역 하차
- BTS로 환승 6분 ฿23밧
- BTS 살라댕역

돈므앙 공항에서 실롬, 사톤으로

- 돈므앙 공항 1층 6번 게이트
- 공항버스 A3 50분 ฿50밧
- 룸피니 공원

카오산 로드에서 실롬, 사톤으로

- 파 아팃 선착장
- 투어리스트 보트 30분 ฿30밧
- 사톤 선착장에서 연결된 BTS 사판탁신역

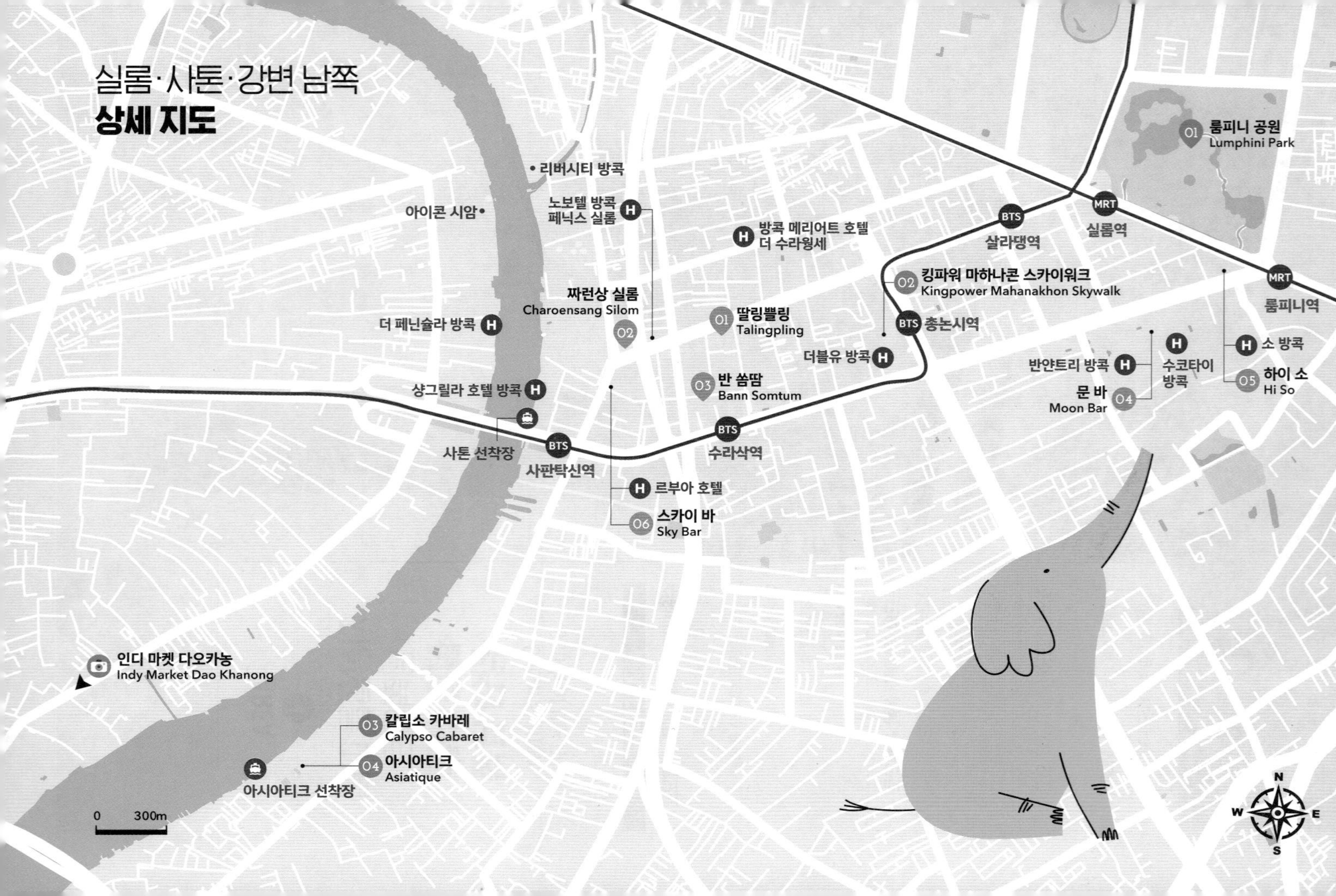

실롬·사톤·강변 남쪽
상세 지도
리버시티 방콕
아이콘 시암
노보텔 방콕 페닉스 실롬
방콕 메리어트 호텔 더 수라웡세
짜런상 실롬
Charoensang Silom
02
더 페닌슐라 방콕
01 딸링쁠링
Talingpling
더블유 방콕
03 반 쏨땀
Bann Somtum
샹그릴라 호텔 방콕
사톤 선착장
BTS
사판탁신역
수라삭역
르부아 호텔
06 스카이 바
Sky Bar
02 킹파워 마하나콘 스카이워크
Kingpower Mahanakhon Skywalk
총논시역
살라댕역
MRT
실롬역
룸피니역
01 룸피니 공원
Lumphini Park
반얀트리 방콕
수코타이 방콕
문 바
Moon Bar
04
소 방콕
05 하이 소
Hi So
인디 마켓 다오카농
Indy Market Dao Khanong
03 칼립소 카바레
Calypso Cabaret
04 아시아티크
Asiatique
아시아티크 선착장
0
300m
N
W
E
S

01

룸피니 공원 Lumphini Park

도심 속 오아시스

방콕 시내 한복판에 초록이 가득한 공원이 있다. 부처가 태어난 곳인 네팔의 룸비니(Lumbini)에서 이름을 따 공원 이름을 룸피니라고 짓고, 사유지를 개방해 공원으로 조성해준 라마 6세를 기념하며 공원 입구에 라마 6세의 동상을 세웠다. 넓은 공원 곳곳에 작은 분수와 운동기구들이 마련되어 있고, 아이들이 좋아하는 놀이터와 농구장뿐만 아니라 작은 공공도서관도 있다. 실내 피트니스 센터와 실외 수영장도 갖췄다. 아침저녁으로 함께 모여 무에타이 연습이나 에어로빅을 하는 현지인, 운동을 하러 오는 여행자, 공원 둘레를 휘감은 2.5km에 달하는 산책길에서 조깅하는 사람을 볼 수 있다. 공원 한복판의 인공 호수에서는 연인들이 오리배를 타며, 호숫가에 종종 작은 악어만 한 크기의 물왕도마뱀이 나타나기도 한다.

192 Witthayu Rd, Khwaeng Lumphini, Khet Pathum Wan MRT 실롬(Silom)역 1번 출구와 연결. MRT 룸피니(Lumphini)역 3번 출구에서 길 건너편 04:30~22:00
02-252-7006 13.731264, 100.541454

02 WRITER'S PICK

킹파워 마하나콘 스카이워크 Kingpower Mahanakhon Skywalk

태국에서 가장 높은 360도 전망대

블록을 조립하다 몇 조각 떨어뜨렸나 싶은 건물이 바로 킹파워 마하나콘 빌딩이다. 이 빌딩에는 마하나콘 스카이워크가 있다. 314m 높이로 태국에서 가장 높은 전망대인데, 뻥 뚫린 하늘 아래서 360도를 모두 조망할 수 있어 매력적이다. 심장이 쫄깃해지는 기분을 추스르며 78층 높이의 유리 바닥 위에 서면 방콕의 높은 건물이 모두 발아래 납작하게 엎드린다. 매력적인 전망대지만 낮에는 강렬한 햇살 때문에 무척 더우니 이왕이면 해질 무렵에 가는 편이 좋다. 74층에는 실내 전망대, 75층에는 78층으로 올라가는 엘리베이터, 76층에는 루프톱 바가 있다. 날씨가 심각하게 좋지 않을 때는 78층을 제외하고 실내 전망대만 운영하며, 날씨로 인한 환불은 해주지 않는다. 입장료가 비싼 편이니 홈페이지나 여행사에서 프로모션을 찾아보고 저렴한 가격으로 입장권을 구매해 보자.

114 Naradhiwat Rajanagarindra Rd, Khwaeng Silom, Khet Bang Rak BTS 총논시(Chong Nonsi)역 3번 출구에서 고가도로를 따라 내려와 50m, 도보 1분 ฿ **10:00~15:30** 성인 880밧, 3~12세·60세 이상 350밧, **16:00~19:00** 성인 1,080밧, 3~12세·60세 이상 350밧 스카이워크 10:00~19:00, 레스토랑 10:00~23:00 02-677-8721 www.kingpowermahanakhon.co.th 13.723386, 100.528270

TIP

마하나콘 스카이워크 이용 팁

스카이 트레이라고 불리는 유리 위에 올라서려면 짐을 맡기고 덧신을 신어야 한다. 안전을 위해 카메라, 스마트폰 등을 들고 올라설 수 없어 셀카가 불가능하니 올라서기 전에 다른 사람에게 사진을 부탁하자. 입장할 때 신분증(여권)을 검사하니 꼭 챙겨 가자. 건물 내 레스토랑은 드레스 코드가 있으니 식사를 할 생각이라면 단정한 '스마트 캐주얼'을 권한다.

03 WRITER'S PICK

칼립소 카바레 Calypso Cabaret

트랜스젠더의 화려한 춤과 노래

붉은색으로 단장한 공연장에 들어서는 순간부터 흥분이 고조된다. 신나는 음악에 맞추어 춤추고 노래하는 흥겨운 공연을 관람하다 보면 절로 어깨가 들썩인다. 엘비스 프레슬리와 리한나의 립싱크, 구슬픈 아리랑에 맞춘 부채춤이 때론 유머러스하게, 때론 진지하게 이어지는 동안 예쁜 트랜스젠더들의 매력에 흠뻑 빠진다. 어린이도 관람이 가능한 공연이다. 입장권에 음료가 1잔 포함되어 있다. 홈페이지에서 25% 할인가로 입장권을 판매한다.

2194 Charoen Krung Rd, Khwaeng Wat Phraya Krai, Khet Bang Kho Laem 아시아티크 내 웨어하우스 3번 건물의 칼립소 쇼 공연장. BTS 사판탁신(Saphan Taksin)역에서 연결된 사톤 선착장에서 무료 셔틀 보트를 타고 아시아티크 선착장에 내린 후 강 반대편으로 270m, 도보 3분. 투어리스트 보트를 타고 아시아티크 선착장에 내린 후 강 반대편으로 270m, 도보 3분 ฿ 공연 900밧, 공연&디너 1,400밧, 공연&디너 크루즈 1,500밧 공연 1회 19:45~20:45, 2회 21:45~22:45 02-688-1415 www.calypsocabaret.com 13.703990, 100.503697

04 WRITER'S PICK

아시아티크 Asiatique

강변을 밝히는 화려한 나이트 바자

룸피니 공원에서 열리던 야시장을 강변으로 옮겨놓은 곳이 아시아티크다. 1,500개가 넘는 상점, 40개가 넘는 레스토랑이 거대한 창고 건물 안에 모여 있다. 시장이라기보단 거대한 아웃렛이자 문화 공간에 가깝다. 창고처럼 생긴 둥근 지붕 아래 잘 정돈된 상점, 에어컨이 나오는 쾌적한 화장실, 깔끔한 카페와 레스토랑이 밀집해 있다. 태국의 시장에서 흔히 보는 품목이지만 상점 사이 공간이 넓고 쾌적한 데다 정가제를 도입한 곳이 많아 기념품을 쇼핑하기에 편리하다. 디자인이 예쁜 옷, 가방, 신발, 코코넛 오일, 망고비누, 실크 스카프, 향초 등 태국 느낌 물씬 나는 기념품을 골라보자. 가격이 적혀 있지만 흥정도 가능하다. 해 질 무렵 강변에서 보라색으로 물드는 차오프라야강의 정취도 즐겨보자. 강변 뷰 레스토랑은 가격대가 꽤 높은 편이나 건물 안쪽으로 들어가면 푸드코트 구역이 있다.

📍 2194 Charoen Krung Rd, Khwaeng Wat Phraya Krai, Khet Bang Kho Laem 🚶 아시아티크 선착장에서 연결. BTS 사판탁신(Saphan Taksin)역에서 연결된 사톤 선착장에서 무료 셔틀 보트를 타고 아시아티크 선착장 하차. 투어리스트 보트를 타고 아시아티크 선착장에서 하차
🕒 11:00~24:00 📞 092-246-0812
🏠 www.asiatiquethailand.com
📍 13.704720, 100.502640

REAL GUIDE

아시아티크를 가장 멋지게 즐기는 방법

강변의 정취를 느끼려면

아시아티크 스카이 Asiatique Sky

강변의 야시장에 딱 어울리는 대관람차가 아시아티크에 있다. 해가 지기 전에는 차오프라야강을 따라 펼쳐지는 방콕의 스카이라인을 감상하기 좋고, 어두워지면 반짝이는 방콕의 야경을 감상할 수 있다. 관람차 내부에 에어컨이 있어 바깥보다 시원하다. 사람이 많고 적음에 따라 승하차 시간이 탄력적이다. 대관람차 아래쪽에 아이들이 좋아할 만한 회전목마나 귀신의 집이 있어 가족 여행자의 발걸음을 붙잡는다.

฿ 어른 500밧, 키 120cm 이하 어린이 200밧, 60세 이상 300밧, 장애인 250밧, VIP 캐빈(1~5인) 5,000밧 ⏰ 16:00~24:00 ☎ 02-108-4488 🏠 www.asiatique-sky.com

TIP

아시아티크를 오갈 때 유용한 팁

❶ **시내 중심에서 아시아티크로 가려면** BTS를 타고 사판탁신역에 내려 사톤 선착장으로 걸어간다. 대부분의 사람이 사톤 선착장으로 이동해 초행길이라도 찾기 어렵지 않다. 사톤 선착장에서 아시아티크로 가는 무료 셔틀 보트(16:00~23:30)가 15분에 1대꼴로 운행한다.

❷ **카오산이나 왕궁 쪽에서 아시아티크로 가려면** 주황 깃발 보트(16밧)를 타고 사톤 선착장에 내려서 아시아티크로 가는 무료 셔틀 보트로 갈아타거나, 투어리스트 보트(편도 30밧)를 타고 아시아티크 선착장에서 내린다.

❸ **아시아티크에서 시내 중심으로 돌아가려면** 무료 셔틀 보트(마지막 배 23:10)를 타고 사톤 선착장으로 건너가 연결된 사판탁신역에서 BTS를 탄다.

❹ **아시아티크에서 카오산으로 가려면** 사톤 선착장에서 파아팃 선착장까지 올라가는 보트는 20:30까지 운행한다. 이 시간 이후에는 택시를 이용한다.

❺ **아시아티크에서 택시를 타려면** 아시아티크 선착장의 주차장 쪽 택시 승강장을 이용한다. 승차 거부와 바가지요금을 피하려면 서비스 차지 20밧을 내고 줄을 서서 타는 편이 좋다. 목적지를 말하고 비용을 지불하면 목적지와 택시 번호를 쓴 종이를 주고 미터 택시를 잡아준다. 종이는 꼭 내릴 때까지 보관한다.

01

딸링쁠링 Talingpling

모던한 분위기에서 즐기는 태국 음식

풍미가 뛰어난 태국의 전통 음식을 선보이는 곳. 영국에서 호텔 산업과 요리를 공부한 주인은 유럽과 태국의 주요 호텔에서 일한 경험을 살려 1992년에 딸링쁠링을 오픈했다. 태국의 맛있는 전통 음식을 태국의 젊은이들에게 전하고 싶어 태국 요리 본연의 맛을 살리는 데 중점을 두고 신선한 유기농 채소와 허브를 사용한다. 음식마다 꽃으로 장식해 맛과 분위기를 모두 살린다. 팟타이, 얌운센, 똠얌꿍처럼 잘 알려진 음식이나 판단 잎으로 싼 닭고기 요리에 수박 주스인 땡모반 같은 과일 주스를 곁들여보자. 한국인의 입맛에도 무난하다.

653 Bld. 7,Bann Silom Arcade,, Bang Rak, Khet Bang Rak BTS 수라삭(Surasak)역 3번 출구에서 650m, 도보 8분. 르부아 호텔에서 550m, 도보 7분 ฿ 얌운센 205밧, 타마린드 소스 치킨 190밧, 버터플라이피 주스 110밧 10:30~22:00 02-236-4829 www.talingpling.com 13.723262, 100.521197

02 WRITER'S PICK

짜런상 실롬 Charoensang Silom

태국식 족발 카오카무 맛집

태국식 족발인 카오카무 맛집이다. 달콤한 간장 양념으로 푹 고아낸 족발은 짭쪼롬하면서도 달콤해 한국인 입맛에 딱 맞다. 우리나라 족발처럼 쫄깃하지 않고, 뼈에서 살을 발라내면 완전히 흐물거릴 정도로 부드럽다. 팔팔 끓이던 카오카무를 주문 즉시 가져다주어 따끈하게 먹을 수 있다. 가장 큰 사이즈는 2~3명이 먹기에 적당하고, 배부르고 든든하게 먹고 싶다면 1인당 작은 다리 하나 혹은 족발과 관절 두 접시를 주문하면 좋다. 짜게 먹는 편이 아니라면 밥을 남기더라도 흰 밥을 인원수대로 시키자. 매콤달콤한 소스와 카오카무의 국물을 밥에 뿌려 고기와 함께 먹으면 깊은 국물 맛과 부드럽고 쫄깃한 살코기가 입에 착 붙는다. 점심시간에는 사람이 많아 줄을 서곤 하니, 이른 아침이나 점심시간 전에 먹으러 오거나 배달, 포장 주문을 하는 편이 좋다.

📍 492/6 Soi Charoen Krung 49, Suriya Wong, Bang Rak 🚶 BTS 사판탁신(Saphan Taksin)역에서 550m, 도보 9분 ฿ 큰 다리 320밧, 작은 다리 160밧, 족발 70밧, 관절 70밧 🕒 07:00~13:00 📞 02-234-8036 🏠 www.taithaione.com/tw/article/425 🧭 13.722829, 100.516880

반 쏨땀 Bann Somtum

생선튀김도 맛있는 쏨땀 맛집

©오원호

©오원호

외관이 깔끔한 반 쏨땀은 2018년부터 2023년까지 매해 미쉐린 빕구르망에 선정된 맛집으로 한국에서는 〈짠내투어〉라는 프로그램에 소개되면서 더욱 유명해졌다. 분위기 좋고 가격도 합리적이어서 현지인도 많이 찾기 때문에 식사 시간에 맞춰서 가면 줄을 서야 한다. 다른 쏨땀 전문 레스토랑에서는 많아야 대여섯 가지의 쏨땀을 파는데 이곳은 쏨땀 메뉴만 29가지로 이름값을 톡톡히 한다. 깔끔한 내부만큼이나 청결한 오픈 주방에서 계속 쏨땀을 절구로 빻아 맛을 낸다. 기본 쏨땀도 맛있고, 파파야 대신 옥수수로 맛을 낸 쏨땀도 맛있다. 돼지고기 구이나 닭 요리, 농어 튀김도 인기 메뉴. 주차 서비스도 제공한다.

9/1, Soi Pramuan, Sri Wiang Rd, Khwaeng Silom, Khet Bang Rak BTS 수라삭(Surasak)역 3번 출구에서 400m, 도보 5분 ฿ 쏨땀 90밧, 옥수수 샐러드 95밧, 치킨 윙 130밧, 매운 치킨 135밧, 새우볶음밥 100밧, 똠얌꿍 165밧 11:00~22:00
02-630-3486 www.baansomtum.com
13.720626, 100.520500

©오원호

04

문 바 Moon Bar

반얀트리 호텔의 환상적인 루프톱 바

반얀트리 호텔의 루프톱 바를 보통 버티고 앤 문 바(Vertigo and Moon Bar)라고 칭한다. 하지만 엄밀히 말하면 61층에 위치한 루프톱의 서쪽은 파인 다이닝을 즐기는 버티고 레스토랑이고, 동쪽은 칵테일과 음료를 즐기는 문 바다. 해가 지려면 1시간 이상 기다려야 하는데도 오픈 시간인 오후 5시에 맞추어 입장하는 사람이 많아 오후 6시 이후에는 야경을 감상하기 좋은 바깥쪽 자리에 앉기 어렵다. 소파 자리가 적당히 섞여 있어 야경을 보며 소소한 수다를 즐기기에 좋으니 이왕이면 오픈 시간에 맞춰서 가자. 문 바의 매력은 조명을 설치한 작은 스카이덱이다. 해가 지며 적당히 어두워지면 동그랗게 빛을 뿜는 조명이 스카이덱을 밝게 비춘다. 플래시를 터뜨리지 않고도 반짝이는 야경을 배경으로 훌륭한 인물 사진을 찍을 수 있는 장소다. 드레스 코드가 있으니 단정한 스마트 캐주얼을 입고 가자.

21/100 South, S Sathon Rd, Khwaeng Thung Maha Mek, Khet Sathon 반얀트리 호텔 61층(59층에서 내려 계단 이용). MRT 룸피니(Lumphini)역 2번 출구에서 800m, 도보 10분. BTS 살라댕(Sala Daeng)역 4번 출구에서 950m, 도보 12분 ฿ 입장료 1인 800밧(입장료만큼의 음료 주문 가능), 칵테일 550밧, 시그니처 생맥주 390밧 17:00~01:00 02-679-1200 www.banyantree.com/thailand/bangkok/dining/moon-bar 13.723546, 100.539989

05 WRITER'S PICK

하이 소 Hi So

소 방콕의 루프톱에서 바라본 룸피니 공원 야경

하늘이 룸피니 공원을 보라색으로 물들이면 반짝이는 방콕의 스카이라인이 살아난다. 스탠딩 바에서 사람들과 부대끼느라 루프톱 바의 야경을 즐기기는커녕 더위에 지쳤던 경험이 있다면 하이 소에서 한껏 여유를 부려보자. 복층으로 구성된 넓은 루프톱, 편안한 소파, 룸피니 공원이 한눈에 내려다보이는 통유리 난간, 다양한 칵테일까지 모두 만족스럽다. 혼자든 커플이든 여럿이든 푹신하게 기대어 앉아 방콕의 야경을 즐길 수 있는 좌석이 넉넉하다.

2 N Sathon Rd, Khwaeng Silom, Khet Bang Rak 소 방콕 29층. MRT 룸피니(Lumphini)역 2번 출구에서 250m, 도보 4분 ฿ 시그니처 칵테일 385밧, 클래식 칵테일 365밧 17:00~24:00 02-624-0000 www.so-sofitel-bangkok.com/wine-dine/park-society 13.726250, 100.543076

06

스카이 바 Sky Bar

금빛 돔이 화려한 르부아 호텔의 루프톱 바

금빛으로 빛나는 돔, 푸르게 사그라지는 하늘을 배경으로 달콤한 칵테일을 머금는 시간. 야경은 기가 막히게 아름답지만 르부아 앳 스테이트 타워의 서비스에 실망하는 사람이 많다. 야경을 즐기고 싶어 스카이 바에 갔는데 디스틸 바나 시로코 레스토랑으로 안내해 기분이 상하는 경우가 종종 있다. 스카이 바는 엘리베이터에서 내려 오른쪽, 디스틸 바는 왼쪽이다. 식사를 한다면 시로코 레스토랑, 음료만 마신다면 스카이 바로 안내해달라고 요청하자. 드레스 코드가 꽤 엄격하니 스마트 캐주얼을 권한다.

1055 Si Lom, Khwaeng Silom, Khet Bang Rak 르부아 앳 스테이트 타워 63층(엘리베이터는 64층에서 하차). BTS 사판탁신(Saphan Taksin)역에서 550m, 도보 7분. 사톤 선착장에서 750m, 도보 9분 ฿ 클래식 칵테일 1,200밧, 샴페인 글래스 2,100밧
17:00~24:00 02-624-9555
www.lebua.com/sky-bar
13.721274, 100.516847

REAL GUIDE

현지 물가 그대로 즐기는 **인디 마켓 다오카농**

Indy Market Dao Khanong

인디 마켓 다오카농은 방콕 시내에서 서남쪽으로 한참 떨어져 있는 시장이다. 현지인이 즐겨 찾는 야시장이라서 관광객을 유치하기 위한 시내의 시장들과는 분위기도, 물가도 조금씩 다르다. 대부분의 야시장처럼 시장 한복판에 의류와 신발, 화장품 같은 각종 물품을 파는 상점이 늘어서 있고, 먹거리를 파는 식당이 상점을 빙 둘러싼다. 현지인이 많이 찾는 시장이라 영어 메뉴나 설명이 드물고, 먹거리와 물건이 다른 야시장보다 훨씬 저렴하다. 와플이나 꼬치구이를 10밧에, 직접 절구에 빻아주는 쏨땀을 50밧에 맛볼 수 있다. 해가 지고 어둑어둑해질수록 야시장에 활기가 넘친다. 생필품을 사러 나온 사람들보다는 친구끼리, 커플끼리 핫팟이나 스키야키를 시켜서 푸짐하게 저녁 식사를 하는 사람이 많다.

Dao Khanong, Chom Thong BTS 사판탁신(Saphan Taksin)역에서 8km, 차로 15분. 카오산 로드에서 11km, 차로 30분 ฿ 와플 10밧, 주스 30밧, 만두 10밧, 쏨땀 50밧, 화장실 3밧 17:00~24:00 080-999-8872 www.facebook.com/BankchartINDY 13.690923, 100.480508

CHAPTER

03

단정하고 세련된 **시내 동쪽**

방콕의 서쪽 강변에서 번쩍이는 왕궁과 사원이 클래식한 여행지의 매력을 뽐내고, 시내 중심에서 높게 솟은 마천루가 루프톱과 쇼핑몰로 도시인에게 여가를 제공하는 동안, 시내의 동쪽은 마치 잘 개발된 신도시처럼 단정하고 세련된 모습으로 여행자를 유혹한다.

QUICK VIEW

구역별로 만나는 시내 동쪽

서울의 강남을 동서로 가로지르는 테헤란로처럼 방콕 시내의 동쪽을 길게 가로지르는 길이 수쿰윗이다. 나나역에서부터 아쏙역, 프롬퐁역, 텅러역과 에까마이역을 지나 동쪽으로 쭉쭉 뻗어 나간 BTS도 수쿰윗 대로를 따라간다. 새롭게 개발된 지역 특유의 단정하고 세련된 감성이 살아 있다.

AREA 05 수쿰윗

밤이 화려한 도시를 꼽으라면 방콕을 빼놓을 수 없다. 나나와 아쏙 근처의 수쿰윗 소이 11에는 흥겨운 라이브 바와 신나는 클럽이 넘쳐나고, RCA 클럽 거리에서는 매일 화끈한 밤이 기다린다. 게다가 맛있는 먹거리를 찾아 야시장을 방문해도 즐겁다.

#클럽 거리 RCA #수쿰윗 소이 11 #맛집 탐방 #야시장

- **나나**: 밤이면 가장 화려해지고 끈적해지는 수쿰윗 소이 11 거리 일대
- **아쏙**: BTS, MRT가 교차하는 교통의 요지이자 호텔과 쇼핑몰이 즐비한 번화가
- **프롬퐁**: 거대 쇼핑몰 엠쿼티어와 엠포리움, 그리고 고급스러운 호텔과 맛집들
- **RCA**: 방콕의 젊은 클럽 오닉스 방콕과 루트66이 밤을 휘어잡는 거리
- **프라람 9**: 태국스러운 온갖 먹거리와 잡다한 쇼핑 아이템이 가득한 야시장

AREA 06 텅러·에까마이

방콕의 청담동, 방콕의 가로수길이라고 불리는 텅러와 에까마이 지역은 외국인이나 태국의 중산층 이상이 많이 거주하는 지역이다. 스타일리시한 숍과 레스토랑, 카페가 많아 여유롭게 시간을 보내기에 좋다.

#바 호핑 #클러빙 #맛집 탐방 #마사지 #낮맥

- **텅러**: 감각적인 공간들이 의외로 많아 바 호핑에 최적인 방콕의 청담동
- **에까마이**: 텅러의 인기를 등에 업고 쑥쑥 자라나는 방콕의 가로수길

REAL COURSE

시내 동쪽 추천 코스

COURSE 01

브런치와 몰링, 맥주를 즐기는 **여유 있는 하루 코스**

느지막이 일어나 방콕의 상류사회를 대표하는 '하이소(Hi-So)'처럼 브런치를 즐기고, 몰링도 하고, 야시장 먹방에서 바 호핑까지 여유롭게 돌아보자.

10:00 더 블루밍 갤러리에서 브런치 먹기 P.268

도보 7분

12:00 더 커먼스에서 커피 한잔 P.276

도보 20분 & BTS 11분

14:00 터미널 21에서 몰링하기 P.258

BTS 12분

17:00 쩟 페어 야시장에서 랭쌥 먹기 P.244

도보 5분

18:30 쩟 페어 야시장에서 쇼핑하고 맥주도 마시고 P.246

택시 15분

22:00 아트모스 텅러 10에서 라이브 음악 즐기기 P.275

예상 경비

교통비

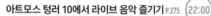

BTS 요금 23밧
MRT 요금 19밧
택시비 약 200밧

식비

더 블루밍 갤러리 380밧
더 커먼스의 루츠 커피 120밧
쩟 페어 야시장 랭쌥 180밧
쩟 페어 야시장 맥주 100밧
아트모스 텅러 10 525밧

TOTAL **약 1,547밧**

COURSE 02

여유로운 텅러와 에까마이 **나이트 라이프 코스**

분위기 있는 루프톱과
화려한 클럽, 흥겨운 라이브 바에서
방콕의 나이트 라이프를 즐겨보자.

13:00 마더 메이 아이 키친에서 브런치 P.263

택시 5분

15:00 커피아스에서 커피 한잔의 힐링 P.270

택시 5분

17:30 티추카 루프톱 바에서 방콕의 야경 즐기기 P.271

도보 6분

19:00 싯 앤 원더에서 맛있는 태국 음식 먹기 P.264

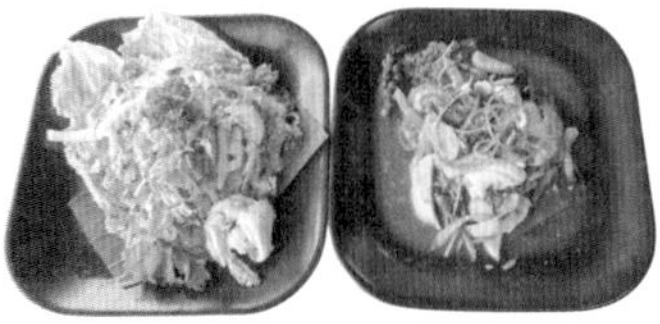

택시 8분

21:00 싱싱 시어터에서 신나게 춤추기 P.272

택시 10분

23:30 아직 부족하다면 레벨스 클럽 앤 테라스에서 밤을 불태우기 P.256

예상 경비

교통비

택시비 약 250밧

식비

마더 메이 아이 키친 300밧

티추카 루프톱 바 471밧

싯 앤 원더 250밧

싱싱 시어터 375밧

레벨스 클럽 앤 테라스 500밧

TOTAL 약 2,286밧

AREA 5

밤이면 더욱 생기 있는 거리 수쿰윗

Sukhumvit

ACCESS

수완나품 공항에서 아쏙으로

- 수완나품 공항 지하 1층
  - ARL 공항철도 22분 35밧
- 막까싼역 하차
  - MRT 펫차부리역에서 환승 10분 16밧
- MRT 수쿰윗역

돈므앙 공항에서 아쏙으로

- 돈므앙 공항 2층 SRT 돈므앙역
  - SRT 다크 레드 라인 25분 33밧
- SRT 방쓰역에서 MRT 환승
  - MRT 블루 라인 25분 40밧
- MRT 수쿰윗역

카오산 로드에서 아쏙으로

택시 35분 미터요금 100~120밧, 택시비 흥정 시 200밧~

수쿰윗
상세 지도
프라람 9역 MRT
01 쩟 페어 야시장
Jodd Fairs Night Market
매끌롱 랭쌥
Maeklong Lengzabb
비어 플라자
Beer Plaza
오닉스 방콕
Onyx Bangkok
14
13
루트66
Route66
ARL
막까싼역
MRT 펫차부리역
헬스 랜드 스파 앤 마사지(아쏙 지점)
Health Land Spa & Massage
MRT 수쿰윗역
01 터미널 21
Terminal 21
BTS 아쏙역
H 그랑데 센터 포인트 터미널 21
H 쉐라톤 그랑데 수쿰윗
럭셔리 컬렉션 호텔 방콕
엠쿼티어
EmQuartier
02
아시아 허브 어소시에이션
Asia Herb Association
엠포리움
Emporium
03
BTS 프롬퐁역
아시아 허브 어소시에이션
Asia Herb Association
수쿰윗 소이 11
어버브 일레븐
Above Eleven
06
하바나 소셜
Havana Social
05
04 문 레스토랑
Moon Restaurant
03 뱅뱅 버거
Bang Bang Burgers
네스트 07
Nest
02 몽키 팟
Monkey Pod
H 트래블 롯지 수쿰윗 11
힐러리 11
Hillary 11
10
08 아나콘다
Anaconda
09 오스카 비스트로
Oskar Bistro
알로프트 방콕
수쿰윗 11
H
레벨스 클럽 앤 테라스
Levels Club & Terrace
11
12 에덴 클럽 방콕
Eden Club Bangkok
수쿰윗 소이 11
01 크루아 쿤 푹
Krua Khun Puk
나나역 BTS
0 250m

Best Bear

100
200
100

JODD FAIRS
PINA COLADA
BLUE
Mai Tai
WINE
GIN TONIC
B52
MOJITO

01

쩟 페어 야시장 Jodd Fairs Night Market

온갖 먹거리를 골라먹는 재미!

코로나19가 끝나고 2021년에 오픈한 쩟 페어 야시장이 방콕 시민과 여행자의 마음을 사로잡고 야시장 문화를 선도하는 중이다. 알록달록한 천막으로 유명했던 달랏 롯파이 2 야시장의 상인들이 쩟 페어 야시장에 자리를 잡고 다양한 먹거리로 사람들을 유혹한다. 야시장 한복판에 길게 늘어선 흰 천막에는 먹거리와 옷 등을 파는 상점이 다닥다닥 붙어 있어 눈길을 끈다. 야시장 가장자리를 빙 둘러선 천막에서는 바비큐와 해산물, 망고 주스, 쌀국수, 맥주나 칵테일 등을 팔아 발길을 끈다. 최근에는 시장의 면적을 확대하면서 천막도 늘고 단체 관광객도 늘었다. 오픈 시간에 일찍 가서 여유롭게 시장을 구경하고, 먹고 싶은 음식을 골라 실컷 맛보자.

Rama IX Rd, Huai Khwang MTR 프라람 9(Phra Ram 9)역 2번 출구와 이어진 센트럴 플라자에서 도보 3분 17:00~24:00 092-713-5599 www.facebook.com/JoddFairs
13.757009, 100.566711

매끌롱 랭쌥 Maeklong Lengzabb

쩟 페어 야시장의 유명세를 담당했던 디아우 매클롱 레스토랑이 매끌롱 랭쌥으로 이름이 바뀌었다. 랭쌥은 맑은 국물의 뼈해장국인데, 삶은 돼지 갈비뼈를 층층이 쌓아 올리고, 진한 고기 육수에 시큼새콤한 태국식 양념을 첨가해 부은 다음, 칼칼하고 매운 고추를 잔뜩 얹어서 낸다. 이곳의 랭쌥은 약 50cm 높이의 크기로도 유명하다. 입구 쪽의 매장은 안쪽으로도 넓은 자리가 있고, 야시장 중앙에도 테이블이 있다. 사람들이 몰리면서 계속해서 천막을 늘리고 있지만, 어느 테이블에 앉아서 먹어도 같은 맛을 느낄 수 있으니 빨간 고추가 2개 달린 간판을 보고 찾아가자. 저녁 시간이 지나면 줄이 길어지니 야시장 오픈 시간에 맞춰 가는 것이 좋다.

🚶 야시장 입구에서 가장 오른쪽 골목으로 50m, 도보 1분
฿ 랭쌥 M 180밧, L 250밧, XL 350밧, XXL 999밧, 맥주 70밧, 콜라 15밧 🕓 16:00~24:00 📞 081-374-7554
🏠 www.facebook.com/Maeklongnoodles
📍 13.75739, 100.566703

비어 플라자 Beer Plaza

쩟 페어 야시장의 입구 쪽에는 음료를 파는 가게, 작은 테이블과 의자를 갖춘 칵테일 바가 옹기종기 모여 있고, 입구에서 천막 사이를 지나 남쪽으로 내려가면 탁 트인 넓은 공간이 나타난다. 주변 맥주집에서 캔맥주를 산 뒤 이곳의 원하는 테이블에 앉아서 먹을 수 있다. 이왕이면 태국 브루어리의 맥주를 골라보자. 낮은 테이블과 편안한 캠핑 의자에 앉아서 도심 속에 서서히 내려앉는 어둠과 하나둘 켜지는 불빛을 바라보면 소란한 야시장 속 평화롭고 아늑한 기분이 든다.

🚶 야시장 입구에서 천막을 지나 남쪽 끝 ฿ 캔맥주 100밧
🕓 16:00~24:00 📍 13.756488, 100.566584

01 WRITER'S PICK

크루아 쿤 푹 Krua Khun Puk

가성비도 좋고 맛도 좋은

수쿰윗 소이 11 거리에서 매일 가도 질리지 않을 식당으로 첫손가락에 꼽는 음식점이다. 웬만한 유명 태국 요리는 다 갖추고 있을 만큼 메뉴가 다양하면서 시내 동쪽의 여느 맛집보다 훨씬 합리적인 가격을 제시해 가성비까지 좋다. 무엇보다도 가게 앞에서 맛있는 냄새를 폴폴 풍기며 진한 육수를 끓이는데 여기에 말아 주는 쌀국수는 이 집만의 별미다. 특히 전날 수쿰윗 거리에서 화려한 밤을 보낸 사람에게 이곳의 갈비 국수는 해장으로도 최상의 만족감을 선사한다. 바깥쪽에는 선선한 바람을 쐴 수 있는 야외석이 있고, 음식점 안쪽에는 혼자 가기 좋은 자리와 여럿이 앉을 수 있는 테이블도 있다. 아침부터 저녁까지 문을 여는 데다 BTS 나나역 앞에 있어서 시내를 오가다가 한 번씩 들르기 좋다.

155 Sukhumvit 11/1 Alley, Khlong Toei Nuea, Khet Watthana BTS 나나(Nana)역 3번 출구에서 70m, 도보 1분 ฿ 쏨땀 60밧, 바질 치킨 덮밥 80밧, 갈비 국수 50~60밧
08:00~04:00 097-115-6656 restaurantguru.com/Krua-Khun-Puk-Bangkok
13.739960, 100.556560

02 WRITER'S PICK

몽키 팟 Monkey Pod

도심 속 초록빛 오아시스

이름에 '몽키'가 들어가 원숭이와 관련된 곳 같지만 '몽키 팟'은 열대 나무의 이름이다. 도심 한복판에 자리 잡은 레스토랑이 왜 나무 이름을 하고 있는지는 비밀스러운 입구를 통과하면 알 수 있다. 건물 뒤쪽에 숨겨진 근사한 정원과 어마어마한 아름드리나무를 만나는 순간 눈이 휘둥그레진다. 수령이 80살에 가까운 나무가 테이블 위로 큰 그늘을 만든다. 잔잔한 재즈의 선율이 마당을 감싸면 초록빛 그늘에 놓인 붉은빛 식탁보가 로맨틱한 무드를 더한다. 하늘이 어두워지면 은은하고 신비로운 조명이 나무를 밝힌다. 타파스를 표방하는 간단한 안주들은 가볍게 먹기 좋고, 오리고기를 곁들인 든든한 샐러드는 신선하다. 이왕이면 태국 브루어리의 수제 맥주를 곁들여 보자. 느긋하게 오래도록 앉아 평온함을 즐기고 싶어진다.

- 27 Soi Sukhumvit 13, Khlong Toei Nuea, Khet Watthana
- BTS 나나(Nana)역 3번 출구에서 700m, 도보 9분
- ฿ 치킨 남쁠라완 350밧, 팟타이 꿍 429밧, 생맥주 159밧
- 16:00~24:00 080-003-1515
- www.monkeypodbkk.com 13.744844, 100.557918

03 WRITER'S PICK

뱅뱅 버거 Bang Bang Burgers

오래도록 길모퉁이를 지켜온 수제 버거

작지만 알찬 수제 버거 맛집이다. 수쿰윗 소이 11 거리를 거닐다가 부담 없이 들러 햄버거에 맥주 한잔 마시기 딱 좋다. 야외석에 앉으면 거리를 구경하며 방콕 여행 기분을 한껏 낼 수 있고, 모던한 감성의 안쪽 좌석에 앉으면 세계 여러 나라의 언어를 들으며 시원한 에어컨 바람을 쐴 수 있다. 햄버거 종류만큼이나 맥주 종류도 많다. 포장도 가능하다.

30 Sukhumvit 11 Alley, Khlong Toei Nuea, Khet Watthana BTS 나나(Nana)역 3번 출구에서 550m, 도보 7분 ฿ 듀크 290밧, 앵그리 버드 280밧, 찰라완 맥주 140밧 11:00~23:00(금·토요일 ~02:00) 092-596-4973 13.744857, 100.556936

04

문 레스토랑 Moon Restaurant

인도인이 운영하는 리얼 커리집

태국 음식과 아랍 음식, 인도 음식을 파는 할랄 음식점이다. 채식 커리만 25종류, 비채식 커리는 27종류에 달한다. 커리를 고르면 어울리는 난을 추천해 준다. 부드럽고 진한 맛의 버터치킨커리는 입에 착 붙는다. 아무리 건져 먹어도 치킨이 계속 나올만큼 양도 넉넉하다. 마늘 향을 머금은 갈릭 난도 고소하다.

32 Sukhumvit Soi 11, Khlong Toei, Khet Watthana BTS 나나(Nana)역 3번 출구에서 600m, 도보 8분 ฿ 버터치킨커리 300밧, 갈릭 난 90밧, 갈릭 치킨 덮밥 125밧 07:30~04:30 093-110-5142 13.745132, 100.556555

REAL GUIDE

오늘 밤에는 어디서 놀까?

시내 동쪽의 수쿰윗에 자리한 핫한 라이브 바와 클럽 등 취향에 맞는 곳을 골라 즐겨보자.

TIP

방콕 클럽 A to Z

방콕의 클럽에는 스테이지가 없다?

대부분의 클럽에 스테이지가 없다. 디제이 박스 앞쪽으로 춤출 자리가 있는 곳은 싱싱 시어터나 루트66의 작은 EDM존 정도. 그래서 입장료를 내고 들어가도 음료를 마시거나 춤을 출 곳이 마땅찮다. 친구들과 함께 간다면 입장료를 내는 대신 양주를 주문하고 테이블을 배정받는 편이 나을 수도.

1부 클럽, 2부 클럽?

방콕의 클럽은 오픈 시간에 따라 1부 클럽과 2부 클럽으로 나뉜다. 1부 클럽은 새벽 2시에 문을 닫고, 2부 클럽은 보통 새벽 4시까지 영업한다. 1부 클럽에서 즐기다 문을 닫으면 아쉬운 마음에 2부 클럽으로 옮기는 사람도 많다. 그래서 1부 클럽은 밤 11시부터 새벽 1시 사이, 2부 클럽은 자정부터 새벽 2시 이후까지 사람이 많다. 단, 2부 클럽에는 방콕의 직업여성이 더 많이 출몰하는 편.

여자 혼자라면 어느 클럽이 좋을까?

익숙지 않은 도시의 밤엔 움직임이 조심스러워지기 마련. 춤을 추고 싶다면 무대가 마련된 싱싱 시어터로, 춤을 추지 않더라도 음악과 파워풀한 무대를 즐기고 싶다면 레벨스의 무대 바로 앞쪽이나 2층 난간 자리가 무난하다. 누군가가 합석을 권하거나 술을 사주겠다고 할 때 응하면 2차를 가자는 경우가 많으니 주의할 것.

네스트

격식 없이 한껏 널브러지는 편안한 루프톱 바 P.253

레벨스 클럽 앤 테라스

블링블링하게 차려입은 사람들과 파워풀한 댄서들을 만나는 수쿰윗 소이 11의 최강자 P.256

하바나 소셜
파나마 햇을 쓰고 살사 음악을 들으면서 방콕의 하바나 즐기기 P.252
오닉스 방콕
방콕의 젊은이들과 젊은 여행자가 모여드는 방콕 최강의 EDM 클럽 P.257
오닉스 방콕
루트66
루트66
넓은 공간에서 취향껏 즐길 수 있는 EDM존, 힙합존, 라이브존 P.257
펫차부리역
어버브 일레븐
방콕의 스카이라인이 내려다보이는 높고 럭셔리한 루프톱 바 P.253
수쿰윗 소이 11
힐러리 11
공연하는 시간마다 달라지는 분위기 P.255
어버브 일레븐
하바나 소셜
네스트
힐러리 11
몽키 팟
몽키 팟
싱그러운 정원에서 보내는 로맨틱한 시간 P.248
아나콘다
현란한 댄스 쇼와 근사한 칵테일을 즐기는 럭셔리한 바 P.254
레벨스 클럽 앤 테라스
아나콘다
알로프트 방콕 수쿰윗 11
오스카 비스트로
에덴 클럽 방콕
쉬 바
뜨겁던 방콕의 열기를 시원한 맥주로 식히는 캐주얼한 바 P.274
에덴 클럽 방콕
현지의 파티 피플과 여행자가 어우러지는 신상 클럽 P.256
오스카 비스트로
음식도 수준급, 칵테일과 와인도 끝내주는 비스트로 P.255
쉬 바
아트모스 텅러 10
아트모스 텅러 10
라이브도 은근히 좋고 안주도 꽤나 맛있어 분위기 있게 시간 보내기 딱인 바 P.275
프롬퐁역
아이누 홋카이도 이자카야 앤 바
싱싱 시어터
아이누 홋카이도 이자카야 앤 바
층고가 높고 넓은 공간에서 여럿이 함께 즐기는 신선한 안주와 생맥주 P.275
에까마이 비어 하우스
'낮맥'부터 '밤맥'까지 편안하게 즐길 수 있는 비어 바 P.274
싱싱 시어터
환상적인 조명과 근사한 디제잉, 후끈한 열기를 발산하는 신비한 무대 P.272
텅러역
옥타브 루프톱 라운지 앤 바
에까마이 비어 하우스
티추카 루프톱 바
아이언 볼스 디스틸러리 앤 바
티추카 루프톱 바
요즘 방콕의 인싸들이 인생 사진을 찍으러 가는 가장 핫한 장소 P.271
옥타브 루프톱 라운지 앤 바
테이블이 놓인 45층부터 디제잉을 즐기는 49층까지 모두 야경 맛집 P.272
아이언 볼스 디스틸러리 앤 바
럭셔리한 공간, 비밀스러운 만남, 근사한 진 베이스 칵테일 P.273

05 WRITER'S PICK

하바나 소셜 Havana Social

라틴 음악이 흐르는 스피크이지 바

골목을 두리번거리며 제대로 찾아온 건지 의심이 들 때쯤 누군가 다가와 귓가에 번호를 읊는다. 마치 스파이 영화의 주인공이라도 된 듯 공중전화 부스에 들어가 수화기를 들고 그가 알려준 번호를 꾹꾹 누른다. 덜컹, 그제야 하바나 소셜로 통하는 비밀의 문이 열린다. 쿠바를 여행하는 기분으로 벽에 걸린 파나마 햇을 머리에 쓰고 시그니처 칵테일인 헤밍웨이 칵테일을 마시며 라이브로 연주되는 라틴 음악에 몸을 맡긴다. 음악이 고조되면 춤을 추는 사람이 늘어난다. 드레스 코드가 엄격한 편.

Havana So cial, Sukhumvit Soi 11, Khwaeng Khlong Toei Nuea, Khet Watthana BTS 나나(Nana)역 3번 출구에서 700m, 도보 8분. 알로프트 방콕 수쿰윗 11 호텔에서 200m, 도보 3분 ฿ 플라타 오 플로모 380밧, 콜라다 노블 370밧 18:00~02:00 080-467-7409 havanasocialbkk.com 13.745530, 100.556053

TIP

은밀하게 찾아가는 스피크이지 바

스피크이지 바는 원래 1920~1930년대에 미국에서 금주법이 내려졌을 때 몰래 영업하던 무허가 주점이나 주류 밀매상을 뜻한다. 최근에는 입구가 숨겨져 있고, 아는 사람끼리 공유하는 비밀스러운 바를 스피크이지 바라고 한다. 뉴욕, 홍콩의 핫한 거리에서 젊은이들의 트렌드로 자리 잡았으며 우리나라와 동남아의 여러 도시에서도 조용히 흥행을 이어가는 중이다.

06

어버브 일레븐 Above Eleven

수쿰윗 소이 11 거리의 초고층 루프톱 바

프레이저 스위트 수쿰윗 호텔의 루프톱 바다. 호텔의 외부 엘리베이터를 타고 32층에 내려 층계를 이용해 한 층 더 올라가면 아찔한 높이에서 방콕 도심의 스카이라인을 내려다볼 수 있다. 푸른 나무가 피어난 듯 조명을 켜둔 나무 조형물이 낭만적인 분위기를 더한다. 바 자리는 시야가 좋지 않으니 멋진 뷰를 원한다면 미리 창가 쪽 테이블을 예약하자. 매주 수요일은 레이디스 나이트로 여성에게 칵테일을 할인해 준다.

38/8 Sukhumvit Rd, Khlong Toei Nuea, Khet Watthana
프레이저 스위트 수쿰윗 32층. BTS 나나(Nana)역 3번 출구에서 900m, 도보 9분 ฿ 연어크림치즈 롤 580밧, 피스코 사워 410밧
17:00~02:00 02-038-5111
aboveeleven.com/bangkok 13.745704, 100.556767

07

네스트 Nest

캐주얼한 분위기의 루프톱 바

근사하게 차려입고 분위기를 즐기러 가는 다른 루프톱 바와는 달리 편안하게 널브러지기 좋은 곳이다. 작은 연못과 나무로 단장한 입구 옆에는 마치 해변에 온 듯이 모래를 깔고 테이블을 두었다. 반쯤 누운 자세로 칵테일을 마실 수 있는 평상형 좌석이 여럿이다. 한때는 일대를 주름잡던 루프톱 바였지만 지금은 시간이 지나 낡은 느낌이 살짝 든다. 전망을 즐기기에는 아쉽지만 젊은 취향의 인테리어로 캐주얼하게 음료를 마시며 시간을 보내기에 괜찮다.

33/33 Sukhumvit Soi 11, Khlong Toei Nuea, Khet Watthana
피닉스 호텔 방콕 루프톱. BTS 나나(Nana)역 3번 출구에서 900m, 도보 9분 ฿ 클래식 칵테일 300밧, 시그니처 칵테일 320밧
18:00~02:00 063-901-1006
13.744993, 100.556060

08 WRITER'S PICK

아나콘다 Anaconda

화려하고 고급스러운 일본식 퓨전 바

강렬한 빨간색 외관으로 존재감을 뽐내는 에덴 클럽 방콕 건물의 1층에 화려한 불빛으로 유혹하는 아나콘다 바가 있다. 문을 열고 들어가면 왼쪽으로 아나콘다의 비늘을 연상시키는 초록색 타일과 조명으로 꾸며진 이국적인 바 공간이 있고, 오른쪽에는 여럿이 와서 즐길 수 있는 커다란 원형 테이블이 놓였다. 클럽을 능가하는 조명과 무대가 꾸며져 사람들로 북적거린다. 바에서는 시종일관 칵테일 쇼가 펼쳐지고, 무대 공간에서 춤을 추던 댄서들이 시간마다 바 주위를 한 바퀴씩 돌며 손님에게 즐거운 볼거리를 선사한다. 오픈된 주방에서 맛있는 요리를 깔끔하게 세팅하는 모습을 보는 일도 즐겁다. 바텐더가 권하는 칵테일을 홀짝거리며 정신없이 음악과 춤을 즐기다 보면 시간이 훌쩍 간다. 해피 아워에는 칵테일이 2+1이니 시간을 잘 맞춰 가자.

26/5-9 Sukhumvit Soi 11, Klong Toei Nua, Khet Watthana 알로프트 방콕 수쿰윗 11 맞은편. BTS 나나(Nana)역 3번 출구에서 550m, 도보 6분 ฿ 레이디 아나콘다 420밧, 아나콘다 마티니 390밧, 연어 회 390밧 17:30~04:00, 해피 아워 17:30~22:00 064-592-6289 www.facebook.com/anacondabarbangkok 13.744478, 100.556877

09 오스카 비스트로 Oskar Bistro

흥겨운 음악과 근사한 칵테일

저녁이면 1~2층의 자리가 꽉 찰 정도로 인기 있는 비스트로다. 내부는 널찍한 테이블과 편안한 의자가 놓여 있고, 바텐더의 손놀림을 구경할 수 있는 커다란 바가 중앙에 자리한다. 간단한 스낵부터 피자뿐만 아니라 꽤 다양한 와인 리스트와 각종 치즈를 갖추었다. 다양한 종류의 술을 구비해 샷과 칵테일을 좋아하는 사람 모두를 만족시킨다. 바텐더의 칵테일을 만드는 솜씨가 훌륭해서 자꾸 더 시켜 먹게 되고, 직원도 친절해 기분이 좋아진다.

24 Sukhumvit Soi 11, Khlong Toei Nuea, Khet Watthana BTS 나나(Nana)역 3번 출구에서 500m, 도보 6분 ฿ 치킨 텐더 210밧, 와규 미트볼 스파게티 390밧, 시그니처 칵테일 295밧 17:00~01:00 097-289-4410 oskar-bistro.com/bangkok 13.744168, 100.556959

10 힐러리 11 Hillary 11

라이브 음악을 들으며 생맥주 한잔

라이브 음악으로 명성이 자자했던 아포테카 방콕이 코로나19 이후 사라지고, 수쿰윗 거리의 클럽들이 하나둘 문을 닫으면서 이 거리의 음악과 댄스 타임을 힐러리 11이 담당하기 시작했다. 저녁 8시와 10시, 12시에 무대에서 연주가 시작된다. 밤 10시가 넘으면 슬슬 분위기가 무르익는다. 태국 음악과 팝송을 적절하게 섞어 선곡하는데, 밴드의 연주 실력이 들쭉날쭉해서 방문한 날에 따라 호불호가 갈린다. 식사보다는 가벼운 맥주 한잔 정도가 딱 적당하다.

43 Sukhumvit Soi 11, Klong Toei Nua, Khet Watthana BTS 나나(Nana)역 3번 출구에서 550m, 도보 7분 ฿ 크롬바커 생맥주 270밧, 싱하 생맥주 180밧 17:00~02:00 02-656-7126 13.744843, 100.556755

11

레벨스 클럽 앤 테라스 Levels Club & Terrace

파워풀한 공연과 힙한 디제잉

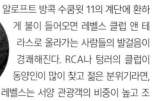

알로프트 방콕 수쿰윗 11의 계단에 환하게 불이 들어오면 레벨스 클럽 앤 테라스로 올라가는 사람들의 발걸음이 경쾌해진다. RCA나 텅러의 클럽이 동양인이 많이 찾고 젊은 분위기라면, 레벨스는 서양 관광객의 비중이 높고 조금 더 어른스러운 분위기다. 무대에서 파워풀한 노래와 춤 공연이 펼쳐지면 신나게 춤을 주는 사람들이 모여든다. 오픈된 야외 발코니에도 바가 있어 잠시 바람 쐬기 좋다. 드레스 코드가 엄격한 데다 엄청나게 '블링블링한 옷차림'으로 방문하는 서양 여행자가 많으니 평소보다 과감한 패션을 시도해보아도 좋다.

35 Sukhumvit Soi 11, Khwaeng Khlong Toei Nuea, Khet Watthana 알로프트 방콕 수쿰윗 11의 외부 엘리베이터를 타고 6층으로 이동. BTS 나나(Nana)역 3번 출구에서 500m, 도보 6분
฿ 칵테일 400밧~ 22:00~03:00 082-308-3246
www.levelsclub.com 13.744330, 100.556568

12

에덴 클럽 방콕 Eden Club Bangkok

새로 생긴 힙한 클럽

수쿰윗 소이 11 거리에 생긴지 얼마 되지 않은 클럽이다. 처음 오픈했을 때는 캔디 클럽x보보라는 이름이었는데 이제는 에덴 클럽 방콕으로 바뀌었다. 무대 중앙의 디제이석 앞으로 아름다운 댄서들이 들고 나며 흥을 돋운다. 무대 앞으로는 스탠딩 테이블이, 스탠딩 테이블 바깥쪽으로는 파티하기 좋은 프라이빗한 단체석이 여럿이다. 생일부터 웨딩까지 파티를 열고 신나게 즐기는 사람들을 구경하는 재미가 있다. 평일에는 예약 없이도 칵테일 한 잔을 들고 스탠딩 테이블을 차지할 수 있지만 주말의 피크 타임에는 발 딛을 틈이 없을 정도다. 특정한 이벤트가 있는 날에는 입장료를 받는다. 입장료도 들쭉날쭉하고, 인원수도 들쭉날쭉하니, 사람들이 북적거리는 날에만 방문하기를 권한다.

26/5-9 Soi Sukhumvit 11, Klong Toei Nua, Khet Watthana BTS 나나(Nana)역 3번 출구에서 500m, 도보 6분 ฿ 칵테일 400밧~ 22:00~02:00, 월요일 휴무 064-593-9289
www.facebook.com/candyclubxbobo
13.744423, 100.556879

13

루트66 Route66

라이브와 힙합, EDM을 취향껏

넓은 실내 공간을 세 곳으로 분리했다. EDM존과 힙합존, K-POP존으로 나뉘어 있으니 좋아하는 음악이 나오는 자리에서 즐기자. 힙합존에는 스탠딩 테이블이 길게 늘어서 춤을 출 공간이 협소하지만 의외로 사람이 많다. 자정이 넘어가면 그때부터 흥이 폭발한다. EDM존에는 테이블이 적은 대신 스테이지를 마련했는데 종종 댄서들이 나와 파워풀한 퍼포먼스를 선보이면서 클럽의 열기를 후끈하게 만든다. 야외석에서 소주를 즐기는 한국인도 종종 보인다. 북적거리는 클럽을 즐기고 싶다면 주말의 힙합존을 노려보자.

29/33-48 Royal City Avenue Building, Soi Soonvijai Rama 9 Rd, Bangkapi, Khet Huai Khwang 아쏙이나 텅러에서 약 5km, 택시로 20분 300밧(입장료 100밧, 음료 쿠폰 200밧), 맥주 200밧, 칵테일 240밧, 조니워커 블랙 32,000밧 21:00~04:00 081-440-9666 www.route66club.com 13.751589, 100.575234

14

오닉스 방콕 Onyx Bangkok

세계 클럽 100위 안의 EDM 클럽

흔히 클럽 거리라고 부르는 RCA(Royal City Avenue)에는 밤이면 택시와 차량의 행렬이 줄을 잇는다. 이 거리에서 가장 규모가 크고 사람이 많이 모이는 곳이 EDM 클럽으로 유명한 오닉스다. 한가운데 놓인 디제이 박스 뒤편으로 화려한 영상이 흐르고, 높은 천장에서는 조명이 빛을 뿜는다. 춤을 출 수 있는 별도의 스테이지 없이 모두 스탠딩 테이블이다. 스탠딩 테이블을 이용하려면 보틀 세트 이상 주문해야 하고, 양쪽 사이드에 위치한 VIP석을 이용하려면 VIP 패키지를 주문해야 착석할 수 있다.

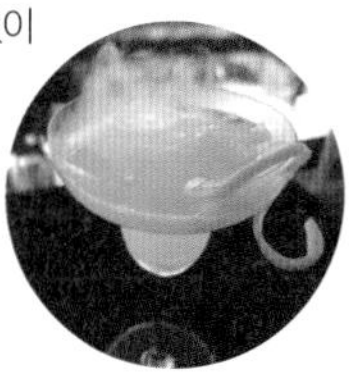

Onyx, Soonvijai Rama IX Soi 8, Khwaeng Bang Kapi, Khet Huai Khwang 아쏙이나 텅러에서 약 5km, 택시로 20분
입장료 400밧(음료 1잔 포함), 조니워커 블랙 34,000밧
21:00~04:00 081-645-1166
www.onyxbangkok.com 13.752005, 100.574997

01

터미널 21 Terminal 21

세계 유명 도시를 여행하는 쇼핑몰

층을 오르내리는 안내판에는 비행기 심벌이 그려져 있고, 도착(Arrival)과 출발(Departure)이라는 표지판과 세계 도시의 시각을 알리는 시계가 줄지어 있다. 1층에서 3층까지 이어지는 기다란 에스컬레이터를 타면 이륙을 앞둔 비행기에 탑승하는 느낌마저 든다. 에스컬레이터를 타고 '출발'하면 한 층을 오를 때마다 하나의 도시를 만난다. G층에는 영화 〈로마의 휴일〉에서 오드리 헵번이 타던 스쿠터가 놓여 있고, 전철과 연결되는 M층은 파리의 샹젤리제 분위기를 낸다. 여성 의류 매장인 1층에는 일본의 도쿄에 온 듯 히라가나로 쓰인 간판이 즐비하고, 남성 의류 매장인 2층에는 런던을 상징하는 빨간색 2층 버스와 빨간색 튜브가 놓였다. 3층은 이스탄불의 그랑 바자를 콘셉트로 한 주얼리 매장, 4층과 5층은 샌프란시스코의 금문교가 걸쳐진 푸드 코트다. 할리우드 콘셉트의 6층에는 영화관과 피트니스 센터, 마사지 숍이 있다.

88 Sukhumvit Soi 19, Khwaeng Khlong Toei Nuea, Khet Watthana BTS 아쏙(Asok)역 1번 출구와 연결. MRT 수쿰윗(Sukhumvit)역 3번 출구 바로 앞. 그랜드 센터 포인트 터미널 21과 같은 건물 10:00~22:00 02-108-0888 www.terminal21.co.th/asok 13.737556, 100.560226

TIP

터미널 21은 화장실도 개성 만점!

화장실도 각 층의 콘셉트에 맞는 인테리어로 꾸몄다. 할리우드의 화장실로 들어가면 기자들이 플래시 세례를 터뜨리고, 샌프란시스코의 화장실 안에는 그물에 걸린 커다란 게가 있다. 마치 파리의 사교장 같은 화장실에서는 깃털 부채를 들고 화장을 고쳐야 할 것 같다. 터미널 21은 그야말로 화장실도 매력 만점!

02 WRITER'S PICK

엠쿼티어 EmQuartier

초록이 우거진 거대한 쇼핑몰

세 채의 건물이 스카이워크로 연결되어 밖에서 볼 때와는 달리 규모가 어마어마한 쇼핑몰이다. 프롬퐁역에서 보았을 때 왼쪽의 작은 빌딩이 헬릭스 쿼티어(The Helix Quartier), 오른쪽의 유리 빌딩이 글라스 쿼티어(The Glass Quartier), 가장 안쪽의 인공 폭포가 있는 빌딩이 워터폴 쿼티어(The Waterfall Quartier)다. 워터폴 쿼티어의 지하 베이스먼트 층에는 푸드홀, 그라운드 층에는 깔끔하게 포장된 과일과 다양한 먹거리를 파는 구르메 마켓, 4층에는 아이맥스 영화관이 있고, 헬릭스 쿼티어의 5층에는 싱그러운 야외 정원이 있다. 헬릭스 쿼티어의 6층부터 9층까지 4개 층에 걸쳐 50개의 레스토랑이 입점한 헬릭스 다이닝이 유명하다.

695 Sukhumvit Rd, Khwaeng Khlong Tan Nuea, Khet Watthana BTS 프롬퐁(Phrom Phong)역 1번 출구에서 연결. 엠쿼티어 M층에서 프롬퐁역을 지나 엠포리움 M층과 연결
10:00~22:00 02-269-1000 www.emquartier.co.th
13.732014, 100.569722

03 WRITER'S PICK

엠포리움 Emporium

명품 매장 위주의 고급 쇼핑몰

티파니의 민트색 유리로 단장한 엠포리움의 외관이 상큼하다. 디올과 루이 비통의 쇼윈도를 지나 안으로 들어가면 불가리와 까르띠에가 나란히 맞아준다. 프롬퐁역을 사이에 두고 엠쿼티어 쇼핑몰과 M층에서 연결된다. 엠쿼티어 쇼핑몰보다 규모는 작지만 고급스러운 명품관 느낌을 물씬 풍긴다. 1층에 태국 디자이너들의 매장이 넓게 자리 잡았다. 4층의 이그조틱 타이 매장에서 태국의 특산품이나 기념품을 구매할 수 있고, 5층에 작은 규모의 탄(THANN) 스파가 있다.

622 Sukhumvit Rd, Khwaeng Khlong Tan, Khet Khlong Toei BTS 프롬퐁(Phrom Phong)역 2번 출구에서 연결. 엠포리움 M층에서 프롬퐁역을 지나 엠쿼티어 M층과 연결
10:00~22:00 02-269-1000 www.emporium.co.th
13.729988, 100.568818

AREA
06

방콕의 가로수길에서 누리는 여유
텅러·에까마이
Thong Lo·Ekkamai

ACCESS

수완나품 공항에서 텅러로

- 수완나품 공항 지하 1층
  - ARL 공항철도 ⓒ22분 ฿35밧
- 막까싼역 하차
  - MRT 펫차부리역에서 환승 ⓒ10분 ฿17밧
- MRT 수쿰윗역 하차
  - BTS 아쏙역에서 환승 ⓒ9분 ฿25밧
- 텅러역

돈므앙 공항에서 텅러로

- 돈므앙 공항 1층 6번 게이트
  - 공항버스 A3 ⓒ50분 ฿50밧
- 센트럴 월드 하차
  - BTS 칫롬역에서 탑승 ⓒ15분 ฿35밧
- 텅러역

시암에서 텅러로

- 시암역
  - BTS ⓒ15분 ฿40밧
- 텅러역

텅러·에까마이
상세 지도

14 빠톰 오가닉 리빙
Patom Organic Living
01 더 커먼스
The COMMONS
20 더 비어캡
The Beer Cap, TBC
Soi Sukhumvit 55
05 아룬완
Arunwan
02 제이 애비뉴
J Avenue
03 빌라 마켓
Villa Market
11 그레이하운드 카페
Greyhound Cafe
21 쉬 바
She Bar
05 톱스
Tops
Soi Sukhumvit 63
13 오드리
Audrey
24 아트모스 텅러 10
Atmos Thonglor 10
Thong Lo Soi 10
08 와타나 파닛
Wattana Panich
04 에이트 텅러
Eight Thonglor
12 더 블루밍 갤러리
The Blooming Gallery
06 동키 몰
Dongki Mall
23 아이누 홋카이도 이자카야 앤 바
AINU Hokkaido Izakaya & Bar
07 사바이자이 레스토랑
Sabaijai Restaurant
헬스 랜드 스파 앤 마사지(에까마이 지점)
Health Land Spa & Massage
18 싱싱 시어터
Sing Sing Theater
03 탐낙 이싼 에까마이
Tamnak Isan Ekkamai
Soi Sukhumvit 55
07 빅 시
Bic C
01 마더 메이 아이 키친
Mother May I Kitchen
02 싯 앤 원더
Sit and Wonder
17 옥타브 루프톱 라운지 앤 바
Octave Rooftop Lounge & Bar
15 커피아스
Coffeas
H 방콕 메리어트 호텔 수쿰윗
BTS 텅러역
55 포차나
55 Pochana
09
04 홈 두안
Hom Duan
22
06 매바리 망고 스티키 라이스
Mae Varee Mango Sticky Rice
에까마이 비어 하우스
Ekamai Beer House
H 서머셋 에까마이 방콕
16 티추카 루프톱 바
Tichuca Rooftop Bar
19 아이언 볼스 디스틸러리 앤 바
Iron Balls Distillery & Bar
BTS 에까마이역
방콕 에까마이 동부 버스 터미널
08 게이트웨이 에까마이
Gateway Ekamai
10 카페 피닉스
Le Café Phénix
0 120m

REAL GUIDE

텅러와 에까마이를 즐기는 방법

카오산 로드가 서울의 홍대 앞과 비슷하다면
텅러와 바로 근처의 에까마이는 서울의 가로수길과 비슷하다.
텅러는 태국의 부유층과 외국인이 많이 거주하던
고급 주택가로 근사한 레스토랑과 카페, 칵테일 바가
골목마다 들어섰다. 동쪽의 에까마이까지
감각적인 공간들이 이어진다.

하루 종일 유유자적 바 호핑과 맛집 탐방

느슨한 거리를 두고 서 있는 건물들 때문인지 텅러와 에까마이를 돌아다니면 여유로운 주택가를 거니는 느낌이다. 느지막이 브런치를 먹거나, 한가롭게 마사지를 받거나, 숨어 있는 칵테일 바를 찾아내거나, 어슬렁거리며 바 호핑을 하기에 딱 좋다. 믿거나 말거나지만, 텅러와 에까마이 쪽에서 좀 놀아본 사람들은 클럽도 텅러의 클럽이 가장 물이 좋다고 말한다.

오토바이 택시를 이용하자

자가용으로 이동하는 사람이 많은 동네라서 도로가 넓고 건물 사이 간격도 넓은 편. 소문난 맛집이나 카페까지 가려면 지상철 BTS에서 내려 한참을 걸어야 하는 경우가 많다. 걸어가기엔 덥고 택시를 타기엔 어정쩡한 거리라면 오토바이 택시를 이용하자. BTS역 근처나 제이 애비뉴 근처, 도로 곳곳에서 주황색 조끼를 입은 오토바이 택시를 볼 수 있다.

서쪽 강변 대비 시내 동쪽의 높은 물가

카오산 로드 근처는 물가가 낮아 여행자에게 매력적이지만, 텅러와 에까마이는 한국의 물가와 거의 비슷하다. 밥 한 끼에 1만 원 이상은 기본. 전에는 시내 중심가에 비하면 숙박비가 낮은 편이었으나 최근에는 꽤 많이 올랐다. 같은 가격에 더 높은 퀄리티의 숙소를 찾는다면 에까마이 동쪽의 프라카농(Phra Khanong)이나 온눗(On Nut) 근처를 눈여겨보자.

카드 사용이 안 된다고요?

그럴 리가! 방콕에서는 일정 금액 이상일 때만 카드를 사용할 수 있도록 제한하는 경우가 많다. 예를 들어 '300밧 이상 결제 시', '500밧 이상 결제 시' 카드 결제가 가능하다는 기준이 있고 집집마다 금액이 다르다. 다만 시장이나 유흥가에서는 눈에 보이는 곳에서 결제를 하거나 현금으로 지불하는 편이 좋다.

01 WRITER'S PICK

마더 메이 아이 키친 Mother May I Kitchen

산뜻한 공간에서 즐기는 만족스러운 음식

아치형 대문으로 들어가면 싱그러운 초록 정원이 나타난다. 단정한 흰색 테이블과 남색 파라솔이 정원을 더욱 산뜻하게 만든다. 저녁 무렵에는 반짝이는 등불이 로맨틱한 분위기를 자아낸다. 편안한 분위기의 실내에는 갖가지 흰 꽃을 장식해 방문객을 설레게 한다. 태국 요리 중에서도 국물 요리, 커리와 수프가 다양하고, 흰밥과 곁들여 먹으면 좋은 짭조름한 볶음 메뉴를 갖췄다. 주말에는 가족끼리 식사를 하러 나오는 현지인이 많아 모든 테이블이 만석일 정도로 인기가 있는 식당이니 예약하는 편이 좋다. 깔끔하고 분위기 있게 맛있는 태국 요리를 즐기고 싶다면 이곳을 선택하자. 테이블로 안내하고 주문을 도와주는 직원들도 아주 친절하다.

8 18 Ekkamai 10 Alley, Lane 2, Khwaeng Phra Khanong Nuea, Khet Watthana BTS 에까마이(Ekkamai)역 1번 출구에서 1.5km, 도보 18분 ฿ 마사만 치킨 커리 220밧, 삼겹살 조림 185밧 11:00~22:00 097-990-5990 www.facebook.com/mothermayikitchen 13.727870, 100.587563

02 WRITER'S PICK

싯 앤 원더 Sit and Wonder

현지인부터 여행자까지 북적북적

현지인부터 여행자의 입맛까지 두루두루 만족시키는 태국 가정식을 맛볼 수 있다. 텅러 골목의 구석에 위치한 작은 식당이지만 애피타이저, 샐러드, 수프, 커리, 볶음 요리, 국수 요리 등 메뉴 종류가 많아서 무엇을 먹을지 고민하게 만든다. 입소문을 듣고 찾아오는 손님들이 테이블을 꽉꽉 메울 만큼 맛도, 가성비도 좋은 집이라 어떤 메뉴를 시켜도 실패하지 않는다. 얌운센이든 쏨땀이든 취향대로 골라 식사하자. 배부르게 먹고 가게를 나서자마자, 방콕에 머무는 동안 이 집에 한 번 더 와야겠다는 생각이 든다.

119 Ban Kluai Nuea Alley, Khlong Tan Nuea, Khet Watthana BTS 텅러(Thong Lo)역 3번 출구에서 1.5km, 도보 18분 ฿ 얌운센 165밧, 해산물 볶음 150밧, 싱하 맥주 80밧 11:00~22:30, 월~수요일 휴무 061-198-9782 www.sitandwonderbkk.com

03 WRITER'S PICK

탐낙 이싼 에까마이 Tamnak Isan Ekkamai

태국 북부, 이싼 지역 음식의 매콤함

매콤한 이싼 지역의 음식을 좋아한다면 에까마이 로드에 있는 탐낙 이싼에 들러보자. 테이블이 6개밖에 안되는 작은 식당이지만, 실내는 깔끔하고 테이블 세팅이 정갈하다. 맛으로 승부를 거는 작지만 강한 식당이랄까. 칠리소스와 곁들인 돼지고기 튀김은 맥주 안주로 딱 좋고, 매콤하게 무친 오이 샐러드와 쏨땀은 아삭아삭 상큼하다. 주문할 때 맵기 정도를 물어보는데, 매운 음식을 좋아한다고 말하면 한국인의 입맛에 맛있게 맵도록 요리해 준다. 매운맛에 혀를 내두르기 전에 미리 물이나 음료를 주문해 두자.

86/1Sukhumvit Road Prakhanong Nue, Khet Watthana 빅 시 마트에서 100m, 도보 1분. BTS 에까마이(Ekkamai)역 1번 출구에서 900m, 도보 11분 ฿ 돼지고기 튀김 150밧, 오이 샐러드 85밧, 레오 맥주 130밧 11:00~22:00 095-770-1268 tamnak-isan-ekamai.business.site 13.727784, 100.585585

04 WRITER'S PICK

홈 두안 Hom Duan

태국 북부 음식을 파는 백반집

깔끔하고 캐주얼한 분위기에서 태국 북부의 가정식을 합리적인 가격으로 맛볼 수 있다. 방콕 현지인 사이에서도 잘 알려진 맛집이다. 원하는 대로 반찬을 골라 담고 반찬의 개수에 따라 돈을 낸다. 우리나라로 치면 다양한 반찬을 차려낸 가정식 백반집에 가깝다. 돼지고기가 듬뿍 든 부드러운 카레인 깽항래(Kaeng Hang Leh), 돼지고기와 선지가 들어가 걸쭉한 국물에 국수를 넣은 카놈찐 남야오(Khanom Chin Nam Ngeo) 같은 북부의 국물 요리가 얼큰하다. 맛보지 못한 음식들에 미련이 남아 다시 찾고 싶어진다. 포장도 가능하다.

📍 1 Ekkamai soi 2, Sukhumvit soi 63, Khlong Tan Nuea, Khet Watthana 🚶 BTS 에까마이(Ekkamai)역에서 450m, 도보 5분. 에까마이 비어하우스 뒤편 골목. 서머셋 에까마이 방콕에서 200m, 도보 3분
฿ 백반 반찬 2개 80밧, 3개 90밧, 4개 100밧, 삼겹살 커리 단품 120밧, 치킨 커리 단품 100밧
🕒 09:00~20:00, 일요일 휴무 📞 085-037-8916
🏠 www.facebook.com/homduaninbkk
📡 13.723673, 100.585039

05 WRITER'S PICK

아룬완 Arunwan

미슐랭 빕구르망에 선정된 돼지 국수 맛집

에까마이 골목의 국수집 중에서 단연 깔끔한 돼지 국수 맛집이다. 돼지고기에 절인 양배추를 넣고 끓인 수프와 돼지 선지, 돼지 부속 고기, 삼겹살 등 고기만 넣고 끓인 수프가 있다. 국수는 8종류가 있는데 부속 고기의 맛을 좋아하는 사람이 아니라면 완탕과 삼겹살이 들어간 8번 국수를 고르자. 아침 해장용으로 제격이다. 완탕이나 삼겹살을 따로 주문할 수 있는데 따뜻하게 나오지 않아 아쉽다. 인테리어만큼이나 맛도 깔끔하고 만족스럽다.

📍 295 PARK X, Ekkamai 15 Alley, Khlong Tan Nuea, Khet Watthana 🚶 파크 X 지하 1층, 지하 식당가로 내려가는 건물 오른쪽 층계 이용. BTS 에까마이(Ekkamai)역 1번 출구에서 1.7km, 도보 21분 ฿ 완탕 삼겹 국수 80밧, 삼겹살 62밧, 물 12밧 🕒 09:00~19:00 📞 080-994-2299
📡 13.735043, 100.587709

06 WRITER'S PICK

매바리 망고 스티키 라이스 Mae Varee Mango Sticky Rice

이토록 달콤하고 부드러운 망고

퇴근 시간이면 가게 앞에 망고 찰밥을 사는 사람들의 줄이 늘어선다. 산더미처럼 쌓여 있는 신선한 망고는 크기별로 가격이 다르다. 망고는 킬로그램 단위로 살 수 있고, 썰어 담은 팩으로도 살 수 있다. 가게 안쪽에는 연유를 포장하는 사람, 찰밥을 담는 사람, 망고를 깎는 사람들이 각자의 일에 충실하다. 망고 찰밥을 주문하면 달콤한 망고에 쫄깃한 찰밥, 씹는 맛을 위한 후레이크 한 봉지, 달달한 연유를 한 세트로 내어준다. 노랗게 잘 익은 망고일수록 부드럽고 달콤하지만 물러지기 전에 빨리 먹어야 한다. 포장만 가능하다.

1 Thong Lo Rd, Khlong Tan Nuea, Khet Watthana BTS 텅러(Thong Lo)역 3번 출구에서 모퉁이를 돌아 120m, 도보 2분
망고 찰밥 150밧, 망고 1팩 100밧 06:00~22:00
02-392-4804 13.723950, 100.579294

07

사바이자이 레스토랑 Sabaijai Restaurant

태국에서 즐기는 치맥

에까마이에 위치한 보기 드문 가성비 음식점으로 태국식 닭구이인 까이양 맛집으로도 유명하다. 여럿이 모여서 치킨과 맥주를 즐기고 싶을 때 부담 없이 가기 좋다. 까이양 외에도 돼지고기 구이나 쏨땀, 모닝글로리 같은 음식 메뉴가 다양하고 향신료를 거의 쓰지 않은 무난한 맛이라 누구나 맛있게 먹을 수 있다. 주스나 맥주도 다양하게 구비해 메뉴판이 두껍다. 맥주를 시키면 버킷을 함께 내어줘 시원하게 마실 수 있다. 낮에는 에어컨이 나오는 실내에 사람들이 바글거리고, 저녁이면 바람이 솔솔 통하는 바깥 자리가 인기다.

87 Ekkamai 3 Alley, Khlong Tan Nuea, Khet Watthana
BTS 에까마이(Ekkamai)역 1번 출구에서 1.2km, 도보 15분
까이양 200밧, 랍무 140밧, 창 맥주 130밧
10:30~22:00 02-714-2622 www.facebook.com/sabaijaioriginalofficial 13.729996, 100.585610

08

와타나 파닛 Wattana Panich

진한 육수에 말아주는 갈비 국수

아침부터 배달 오토바이들이 가게 앞에 진을 친다. 그만큼 현지인이 즐겨 찾는 맛집이다. 가게 입구에 놓인 거대한 육수 통이 보글보글 끓는다. 소고기가 듬뿍 들어간 갈비 국수가 인기 메뉴다. 양이 적은 편이고 간이 꽤 짭짤하지만 〈스트리트 푸드 파이터〉라는 방송에 소개된 후 한국인이 많이 찾는다.

338 Ekkamai Rd, Khlong Tan Nuea, Khet Watthana
BTS 에까마이(Ekkamai)역 1번 출구에서 1.6km, 도보 20분
소고기 쌀국수 100밧, 염소고기 스튜 200밧 09:00~19:30, 월요일 휴무 02-391-7264 www.facebook.com/WattanaPhanich 13.734202, 100.587642

09

55 포차나 55 Pochana

태국식 굴 요리로 유명한 식당

저녁이면 현지인부터 여행자까지 몰려드는 맛집이다. 근처에서 뜨거운 밤을 보낸 젊은이들이 새벽녘에 찾아와 배고픔을 달래기도 한다. 굴과 숙주에 전분과 달걀을 섞어 두툼하게 부쳐낸 어쑤언이 유명하다. 종업원이 가져다주는 물이나 얼음은 모두 유료. 양념이 진한 편이어서 여행자에게는 호불호가 갈리는 편이다.

1087-91 Sukhumvit Rd, Khwaeng Khlong Tan Nuea, Khet Watthana BTS 텅러(Thong Lo)역 바로 앞. 옥타브 루프톱 라운지 앤 바에서 100m, 도보 1분 어쑤언(Or Suan, Fried Oyster with Egg) 220밧, 새우볶음밥 150밧, 창 맥주 큰 병 100밧 18:30~03:30(금·토요일 ~04:00) 02-391-2021 www.facebook.com/55pochana 13.723549, 100.579822

10

카페 피닉스 Le Café Phénix

카페인 충전을 위한 24시간 카페

BTS 에까마이역 바로 앞에 위치한 게이트웨이 에까마이 1층에 자리하는 카페다. 통유리로 마감한 실내 공간이 널찍하고 소파 자리가 편안하며, 에어컨이 시원하다. 24시간 오픈하는 카페여서 근처에서 머무는 여행자라면 언제든 커피를 마시고 싶을 때 찾아가기 좋다.

967/5 Gateway Ekamai, 42, Sukhumvit Rd, Phra Khanong, Khlong Toei BTS 에카마이(Ekkamai)역 4번 출구에서 60m, 도보 1분 아이스 아메리카노 125밧, 카페라테 135밧 24시간 092-446-2453 www.facebook.com/lecafephenix 13.719150, 100.585268

11

그레이하운드 카페 Greyhound Cafe

단정한 분위기의 하이엔드 레스토랑

텅러의 중심가에 위치한 제이 애비뉴에는 쇼핑몰마다 입점한 유명 체인점 그레이하운드 카페가 있다. 카페를 표방하지만 다양한 퓨전 음식을 갖춘 레스토랑에 가깝다. 버거와 파스타 같은 서양 요리도 있고 똠얌 국수나 매운 샐러드 같은 태국 요리도 있다. 따끈한 식전 빵, 깔끔한 플레이팅에 기분이 좋아진다. 잭 프루트를 썰어 넣고 초록색 젤리에 코코넛 밀크를 넣은 태국식 디저트 롯청(Lod Chong)도 메뉴에 있다. 달콤한 코코넛 밀크를 좋아한다면 마음에 쏙 들 것이다.

제이 애비뉴 지점 323 Sukhumvit soi 55, Khwaeng Khlong Tan Nuea, Khet Watthana 제이 애비뉴 1층. BTS 텅러(Thong Lo)역 3번 출구에서 1.4km, 도보 17분 혹은 택시로 5분 ฿ 망고 찰밥 150밧, 치킨 라이스 세트 180밧, 옐로 허니블룸 180밧
11:00~22:00 www.greyhoundcafe.co.th/branch/j-avenue
13.734542, 100.582298

12

더 블루밍 갤러리 The Blooming Gallery

푸릇한 정원에서 피어나는 꽃 음식

핫플레이스가 많기로 유명한 텅러에서도 인기가 많아 일요일 점심 때는 자리에 앉기가 힘든 정원 같은 카페다. 종종 태국의 연예인도 출몰한다고. 오전에는 브런치를 먹으러, 오후에는 디저트를 곁들인 차를 마시러 오는 사람이 많다. 여럿이 함께 와서 4인용 애프터눈 티 세트를 즐기기도 한다. 공간이 크지는 않지만 말린 꽃과 생화로 아기자기하게 꾸몄다. 테이블 유리 아래에서도 꽃이 피어나고 음식도 식용 꽃으로 장식한다. 카페 놀이나 사진 놀이를 즐길 사람에게 제격.

88/1 Sukhumvit Soi 55, Khwaeng Khlong Tan Nuea, Khet Watthana
에이트 텅러 지하 1층(LG층). BTS 텅러(Thong Lo)역 3번 출구에서 1km, 도보 12분 ฿ 시그니처 티 180밧, 브루스게타 150밧, 클럽 샌드위치 220밧
10:30~21:00 02-063-5508 www.thebloominggallery.com
13.730916, 100.581902

13

오드리 Audrey

나무 아래에서 먹는 맛있는 음식과 디저트

거대한 나무가 감싸 안은 듯한 카페다. 분수와 꽃으로 꾸며둔 작은 정원을 지나 실내로 들어서면 로맨틱한 인테리어가 사랑스럽게 맞이한다. 매콤한 맛을 내세우는 연줄기 샐러드나, 연어회 같은 태국 요리의 변주에서부터 똠얌 피자라던가 똠얌 스파게티 같은 태국과 유럽의 퓨전 요리까지 맛볼 수 있다. 라이프스타일 콘셉트 카페를 표방하는 오드리는 마스크, 파우치, 프리미엄 꿀이나 선물 세트도 판매한다. 음식이 아무리 맛있어도 달달한 태국식 디저트를 먹을 배는 남겨두자.

Soi Thong Lo 11, Khlong Tan Nuea, Khet Watthana BTS 텅러(Thong Lo)역 3번 출구에서 1.2km, 도보 15분 ฿ 똠얌 피자 290밧, 팟타이 220밧, 땡모반 95밧
11:00~22:00 02-712-6667
www.audreygroup.com
13.732950, 100.580232

14

빠톰 오가닉 리빙 Patom Organic Living

숲속을 거니는 듯한 도심 속 카페

요즘 한국 여행자에게 인기가 높은 텅러의 대형 카페다. 숲속으로 들어가는 기분으로 카페의 공간에 들어서면 왼쪽으로 커피를 주문할 수 있는 건물이 나타난다. 편안한 분위기의 실내는 층고가 높고 통유리로 되어 있어 반짝이는 초록 정원을 한눈에 담을 수 있다. 정원의 푸릇한 잔디 위에서 햇살을 받으며 뒹굴뒹굴 쉬는 서양 여행자도 종종 만난다. 유기농 농장에서 키운 식재료로 만든 빵과 디저트, 유기농 쌀이나 소금도 판매한다. 유기농 원료로 제작한 샴푸, 로션, 비누와 스파 제품, 단정한 티셔츠도 구입할 수 있다.

9, 2 Soi Phrom Phak, Khlong Tan Nuea, Khet Watthana
BTS 텅러(Thong Lo)역 1번 출구에서 2km, 도보 25분
฿ 오가닉 코코넛 밀크 커피 120밧, 라테 105밧, 시나몬롤 59밧
09:00~19:00 02-084-8649 www.patom.com
13.738573, 100.579124

15 WRITER'S PICK

커피아스 Coffeas

특별한 분위기와 특출난 커피

싱그러운 작은 정원에 이국적인 향을 피워둬 새로운 세계에 진입하는 기분으로 커피아스의 문을 연다. 굉장히 넓은 공간에 테이블과 의자가 띄엄띄엄 놓였다. 카펫이나 벽지, 인테리어 소품을 다루는 핀피나 매장과 붙어 있어서 실내 인테리어가 무척이나 근사하다. 테이블부터 단정한 액자와 화려한 벽지, 눈을 돌리는 모든 공간이 세심하게 꾸며져 있어 미술관에서 커피를 마시는 기분이다. 커피에 진심인 주인장 덕분에 커피 맛도 깜짝 놀랄 만큼 좋다.

31 Ekkamai 6 Alley, Phra Khanong Nuea, Khet Watthana BTS 에까마이(Ekkamai)역 1번 출구에서 1km, 도보 12분 ฿ 버터 스카치 카푸치노 140밧, 플랫 화이트 120밧 11:00~18:00 094-249-3890 13.725355, 100.588134

16 WRITER'S PICK

티추카 루프톱 바 Tichuca Rooftop Bar

방콕의 신상 루프톱 바

방콕에는 오랜 시간 사랑받은 인기 루프톱 바가 여럿 있지만, 최근 방콕에서 떠오르는 최고의 핫플레이스를 꼽는다면 단연 이곳 티추카 루프톱 바다. 형형색색으로 빛나는 티추카 트리를 배경으로 한 인생 사진이 SNS를 달구고 있다. 건물의 1층에서 여권으로 신분증 검사를 한 후 미리 칵테일을 주문한 후에 주문 번호를 받고 엘리베이터를 탄다. 40층에서 엘리베이터를 한 번 갈아타고 46층에 내려서 바에서 주문한 음료를 픽업한다. 46층은 티추카 트리가 있는 테이블존, 층계나 전용 엘리베이터를 이용해 오르내릴 수 있는 47층과 48층은 스탠딩존이다. 스탠딩존에도 앉을 수 있는 좌석이 몇 있고, 48층에는 바를 하나 더 운영한다. 테이블존에 앉으려면 미리 예약을 해야 하는데 주말은 한 달 전부터 예약 마감이다. 하늘이 어둑해지면 대기 줄이 어마어마하게 길어진다. 스탠딩존에 앉아서 즐기고 싶다면 오픈 시간에 맞춰 달려가자.

8 Soi Sukhumvit 40, Phra Khanong, Khlong Toei
T-ONE 빌딩 46층. BTS 텅러(Thong Lo)역 4번 출구에서 2km, 도보 25분 ฿ 티추카 로즈 440밧, 코로나 맥주 350밧, 유주 콜라다 480밧 17:00~23:45(금·토요일 ~01:30)
065-878-5562 www.paperplaneproject.net/tichuca
13.722583, 100.580401

17 옥타브 루프톱 라운지 앤 바 Octave Rooftop Lounge & Bar

시내 동쪽의 야경은 여기서!

루프톱 바가 귀한 텅러 지역의 핫플레이스다. 방콕 메리어트 호텔 수쿰윗 45층부터 49층까지 운영한다. 45층의 푹신한 소파 자리에 앉아서 여유롭게 칵테일을 즐기고 싶다면 미리 예약하자. 45층에서 엘리베이터를 타고 48층에 내린 후 계단을 이용해 49층으로 올라가면 스탠딩 바를 이용할 수 있다.

2 Sukhumvit Soi 57, Khwaeng Klongtan Nua, Khet Watthana 방콕 메리어트 호텔 수쿰윗 45~49층. BTS 텅러(Thong Lo)역 3번 출구에서 350m, 도보 5분 ฿ 말라 치킨 윙 490밧, 과일 플래터 210밧, 시그니처 칵테일 420밧 17:00~02:00 02-797-0000 www.marriott.com/hotels/travel/bkkms-bangkok-marriott-hotel-sukhumvit 13.723188, 100.580358

18 WRITER'S PICK 싱싱 시어터 Sing Sing Theater

환상적인 조명 아래 신비로운 무대

디제이의 분주한 손길에 맞춰 반짝거리는 조명 아래서 움직이는 그림자가 더욱 흥을 발산한다. 캣 우먼처럼 차려입은 여성이 날렵한 춤을 선보인다. 높다란 천장에서 늘어진 그네가 춤추는 사람들의 머리 위로 오간다. 하우스, 재즈, 힙합을 아우르는 다양한 장르의 음악이 스테이지를 만족시킨다. 때로는 라이브 음악, 때로는 퍼포먼스가 펼쳐진다. 방콕에서 좀 놀아본 상류층 '하이소'와 방콕에 거주하는 외국인 '파랑'들은 다 여기 모였나 싶다. 평소에는 입장료가 없지만 유명 디제이를 초청하는 등의 이벤트가 열리는 날은 입장료를 받는다.

4 Sukhumvit Soi 45, Khwaeng Khlong Tan Nuea, Khet Watthana BTS 프롬퐁(Phrom Phong)역 3번 출구에서 500m, 도보 5분. BTS 텅러(Thong Lo)역 1번 출구에서 700m, 도보 8분 ฿ 더 드래곤 칵테일 380밧, 마이타이 335밧 09:00~02:00, 일·월요일 휴무 063-225-1331 www.singsing-bangkok.com 13.728584, 100.573415

19 WRITER'S PICK

아이언 볼스 디스틸러리 앤 바 Iron Balls Distillery & Bar

고급스럽고 신비로운 분위기의 바

도심 한복판에 있는 이곳에 들어서려면 겹겹의 공간을 통과해야 한다. 초록 나무가 커튼처럼 둘러친 바깥 공간에서 안쪽의 바로 들어오면 붉은색 소파 좌석이 길게 이어지고, 그 안쪽으로 더 들어오면 시가를 물고 비밀 회동이라도 할 법한 고급스러운 바가 다시 한 번 나타난다. 진을 좋아하는 사람이라면 직접 양조하는 로컬 크래프트 진인 아이언 볼 진을 스트레이트로 맛보아도 좋고, 바텐더의 센스를 신뢰한다면 진 베이스의 칵테일을 주문해도 좋다.

📍 Park Lane Ekkamai, Soi Sukhumvit 63, Khwaeng Khlong Tan Nuea, Khet Watthana 🚶 BTS 에까마이(Ekkamai)역 1번 출구에서 400m, 도보 5분 ฿ 트러플 프라이 150밧, 핑크진 사워 380밧 🕓 18:00~02:00 📞 061-404-4300
🏠 www.ironballsekkamai.com
🧭 13.72342, 100.584296

20

더 비어캡 The Beer Cap, TBC

다양한 생맥주의 향연

더 커먼스의 푸트코트는 다른 쇼핑몰의 푸드코트처럼 전용 카드가 필요 없다. 음료든 음식이든 마음에 드는 곳에서 주문과 계산을 한 후 원하는 자리에 앉아서 먹고 마시면 된다. 더 비어캡은 세계의 다양한 병맥주 뿐만 아니라 잘 관리된 생맥주도 파는데, 늘 사람으로 북적이는 푸드코트의 인기 맛집이다. 가장 인기 있는 생맥주 10개의 메뉴를 벽에 붙여둔다. 그중 원하는 한 잔을 골라 시원하게 마시고 나면 메뉴 순서대로 도전해보고 싶은 마음이 불끈 든다.

📍 335 Thong Lo soi 17, Khwaeng Khlong Toei Nuea, Khet Wattana 🚶 더 커먼스 M층. BTS 텅러(Thong Lo)역 3번 출구에서 1.5km, 도보 20분 혹은 택시로 10분. 제이 애비뉴에서 150m, 도보 2분 ฿ 웨일 페일에일 330밧, 브루독 펑크 아이피에이 321밧
🕓 12:00~23:45 📞 084-776-7666
🏠 www.thebeercap.com
🧭 13.734844, 100.582117

21

쉬 바 She Bar

편안한 분위기에서 느긋한 한 잔

텅러 쪽에서 야외 테이블에 앉아 맥주를 즐기기에 이만한 곳이 있나 싶다. 실내 공간만큼이나 야외 테이블의 자리가 넓고 시원하게 펼쳐진다. 해피 아워에는 맥주의 가격이 저렴해지고, 칵테일은 50% 할인된 가격으로 마실 수 있다. 손님이 북적이는 시간이면 실내에서 라이브 연주를 한다. 안주도 맛있고, 생맥주도 맛있고, 느긋하고 여유로운 분위기를 즐기기에도 좋다.

522/3 Penny's Balcony, Thong lo 16, Sukhumvit 55, Khlong Tan Nuea, Khet Watthana 제이 애비뉴 맞은편. BTS 텅러(Thong Lo)역 3번 출구에서 1.4km, 도보 17분 ฿ 하이네켄 180밧(해피 아워 100밧) 16:00~24:00, 해피 아워 17:00~20:00 02-714-7642 13.734377, 100.583034

22

에까마이 비어 하우스 Ekkamai Beer House

에까마이의 맥주 사랑방

여행 중에는 낮맥인지 밤맥인지 따져가며 마실 필요가 없어서 좋다. 에까마이에는 오전부터 문을 열고 손님을 맞는 동네 사랑방 같은 맥줏집, 에까마이 비어 하우스가 있다. 낮에는 2층에서 가볍게 마시며 당구를 치고, 밤이면 1층에서 공연을 즐기며 호탕하게 마시는 사람이 많다. 스테이크나 소시지 같은 서양식 안주가 잘 나오고, 호가든과 기네스 생맥주가 맛있다. 해피 아워에 방문해서 저녁 식사에 맥주를 곁들이며 먹기 좋다.

52 Ekkamai Rd, Khwaeng Phra Khanong Nuea, Khet Watthana BTS 에까마이(Ekkamai)역 1번 출구에서 450m, 도보 6분. 서머셋 에까마이에서 200m, 도보 3분 ฿ 아사히 생맥주 175밧(해피 아워 119밧) 11:30~01:00, 해피 아워 16:00~19:00 02-714-3924 www.ekamaibeerhouse.com 13.723375, 100.584708

23 아이누 홋카이도 이자카야 앤 바 AINU Hokkaido Izakaya & Bar

해산물 안주가 풍성한 일본식 바

저녁이 되면 이곳을 찾는 손님들의 차량이 길가에 줄지어 늘어선다. 여러 명이 앉을 수 있는 자리가 넓게 마련되어 텅러의 젊은이들 사이에서 꽤 오랜 시간 인기를 누리는 집이다. 넓은 바 안에서는 흥겨운 공연이 한창이다. 일본식 이자카야를 표방해 초밥이나 롤 같은 해산물 안주 종류가 다양하다. 주로 아사히 생맥주와 사케를 곁들인다.

121 Sukhumvit Soi 55, Khwaeng Khlong Tan Nuea, Khet Watthana BTS 텅러(Thong Lo)역 3번 출구에서 900m, 도보 12분 혹은 택시로 5분. 에이트 텅러에서 120m, 도보 2분
฿ 연어회 220밧, 치킨 윙 220밧, 칵테일 380밧
17:30~24:00 092-583-2552
www.facebook.com/AINUBar
13.729814, 100.581026

24 아트모스 텅러 10 Atmos Thonglor 10

유쾌하지만 시끄럽지 않은 라이브 바

은은한 보라색 불빛 아래 작은 무대에서 공연이 이어진다. 달콤한 음악이 흐르는 동안 다양한 종류의 음료와 음식을 맛볼 수 있다. 특히, 와인과 맥주부터 실험적인 칵테일까지 음료의 선택지가 넓다. 저녁이면 선선한 야외 자리가 인기. 가격대가 꽤 높은 편인데도 주말에는 거의 만석이며 평일에도 사람이 꽤 많다.

133 Thong Lo Soi 10, Khwaeng Khlong Toei Nuea, Khet Watthana BTS 텅러(Thong Lo)역 3번 출구에서 1.3km, 도보 15분 혹은 택시로 5분. 제이 애비뉴에서 270m, 도보 3분
฿ 폭 립 380밧, 프라이드 치킨 윙 180밧, 모히토 320밧 17:00~01:00 062-598-8556
www.facebook.com/atmosbkk
13.732129, 100.582372

01 WRITER'S PICK

더 커먼스 the COMMONS

커피 혹은 맥주 한잔의 여유

ㄷ자 형태의 3층짜리 건물로 규모는 그리 크지 않지만, 야외 공간인 중앙 광장을 계단식 정원처럼 꾸며놓아 아름답다. 카페와 팝업 스토어, 다양한 먹거리 매장이 들어서 있고, 여느 쇼핑몰과 달리 아침 일찍부터 밤늦게까지 오픈한다. 주말이면 브런치를 먹거나 커피를 마시러 오는 사람, 한낮에 맥주를 시켜놓고 여유를 부리는 사람, 저녁 늦게까지 삼삼오오 이야기를 나누는 사람으로 붐빈다. 알록달록한 갈런드가 펄럭이며 청량한 바람이 부는 날은 야외 자리에 앉아 더 비어캡P.273의 맥주를 즐겨보자.

📍335 Thong Lo soi 17, Khwaeng Khlong Toei Nuea, Khet Wattana 🚶BTS 텅러(Thong Lo)역 3번 출구에서 1.5km, 도보 20분 혹은 택시로 10분. 제이 애비뉴에서 150m, 도보 2분 🕓08:00~01:00 📞089-152-2677 🏠www.thecommonsbkk.com 13.735007, 100.582184

02

제이 애비뉴 J Avenue

텅러 거리의 랜드마크

커다란 J자가 쓰인 간판 앞으로 넓은 맥도날드 매장이 보인다. 텅러에서 가장 눈에 띄는 쇼핑몰이다. 펫 숍, 오봉빵 베이커리, 일본 소품이 가득한 다이소와 일식 레스토랑, 작은 식당, 피트니스 센터가 들어서 있다. 여행자를 위한 기념품 쇼핑몰이라기보다는 근처에 사는 사람들이 종종 장을 보러 들르는 쇼핑몰이다. 텅러의 주민이나 근처에 머무는 여행자는 옆에 딸린 빌라 마켓P.277에서 장을 보거나 그레이하운드 카페P.268에서 식사를 하곤 한다.

📍323 Sukhumvit soi 55, Khwaeng Khlong Tan Nuea, Khet Watthana 🚶BTS 텅러(Thong Lo)역 3번 출구에서 1.4km, 도보 17분 혹은 택시로 5분. 하우스 오브 비어스 맞은편 🕓10:00~22:00 📞02-818-4189 13.734606, 100.582020

03 빌라 마켓 Villa Market

먹기 좋게 포장된 과일과 음식

빌라 마켓은 방콕에서 종종 만나는 대형 마트다. 텅러나 에까마이 근처에 숙소가 있다면 시내의 고메 마켓까지 나가지 않아도 이곳에서 식품이나 기념품 쇼핑이 가능하다. 입구에는 세심하게 낱개 포장한 빵이 쌓여 있고, 과일도 킬로그램 단위나 예쁘게 담아놓은 팩으로 구매할 수 있다. 가격이 조금 비싼 만큼 과일과 채소류가 신선하고 고급스럽다. 외국인이 많이 거주하는 지역이라 그런지 1인분씩 포장된 음식과 반찬의 종류가 많다. 채식주의자를 위한 음식이 진열된 대형 냉장고도 갖추었다. 한국인이 많이 사는 쿤나 코코넛 칩, 태국만의 독특한 똠얌 맛 프링글스도 판다. 숙소가 근처라면 배달도 가능하다.

📍 **텅러 지점** 323 Sukhumvit Soi 55, Khwaeng Klongton Nua, Khet Watthana 🚶 제이 애비뉴 서쪽에 입구. BTS 텅러(Thong Lo)역 3번 출구에서 1.4km, 도보 17분 혹은 택시로 5분
฿ 망고 1팩 60밧, 용과 1팩 80밧, 석류 주스 1팩 80밧, 연어덮밥 190밧 🕓 06:00~22:00 📞 02-502-7356
🏠 shop.villamarket.com 🌐 13.734680, 100.581640

04 에이트 텅러 Eight Thonglor

편리한 24시간 대형 슈퍼마켓

커다란 쇼핑몰이라기보다 대형 레지던스 빌딩 안에 들어선 쇼핑 아케이드에 가깝다. 그래서인지 미용실, 네일 숍, 피부 클리닉이 성업 중이고, 의류와 가방, 신발 매장 외에 꽃집과 음악 학원 등이 입점해 있다. 딤섬으로 유명한 딘타이펑, 스테이크로 유명한 엘가우초 스테이크, 태국의 대표 커피 체인점인 트루 커피, 폴 베이커리, 꽃으로 단장한 더 블루밍 갤러리P.268가 있다. LG층에는 24시간 영업하는 푸드랜드 슈퍼마켓이 있다. 푸드랜드 슈퍼마켓은 태국 및 수입 식품들을 합리적인 가격으로 제공하며 이름에 걸맞게 마켓 안에 작은 푸드코트가 있어 간단한 식사를 할 수 있다.

📍 88/36 Sukhumvit Soi 55, Khwaeng Khlong Tan Nuea, Khet Watthana 🚶 BTS 텅러(Thong Lo)역 3번 출구에서 1km, 도보 12분 혹은 택시로 5분. 제이 애비뉴에서 450m, 도보 5분. 아이누 홋카이도 이자카야 앤 바에서 130m, 도보 2분
🕓 10:00~22:00, 푸드랜드 24시간 📞 02-714-9515
🏠 www.8thonglor.com 🌐 13.730700, 100.581681

05

톱스 Tops

넓찍한 부지에 입점몰이 가득

에까마이 거리에 굉장한 규모의 슈퍼마켓이 오픈했다. 근처의 마트 중에서 가장 주차장이 넓다. 과일의 종류가 다양한데다 깔끔하게 썰어 팩에 담은 과일도 신선하다. 1팩에 과일을 두세 가지씩 담아둬 다양한 열대 과일을 즐기기 좋다. 숙소에서 간단하게 맛볼 수 있는 태국식 도시락도 눈에 띈다. 꼭 장을 보지 않더라도 KFC, 스웬센즈, 카페와 베이커리에 들러 식사를 하거나 왓슨즈, 와인 코너에서 특별한 제품을 구입하기 위해 들러도 좋다.

257/3 Sukhumvit 63, Khlong Tan, Khet Watthana · BTS 에까마이(Ekkamai)역 1번 출구에서 1.7km, 도보 20분 · 08:00~22:00 · 066-114-7242 · corporate.tops.co.th · 13.733850, 100.585993

06

동키 몰 Dongki Mall

방콕 속의 작은 일본 마트

방콕 서쪽에 중국인이 모여 사는 차이나타운이 있다면 방콕 동쪽의 텅러는 재팬타운이라 부를 만하다. 동키 몰은 텅러에 사는 일본인을 위한 쇼핑몰이라 해도 과언이 아니다. 2개 층에 걸쳐 일본의 돈키호테 매장을 고스란히 옮겨놓은 듯한 마트가 있다. 일본의 소스, 와규, 과자 등 다양한 일본 음식을 일본어와 태국어로 병기해 소개한다. 3층의 입구에는 고서점이 있는데 주인이 해리포터의 초판본을 갖고 있다고 자랑할 정도로 다양하고 오래된 책들을 찾아볼 수 있다. 식당가에도 주로 일본 음식점이 많다.

107 Soi Sukhumvit 63, Khlong Tan Nuea, Khet Watthana · BTS 에까마이(Ekkamai)역 1번 출구에서 1.3km, 도보 16분 · 24시간 · 02-301-0451 · www.donkimallthonglor.com · 13.730783, 100.586099

07 빅 시 Bic C

태국을 대표하는 대형 슈퍼마켓

근처의 주민들이 장을 보러 나오는 대형 마트인 만큼 식품 코너, 생활용품 코너 등이 크게 마련되었다. 저렴한 태국 마트 물가를 즐기며 숙소에서 먹을 간식거리나 여행을 기념할 생활용품을 쇼핑해보자. 썰어둔 팩 과일과 신선한 과일 주스 외에도 말린 망고를 포장해둔 코너가 따로 있어 선물을 사기에도 제격. 매장 안에 별도로 약국이 있고, 건물 안에 왓슨스, 선라이즈 타코, 옷 가게와 신발 가게 외에도 스타벅스가 입점해 있어 커피를 마시러 왔다가 쇼핑하고 돌아가는 이들이 많다.

78 Soi Sukhumvit 63, Phra Khanong Nuea, Khet Watthana BTS 에까마이(Ekkamai)역 1번 출구에서 800m, 도보 10분 09:00~22:00 02-714-8222 www.bigc.co.th 13.727078, 100.585620

08 게이트웨이 에까마이 Gateway Ekamai

에까마이역에서 이어지는 쇼핑몰

BTS역마다 늘어선 대형 쇼핑몰에 비하면 방콕 부유층이 사는 동쪽 지역에 위치하는데도 아주 고급스러운 쇼핑몰은 아니다. 하지만, 역에서 가까워 접근성이 좋고, 여러 일식당과 크고 작은 음식점이 80개 이상 입점해 있다. 주민들이 자주 찾는 미용실, 피부 관리실, 슈퍼마켓, 마사지 숍, 네일 숍, 약국도 있고, 4층에는 아이들이 놀기 좋은 키드주나 키즈 카페가 널찍하게 자리한다. 1층에 24시간 오픈하는 카페 피닉스 P.267가 있다.

982 Gateway Ekamai, 22 Sukhumvit Road, Phra Khanong, Khlong ToeiToei BTS 에까마이(Ekkamai)역 4번 출구에서 60m, 도보 1분 10:00~22:00 02-108-2888
www.facebook.com/gatewayekamai
13.718956, 100.585363

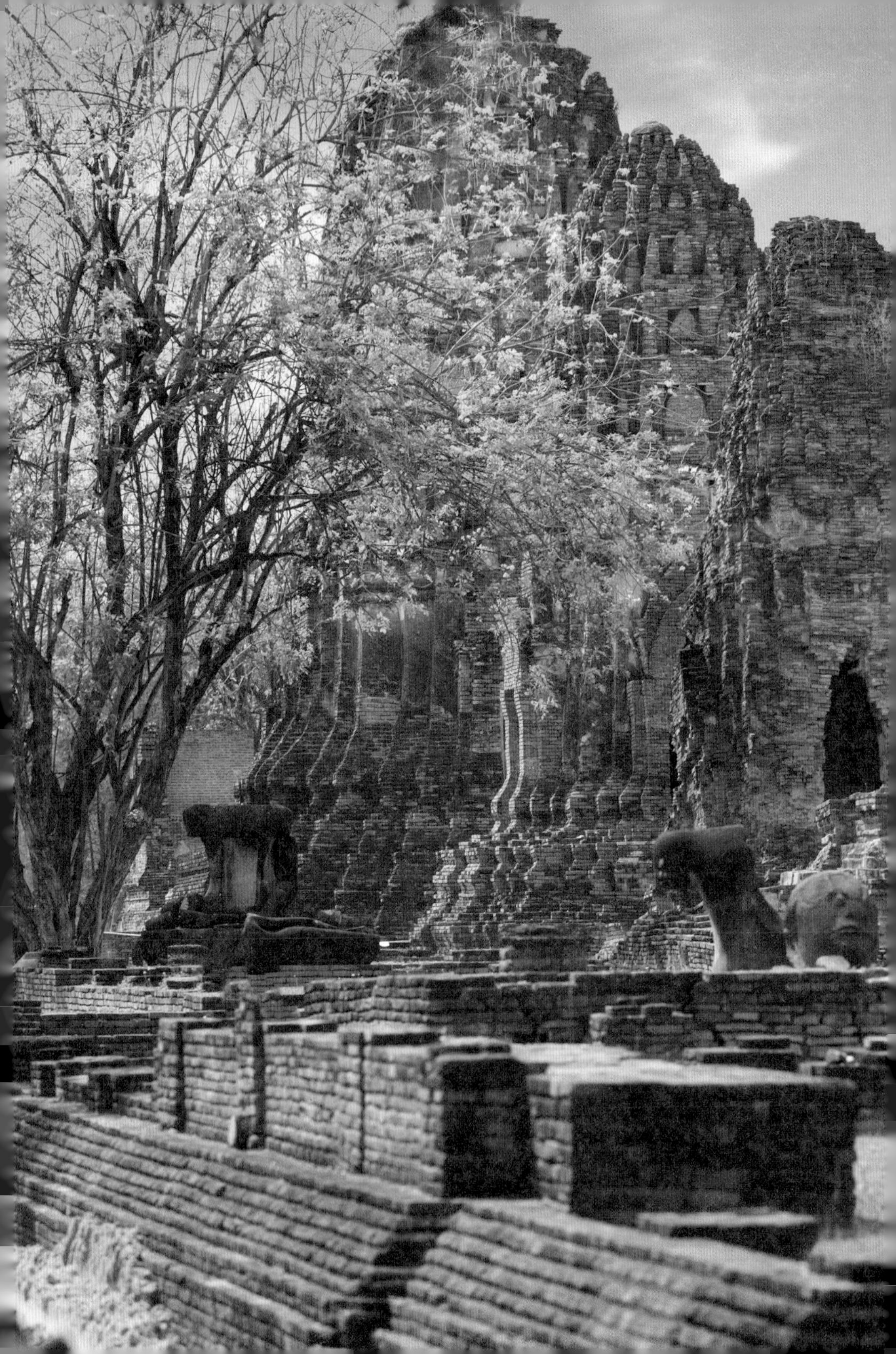

PART 04

투어로 돌아보는 방콕 근교 여행

BANGKOK

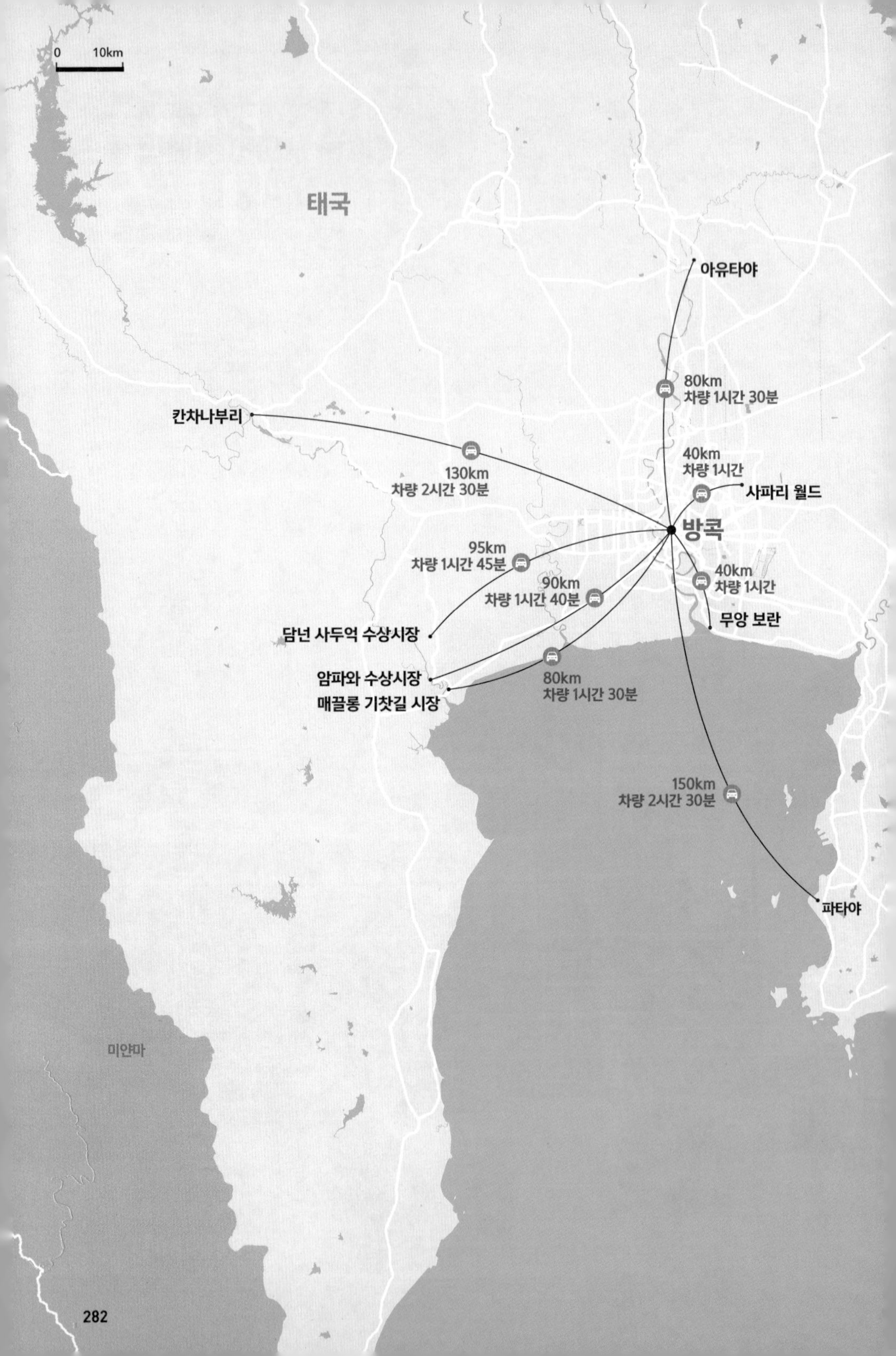
0 10km
태국
아유타야
80km
차량 1시간 30분
칸차나부리
130km
차량 2시간 30분
40km
차량 1시간
사파리 월드
방콕
95km
차량 1시간 45분
90km
차량 1시간 40분
40km
차량 1시간
담넌 사두억 수상시장
무앙 보란
암파와 수상시장
매끌롱 기찻길 시장
80km
차량 1시간 30분
150km
차량 2시간 30분
파타야
미얀마

한눈에 보는 방콕 근교 여행지

에메랄드 물빛의 파타야, '태국의 경주' 아유타야,
제2차 세계 대전의 상흔을 간직한
콰이강의 다리, 태국 현지인의 생활상을 엿보는
수상시장 등을 일일 투어로 다녀오자.

* 거리와 시간은 방콕 카오산 로드 출발 기준

방콕 근교에서 만나는 색다른 경험

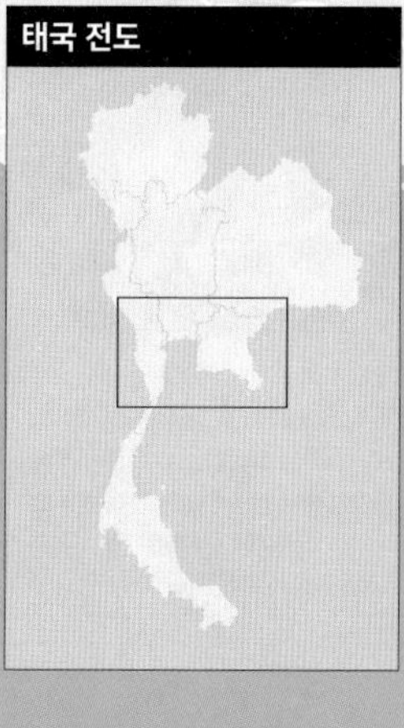

캄보디아

핵심만 쏙쏙!
방콕 근교 투어 프로그램

방콕에는 수많은 여행사가 있고 그만큼 다양한 투어 상품이 있다.
한국에서 예약해 바우처를 받을 수 있는 투어가 있는가 하면,
현지에서 직접 다양한 옵션을 골라 조금 더 저렴하게 떠날 수 있는 투어가 있다.
표는 대략적인 가이드로만 참고하자.

- 투어 종료 시간은 방콕 도착 시간 기준.
- 투어 요금의 경우 환율에 따라, 축제와 명절 기간 등 시기에 따라 변동 가능하다. 요금은 성인 기준이다.
- 단독 투어는 1인당 가격이 높은 편이지만 여럿이 모이면 가격이 낮아지고 스케줄을 자유롭게 조정할 수 있다는 장점이 있다. 여행사의 홈페이지에서 정확한 가격을 확인해보자.

한눈에 보는 방콕 근교 투어 프로그램

투어 종류	여행사 상품	설명	소요 시간/요금
아유타야 일일 투어 P.288	**몽키트래블** 아유타야 실속 전일 단독 투어	아유타야의 대표 사원 2곳과 초록을 머금은 카페, 아유타야 근교의 새우 시장을 돌아보는 투어.	09:00~19:00/ 4인 출발 시 1인 약 71,000원
	클룩 아유타야 역사공원 일일 투어	방콕에서 아유타야까지 버스로 이동, 방파인 별궁과 아유타야 사원을 둘러보고 야시장을 구경한 후 방콕으로 돌아오는 조인 투어.	10:00~20:00/ 1인 약 57,000원
아유타야 선셋 크루즈 투어 P.288	**몽키트래블** 가이드와 함께하는 아유타야 선셋 반일 단독 투어	오후에 출발해서 아유타야의 사원을 알차게 돌아보고 선셋 보트를 타 야경을 본 후 방콕으로 돌아오는 투어.	14:30~20:30/ 4인 출발 시 1인 약 67,000원
	마이리얼트립 아유타야 선셋 투어	아유타야를 오후에 관람하고 선셋 보트에서 여유롭게 아유타야 야경을 감상하는 한국인 전용 투어로 마사지를 선택할 수 있는 옵션이 있다.	14:20~20:30/ 1인 약 39,000원
파타야 일일 투어 P.294	**몽키트래블** 파타야 프리 전일 택시 단독 투어	파타야의 대표 관광지인 농눅 빌리지, 파타야 수상시장, 왓 카오 치 찬, 케이브 비치 클럽 또는 타피아 수상 카페를 즐기다가 방콕으로 돌아오는 투어.	08:30~19:30/ 4인 출발 시 1인 약 78,000원
	몽키트래블 비치 클럽 꼬란 전일 투어	꼬란섬에 위치한 비치 클럽 마레에서 편안한 비치 의자와 파라솔 그늘 아래 여유로운 시간을 보내며 해양 스포츠를 즐기는 투어.	07:00~18:00/기본 A코스 4인 출발 시 1인 약 45,000원
	클룩 파타야 농눅 트로피컬 가든 티켓	농눅 빌리지의 입장권만 구입하거나 입장권에 더해 공연 관람, 뷔페 식사를 옵션에서 골라 구매할 수 있다.	입장권 1인 약 16,000원, 입장권+관광버스 1인 약 21,000원
	마이리얼트립 파타야 핵심 택시 단독 투어	농눅 빌리지, 황금 절벽 사원, 파타야 수상시장 등을 돌아보는 자유로운 단독 투어.	09:00~21:00/ 4인 출발 시 1인 약 88,000원~
칸차나부리 투어 P.298	**몽키트래블** 칸차나부리 & 에라완 국립공원 전일 택시 단독 투어	가이드가 없는 단독 투어로 에라완 국립공원 내 에라완 폭포를 구경하고 점심 식사 후 전통 마을 말리까를 방문하거나 코끼리 트레킹과 뗏목 타기, 죽음의 철도에 탑승한다.	07:00~20:00/ 4인 출발 시 1인 약 80,000원
	마이리얼트립 칸차나부리 코끼리+뗏목 트레킹 투어	외국인과 함께하는 영어 가이드 투어로 진행되며 칸차나부리의 연합군 묘지, 콰이강의 다리, 전쟁 박물관을 돌아보고, 죽음의 철도, 뗏목 타기 등을 하고 방콕으로 돌아오는 투어.	06:00~20:00/ 1인 약 60,000원
담넌 사두억 수상시장 투어 & 매끌롱 기찻길 시장 투어 P.302, 304	**마이리얼트립** 담넌 사두억 수상시장 & 위험한 기찻길 시장 반일 투어	매끌롱 기찻길 시장에 도착해 기차가 지나가는 광경을 구경하고, 담넌 사두억 수상시장으로 이동해 보트를 타고 돌아오는 투어. 긴 꼬리 모터보트 10분 포함, 점심 불포함.	07:50~13:40/ 4인 이상 출발 시 1인 약 24,000원
	몽키트래블 담넌 사두억 수상시장+매끌롱 기찻길 시장 반일 투어	방콕 아쏙역, 수쿰윗역 근처 미팅 장소에서 출발해 매끌롱 기찻길 시장을 방문하고, 담넌 사두억 수상시장에서 보트를 타보고 다시 방콕으로 돌아오는 한국인 전용 투어.	07:50~13:40/ 1인 약 32,000원
암파와 수상시장과 반딧불이 투어 P.306	**마이리얼트립** 암파와 수상시장+반딧불이 감상+매끌롱 기찻길 시장 단독 투어	매끌롱 기찻길 시장과 암파와 수상시장을 함께 방문하는 투어. 시장마다 가진 개성을 발견하고 반딧불이를 관찰하고 돌아올 수 있다.	13:30~21:00(금~일요일)/ 4인 출발 시 1인 약 33,000원
	몽키트래블 암파와 수상시장 & 반딧불이 반일 투어	한국어가 가능한 태국인 가이드가 함께하는 투어로 아쏙역 픽업 장소에서 만나 암파와 수상시장을 구경하고 반딧불이 보트를 타고 돌아오는 투어.	15:20~21:30(금~일요일)/ 1인 약 39,000원
무앙 보란 투어 P.308	**몽키트래블** 태국 역사 탐방 고대도시 무앙 보란 반일 투어	고대 도시를 재현한 무앙 보란과 함께 에라완 박물관까지 돌아보는 한국인 전용 투어.	08:30~14:30/ 1인 약 65,000원
	마이리얼트립 무앙 보란과 에라완 박물관 입장권	무앙 보란과 에라완 박물관 입장권을 각각 혹은 동시에 할인 가격으로 구입할 수 있다.	무앙 보란 입장권 1인 13,500원, 무앙 보란+에라완 박물관 1인 21,000원
사파리 월드 투어 P.310	**몽키트래블** 사파리 월드 전일 택시 단독 투어	사파리 월드에 도착해서 타고 있던 차량 그대로 사파리를 한 후 도보로 마린 파크 관람, 자유롭게 식사하고 공연 관람 후 방콕으로 돌아오는 투어.	09:00~17:00/ 4인 출발 시 1인 약 74,000원
	마이리얼트립 방콕 사파리 월드 입장권	사파리 월드에 방문해 사파리도 즐기고, 다채로운 공연도 보고, 먹이주기 체험도 즐겨 보자.	사파리 파크 입장권 1인 약 31,000원, 마린 파크 입장권 1인 약 35,000원, 사파리 & 마린 파크 입장권 1인 약 38,000원

준비부터 꼼꼼하게! 방콕 근교 투어 A to Z

현명하게 투어 프로그램 이용하는 법

투어 상품을 제대로 비교하려면?

가이드가 한국어를 하는지 영어를 쓰는지, 미니밴을 이용하는지 단독 차량으로 이동하는지, 픽업과 드롭이 어디서 가능한지, 공항 샌딩이 되는지, 점심 식사가 포함되는지, 포함된 옵션이 무엇인지, 입장료가 포함인지 아닌지, 환불이 가능한지 아닌지 확인하자. 옵션에 따라 가격과 구성이 달라지므로 투어를 결정하기 전에 꼼꼼하게 비교해보자.

숙소의 위치와 픽드롭 위치를 꼭 확인하자

전체적인 위치를 확인하고 투어 상품을 예약하자. 카오산 로드에서 출발했다가 카오산 로드로 돌아오는 투어가 있는가 하면, 출발 지점과 상관없이 시내 원하는 곳 어디든 데려다주는 투어도 있다. 투어에 따라 비용을 부담하면 공항까지 데려다 주거나 차량 이용 시간을 늘릴 수 있는 옵션도 있다.

여행지의 위치와 소요 시간을 고려하자

숙소의 위치와 여행지의 위치에 따라 전체 이동 시간이 달라지므로 투어의 소요 시간을 꼼꼼하게 확인해보자. 카오산 로드에서는 방콕 서쪽의 칸차나부리나 담넌 사두억 수상시장으로 이동하기 쉽지만 동쪽의 무앙 보란으로 가려면 시간이 오래 걸린다. 시내 중심의 호텔에서 출발해 방콕 서쪽 지역으로 가는 경우 30분 정도, 카오산 로드에서 출발해 동쪽 지역으로 가는 경우 30분 정도 소요 시간을 늘려서 잡아야 한다. 투어 프로그램 내에서의 이동 시간도 확인하는 게 좋다. 예를 들어 방콕 서쪽의 담넌 사두억 수상시장과 매끌롱 기찻길 시장을 둘러보고 방콕 북쪽의 아유타야까지 당일치기로 다녀오는 투어는 아무래도 이동 시간이 길어질 수밖에 없다.

짐이 많으면 투어할 때 들고 다녀야 하나?

호텔에서 체크아웃을 하는 날, 혹은 다른 호텔로 옮겨가는 날에는 투어를 예약해도 될지 고민된다. 커다란 캐리어나 짐 가방을 들고 투어를 다니면 힘들 테고, 투어 차량 중에는 공간의 문제로 캐리어를 못 싣는 차량도 있다. 그렇다고 호텔에 보관하자니 투어가 끝나고 다시 호텔에 들러 짐을 챙겨 이동할 시간이 빡빡하다. 그럴 땐 짐을 공항에 미리 보내거나 다음 호텔로 옮겨주는 벨럭 서비스를 이용해 보자. 공항과 공항, 공항과 호텔, 호텔과 호텔, 호텔과 쇼핑몰을 선택해 짐을 부칠 수 있다. 다른 도시를 잠시 여행하고 돌아올 때까지 가방을 보관해주는 서비스도 있으니 홈페이지에서 살펴보자. 짐을 추적하는 시스템이 있어서 안심이 된다.

벨럭 서비스 Bellugg www.bellugg.com ฿ 방콕 내 호텔과 호텔 구간(08:00~23:30) 짐 1개당 380밧/ 방콕 공항과 방콕 호텔 구간 짐 1개당 크기별로 380밧, 600밧/ 방콕 수완나폼 공항에서 파타야 호텔 구간 짐 1개당 600밧

동물을 사랑하는 윤리 여행

투어 상품 중에는 코끼리를 타고 트레킹을 하거나 호랑이와 함께 사진을 찍고, 동물 쇼를 보는 프로그램이 포함된 상품이 있다. 동물을 좋아하고 가까이에서 보고 싶어서 투어에 참여하는 여행자가 많지만 프로그램 참여 후에 마음이 불편해지는 경우도 있다. 그러니 투어를 신청하기 전에 동물 복지가 지켜지는 프로그램인지 알아보자. 일일 투어 중에 동물 관련 프로그램이 있다면 미리 옵션에서 제외하거나 투어 현장에서 참여하지 않겠다는 의사를 밝혀도 무방하다.

투어 예약 어디서 하지?

몽키트래블 Monkey Travel

태국뿐만 아니라 베트남, 대만 등 동남아시아의 항공, 호텔, 골프 여행 상품과 다양한 투어 상품을 현지와 연계해 판매한다. 방콕의 호텔을 합리적인 가격으로 제공하며 호텔과 투어를 한 번에 예약하기에 편리하다. 수쿰윗에서 출발하는 투어, 한국인 투어, 단독 투어 상품들이 잘 꾸려져 있다. 홈페이지에 문의하면 15분 내에 빠르게 답변을 받을 수 있고, 365일 연락이 가능한 전화번호가 있어 믿음직스럽다.

thai.monkeytravel.com
(태국) 02-730-5690, (태국 24시간 비상 전화) 086-902-0011

마이리얼트립 My Real Trip

현지 가이드나 여행사의 여행 프로그램을 중개하는 사이트로 방콕 투어 상품만 700여 개를 판매한다. 방콕으로 출국하는 여행자를 위해 현지 여행 업체의 투어, 현지 가이드와 함께 하는 체험, 공연 티켓 등을 소개하고 추천한다. 현지 가이드의 개성 있는 투어를 찾아볼 수 있다. 방콕 골목 도보 여행이나 스냅 촬영 같은 소소한 프로그램이 인기다. 온라인으로 미리 예약하고 현지에서 이용한다.

www.myrealtrip.com (한국) 1670-8208

클룩 Klook

마이리얼트립이 한국에서 시작해서 한국 여행자에게 특화된 플랫폼이라면 클룩은 전 세계의 여행자를 대상으로 투어 프로그램을 판매한다. 구글에서 가장 많이 검색된 액티비티 서비스이기도 하다. 방콕을 여행한 후 태국의 다른 도시, 다른 나라까지 이어서 여행한다면 여러 나라의 투어 프로그램을 한 번에 예약하고 관리하기에 편리하다. 클룩 애플리케이션에서 상품을 예약하면 QR 코드로 된 모바일 바우처를 발급해준다. 종이 바우처를 인쇄하지 않아도 되어 편리하다.

www.klook.com/ko (한국) 02-3478-4131

방콕 근교 투어 01

아유타야와 방파인 별장 투어

코스

- 방콕 출발
- 방파인 별궁
- 점심 식사
- 사원 관람
- 아유타야 수상시장
- 방콕 도착

소요 시간 약 11시간

아유타야 오후 선셋 크루즈 투어

코스

- 방콕 출발
- 아유타야의 고대 유적 관람
- 선셋 보트 타기
- 아유타야 야경 보기
- 방콕 도착

소요 시간 약 6시간

아유타야 왕국에 대해 알고 싶다면?

- 태국 문화 키워드 P.032
- 태국 왕조의 역사 P.034

아유타야 왕조의 사원과 왕궁을 둘러보는

아유타야 투어 Ayutthaya Tour

태국의 역사와 문화에 관심이 있는 사람이라면 방콕 근교의 아유타야로 떠나보자. 1351년부터 1767년까지 417년간 아유타야 왕국의 수도였던 아유타야에는 1천 개가 넘는 크고 작은 사원들이 모여 있어 찬란했던 왕국의 전성기를 짐작케 한다. 현재 아유타야 역사공원으로 불리는 아유타야 지역은 유네스코 세계유산으로 지정되어 태국 여행에서 손꼽히는 인기 여행지다.
아유타야로 가려면 방콕에서 출발하는 여행사의 투어를 이용하는 방법, 방콕에서 택시를 대절하는 방법, 대중교통을 이용해 아유타야로 가서 오토바이나 툭툭을 타는 방법이 있다. 대중교통은 시간이 많이 걸리는 데다 환승이 불편하고, 택시 대절은 비용이 만만치 않으니 여행사의 투어를 이용해 당일치기로 편리하게 다녀오자. 전일 투어, 오전 반일 투어, 오후 반일 투어, 크루즈 투어 중에서 선택할 수 있다. 보통 오전 투어에는 방파인과 새우 시장 방문이 포함되고, 오후 투어에는 보트 투어가 포함된다. 선셋 투어라고 불리는 오후 투어에서는 환하게 불 밝힌 아유타야의 야경을 볼 수 있다. 투어별로 방문하는 사원과 입장료 포함 여부 및 식사의 옵션이 다양하니 잘 살펴보고 예약하자.

Ayutthaya, Phra Nakhon Si Ayutthaya 방콕에서 북쪽으로 80km, 차로 1시간 30분, 에어컨 버스로 2시간, 기차로 1시간 30분 14.352364, 100.560534

추천 투어 **[몽키트래블] 아유타야 실속 전일 단독 투어 & 가이드와 함께하는 아유타야 선셋 반일 단독 투어** ฿ (일일 투어) 4인 이상 예약 시 1인 약 71,000원(1,650밧)
일일 투어 08:00~19:30 (한국) 070-7010-8266, (태국) 02-730-5690
thai.monkeytravel.com

왓 마하탓

TIP

택시를 대절하거나 자유여행으로 간다면

방문하고 싶은 사원의 목록을 적어 기사와 상의하자. 왓 마하탓, 왓 프라시산펫, 왓 야이 차이몽콜 세 군데를 기본으로 추천한다. 저녁이면 왓 차이와타나람에 불이 켜지면서 강물에 비친 아름다운 야경을 감상할 수 있으므로 오후 투어라면 방콕으로 돌아오기 전에 마지막으로 왓 차이와타나람에 들르면 좋다.

฿ 방콕-아유타야 택시 대절 요금 약 3,000밧/ (입장료) 아유타야 사원 통합 입장권 220밧, 방파인 별궁 100밧, 왓 마하탓 50밧, 왓 프라시산펫 50밧, 왓 야이차이몽콜 20밧/ 코끼리 트레킹 성인 1인 200밧, 사진 찍기 40바트, 먹이 주기 50바트, 보트 투어 200밧

왓 야이차이몽콜

왓 마하탓의 불상

방파인 별궁

아유타야의 주요 방문지

아유타야는 1천 개 이상의 불교 사원과 그보다 더 많은 불상을 품고 있다. '아유타야에 가면 하루 9개의 사원을 방문하라'는 말이 있을 정도다. 하루에 사원을 10개씩 돌아보아도 100일이나 걸리는 여정이다. 아유타야 투어에서 주로 방문하는 사원과 명소를 살펴보자.

©윤유섭

왓 마하탓 Wat Phra Mahathat

원래 이름은 왓 프라마하탓인데 왓 마하탓으로 불린다. 보리수가 자라나면서 뿌리에 얽힌 불상의 머리가 모습을 드러낸 사원으로 유명하다. 14세기에 나레수안 왕이 건축한 것으로 추정되며 중앙에 50m 높이의 쁘랑이 있었으나 파괴되었다고 한다. 왕실의 수도원이자 도시의 영적 중심지였다. 사원 곳곳에서 머리가 없는 불상들을 만날 수 있다.

฿ 입장료 50밧, 화장실 10밧 14.35694, 100.56751

> TIP
> **잠깐! 사진 찍기 에티켓**
> 불교 국가 태국에서는 부처의 머리보다 더 높은 곳에 자신의 머리를 두면 안 된다. 그러므로 보리수나무 아래 있는 불상과 사진을 찍으려면 머리의 높이를 낮추고 앉은 자세로 찍는 것이 예의다.

왓 몽콘 보핏 Wat Mongkhon Bophit

왓 프라시산펫 앞에 있는 법당이다. 15세기에 만든 태국 최대 크기의 청동 불상인 프라몽콘 보핏(Phra Mongkhon Bophit)을 볼 수 있다. 프라몽콘 보핏을 모시고 있다 해서 왓 프라몽콘 보핏으로 불리기도 한다. 왕궁 동쪽 외곽에 있던 불상인데 지금이 자리로 이전하면서 금을 입혀 금색 불상으로 변신했다.

14.35488, 100.5577

왓 프라시산펫 Wat Phra Si Sanphet

방콕의 왓 프라깨우와 견줄 만큼 크고 아름다운 사원. 15세기에 아유타야의 역대 왕을 모시기 위해 지었다. 입구 앞에 서 있는 3개의 높은 쩨디에는 역대 왕 3명의 유골과 의복을 보관했다. 원래는 쩨디 앞에 170kg의 금을 입힌 16m 높이의 불상이 서 있었는데 버마가 아유타야를 침공하면서 금을 약탈하기 위해 불상에 불을 지르는 바람에 불상이 녹아 없어졌다고. 사원 안쪽으로 넓은 왕궁이었던 자리가 모두 무너지고 터만 남아 있다.

฿ 입장료 50밧 14.35575, 100.55823

왓 차이와타나람 Wat Chaiwatthanaram

아유타야의 프라삿 텅 왕이 17세기에 왕실 수도원으로 지은 사원이다. 크메르 양식으로 지어 가운데에 35m 높이의 쁘랑을 두고 사방에 4기의 작은 쁘랑을 세운 모습이 앙코르와트 사원과 비슷해 보인다. 이곳에서 종교 의식과 화장 의식을 거행했다.

฿ 입장료 50밧 14.34304, 100.54181

왓 로카야수타람 Wat Lokayasutharam

머리는 남쪽, 발은 북쪽에 두고 서쪽을 보며 누운 불상이 42m의 엄청난 길이를 자랑한다. 전체 모습을 사진에 담으려면 상당히 멀리에서 찍어야 할 정도. 쁘랑이 있었던 것으로 추정되나 모두 파괴되었다.

14.35548, 100.55248

©윤유섭

왓 야이차이몽콜 Wat Yai Chai Mongkhol

아유타야의 초대 왕인 우텅 왕이 건설한 사원으로 왓 야이(Wat Yai) 혹은 왓 차오프라야타이(Wat Chao Phraya Thai)라고도 부른다. 스리랑카에서 유학을 마치고 돌아온 승려들을 위해 지었다. 16세기 말에 나레수안 왕이 버마와의 전쟁에서 승리한 뒤 높이 72m의 쩨디를 세웠다. 사원 내부에는 당시 버마와의 전쟁을 묘사한 그림이 그려져 있고, 석고를 덧입혀 흰색으로 빛나는 와불을 볼 수 있다.

฿ 입장료 20밧 14.3452, 100.59312

왓 프라람 Wat Phra Ram

무너져 내린 왕궁의 동쪽에 있다. 아유타야의 라메수안 왕이 그의 아버지 우텅 왕을 화장하기 위해 지은 사원이다. 크메르 양식의 쁘랑 하나만 달랑 남아 있지만 호수 옆에 위치해 운치가 있다.

฿ 입장료 50밧 14.35416, 100.56178

아유타야 수상시장 Ayuthaya Floating Market

입장료를 내고 들어가면 보트로 시장을 한 바퀴 돈 다음 내려준다. 걸어 나오면서 상점을 구경하고 기념품이나 수공예품을 구매하거나 식사를 할 수 있다. 여느 수상시장과 비슷한 느낌.

฿ 입장료 200밧 ayothayafloatingmarket.in.th
14.35897, 100.59333

©윤유섭

TIP

방파인 별궁을 편안하게 돌아보려면

투어로 방문하면 보통 카트 대여가 포함되지 않지만, 내부가 넓으니 개별적으로 카트를 대여하고 이용하는 것이 좋다. 카트 대여비는 1시간에 400밧, 이후 1시간에 100밧씩 추가되고, 국제운전면허증이나 운전면허증(한국면허증 가능)이 있어야 대여할 수 있다.

방파인 별궁 Bang Pa In Palace

여름 궁전(Royal Summer Palace)이라고도 불린다. 17세기 중엽에 아유타야의 프라삿 텅 왕이 지은 궁전이다. 프라삿 텅 왕은 이탈리아, 그리스 등지의 아름다운 건축물을 보고 돌아와 고대 중국의 건축 양식과 조화를 이루는 궁전을 건축했다. 아유타야 왕조가 무너진 뒤 방치되었다가 라마 4세에서 라마 5세에 이르는 동안 복원했다. 복장 제한이 있어 무릎을 덮는 바지와 어깨를 가리는 반팔 옷을 입는다. 민소매나 반바지, 슬리퍼를 입고 가면 현장에서 옷을 구매해서 입어야 한다.

฿ 입장료 100밧 14.23277, 100.57906

방콕
근교 투어
02

파타야 일일 투어

코스

- 방콕 출발
- 꼬란섬 도착
- 해양 스포츠와 수영 즐기기 & 점심 식사
- 파타야 수상시장
- 황금 절벽 사원
- 코끼리 타고 트레킹하기
- 농눅 빌리지에서 공연 관람하기
- 파타야 해변에서 저녁 식사
- 방콕 도착

소요 시간 약 11시간

TIP

파타야 투어의 다양한 옵션

투어 프로그램마다 선베드, 탈의실 비용, 해양 스포츠 기본 옵션 포함 여부가 모두 다르다. 액티비티의 경우 미리 옵션을 선택하고 선불 후 예약하거나, 현지에서 지불하고 이용할 수도 있다. 옵션은 보통 이용시간과 횟수에 따라 패러세일링 400~600밧, 제트스키 400밧, 시워킹 800~1,200밧, 바나나 보트 200~400밧, 스노클링 무료~500밧, 샤워실 이용 40밧 정도. 매주 수요일은 꼬란 해변을 청소하는 날이라 선베드를 깔지 않으므로 돗자리를 이용해야 한다. 점심 식사, 코끼리 트래킹, 저녁 식사가 투어 요금에 포함되는지도 체크하자.

파타야 수상시장

꼬란섬

황금 절벽 사원

시원한 바다와 드넓은 농장을 동시에!

파타야 투어 Pattaya Tour

푸른 물빛이 시원한 해변의 도시 파타야는 수상 액티비티를 즐기는 사람이나 다양한 농장 체험을 원하는 사람에게 인기가 많은 여행지다. 방콕에서 차로 2시간 30분 정도 걸린다. 해양 스포츠와 바다를 즐기고 싶은 사람들은 하루 종일 투명한 바다를 즐기는 투어를, 코끼리나 악어 같은 동물들에 더 관심이 있다면 농눅 빌리지와 악어 농장 등이 연계된 투어를 선택해보자. 투어마다 방문하는 스폿이 다르므로 잘 살펴보고 고르자. 오전에는 꼬란섬에서 바다를 즐기다 오후에 파타야 수상시장과 절벽 사원, 농눅 빌리지에서 전통 공연과 코끼리 쇼를 보고, 노을 지는 파타야 해변에서 저녁 식사를 하면 알찬 하루를 보낼 수 있다.

Muang Pattaya, Amphoe Bang Lamung 방콕에서 남동쪽으로 150km, 차로 2시간 30분 12.923100, 100.878458

추천 투어 **[몽키트래블] 파타야 프리 전일 택시 단독 투어**

฿ 4인 출발 시 1인 약 78,000원 08:00~17:30 (한국) 070-7010-8266, (태국) 02-730-5690 thai.monkeytravel.com

파타야의 주요 방문지

방콕을 여행하다가 바다가 보고 싶을 땐 파타야로 가자. 파타야 해변도 좋지만 꼬란섬의 바다는 더욱 맑고 푸르다. 파타야 근처의 농눅 빌리지, 황금 절벽 사원 같은 관광지를 함께 둘러보는 투어를 선택할 수 있다.

꼬란섬 Koh Lan

에메랄드빛 바다를 만날 수 있는 섬이다. 태국어로 '꼬(Kho)'가 섬이라는 뜻이니 정확하게 말하자면 란섬이라고 불러야 하지만 한국인에게는 꼬란섬 또는 산호섬으로 더 유명하다. 파타야에서 배를 타면 섬 동쪽의 나반 선착장이나 북쪽의 따웬 선착장으로 들어간다. 꼬란섬에는 물이 맑은 해변이 여럿인데 사메 해변이 가장 물이 맑고 아름답지만 접근성이 떨어져서 보통 따웬 해변에서 해양 스포츠를 즐긴다. 최근 투어 프로그램은 꼬란섬이나 근처의 섬에 정박하고 스노클링, 낚시 등을 즐기는 등 다양한 액티비티를 선보인다.

12.91822, 100.78026

농눅 빌리지 Nong Nooch Tropical Garden

파타야의 대표 관광지 중 하나로 92만 평의 드넓은 부지에 아름다운 정원을 가꾼 테마파크다. 셔틀 차량을 타고 공룡 계곡이나 프랑스 정원 같은 테마별 공원을 방문할 수 있어 좋다. 거대한 실내 공연장에서 태국 전통 공연을 관람할 수 있고, 축구장만 한 넓이의 야외 공연장에서 코끼리 수십 마리가 펼치는 기예를 볼 수 있다.

12.76699, 100.93338

황금 절벽 사원 Buddha mountain

왓 카오 치 찬(Wat Khao Chi Chan)이라고도 한다. 거대한 절벽에 황금으로 그린 불상이 있다. 불상의 높이는 109m, 폭은 70m로 라마 9세의 즉위 50주년인 1996년에 그의 만수무강을 기리며 만들었다. 돌산의 절벽을 깎아서 음각하고 황금을 채워 넣는 방식으로 제작했는데 당시 들어간 황금의 비용만 약 64억 원 정도. 햇살을 받아 번쩍이는 부처의 모습이 멀리서 보아도 인상적이다.

12.765699, 100.956898

파타야 수상시장 Pattaya Floating Market

입장료를 내고 들어가면 보트로 수상시장의 물길을 따라 한 바퀴 돈 다음 시장 끄트머리에 내려준다. 걸어 나오면서 다양한 상점을 만나고 먹거리를 즐길 수 있다. 관광으로 특화된 도시마다 세워지는 관광객용 수상시장에 가깝다.

12.86762, 100.90499

파타야 해변 레스토랑

파타야에서 하루의 투어를 마치면 방콕으로 돌아가기 전에 저녁 식사를 한다. 보통 로맨틱한 감성으로 치장한 해변의 레스토랑으로 데려다준다. 저녁 식사를 하러 온 관광객으로 붐비지만 파타야 해변의 아름다운 풍경을 바라보면 탄성이 절로 나온다. 다른 식당에 비해 조금 높은 가격대의 식사나 북적거림 정도는 감수하게 된다.

더 글라스 하우스 12.84878, 100.90168, **스카이 갤러리** 12.92141, 100.85936

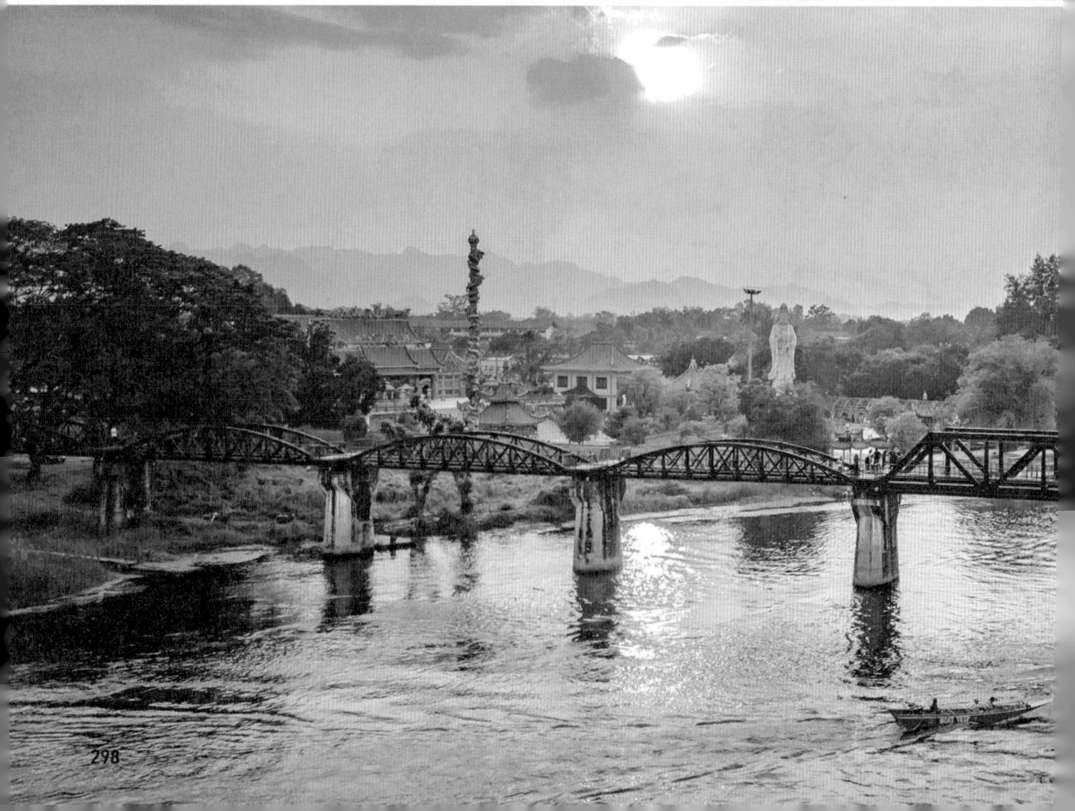

콰이강에서 들려오는 휘파람 소리 따라

칸차나부리 투어 Kanchanaburi Tour

칸차나부리는 영화 속 배경으로 유명한 '콰이강의 다리' 때문에 방콕 근교의 인기 여행지로 각광받는다. 칸차나부리로 떠나는 김에 콰이강의 다리 위로 달리는 죽음의 철도도 타보고, 사이욕 노이 폭포에서 널찍한 용소까지 구경하고 돌아오자. 영화 속에서 본 콰이강의 다리, 즉 나무다리는 제2차 세계대전 당시에 폭파되었고 현재의 다리는 전쟁이 끝난 후 복구한 강철 교량이다. 철로 위에서 느릿느릿 지나가는 기차를 만나면 양쪽으로 비켜서서 손을 흔드는 재미도 있다. 죽음의 철도를 직접 타보는 것도 흥미롭다. 한쪽으로는 깎아내린 절벽이, 한쪽으로는 유유히 흘러가는 콰이강이 보인다. 투어에 따라 콰이강에서 대나무 뗏목을 타고 경치를 감상하거나 코끼리를 타고 마을을 한 바퀴 도는 체험을 한다. 방콕으로 돌아오는 길에 사이욕 노이 폭포에서 시원하게 물놀이도 할 수 있어 하루가 알차다. 카오산 로드의 현지 여행사는 다양한 옵션의 칸차나부리 투어를 소개하는데 코끼리 트레킹 대신 호랑이와 사진을 찍는 투어도 있다.

Tambon Ban Tai, Amphoe Mueang Kanchanaburi, Chang Wat Kanchanaburi
방콕에서 서북쪽으로 130km, 차로 2시간 14.041128, 99.503776

추천 투어 **[몽키트래블] 칸차나부리 & 에라완 국립공원 전일 택시 단독 투어**
฿ 4인 출발 시 1인 약 80,000원 07:00~20:00 (태국) 02-730-5690
thai.monkeytravel.com

칸차나부리 일일 투어

코스

- 방콕 출발
- 연합군 묘지
- 전쟁 박물관
- 콰이강의 다리
- 죽음의 철도 타기
- 점심 식사
- 코끼리 트레킹
- 대나무 뗏목 타기
- 사이욕 노이 폭포
- 방콕 도착

소요 시간 약 12시간

칸차나부리의 주요 방문지

연합군 묘지 Kanchanaburi War Cemetery

제2차 세계 대전 당시 일본군은 해상을 통한 보급로 확보가 어려워지자 전쟁 물자를 수송하기 위해 태국 서부에서 미얀마까지 416km에 달하는 철도와 콰이강의 다리를 건설했다. 열악한 환경 속에서 고된 노동을 하던 많은 연합군 포로가 사망했다. 죽음의 철도를 건설하다 죽어간 연합군 전상자 3천여 명이 묻힌 추모 공원이다.

14.03163, 99.52556

전쟁 박물관 JEATH War Museum

'죽음의 철도'라고 불리던 당시의 기차 한 량을 통째로 입구에 전시해두어 눈길을 끈다. 박물관 지하로 내려가면 당시 전쟁 포로들이 노역을 했던 장면을 마네킹으로 만들어놓았다. 콰이강의 다리 건설 당시의 흑백 사진이 전시되어 있고, 제2차 세계 대전 당시 일본군이 사용했던 무기 등이 전시되어 있다. 박물관의 이름은 철도를 건설한 국가들의 앞 글자(JEATH: Japan, England, America, Australia, Thailand and Holland)를 따서 지었다.

฿ 입장료 50밧 14.04111, 99.50523

콰이강의 다리 The Bridge on the River Kwai

제2차 세계 대전을 배경으로 하는 동명의 영화 이름으로 유명해진 다리다. 관광객이 다리 위에서 강물을 바라보고 있으면 칸차나부리역에서 남똑역까지 하루 세 번 운행하는 느릿한 열차가 경적을 울리며 지나간다.

14.04093, 99.50373

"따라~ 따라라 따따따~." 콰이강의 다리에 서면 어디선가 휘파람 소리가 들려올 것만 같다. 연합군 묘지와 전쟁 박물관에 들렀다가 죽음의 철도를 타고 싱그러운 태국의 시골 풍경을 만난다. 뗏목 타기와 폭포 구경까지 시원한 물놀이도 즐긴다.

죽음의 철도 Death Railway

완공까지 5년 넘게 걸릴 것으로 예상한 철도 공사가 15개월 만에 끝났다. 그만큼 밤낮없이 열악한 환경에서 혹독한 노동에 시달린 연합군 포로와 아시아의 노동자 10만여 명이 영양실조와 열대병 등으로 목숨을 잃었다. 이 철도가 '죽음의 철도'라고 불리는 이유다. 무시무시한 명성과 달리 느릿한 기차를 타고 창문으로 내다보는 시골 풍경은 무척이나 평화롭다.

฿ 기차 요금 100밧

코끼리 트레킹과 대나무 뗏목 타기
Elephant Riding and Bamboo Rafting

콰이강과 가까운 마을에서 코끼리 트레킹과 대나무 뗏목 타기를 동시에 운영한다. 코끼리 위에 앉아 마을을 한 바퀴 돌아보고, 마을을 휘감아 흐르는 강물 위에 대나무로 엮은 뗏목을 띄워 시간을 보낸다. 개구쟁이 여행자들은 뗏목을 타다 말고 강물에 뛰어들어 수영을 즐기기도 한다.

사이욕 노이 폭포 Sai Yok Noi Waterfall

칸차나부리 시내에서 북쪽으로 60km 떨어진 사이욕 노이 폭포는 주말이면 소풍 나온 현지인들이 돗자리를 펴고 앉아 맛있는 음식을 먹으며 물놀이를 즐기는 곳이다. 우기와 건기에 떨어지는 물의 양이 차이가 나지만 바위를 따라 떨어지는 물줄기가 시원하다. 물놀이를 하고 싶다면 수건과 갈아입을 옷을 준비하자. 탈의실은 별도로 마련되어 있지 않다.

14.23871, 99.0583

방콕
근교 투어
04

담넌 사두억 수상시장 투어

코스

- 방콕 출발
- 담넉 사두억 수상시장에서 배 타기
- 방콕 도착

소요 시간 약 5시간

활력이 넘치는 수상시장

담넌 사두억 수상시장 투어

Damnoen Saduak Floating Market Tour

방콕 근교에서 가장 인기 있는 수상시장을 꼽으라면 아마도 담넌 사두억 수상시장이 아닐까. 하루 종일 관광객에게 볼거리를 제공하는 시장이기도 하고, 새벽 5시부터 오전 9시 사이에 현지인이 장을 보러 나오는 전통적인 재래시장이기도 하다. 예부터 수로 주위에 살면서 배를 몰며 장사를 하던 상인들이 여전히 이곳에서 생계를 이어간다. 좁은 수로를 따라 수많은 배가 흘러 다니며 모자나 기념품, 부채 같은 각종 기념품을 팔고, 배 위에서 꼬치를 굽고 국수를 삶는다. 누군가 손을 들어 배를 부르면 능숙하게 노를 저어 다가온 후 익숙하게 흥정을 시작한다. 이곳에서 파는 물건들은 방콕의 웬만한 기념품 가게에서 구입할 수 있는 물건이고 가격이 더 싸지도 않지만, 배를 타고 둥실거리면서 망고 찰밥을 맛보거나 국수를 말아 먹으며 시장의 활기를 느끼는 경험은 이곳만의 독특한 시간을 선사한다.

9 Tambon Damnoen Saduak, Amphoe Damnoen Saduak, Changwat Ratchaburi 방콕에서 서쪽으로 95km, 차로 1시간 45분 13.520260, 99.959491

추천 투어

[몽키트래블] 담넌 사두억 수상시장 & 위험한 기찻길 시장 반일 투어

฿ 1인 약 32,000원 07:50~13:40 (한국) 070-7010-8266, (태국) 02-730-5690 thai.monkeytravel.com

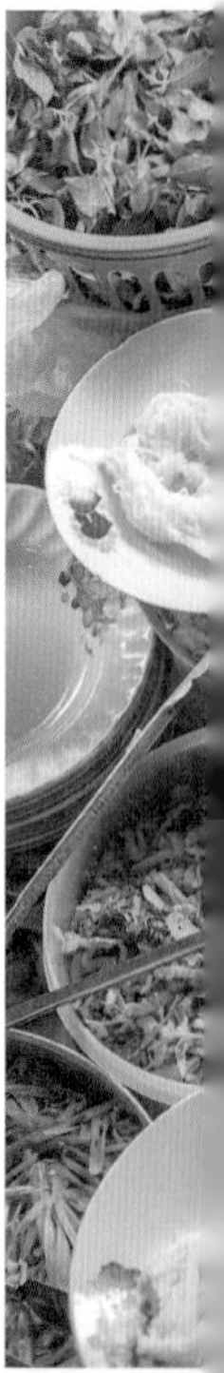

방콕 근교 투어 05

매끌롱 기찻길 시장 일일 투어

코스

- 방콕 출발
- 수상시장에서 배 타기
- 매끌롱 기찻길 시장 구경
- 방콕으로 돌아오기

소요 시간 약 4시간 30분

세상에서 가장 위험한 시장

매끌롱 기찻길 시장 투어 Mae Klong Railway Market Tour

기차선로를 따라 장이 열린다. 다닥다닥 붙은 상점에는 여느 시장처럼 신선한 채소와 과일이 놓였고, 장을 보러 나온 현지인과 상인 사이에 흥정이 오간다. 부처님께 공양할 꽃을 만드는 분주한 손길, 부채질을 하며 파리를 쫓는 손짓이 느긋하다. 멀리서 기차의 경적 소리가 들리면 상인들이 잽싸게 뛰쳐나와 선로에 걸쳐 놓은 바구니들과 천막을 걷어 안쪽으로 옮긴다. 카메라를 들고 있던 여행자들은 시장 골목 구석구석으로 숨어들어 고개만 빼꼼히 내민다. 기차가 아슬아슬하게 시장통을 통과한다. 기차가 지나가자마자 상인들이 튀어나와 더욱 분주하게 좌판을 벌인다. 억척스럽게 삶을 꾸려가는 사람들의 모습은 어느덧 풍경이 된다. 매끌롱 기찻길 시장만 다녀오는 투어는 찾기 드물고 보통 20km 정도 떨어진 담넌 사두억 수상시장이나 암파와 수상시장과 함께 둘러보는 투어가 많다.

Mae Klong, Amphoe Mueang Samut Songkhram, Changwat Samut Songkhram 방콕에서 서남쪽으로 80km, 차로 1시간 30분 13.407511, 99.998931

추천 투어

[몽키트래블] 담넌 사두억 수상시장 & 위험한 기찻길 시장 반일 투어

฿ 1인 약 28,000원 07:50~13:40 (한국) 070-7010-8266, (태국) 02-730 -5690

thai.monkeytravel.com

방콕
근교 투어
06

암파와 수상시장과 반딧불이 투어

코스

- 방콕 출발
- 암파와 수상시장 구경
- 반딧불이 보트 투어
- 방콕 도착

소요 시간 약 5시간

반짝반짝 반딧불이 반겨주는

암파와 수상시장과 반딧불이 투어

Amphawa Floating Market & Firefly Night Cruising Tour

암파와 수상시장은 주말 저녁이면 은은한 불빛을 밝히고 손님을 맞는다. 다른 수상시장과 달리 보트를 타고 반딧불이를 만날 수 있어 유명하다. 그래서 암파와 수상시장을 방문하는 투어는 금·토·일요일 오후에만 진행한다. 암파와 수상시장에 도착하면 해가 질 때까지 시장을 둘러보며 자유 시간을 갖는다. 강변을 따라 온갖 먹거리가 식욕을 자극하고, 수공예 기념품이 지름신을 부른다. 아기자기한 카페도 많아 시간이 금방 지난다. 해가 지면 수상시장의 불빛이 아롱아롱 강물에 드리워져 환한 낮과는 다른 은은한 정취를 자아낸다. 반딧불 보트를 타고 깜깜한 밤을 거슬러 오르면 반딧불의 환상적인 무도회를 만난다. 얼마나 근사한 반딧불의 춤을 볼 수 있는지는 날씨에 따라 다르다. 이곳에서는 1년 내내 반딧불이를 볼 수 있는데 5월에서 10월 사이에 더욱 잘 보인다.

Amphawa, Amphoe Amphawa, Changwat Samut Songkhram
방콕에서 서남쪽으로 약 90km, 차로 1시간 30분 13.42578, 99.95531

추천 투어 **[몽키트래블] 암파와 수상시장 & 반딧불이 반일 투어**
1인 약 39,000원 금~일요일 15:20~21:30 (태국) 02-730-5690
thai.monkeytravel.com

TIP

반딧불이는 깜깜해야 잘 보여요!

반딧불이 서식지에 도착하면 반딧불이를 더욱 잘 보기 위해 보트의 불을 끈다. 주위가 어두울수록 반딧불이가 더 반짝인다. 깜깜하고 조명이 없으니 사진을 찍기가 어려운 건 당연지사. 그렇다고 조명을 켜고 사진을 찍으면 반딧불이가 보이지 않을뿐더러 다른 여행자를 방해하게 된다. 한 사람이 불을 켜면 너도 나도 카메라의 조명을 켜 투어를 망칠 수 있으니 자제하도록 하자.

방콕 근교 투어 07

무앙 보란 투어

코스

- 방콕 출발
- 에라완 박물관
- 고대 도시 무앙 보란
- 방콕 도착

소요 시간 약 6시간

엄청난 규모로 재현한 고대 도시

무앙 보란 투어 Muang Boran Tour

무앙 보란은 '고대 도시'라는 뜻으로 태국의 옛 도시와 유적을 고스란히 재현해 놓은 테마파크다. 세계에서 가장 큰 야외 박물관이라고 불릴 정도다. 광대한 부지에 태국의 전통 가옥과 수상시장, 고산족의 농가가 펼쳐지고, 수코타이와 아유타야 시대에 건축된 왕궁과 사원이 실제 크기로 재현되어 호화롭다. 단체 관람을 온 태국 학생들은 무료로 대여해주는 자전거를 타고 돌아보거나 무료로 운행하는 트램을 탄다. 일일 투어로 가면 투어 차량을 그대로 탄 채 무앙 보란을 돌아볼 수 있어 편리하다. 태국 전통 의상을 빌려 입고 사진을 찍을 수도 있다. 그늘이 없으니 모자나 양산, 물은 꼭 챙기자. 무앙 보란으로 가는 길에 위치한 에라완 박물관을 함께 둘러보는 일일 투어도 있다. 에라완 박물관에는 거대한 코끼리 모양으로 세운 건물이 있어 지하 세계와 천상 세계를 표현하는 다양한 골동품을 감상할 수 있다.

296/1 Moo 7 Sukhumvit Rd, Bangpoomai, Amphoe Samut Prakan
방콕에서 남쪽으로 40km, 차로 1시간 (입장료) 어른 700밧, 어린이(6~14세) 350밧
08:00~17:00, 트램 운영시간 10:00~12:00, 13:00~15:00, 15:00~17:00, 17:00~19:00
02-709-1644 www.muangboranmuseum.com 13.539206, 100.623032

추천 투어 **[몽키트래블] 태국 역사 탐방, 고대도시 무앙 보란 반일 투어**
55,000원(에라완 박물관과 무앙 보란 입장료 포함, 전통 의상 대여비 490밧 별도)
08:30~14:30 (한국) 070-7010-8266, (태국) 02-730-5690
thai.monkeytravel.com

TIP

무앙 보란을 개인적으로 둘러보려면?

무앙 보란까지는 BTS 케하역에서 택시나 셔틀버스를 타고 이동한다. 무앙 보란 내부에서 이동하는 방법은 4가지다. 첫째, 타고 온 차를 타고 돌아보는 방법으로, 차량 1대당 400밧의 비용이 발생하며 기사의 입장료는 지불하지 않아도 된다. 둘째, 15세 이상이면 전기 자전거나 자전거를 빌릴 수 있다. 전기 자전거는 3시간 250밧, 추가 1시간당 100밧이고, 일반 자전거는 시간 제한 없이 150밧으로 대여할 수 있다. 날씨가 더워서 지치기 쉬우니 평소에 라이딩을 하지 않는 사람이라면 패스하자. 셋째, 하루 5번 1시간 30분짜리 트램 투어를 이용하면 3곳의 건물 앞에 정차하며 요금은 50밧이다. 넷째, 전동 카트를 대여할 수 있다. 4인용은 1시간에 350밧이며 추가 시간 1시간당 200밧을 내야 한다. 단, 전기 충전식 카트라 배터리의 용량 때문에 3시간 이상 이용하기는 어렵다. 카트를 대여하려면 국제운전면허증 혹은 여권이 필요하다. 한국어 오디오 가이드도 대여할 수 있다.

BTS 나나(Nana)역에서 BTS 케하(Kheha)역까지 50분, BTS 케하역 3번 출구에서 무앙 보란까지 4km, 택시로 10분(약 60밧). BTS 케하역 3번 출구 앞에서 무앙 보란행 셔틀버스* 탑승 혹은 36번 썽태우(10밧) 탑승

* **셔틀버스** (케하역→무앙 보란) 토·일요일 09:30, 14:30, (무앙 보란→케하역) 토·일요일 12:00, 17:30

동물들과 가장 가까이 교감하는 방법

사파리 월드 투어 Safari World Tour

사파리 월드는 태국에서 가장 큰 동물원이다. 차를 탄 채로 자유롭게 풀어놓은 동물을 만나는 사파리 파크, 각종 동물의 공연을 보고 먹이 주기 체험이 가능한 마린 파크로 나뉜다. 사파리 월드 단독 투어에 참여하면 타고 간 차량 그대로 사파리에 입장해 기린과 얼룩말, 호랑이와 사자, 곰을 가까이에서 만날 수 있다. 혹은 사파리 파크에서 운행하는 대형 사파리 버스를 타고 길이가 8km에 달하는 사파리를 즐기기도 한다. 마린 파크에서는 화려한 깃털을 자랑하는 앵무새를 열린 공간에서 만날 수 있고, 오랑우탄 쇼, 바다사자 쇼, 돌고래 쇼, 코끼리 쇼 같은 다양한 공연이 펼쳐진다. 아기 호랑이를 안고 우유를 먹이거나 기린과 눈높이를 맞추어 먹이를 주는 체험이 가능해 아이들과 함께하는 투어로 제격. 투어에 따라 점심 뷔페를 포함해 예약할 수 있는 옵션이 있다.

99 Thanon Panya Intra, Khwaeng Sam Wa Tawan Tok, Khet Khlong Sam Wa
방콕에서 북동쪽으로 40km, 차로 1시간 02-914-4100
www.safariworld.com 13.865595, 100.703378

추천 투어 **[몽키트래블] 사파리 월드 전일 택시 단독 투어**
฿ 4인 이상 예약 시 1인 약 74,000원(점심 뷔페 별도, 개별 푸드코트 이용 가능)
09:00~17:00, 사파리 파크 관람 버스 09:15~16:30(15분 간격), 리버 정글 크루즈 10:30~17:00 (한국) 070-7010-8266, (태국) 02-730-5690
thai.monkeytravel.com

방콕
근교 투어
08

사파리 월드 투어

코스

방콕 출발 ○
사파리 월드 도착 ○
사파리하며 동물 관찰 ○
점심 식사 ○
마린 파크 즐기기 ○
방콕 도착 ○

소요 시간 약 8시간

PART 05

방콕에서 바로 통하는 여행 준비

BANGKOK

GUIDE
01

D-DAY에 따른
여행 준비 & 출입국

팬데믹 이후 오랜만에 떠나는 해외여행! 두근거리는 설렘만큼 잘 모르고 궁금한 것도 많다. 새롭게 바뀐 정보를 빈틈없이 정리했으니 차근차근 따라해 보자. 꼼꼼하게 준비할수록 여행이 편안해진다.

D-70
여행 스타일 정하기

01 취향 저격 자유여행 vs 무난한 패키지여행

방콕과 파타야를 묶어 다녀오는 다양하고 저렴한 상품이 있어 선택의 폭이 넓긴 하지만, 방콕은 어떤 도시보다도 취향에 따라 여행하기에 좋은 곳이다. 호캉스, 맛집 탐험, 쇼핑 투어, 사원 & 유적 순례, 바 호핑, 현지 체험 등 나만의 취향에 꼭 맞는 여행을 계획해보자. 합리적인 가격의 숙소와 물가 덕분에 방콕은 자유여행에 더욱 매력적이다.

02 출발 시기를 정하자

우기와 건기를 고려하자

방콕을 여행하기에 가장 좋은 계절은 겨울이다. 12월부터 4월까지는 비가 오는 날이 거의 없을 정도로 화창한 날씨가 이어진다. 여름휴가 시즌인 7월과 8월에는 비가 꽤 많이 오기 때문에 호캉스를 떠나거나 차량 이동이 포함된 투어 위주로 여행을 계획하자. 9월과 10월은 1년 중 가장 비가 많이 오니 BTS역과 연결된 호텔에서 숙박하고 몰링 위주로 여행 계획을 세우자. ▶▶ 방콕 여행 캘린더 P.024

방학 시즌을 고려하자

방콕을 여행하기 좋은 계절은 11월부터 4월까지다. 아이와 함께 여행한다면 12월과 1월의 겨울방학을 이용하자. 다만 12월부터 2월까지 항공권 요금이 가장 높아지므로 시간 여유가 있는 사람은 방학 시즌이 끝나는 3월과 4월에 여행 계획을 짜자. 방학 특수가 지나 항공권 가격과 숙박비가 조금씩 내려간다. 우기에는 방콕의 숙박비가 조금 더 저렴해진다.

03 여행 기간과 지역을 정하자

방콕 여행이 처음이라면 가보고 싶은 곳이 너무나 많겠지만 무리하게 욕심내진 말자. 방콕에 일주일 이내로 머무른다면 숙소의 위치는 한 지역으로 정하자. 서쪽 강변이나 시내 중심에 머물면서 일일 투어와 맛집을 섭렵하거나, 시내 동쪽에 머물며 트렌디한 도시 여행을 즐겨보자. 방콕에서 일주일 이상 머무르거나 한 달 살기를 계획한다면 일주일에 한 지역씩 여유 있게 돌아보는 것이 좋다.

D-60
여권 만들기

01 어디에서 만들까?

서울에서는 외교통상부를 포함한 대부분의 구청에서 만들 수 있으며, 광역시를 포함한 지방에서는 도청이나 시청의 여권과에서 만들 수 있다. 재발급의 경우에는 정부24 홈페이지에서 온라인 신청이 가능하다. 외교부 여권 안내 홈페이지(www.passport.go.kr)에서 자세한 안내를 받을 수 있다.

02 어떻게 만들까?

전자여권은 타인이나 여행사의 발급 대행이 불가능하다. 본인이 직접 신분증을 지참하고 신청해야 한다. 만 18세 미만 미성년자의 경우에는 대리 신청이 가능하며, 대리 신청을 할 때는 가족관계증명서를 지참해야 접수할 수 있다.

03 어떤 준비물이 필요할까?

- 여권 발급 신청서(발급 기관 비치)
- 여권 사진 1매(6개월 이내 촬영, 가로 3.5*세로 4.5cm)
- 신분증(주민등록증이나 운전면허증)
- 발급 수수료
- 미성년자 여권 발급 시 부모 신분증과 가족관계증명서

여권 발급 수수료

구분	유효 기간	수수료(26면/58면)	대상
복수여권	10년	47,000원/50,000원	만 18세 이상
단수여권	1년	15,000원	1회만 사용 가능
기타	재발급	25,000원	잔여 기간 재발급

04 여권의 유효기간을 확인하자

여권이 있더라도 다시 한번 꺼내 유효기간이 얼마나 남았는지 꼭 확인하자. 유효기간이 6개월 이상 남지 않은 여권이라면 다시 발급받아야 한다.

D-50

항공권 구입하기

여행 날짜를 정했다면 항공권부터 구입하자. 두세 달 전에는 항공권을 구입하는 편이 좋다. 미리 구입할수록 선택의 폭이 넓고 가격도 저렴해진다.

01 한국에서 방콕으로 가려면?

한국에서 방콕까지는 비행기로 약 5시간 50분이 걸린다.

- **인천 출발**: 대한항공, 아시아나항공, 제주항공, 진에어, 에어부산, 이스타항공, 티웨이항공, 에어프레미아, 타이항공, 에어아시아 등이 방콕으로 운항한다.
- **부산 출발**: 아시아나항공, 제주항공, 진에어, 에어부산 등이 부산에서 방콕까지 직항을 운항한다.
- **대구 출발**: 티웨이항공이 대구에서 방콕까지 직항을 운항한다.

02 항공권을 구입하려면?

항공사 홈페이지

먼저 항공사 홈페이지를 확인하자. 항공사 홈페이지에서 자체 프로모션을 한다면 평소보다 저렴한 가격에 항공권을 구매할 수 있다. 항공운임은 보통 왕복 40만~60만 원 정도이며, 저비용 항공사의 경우 왕복 20만~30만 원에 항공권을 구입할 수 있다. 프로모션 기간에 서두르면 왕복 10만 원대에 항공권을 구입하는 행운을 누릴 수 있다.

항공권 가격 비교 사이트

항공사 홈페이지를 방문하면 각 항공사의 이벤트 티켓 가격을 알 수 있지만 다른 항공사와의 차이를 비교하기는 어렵다. 그러니 아래 사이트에서 여러 항공사의 운항 시간과 항공권 가격을 한 번에 비교해보자.

- 네이버항공권 flight.naver.com
- 스카이스캐너 www.skyscanner.co.kr
- 인터파크투어 tour.interpark.com

03 항공권 구매 시 유의할 점

출발 시간이 임박하면 여행사에서는 미판매된 항공권을 저렴하게 판다. 다만 가격이 저렴한 이벤트 항공권은 취소나 환불이 어렵고, 일정을 미룰 때 수수료를 내야 하니 조건을 꼼꼼하게 따져보자. 마일리지가 적립되는지, 짐의 무게에 따라 추가 요금이 있는지, 취소나 변경 수수료는 얼마인지, 공항세와 유류할증료가 포함된 가격인지 등을 꼼꼼하게 확인하자.

D-30

숙소 예약하기

방콕만큼 숙소 선택이 여행의 경험을 좌우하는 곳도 드물 것이다. 숙소 위치에 따라 보고 체험할 수 있는 것이 달라지는 것은 물론, 숙소 가격대가 다양하고, 호스텔부터 호텔, 서비스드 레지던스까지 숙소의 형태도 여러 가지다. 자신의 취향에 맞게 방콕 숙소를 고르는 팁은 다음을 참고하자.

▶▶ 방콕 숙소 총정리 P.106

D-20

여행 일정 & 예산 짜기

한국인은 관광이 목적인 경우에 한해 최장 90일 동안 무비자로 태국에 머무를 수 있다. 한 달 살기를 계획해도 비자가 필요 없어 편리하다. 특히 방콕은 핫한 스폿, 취향을 저격하는 다양한 호텔, 맛집과 쇼핑몰이 가득한 도시다. 방콕에서 일일 투어로 가볼 수 있는 아유타야나 칸차나부리, 수상시장도 매력적이다. 개인의 여행 취향과 목적에 따라 여행 경비가 많이 들기도, 적게 들기도 한다. 생생한 여행 실황 정보를 얻고 싶다면 아래 웹사이트를 참고하자.

- 태국관광청 www.visitthailand.or.kr
- 태사랑 www.thailove.net
- 태사랑 네이버카페 cafe.naver.com/taesarang
- 어메이징타이 네이버카페 cafe.naver.com/2012511fishgoodcom12

D-10
여행자 보험 가입하기

01 여행자 보험, 꼭 들어야 할까?

코로나19로 인한 부담은 사라졌지만, 해외여행을 떠날 때는 여행자 보험에 가입하는 것이 마음 편하다. 현지에서 갑자기 병원에 가야 하거나 중요한 물품을 도난 또는 분실했을 때도 여행자 보험이 도움 된다. 현지 병원에서 치료받은 내역으로 한국에 와서 치료비를 청구한다거나, 여행 중에 도난당하거나 고장 난 물품에 대해 한국에서 보험으로 보상받을 수 있다. 최근에는 항공편 지연이나 결항 시 숙박비와 교통비 제공, 수하물 지연 시 비상 의복 구매비 제공 등 다양한 옵션의 보험을 찾아볼 수 있다.

02 보상 내역을 확인하자

1억 원 보상이라고 강조하는 여행자 보험 상품도 알고 보면 사망 시 유족에게 돌아가는 보상금이 1억 원이라는 뜻이다. 도난이나 상해 보상금은 그보다 적다. 귀중품의 분실이나 고장을 우려해 여행자 보험에 가입하는 경우 200만 원을 보상해주는 보험 상품도 물품 1개당 20만 원씩 총 10개 물품을 보장하는 식이다. 그러니 굳이 비싼 보험에 가입하는 대신 자신에게 맞는 조건의 보험에 가입하자.

03 중요한 건 증빙 서류!

보험을 들었다면 보험증서나 비상 연락처를 잘 챙겨두자. 현지에서 도난을 당하면 경찰서에 신고를 한 후 도난 신고서를 받아와야 한다. 사고가 나서 현지 병원에서 치료를 받은 경우 진단서나 증명서, 영수증을 꼭 챙겨 와야 한다. 증빙 서류가 있어야 한국에 돌아와 보상을 받을 수 있다.

04 보험 가입, 어떻게 할까?

최근에는 여행 상품을 판매하는 온라인 여행사에서도 연계 보험을 판매한다. 거래 중인 재무 설계사나 보험 설계사가 있다면 그들을 통해 가입하기를 권한다. 보험사 웹사이트나 스마트폰 애플리케이션에서 직접 가입할 수도 있다. 공항에서 여행자 보험에 가입하는 건 최후의 수단. 앞서 설명한 방법들보다 가장 비싸기 때문이다. 공항에 지점이 있는 대부분의 보험사에서 3가지 정도의 옵션을 제시하는데 가격 대비 보장 내역이 크게 차이 나지 않는다.

항공기, 수화물 등의 문제에 특화
- 마이뱅크인슈어런스 www.mibankins.com

의료 부분에 특화
- 인슈플러스 www.insuplus.co.kr
- 어시스트카드 www.assistcard.co.kr

안전 여행 후 보험료의 일부 환급
- 캐롯 해외여행보험 www.carrotins.com/product/overseas
- 카카오페이손해보험 kakaopayinscorp.co.kr

여행자 보험 비교 사이트
- 투어모즈 www.tourmoz.com/home/ins?ins=oversea
- 토글보험 toggle.ly

D-7
알뜰하게 환전하기

01 외화 충전식 선불카드와 GLN 준비

최근에는 현금을 그리 많이 준비할 필요가 없다. 트래블월렛과 같은 외화 충전식 선불카드와 GLN 서비스, EXK카드를 미리 준비해두면, 현금은 최소한만 있어도 된다. P.031

02 한국에서 밧으로 환전할 때

한국에서 은행을 통해 환전할 때는 주거래 은행을 방문해 밧(Baht, THB)로 환전하자. 태국 지폐의 단위는 20밧, 50밧, 100밧, 500밧, 1,000밧이고, 동전의 단위는 1밧, 2밧, 5밧, 10밧이다. 1밧이 채 안 되는 0.5밧인 50사땅, 0.25밧인 25사땅짜리 동전도 있긴 하지만 크로스 리버 페리의 매표소에서 거스름돈으로 내줄 때 말고는 보기 어렵다.

03 방콕에서 밧으로 환전할 때

한국에서 여행 경비의 일부만 환전하고 나머지는 현지에서 환전할 예정이거나, 장기 여행을 계획한다거나 지난 여행에서 쓰고 남은 달러가 남아 있다면 원화 대신 달러화(USD)를 준비하자. 태국에서도 원화를 밧으로 환전할 수 있지만, 달러보다 환율이 좋지 않다. 달러는 구겨지지 않은 100달러짜리 지폐로 가져가자. 100달러의 환율이 제일 좋고, 50달러 이하의 지폐는 환율이 좋지 않다.

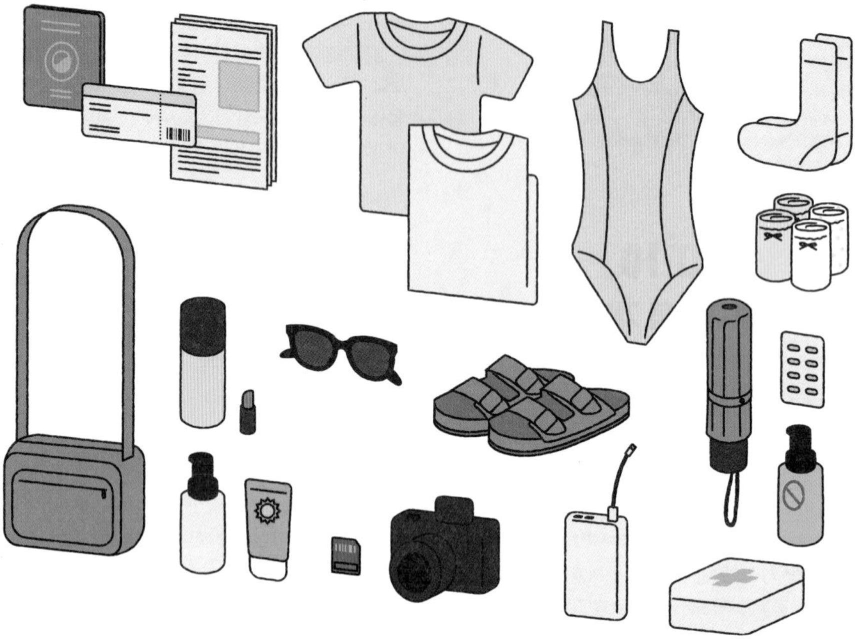

D-3
완벽하게 짐 싸기

기본 준비물
여권, 항공권, 호텔 예약 바우처, 여행자 보험, 외화 충전식 선불카드, GLN 앱, 약간의 현금

의류와 신발
- **기본 옷가지, 속옷과 양말**
- **긴 팔과 긴 바지**: 쇼핑몰 같은 실내 공간에서는 에어컨을 세게 트는 경우가 많으므로 카디건을 준비하자. 사원에 갈 때는 소매가 있는 옷, 긴 바지가 필요하다. 루프톱 바를 방문할 예정이라면 드레스 코드에 맞는 옷이 필요하다.

▶▶ 태국 드레스 코드 가이드 P.070

- **신발**: 편안한 샌들이나 운동화만 있으면 시내 여행에는 무리가 없다. 드레스 코드가 있는 레스토랑이나 루프톱 바에 갈 예정이라면 하이힐이나 캐주얼슈즈를 준비하자.
- **수영복**: 예쁜 수영복을 준비해 입어보자.

화장품, 세면도구
- **선크림과 모자, 선글라스**: 선글라스와 선크림은 한국에서 꼭 준비해가자. 선크림은 방콕에서도 그리 저렴하지 않다. 챙 넓은 모자는 길거리에서 6천~7천 원에 살 수 있다.
- **샴푸, 린스, 칫솔 등**: 레지던스나 게스트하우스를 이용할 예정이라면 챙겨두자.

전자기기
- **카메라**: 카메라 안에 배터리와 메모리카드가 들었는지 확인하자. 보조 배터리는 화물로 부칠 수 없으니 꼭 기내용 가방에 챙긴다.
- **삼각대와 셀카봉**: 있으면 귀찮고 없으면 아쉬운 삼각대와 셀카봉.
- **충전기와 멀티 탭**: 일행이 여럿이라면 멀티 탭을 하나 들고 가면 편리하다.

기타
- **우산과 우비**: 우기에는 작은 우산을 가방에 넣고 다니자. 우기에도 비가 그치면 햇볕이 뜨거우므로 양산과 우산 겸용이면 더 좋다. 카메라 같은 장비가 있다면 우산보다는 우비가 편하다.
- **상비약**: 기본적으로 먹고 있는 약이 있으면 챙긴다. 여기에 종합 감기약, 소화제, 반창고, 흉터 연고를 챙기면 좋다. 아이와 함께 여행한다면 아이용 상비약도 따로 챙기자.
- **모기 퇴치제**: 벌레나 모기에 물린 데 바르는 약과 모기 퇴치용 스프레이를 챙긴다. 방콕 시내 편의점에서도 구입 가능하다.

D-DAY

한국 공항에서 출국하기

01 출국할 공항 터미널을 확인하자

인천국제공항이 제1여객터미널과 제2여객터미널로 분리되었다. 제1여객터미널은 아시아나항공과 저비용 항공사, 기타 외국 항공사가 이용하고, 제2여객터미널은 대한항공, 진에어 등이 이용한다. 출발 전에 자신의 항공사가 출발하는 여객터미널을 꼭 확인하자. 혹시 잘못 도착했다면 무료 순환버스를 타고 터미널 간 이동이 가능하며 15~ 20분 정도 걸린다.

02 3시간 전에 도착하자

인천국제공항까지는 공항철도를 타고, 부산의 김해국제공항까지는 도심 경전철을 타면 막힘없이 이동할 수 있다. 국제선을 타려면 최소한 2시간 전에는 도착해야 한다. 성수기나 주말, 연휴가 겹치거나 면세점에서 쇼핑을 할 예정이라면 4시간 전에 도착해야 안심이다. 서울역과 삼성동의 도심공항터미널을 이용하면 붐비지 않게 탑승 수속을 하고 인천국제공항으로 바로 이동할 수 있다.

03 탑승 수속과 수하물 부치기

공항에 도착하면 항공사의 카운터를 찾아가서 탑승 수속을 하자. 공항 내 모니터에 비행기의 편명과 수속 카운터의 번호가 나와 있다. 보통 비행기 출발 시각 2~3시간 전부터 카운터를 연다. 카운터에 여권을 제시하고 수화물을 건네면 비행기 탑승권과 수화물 보관증을 준다.

TIP

셀프 체크인 & 셀프 백드롭

- 최근에는 셀프 체크인 기계를 도입해서 무인 시스템으로 탑승 수속을 하는 경우가 많아졌다. 기계 화면에 표시된 안내에 따라 여권을 스캔하면 탑승권을 발급해준다.
- 탑승권 발권뿐만 아니라 수화물도 무인 시스템으로 처리하는 경우가 많아졌다. 셀프 백드롭(자동 수하물 등록)을 통해 짐을 부치면 허용치에서 0.5kg만 넘어도 추가 비용을 결제해야 한다. 그러니 자신의 수화물이 허용된 무게를 넘지 않도록 다시 한번 체크하자.

TIP

패스트트랙

어린이와 노약자를 동반했다면 패스트트랙을 이용해 출국할 수 있다. 항공사 카운터에서 체크인을 할 때 패스트트랙을 이용하고 싶다고 이야기하면 교통 약자 확인증을 발급해준다. 장애인, 만 7세 미만 유·소아와 보호자, 만 70세 이상 고령자, 임산부 수첩을 가진 임산부와 동반한 3인까지 함께 이용할 수 있다.

04 보안 검색 및 출국 심사

발권을 끝내고 짐을 부치면 홀가분하게 남은 볼일을 마치자. 포켓 와이파이나 유심칩을 수령한다던가, 로밍을 신청하고, 탑승권과 여권을 챙겨 출국장으로 나선다. 기내 반입 물품을 검사하고, 보안 심사를 받은 후 면세점과 탑승구로 이동한다.

> TIP
>
> **보안검색대 빠르게 통과하기**
>
> - 태국은 전자담배가 불법이다. 소지하고 있다가 적발되면 벌금형이나 징역형을 받을 수 있다. 최근 태국 길거리뿐만 아니라 검역 때문에 태국 공항에서도 단속이 심하니 아예 소지하지 않는 편이 좋다.
> - 액체류의 화장품이나 의약품 등은 100ml 이하의 용기에 담은 후 투명한 지퍼 백에 넣으면 총 1L까지 반입이 가능하다. 보안검색대에서 자주 걸리는 물품은 치약! 일반적인 치약의 사이즈는 100ml가 넘으니 확인하고 챙기자.
> - 연필이나 펜을 가득 담은 필통이 있으면 뾰족한 물품이나 칼을 골라내기 위해 대부분 열어보게 한다. 그림을 그리러 가는 여행이 아니라면 필기구는 한두 자루만 넣어가자.
> - 노트북은 플라스틱 바구니에 따로 담아서 검색대를 통과해야 한다. 미리 노트북을 빼놓거나 에코 백에 노트북만 담아서 들고 들어가자.
> - 스마트폰, 보조 배터리, 카메라 배터리 등 배터리 종류는 수화물로 부칠 수 없으므로 무조건 기내용 가방에 넣어 가져가야 한다.
> - 소형 휴대용 라이터는 1인 1개로 제한한다.

05 탑승 게이트에서 비행기 타기

저비용 항공사를 이용하면 셔틀 트레인을 타고 탑승동으로 이동하는 경우가 많다. 탑승동에도 면세점과 푸드코트, 카페가 있다. 출발 시각 15~20분 전에 탑승이 마감되니 그전에 탑승구 앞에 도착하자.

D-DAY

수완나품 국제공항 입국

01 출입국신고서 작성하기

태국에 입국할 때 작성하던 출입국신고서가 24년 4월 폐지되었다. 기내에서 마음 편히 시간을 보내다가 여권만 준비해 내리면 된다.

02 입국 심사 받기

공항에 도착하면 입국(Immigration), 수화물(Baggage Claim)이라는 표지판을 따라간다. 외국인 여권심사(Foreign Passport)라고 쓰인 카운터 앞에 줄을 선다. 여권과 출입국신고서를 제출하면 여권에 도장을 찍고 출국 카드를 돌려준다. 출국 카드는 출국할 때까지 여권에 끼워 잘 보관한다.

03 수화물 찾아 세관 통과하기

전광판에서 항공편 이름을 확인하고 수화물이 나오는 컨베이어 앞에서 기다린다. 비슷한 캐리어와 배낭이 많으니 자신의 짐이 맞는지 태그를 꼭 확인한다. 짐을 찾아서 세관을 통과한다. 신고할 물품이 없으면 머뭇거리지 말고 신고할 물품 없음(Nothing to Declare)인 초록색 라인을 지나가면 된다.

> **TIP**
>
> 코로나19 이후 예전보다 훨씬 꼼꼼하게 검사를 하는 편이다. 태국에서 불법인 전자담배나 1인 1보루 이상의 담배와 주류에 세금이 부과될 수 있으니 주의하자.

04 유심 구입하기

한국에서 미리 유심을 구입하지 않았다면 방콕 현지 공항에서 유심을 사자. 시내에서 유심을 구입하거나 충전할 때는 언어가 통하지 않는 경우가 많다. 여러 통신사의 유심이 있지만 가격과 서비스가 비슷하니 가까운 매장에서 구입하면 된다. 방콕을 거쳐 동남아의 여러 나라를 여행할 예정이라면 통신사별로 동남아 패키지 로밍 서비스 등을 제공하니 한국에서 미리 알아보자.

05 숙소로 이동하기

낮 비행기로 도착했는지, 밤 비행기로 도착했는지에 따라 택시를 탈지 버스를 탈지 ARL을 탈지 결정하자. 한국에서 픽업 서비스를 신청했다면 공항 밖에서 피켓을 들고 있는 기사를 만나 이동하면 된다.

GUIDE

02

여행의 만족도를 높이는 **숙소 편**

방콕의 호텔 가격은 합리적이다. 하루 10만~20만 원대면 5성급 호텔에 묵을 수 있다. 서비스는 세계적인 수준인데 가격은 동남아 수준이라니! 우기에는 더 나은 조건의 프로모션을 제공하는 호텔도 많다. 합리적인 가격으로 머물 수 있는 호텔과 레지던스가 다양하니 취향껏 골라서 예약해보자.

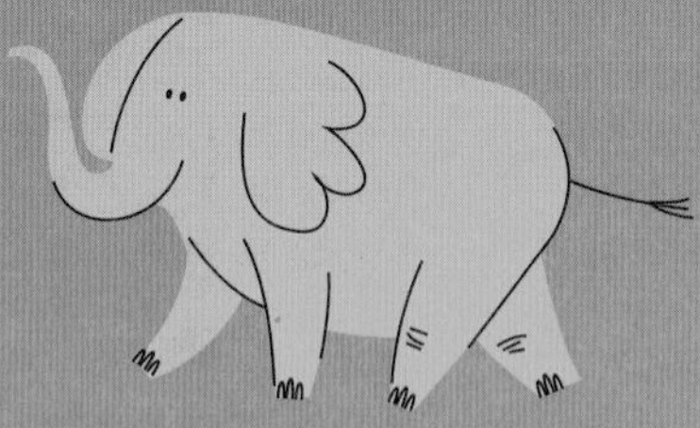

더 시암 The Siam

럭셔리한 취향 가득

블랙 앤 화이트로 마감한 깔끔한 건물 안에 키 큰 야자수가 우거졌다. 복도에 가득한 골동품 덕분에 마치 박물관을 거니는 느낌이다. 태국에서 손꼽히는 컬렉터 집안 수코손가에서 지금까지 수집해온 시암 왕조 시대의 도자기, 중국 명나라 때의 조각품 등이 존재감을 뽐낸다. 근사한 컬렉션이 가득한 호텔 건물은 세계적인 고급 리조트 설계로 유명한 빌 벤슬리가 디자인했다. 감각적이고 로맨틱한 침실은 편안하고, 공작새와 그랜드피아노가 놓인 휴식 공간은 이국적이다. 38개의 스위트룸과 풀빌라에는 전용 버틀러 서비스가 제공된다. 무에타이 전용 링, 타투 숍, 요가 클래스, 영화관, 스파와 인피니티 풀까지 호텔 오너와 디자이너의 취향을 반영한 공간에서 꿈 같은 휴가를 보낼 수 있다.

฿ 70만 원~ 전 객실 전용 버틀러 서비스, 무료 셔틀 보트 3/2 Khao Rd, Khlong Wachira Phayaban, Khet Dusit 카오산 로드에서 4km, 택시로 15분. 돈므앙 공항에서 22km, 택시로 30분 02-206-6999 www.thesiamhotel.com 13.781396, 100.505742

리바 수르야 방콕 Riva Surya Bangkok

운치 있는 강변의 수영장

차오프라야강이 훤히 내다보이는 야외 수영장은 5성급 호텔 부럽지 않다. 넓고 한적해 여유롭게 수영을 즐기기 좋다. 수영장에서 시켜 먹는 피자와 맥주도 맛있다. 그레이 톤으로 마감한 방은 넓고 깔끔하다. 태국 전통 문양을 살린 인테리어가 여행의 기분을 한껏 살린다. 리버뷰 디럭스 룸 중에서도 일반 디럭스 룸은 건물 측면에서 강변의 일부를 바라보고, 디럭스 프리미어 룸은 강을 정면으로 바라보니 숙소의 뷰를 중시하는 사람은 예약할 때 주의하자. 디럭스 룸에는 실내뿐 아니라 베란다에도 큼지막한 소파를 두어 강변의 운치를 즐기기에 좋다. 카오산 로드에서 밤을 즐기거나 람부뜨리 로드의 맛집까지 걸어 다닐 수 있는 위치인데다 보트 선착장이 가까워서 교통도 편리하다.

฿ 10만 원대 후반~ 📍 23 Phra Athit Rd, Khlong Chana Songkhram, Khet Phra Nakhon 🚶 카오산 로드에서 750m, 도보 10분. 파 아팃 선착장에서 300m, 도보 4분. 돈므앙 공항에서 25km, 택시로 30분 📞 02-633-5000
🏠 www.rivasuryabangkok.com
13.762022, 100.493069

티니디 트렌디 방콕 카오산 Tinidee Trendy Bangkok Khaosan

카오산 로드의 위치 좋은 호텔

이전에는 세계적인 호텔 브랜드 이비스였으나 코로나19 기간 동안 문을 닫았고, 이후 주인이 바뀌면서 이름만 다르게 재오픈했다. 지은 지 얼마 되지 않은 건물이어서 내부 시설이 아직 단정하고, 객실 컨디션도 깔끔해 훌륭하다. 정확하게는 카오산 로드와 한 블록 떨어진 람부뜨리 로드의 한복판에 위치해서 접근성이 매우 좋고, 다른 호텔들에 비해 시끌벅적한 카오산 로드의 소음이 거의 들리지 않는다. 파 아팃 선착장과 가까워서 왕궁이나 사원, 아이콘 시암이나 아시아티크까지 이동하기에도 편리하다. 알록달록한 줄무늬의 야외 수영장이 건물 안쪽으로 자리 잡아 한낮의 더위를 피해 조용히 쉬기 좋다. 가족과 함께, 아이와 함께 카오산 로드에서 머물고 싶다면 2층 침대가 있는 트리플 룸이나 패밀리 룸을 고려해보자.

฿ 8만 원대~ 파 아팃 선착장과 MRT 사남차이(Sanam Chai)역까지 셔틀버스 운행 42 Rambuttri Road, Khwaeng Talat Yot, Khet Phra Nakhon 파 아팃 선착장에서 750m, 도보 10분. 돈므앙 공항에서 25km, 차로 30분 02-280-5434 www.tinideekhaosan.com 13.759931, 100.497550

람부뜨리 빌리지 Rambuttri Village

루프톱 수영장까지 가성비 훌륭

람부뜨리 로드와 카오산 로드를 통틀어 가장 가성비가 좋은 호텔은 단연 람부뜨리 빌리지다. 초록이 우거진 마당과 물고기가 헤엄치는 연못을 ㄷ자로 감싼 건물이 뒤편의 건물들과 이어져 A동부터 E동까지 있다. 루프톱 수영장이 있어 한낮의 여유를 즐기기 좋다. 밤 비행기를 이용하는 여행자들이 밤새 드나들어 카운터가 24시간 불을 밝힌다. 리모델링을 마친 룸은 가격 대비 단정하고 청소 상태가 깔끔하다. 가성비가 좋아서 오래도록 머무는 여행자가 많다. 호텔 바로 앞에 호텔에서 운영하는 정갈한 레스토랑 타이 가든 P.163, 근처에 24시간 편의점, 24시간 레스토랑 사와디 테라스 P.163, 컴퓨터를 갖춘 카페가 있다. 현지 여행사와 환전소도 코앞에 있어 일일 투어를 예약하거나 환전하기에도 편리하다.

฿ 싱글 룸 3만 원대~, 더블 룸 4만 원대~ 📍 95 Soi Ram Buttri, Khwaeng Chakkra Phong, Khet Phra Nakorn 🚶 왓 차나 송크람에서 200m, 도보 3분. 돈므앙 공항에서 25km, 택시로 30분
📞 02-282-9162 🏠 www.rambuttrivillage.com
13.761528, 100.496268

반 차트 호텔 Baan Chart

은근한 실내 분위기, 편리한 위치

카오산 로드의 흥겨운 밤거리에 뛰어들기도 좋고, 근처 바에서 오가는 사람들을 구경하기도 좋은 위치다. ㄷ자형 건물 안쪽의 아담한 공간에 널찍한 레스토랑이 있고, 안쪽으로 호텔 건물이 있다. 카오산의 소음에서는 벗어났지만 레스토랑의 라이브 음악이 실내에 고스란히 전해진다. 테이블에 귀마개가 놓여 있다. 아담한 루프톱 수영장도 갖췄다. 앤티크한 벽지로 꾸민 실내 인테리어, 록시땅 어메니티, 편리한 위치라는 장점이 있지만 서비스의 퀄리티에 비해 가격대가 높은 느낌이다. 호텔 바로 앞에 스타벅스가 있고, 근처에 맛집이 즐비하다.

฿ 7만 원대~ 체크아웃 시 록시땅 어메니티 증정
98 Chakrabongse Rd, Khwaeng Talat Yot, Khet Phra Nakhon 왓 차나 송크람에서 70m, 도보 1분. 카오산 로드에서 150m, 도보 2분. 돈므앙 공항에서 25km, 택시로 30분
02-629-0113 baanchart.thailandhotels.site
13.760383, 100.496467

카오산 팰리스 Khaosan Palace

카오산에서 밤을 불태우고 싶을 때

카오산 로드 한복판에 있지만 메인 도로 안쪽으로 자리 잡아 프라이빗한 공간을 살려냈다. 수많은 게스트하우스와 저렴한 호텔이 많은 거리지만 새벽까지 카오산 로드에서 놀다 들어가기엔 가격 대비 룸 컨디션이 괜찮은 편. 적당한 크기의 루프톱 수영장도 갖췄다. 수영장 때문인지 가족 단위로 여행하는 서양인의 비중이 높다. 다만, 카오산 로드에서 밤새도록 쿵쾅거리는 음악 소리가 들려와 소음에 예민한 사람이라면 불편할 수도 있다. 고층의 방이 좀 더 산뜻하고 조용하니 체크인 시 강력하게 요청할 것. 밤에 외출할 때는 창문부터 문까지 단속을 잘하자.

฿ 3만 원대~ 139 Khaosan Rd, Khwaeng Talat Yot, Khet Phra Nakhon 왓 차나 송크람에서 카오산 로드로 들어가 200m, 도보 2분. 돈므앙 공항에서 25km, 택시로 30분 02-282-0578 www.khaosanpalace.com 13.759280, 100.497170

밀레니엄 힐튼 방콕 Millennium Hilton Bangkok

가족과 함께 호캉스를!

모든 객실과 레스토랑이 리버 뷰라서 어떤 타입의 객실에 묵어도 근사한 풍경을 마주한다. 리모델링한 객실은 차분하고 우아하다. 모든 객실에 욕조가 있어 반신욕이 가능하다. 차오프라야강이 보이는 수영장에는 물 위에 선베드를 놓아 누워 있어도 마치 수영하는 기분이다. 또한 모래 놀이도 할 수 있고 작은 자쿠지도 여럿 있어 가족 여행에 안성맞춤이다. 32층에 위치한 루프톱 바 스리식스티(Three-sixty)에서는 라이브 재즈 공연을 즐기면서 반짝이는 강변의 야경을 내려다볼 수 있다. 아이콘 시암 P.181과 가까워 시원하게 쇼핑을 하고 먹거리를 즐기기도 좋다. 시내 중심과는 조금 멀지만 호캉스를 즐긴다거나 왕궁과 사원을 중심으로 둘러보며 리버 크루즈와 강변 야시장을 즐길 계획이라면 추천.

฿ 20만 원대 초반~ 무료 셔틀 보트(사톤 선착장과 리버시티 방콕 선착장) 123 Charoen Nakhon Rd, Khwaeng Khlong Ton Sai, Khet Khlong San 사톤 선착장과 리버시티 방콕 선착장에서 무료 셔틀 보트. 시파야(Si Phraya) 선착장에서 크로스 리버 페리 이용. 돈므앙 공항에서 30km, 택시로 40분 02-442-2000 www3.hilton.com/en/hotels/thailand/millennium-hilton-bangkok-BKKHITW/index.html 13.728458, 100.509508

더 페닌슐라 방콕 The Peninsula Bangkok

분위기부터 서비스까지 클래식의 진수

애프터눈 티로 유명한 홍콩의 더 페닌슐라 호텔을 기억하는 사람에게 방콕의 더 페닌슐라 호텔은 또 한 번의 만족감을 준다. 고풍스러운 느낌을 살린 호텔은 클래식함의 진수를 보여준다. 차오프라야강을 향해 3단으로 길게 펼쳐진 수영장에는 선베드와 카바나가 넉넉하게 마련되어 있고, 강가에서 가장 먼 안쪽은 콰이어트존으로 지정되어 조용하게 쉬기에도 좋다. 자쿠지에는 따뜻한 물이 있어 언제라도 뛰어들기 쉽다. 무에타이, 요가 프로그램도 운영한다. 꾸준히 리모델링을 해온 넓은 객실은 앤티크한 가구와 대리석 욕조에 실크로 포인트를 주어 우아하다. 강변에 위치한 팁타라(Thiptara) 레스토랑의 저녁 풍경이 근사하다. 페닌슐라의 명성에 걸맞은 세심한 배려가 일품이다.

฿ 40만 원대~ 무료 셔틀 보트(사톤 선착장까지 06:00~24:00) 333 Charoennakorn Soi 13, Khwaeng Khlong Ton Sai, Khet Khlong San BTS 사판탁신(Saphan Taksin)역과 연결된 사톤 선착장에서 더 페닌슐라 방콕 전용 무료 셔틀 보트 탑승 02-020-2888 www.peninsula.com/en/bangkok 13.723058, 100.511405

샹그릴라 호텔 방콕 Shangri-La Hotel Bangkok

교통이 편리한 강변 뷰 호텔

차오프라야강 동쪽 강변에 위치해 근사한 뷰를 자랑한다. 길게 늘어선 건물은 샹그릴라 윙과 끄룽텝 윙으로 나뉜다. 샹그릴라 윙에는 기본 객실과 이그제큐티브 객실이 있고, 아이들과 수영장을 이용하기가 좋아 가족 여행자가 선호한다. 끄룽텝 윙에는 리노베이션을 마쳐 깔끔한 세미 스위트 객실이 있고, 성인용 수영장을 이용할 수 있으며, BTS역과 조금 더 가깝다. 묵는 윙에 따라 이용할 수 있는 조식 레스토랑과 수영장이 다르니 확인하고 예약하자. 부지가 넓어 양쪽 윙을 오가는 무료 툭툭을 운영한다. 럭셔리한 샹그릴라 디너 크루즈가 호텔 전용 선착장에서 바로 출발한다. 호텔 내 라운지와 레스토랑을 이용할 때는 스마트 캐주얼 복장을 갖추는 편이 좋다.

฿ 20만 원대 후반~ 89 Wat Suan Phlu Alley, Khwaeng Bang Rak, Khet Bang Rak BTS 사판탁신(Saphan Taksin)역 1번 출구에서 연결. 사톤 선착장에서 연결. 돈므앙 공항에서 30km, 택시로 40분. 수완나품 공항에서 33km, 택시로 50분 02-236-7777 www.shangri-la.com/bangkok/shangrila 13.719521, 100.513620

그랜드 하얏트 에라완 방콕 Grand Hyatt Erawan Bangkok

시내 중심 5성급 호텔의 자부심

높은 층고를 자랑하듯 싱그러움을 뽐내는 키 큰 나무들이 로비에 늘어섰다. 거대한 흰 기둥 사이로 라운지가 펼쳐진다. 1991년에 지었지만 2013년에 리모델링을 마쳐 객실이 널찍하고 깔끔하다. 그랜드 클럽 룸 이상의 객실에 묵으면 17층 그랜드 클럽 라운지에서 편안하게 체크인하고 간단한 다과와 주류를 즐길 수 있다. 수영장 옆에 위치한 5층의 스파 코티지 킹룸(Spa Cottage King)은 마사지 베드를 갖춘 독채 빌라로, 이곳에 머물면 매일 '1시간 스파 이용권'을 숙박객 2인에게 제공한다. BTS 칫롬역과 시암역 사이에 있는 구름다리를 통해 호텔과 연결되어 우기에도 비 한 방울 맞지 않고 지상철을 이용할 수 있다. 호텔 옆에 위치한 에라완 쇼핑몰은 호텔과 지하층(LL)에서 이어진다.

฿ 30만 원대~ 494 Rajdamri Rd, Khlong Lumphini, Khet Pathum Wan BTS 칫롬(Chit Lom)역과 시암(Siam)역에서 연결. 수완나품 공항에서 30km, 택시로 40분 02-254-1234
www.hyatt.com/en-US/hotel/thailand/grand-hyatt-erawan-bangkok/bangh 13.743529, 100.540487

아난타라 시암 방콕 호텔 Anantara Siam Bangkok Hotel

태국 전통 스타일의 고급스러움

1층과 2층을 잇는 거대한 벽에 30년에 걸쳐 그린 태국의 전통 벽화가 로비를 압도한다. 아난타라 시암의 상징이다. 미음자 2개를 이어붙인 일(日)자형으로 배치된 건물은 키 큰 야자수와 꽃으로 단장했다. 잉어가 헤엄치는 연못이 아기자기하다. 방에 들어서면 태국 귀족의 고택에 들어선 느낌이다. 침대 머리맡에 그려진 화려한 그림, 물고기가 유유히 헤엄치는 작은 어항, 선명하지만 과하지 않은 패브릭의 배색을 보면 역시 아난타라 스타일이구나 싶다. 한국인 투숙객이 드문 편이며 전체적으로 조용하고 아늑한 느낌을 준다. 피트니스 센터와 스파 시설도 만족스럽다. 수영장은 수심이 2.5m인 구간이 있으니 아이도 어른도 조심하자. BTS역과 가까워 위치도 좋다.

฿ 20만 원대~ 155 Ra tchadamri Rd, Khwaeng Lumphini, Khet Pathum Wan BTS 라차담리(Ratchadamri)역 4번 출구에서 200m, 도보 2분. BTS 칫롬(Chit Lom)역 8번 출구에서 550m, 도보 7분. 수완나품 공항에서 30km, 택시로 40분
02-126-8866 www.anantara.com/en/siam-bangkok 13.740956, 100.540270

더 세인트 레지스 방콕 The St. Regis Bangkok

전담 버틀러의 격조 높은 서비스

1904년 뉴욕에서 문을 연 이래 100년이 넘는 역사를 지닌 세인트 레지스 호텔은 세계적인 도시마다 최고급 호텔을 운영한다. 메리어트 계열에서도 최상위 카테고리에 속하는 세인트 레지스 호텔은 5성급이지만 6성급에 가까운 호텔이라는 찬사를 듣는다. 전통과 명성에 걸맞게 호텔 곳곳에서 수트를 입고 비즈니스 미팅을 하는 사람들을 만난다. 구두를 닦거나 옷을 다리거나 차와 커피를 방으로 서빙하는 일도 24시간 전담 버틀러가 도맡는다. 객실은 편안하고 고급스럽다. 욕실의 통유리 너머로 로열 방콕 스포츠클럽의 넓은 필드가 한눈에 내려다보인다. 인피티니 풀에서도 스포츠클럽에서 골프를 치는 사람들을 볼 수 있다. 수영장 옆에 자쿠지가 딸려 있어 몸을 풀기 좋다.

฿ 40만 원대~ 24시간 버틀러 서비스 159 Rajadamri Rd, Khwaeng Lumphini, Khet Pathum Wan BTS 라차담리(Ratchadamri)역 4번 출구에서 바로 연결. 수완나품 공항에서 30km, 택시로 40분 02-207-7777 www.marriott.com/hotels/travel/bkkxr-the-st-regis-bangkok 13.739936, 100.540180

아테네 호텔 럭셔리 컬렉션 방콕 The Athenee Hotel, a Luxury Collection Hotel, Bangkok

클래식하고 우아한 분위기

라마 5세 시기의 태국 궁전을 모티프로 인테리어를 구현했다. 왕궁의 전통미를 현대적으로 되살려 클래식하면서도 세련된 느낌이다. 럭셔리 컬렉션이라는 이름값을 하는 5성급 호텔이다. 2017년에 리모델링을 해 룸이 깔끔하고 침구가 폭신해서 만족스럽다. 어메니티는 태국의 유명 스파 브랜드인 탄(Thann)을 사용한다. 수영장은 붐비지 않아 선베드와 카바나를 여유롭게 이용할 수 있다. 8개의 레스토랑과 바, 빵이 맛있기로 유명한 베이커리(The Bakery)도 있다.

฿ 30만 원대~ 61 Wireless Rd, Khwaeng Lumphini, Khet Pathum Wan BTS 플런칫(Ploen Chit)역 5번 출구에서 150m, 도보 2분. 수완나품 공항에서 26km, 택시로 40분 02-650-8800 www.plazaatheneebangkok.com 13.741367, 100.547776

오쿠라 프레스티지 방콕 The Okura Prestige Bangkok

근사한 인피니티 풀과 야경

©The Okura Prestige Bangkok

일본의 호텔 체인인 오쿠라 그룹에서 2012년에 오픈한 5성급 호텔이다. 24층의 묵직하고 중후한 분위기의 리셉션 옆으로 분홍빛으로 흐드러진 벚나무가 놓였다. 25층의 인피니티 풀에서 도심의 스카이라인을 바라보며 수영하는 기분이 마치 하늘을 나는 기분. 코앞에 센트럴 엠버시 P.214와 센트럴 칫롬 P.214이 있어 몰링을 하기에 편리하다. 미쉐린 1스타를 받은 일본식 프렌치 레스토랑 엘리먼츠(Elements)가 있다. 밤이면 업 앤 어버브 바에서 방콕의 반짝이는 야경이 내려다보인다.

฿ 20만 원대 후반~ 턴다운 서비스(취침 전 간단한 청소 및 정돈) 시 종이접기와 유카타 제공 57 Park Ventures Witthayu Rd, Khwaeng Lumphini, Khet Pathum Wan BTS 플런칫(Ploen Chit)역 5번 출구에서 70m, 도보 1분. 수완나품 공항에서 25km, 택시로 40분 02-687-9000 www.okurabangkok.com 13.742633, 100.548000

반얀트리 방콕 Banyan Tree Bangkok

만족스러운 스파와 근사한 루프톱 바

반얀트리만의 동양적인 향기가 방 안 가득 은은하다. 고급스럽고 넓은 객실은 모두 스위트형으로 거실 공간이 분리되어 있다. 스파가 유명한 호텔인 만큼 사우나와 스팀 룸을 갖춘 반얀트리 스파가 20~21층의 2개 층에 위치했다. 방에서 마사지를 받고 싶다면 스파 베드를 갖춘 스파 생크추어리 스위트룸(Spa Sanctuary Suite)을 예약해보자. 아기자기한 정원에 둘러싸인 수영장은 그리 크지는 않지만 21층에 위치해 시야가 탁 트인다. 버티고 레스토랑과 문 바P.233에서는 360도로 펼쳐진 방콕의 야경을 보며 파인 다이닝을 즐기거나 칵테일을 맛볼 수 있다. 반얀트리 방콕에서 운영하는 디너 크루즈를 예약하면 호텔 셰프의 코스 요리를 즐기며 차오프라야강을 유람할 수 있다..

฿ 20만 원대~ 무료 셔틀버스(BTS 살라댕역과 MRT 룸피니역), 숙박 옵션에 따라 스파 할인 21/100 South Sathon Rd, Khwaeng Thung Maha Mek, Khet Sathon MRT 룸피니(Lumphini)역 2번 출구에서 800m, 도보 10분. BTS 살라댕(Sala Daeng)역 4번 출구에서 950m, 도보 12분. 수완나품 공항에서 30km, 택시로 50분 02-679-1200
www.banyantree.com/en/thailand/bangkok
13.723732, 100.539711

수코타이 방콕 The Sukhothai Bangkok

도심 한가운데 자리한 조용한 휴식처

©The Sukhothai Bangkok

번잡한 도로에서 호텔로 들어서자마자 고요한 세상을 마주한다. 잘 관리된 정원에는 키 큰 나무 주위로 파라솔과 푹신한 의자가 놓였고 연못에는 연꽃이 가득하다. 연못 위에 떠 있는 듯한 발코니에 앉으면 도심 속에서의 고요한 힐링이 가능하다. 호텔 건물들이 모두 낮아 더욱 아늑하고 평온한 느낌을 준다. 리모델링을 마친 방은 넓고 쾌적하다. 수영장이 꽤 큰 편이며 선베드와 카바나가 넉넉해서 더욱 여유롭다. 미쉐린 더 플레이트에 선정된 셀라돈(Celadon) 레스토랑에서는 태국의 전통 춤 공연을 감상하며 분위기 있는 식사를 할 수 있다. 태국의 전통미와 여유로움을 한껏 느낄 수 있는 호텔이다.

฿ 30만 원대~ 13/3 South Sathon Rd, Khwaeng Thung Maha Mek, Khet Sathon MRT 룸피니(Lumphini)역에서 850m, 도보 11분. 돈므앙 공항에서 25km, 택시로 35분
02-344-8888 www.sukhothai.com/bangkok/en
13.723121, 100.540834

방콕 메리어트 호텔 더 수라웡세 Bangkok Marriott Hotel The Surawongse

©Bangkok Marriott Hotel The Surawongse

호캉스를 위한 인피니티 풀과 루프톱 바

2018년에 오픈한 신상 호텔이지만 불과 1년 만에 방콕 호텔 중에서 손꼽히는 호텔로 자리매김했다. 인기 비결은 아무렇게나 찍어도 인생샷을 선사하는 인피니티 풀. 선베드에만 누워 있어도 방콕 여행을 다 한 기분이다. 33층에 위치한 야오 루프톱 바(Yao Rooftop Bar)도 거기에 한몫을 한다. 베이지 그레이 톤의 차분하고 단아한 객실은 일반 객실과 레지던스형 객실로 나뉜다. 대중교통을 이용하기에는 위치가 조금 아쉽지만 호캉스를 즐길 사람에겐 더할 나위 없는 선택이다.

฿ 20만 원대 초반~ BTS 살라댕(Saladaeng)역까지 셔틀 운행(08:00~20:00) 262 Thanon Surawong, Khwaeng Si Phraya, Khet Bang Rak BTS 총논시(Chong Nonsi)역 3번 출구에서 1.1km, 도보 15분. 돈므앙 공항에서 25km, 택시로 30분
02-088-5666 www.marriott.com/hotels/travel/bkkwo-bangkok-marriott-hotel-the-surawongse
13.72727, 100.52227

소 방콕 SO/ Bangkok

멋진 전망과 감각적인 객실

도시적이고 화려하며 독특하고 우아하다. 인테리어는 물론 직원들의 유니폼도 프랑스의 디자이너 크리스찬 라크르와의 손길을 거쳤다. 태국의 유명 건축가 4명이 합세해 13~16층은 심플한 메탈(Metal), 17~20층은 따뜻한 우드(Wood), 21~24층은 푸르른 어스(Earth), 25~28층은 차분한 워터(Water)를 테마로 디자인했다. 한국 여행자에게 가장 인기 있는 방은 메탈룸이니 이 방에서 묵고 싶다면 일찌감치 예약하자. 매월 마지막 주 토요일에 인피니티 풀에서 풀파티가 열린다. 하이 소 P.234 루프톱 바에서 방콕의 붉은 스카이라인과 근사한 야경을 즐겨보자.

฿ 30만 원대 후반~ 무료 툭툭 서비스(BTS 살라댕역까지 매 30분 마다 운행) 2 North Sathon Rd, Khwaeng Silom, Khet Bang Rak MRT 룸피니(Lumphini)역 2번 출구에서 250m, 도보 4분. 돈므앙 공항에서 25km, 택시로 40분
02-624-0000 www.so-bangkok.com
13.726246, 100.543182

더블유 방콕 W Bangkok

머무는 내내 파티하는 기분

로비에서부터 방 안까지 눈 닿는 곳마다 블링블링하다. 보라와 파랑, 핑크로 포인트를 준 세련된 공간에 활기찬 젊음을 녹여낸다. 침대에 놓인 번쩍이는 무에타이 글러브가 시선을 훔친다. 가수 지드래곤이 이 글러브를 끼고 사진을 찍은 적이 있어 더블유 방콕이 더욱 유명해졌다. 단, 화장실이 반투명 벽으로 되어 있어 서먹한 친구와 함께 머물 땐 조심해야 할 듯. 우주선처럼 날아오를 듯한 유선형 수영장도 근사하다. 고풍스러운 분위기를 풍기는 사톤 하우스(The House on Sathorn)는 다과를 즐기며 쉬거나 누군가를 만나기에 제격이다.

฿ 20만 원대 후반~ 106 N Sathon Rd, Khwaeng Silom, Khet Bang Rak BTS 총논시(Chong Nonsi)역 1번 출구에서 250m, 도보 3분. 수완나품 공항에서 35km, 택시로 50분
02-344-4000 www.marriott.com/hotels/travel/bkkwb-w-bangkok 13.722155, 100.528561

아카라 호텔 Akara Hotel

가성비 좋은 시내 중심의 호텔

세계적인 여행 플랫폼에서 방콕 유수의 호텔들을 제치고 무척 높은 여행자 평가 점수를 받은 호텔이다. 규모가 크진 않지만 가격 대비 나무랄 데가 없다. 새로 지은 호텔이니만큼 객실이 깔끔하고, 욕실에 스마트 TV를 갖췄으며, 발코니에 테이블을 두어 휴식 공간을 마련했다. 아담한 인피니티 풀, 24시간 피트니스, 모든 투숙객이 이용 가능한 라운지, 호텔 셰프와 함께하는 쿠킹 클래스까지 다양한 경험을 제공한다. 호텔에서 BTS 파야타이역까지 무료 툭툭을 운행하니 시내 중심을 여행하고 싶을 때 가성비를 고려해 선택해보자.

฿ 10만 원대 초반~ 무료 툭툭 서비스 372 Sri Ayutthaya Rd, Khwaeng Phyathai, Khet Ratchathewi BTS 파야타이(Phaya Thai)역 4번 출구에서 800m, 도보 10분. ARL 라차프라롭(Ratchaprarop)역에서 200m, 도보 2분. 돈므앙 공항에서 25km, 택시로 30분 02-248-5511 www.akarahotel.com 13.756105, 100.541312

아리야솜 빌라 Ariyasom Villa

신비로운 정원 속 부티크 호텔

골목길 끝에서 호텔의 문턱을 넘어서자마자 신비로운 비밀의 정원으로 들어선다. 1940년대에 지은 옛 건물을 활용해 24개의 객실을 만들고 정통 태국식 호텔 콘셉트로 운영한다. 친절한 호텔리어가 다정하고 세심하게 챙겨주어 마치 태국 가정집에 놀러온 기분이다. 앤티크한 가구들이 멋스럽고 베딩은 포근하다. 건식으로 마감한 화장실 안에서도 초록빛을 뽐내는 식물이 자란다. 바람이 솔솔 통하는 정자에서 받는 야외 마사지, 비건 레스토랑인 나 아룬(Na Aroon)에서 맛보는 건강한 메뉴도 만족스럽다.

฿ 20만 원대 후반~ 65 Sukhumvit Soi 1, Khwaeng Khlong Toei Nuea, Khet Watthana BTS 플런칫(Phloen Chit)역 4번 출구 맞은편의 1번 엘리베이터 이용, 역에서 1.1km, 도보 14분. 돈므앙 공항에서 25km, 택시로 30분 02-254-8880 www.ariyasom.com 13.747933, 100.551619

쉐라톤 그랑데 수쿰윗 럭셔리 컬렉션 호텔 방콕
Sheraton Grande Sukhumvit, A Luxury Collection Hotel Bangkok

위치만큼이나 근사한 서비스

럭셔리 컬렉션이라는 이름에 걸맞게 쉐라톤 호텔 계열 중에서도 수준 높은 서비스를 제공한다. 오픈한 지는 오래되었지만 꾸준히 리노베이션을 해 룸 컨디션도 수준급. 객실 내부는 따뜻한 색감의 패브릭으로 안정감을 주고, 욕실에는 푸른색 타일로 청량감을 더했다. 3층에 위치한 수영장은 규모가 크진 않지만 정원을 가로지르는 수로 형태로 만들어 이국적이다. 조식 뷔페에는 밥과 김치가 포함된 한식 코너가 따로 마련되어 있고 망고와 스테이크를 무제한으로 즐길 수 있어 인기가 많다. 저녁이면 유명한 재즈 바인 더 리빙룸(The Living Room)에서 라이브 음악을 즐기며 칵테일을 마시는 사람도 많다. 일요일 낮의 재즈 브런치도 분위기 있다. BTS와 MRT 모두 스카이워크를 통해 바로 연결되어 대중교통 이용이 편리하다.

฿ 30만 원대 후반~ 럭셔리 룸 이상 예약 시 24시간 버틀러 서비스 250 Sukhumvit Rd, Khwaeng Khlong Toei, Khet Khlong Toei MRT 수쿰윗(Sukhumvit)역 3번 출구에서 BTS 아쏙(Asok)역과 연결, 아쏙역 2번 출구에서 호텔까지 연결. 수완나품 공항에서 25km, 차로 40분 www.marriott.com/hotels/travel/bkklc-sheraton-grande-sukhumvit-a-luxury-collection-hotel-bangkok 13.737366, 100.559043

©Sheraton Grande Sukhumvit, A Luxury Collection Hotel Bangkok

알로프트 방콕 수쿰윗 11 Aloft Bangkok Sukhumvit 11

방콕의 나이트 라이프를 즐길 때

알로프트는 스타우드 그룹 계열의 가성비 좋은 체인 호텔이다. 글로벌 호텔 멤버십 SPG의 관리 아래 모던한 룸 컨디션과 친절한 서비스를 제공한다. ㄱ자형 소파와 긴 책상, 넉넉한 콘센트를 두었고, 고층 객실일수록 시티 뷰가 근사하다. 10층의 수영장은 아담하지만 인공 잔디와 나무로 잘 꾸며두었다. 수쿰윗 소이 11 한복판에 있어 주위에 식당과 펍, 클럽이 많다. 레벨스 클럽 앤 테라스 P.256를 방문할 예정이거나 흥겨운 밤을 즐기고 싶은 사람에게 추천한다. 이 가격에 이렇게 위치 좋은 호텔을 찾기가 쉽지 않다.

฿ 10만 원대 후반~ 무료 툭툭 서비스(BTS 나나역, 아쏙역, 06:00~23:00) 35 Soi Sukhumvit 11, Klongtoey-Nua, Khet Watthana BTS 나나(Nana)역 3번 출구에서 500m, 도보 6분. 수완나품 공항에서 25km, 택시로 40분 02-207-7000 www.marriott.com/hotels/travel/bkkal-aloft-bangkok-sukhumvit-11 13.744332, 100.556568

그랑데 센터 포인트 터미널 21 Grande Centre Point Terminal 21

교통의 요지, 쇼핑의 중심

태국의 유명 레지던스 체인인 센터 포인트 그룹에서 운영하는 레지던스형 호텔이다. 화이트 톤의 방은 깔끔하고 단정하다. 전 객실에 전자레인지 같은 가전제품이 비치되어 있고, 1개월 이상 묵는 장기 투숙자에게는 세탁기가 딸린 방을 제공한다. 간단한 스낵이 포함된 객실 미니 바가 무료. 넓은 수영장, 자쿠지, 피트니스 센터뿐만 아니라 테니스 코트, 퍼팅 그린을 갖췄다. 수영장도 괜찮고 위치도 좋지만 가족 여행자보다는 비즈니스 호텔을 찾는 사람에게 적합한 느낌이다. 터미널 21 P.258 쇼핑몰과 같은 건물이라 푸드 코트와 고메 마켓을 편하게 이용할 수 있다.

฿ 20만 원대~ 무료 스낵 서비스 288 Soi Sukhumvit 19, Khlong Toei Nuea, Khet Watthana BTS 아쏙(Asok)역 1번 출구와 연결. MRT 수쿰윗(Sukhumvit)역 3번 출구 바로 앞. 터미널 21과 같은 건물. 수완나품 공항에서 28km, 택시로 45분 02-681-9000 www.grandecentrepointterminal21.com 13.737180, 100.560530

트래블 롯지 수쿰윗 11 Travelodge Sukhumvit 11

수쿰윗 소이 11의 가성비 좋은 호텔

작지만 잠시 놀기 좋은 루프톱 수영장, 24시간 이용 가능한 헬스장, 간단한 뷔페를 제공하는 조식 레스토랑이 있다. 호텔 바로 앞이 번화가인 수쿰윗 소이 11이어서 편의점도 즐비하고, 카페나 레스토랑, 레벨스 클럽 앤 테라스 P.256 같은 클럽도 많다. 도보로 BTS 나나역이나 아쏙역까지 걸어다녀도 무리가 없다. 방은 작지만 오픈한 지 얼마 되지 않아 깔끔하고 산뜻하다. 단정한 비즈니스호텔 같은 느낌. 밤 비행기로 방콕에 도착해 시내에서 1박을 하거나 밤늦도록 수쿰윗 소이 11 거리를 즐기기 좋은 호텔.

฿ 7만 원~ 무료 툭툭 서비스(BTS 나나역) 30, 9-10 Soi Sukhumvit 11, Khlong Toei Nuea, Khet Watthana BTS 나나(Nana)역 3번 출구에서 650m, 도보 8분. 수완나품 공항에서 25km, 택시로 30분 02-491-3999 www.travelodgehotels.asia/hotel/travelodge-sukhumvit-11 13.744958, 100.557334

서머셋 에까마이 방콕 Somerset Ekamai Bangkok

풀 옵션의 서비스드 레지던스

싱가포르 애스콧(Ascott) 그룹에서 운영하는 레지던스형 호텔이다. 3개의 건물에서 130개의 다양한 룸 타입을 제공한다. 싱글 룸인 스튜디오 룸은 공용구역에서 냉장고와 전자레인지 등을 사용할 수 있고, 원 베드룸, 투 베드룸은 거실과 주방 공간에 세탁기까지 풀 옵션으로 구비했다. 수영장, 놀이터, 조식 레스토랑을 이용할 수 있고, 텅러의 맛집과 쇼핑몰까지 호텔에서 제공하는 무료 셔틀을 타고 다닐 수 있다. 조용하게 여행하고 싶은 1인 여행자에게도, 가족 단위 여행자에게도 편리한 호텔.

฿ 10만 원대~ 무료 셔틀 서비스(BTS 에까마이역에서 텅러 거리까지 순환 운행) 22/1 Ekamai Soi 2, Soi Sukhumvit 63, Phra Khanong, Khet Watthana BTS 에까마이(Ekamai)역에서 650m, 도보 8분. 수완나품 공항에서 25km, 택시로 40분 02-032-1999 www.somerset.com/en/thailand/bangkok/somerset-ekamai-bangkok.html 13.723079, 100.586484

INDEX

방문할 계획이거나 들렀던 여행 스폿에 ☑ 표시해보세요.

INDEX

방문할 계획이거나 들렀던 여행 스폿에 ☑표시해보세요.

INDEX

방문할 계획이거나 들렀던 여행 스폿에 ☑ 표시해보세요.

마사지 숍

방콕 근교

숙소

방콕 대중교통 노선도

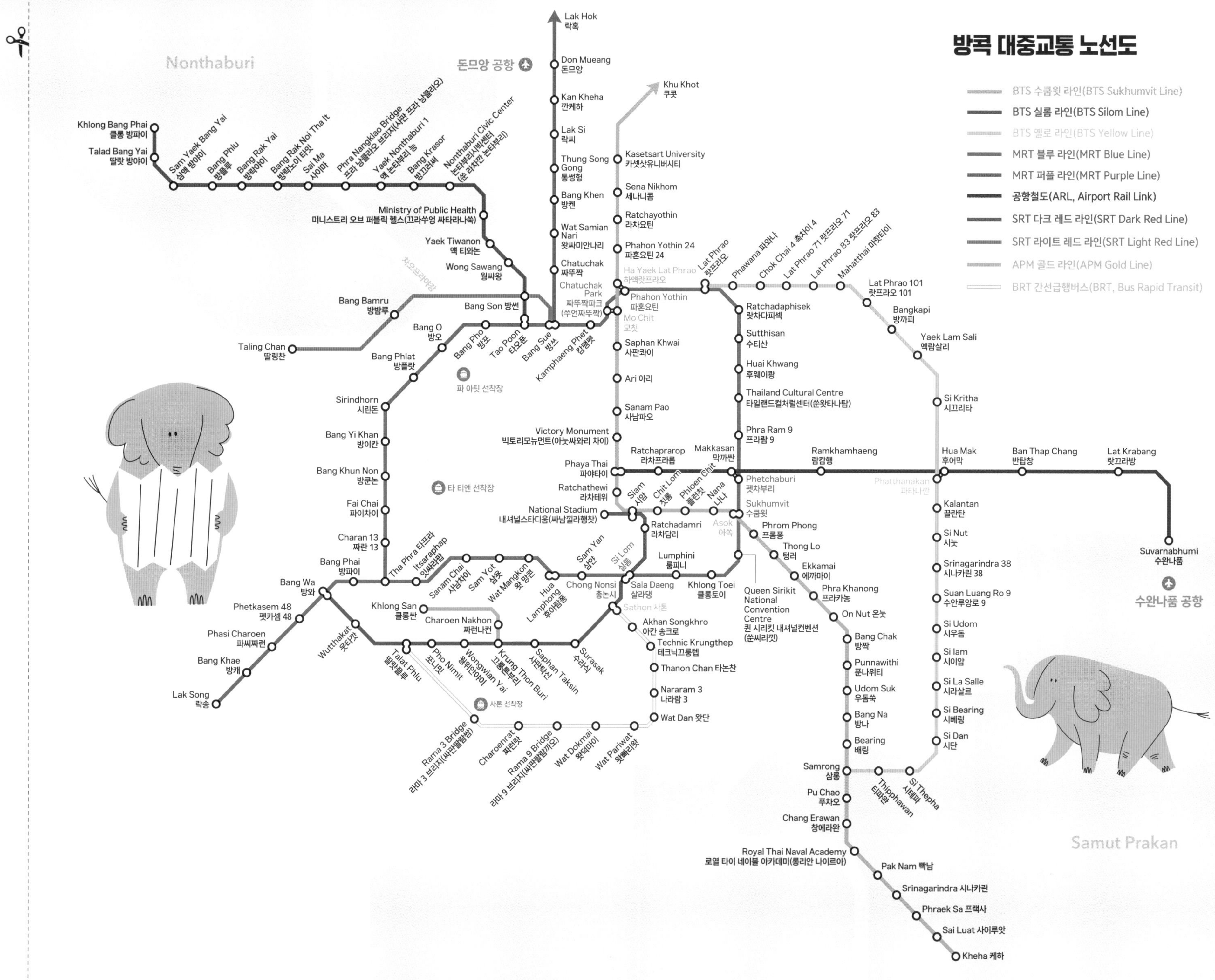

BTS 수쿰윗 라인(BTS Sukhumvit Line)
BTS 실롬 라인(BTS Silom Line)
BTS 옐로 라인(BTS Yellow Line)
MRT 블루 라인(MRT Blue Line)
MRT 퍼플 라인(MRT Purple Line)
공항철도(ARL, Airport Rail Link)
SRT 다크 레드 라인(SRT Dark Red Line)
SRT 라이트 레드 라인(SRT Light Red Line)
APM 골드 라인(APM Gold Line)
BRT 간선급행버스(BRT, Bus Rapid Transit)
Nonthaburi
Samut Prakan
돈므앙 공항
수완나품 공항
Lak Hok 락혹
Don Mueang 돈므앙
Kan Kheha 깐케하
Lak Si 락씨
Thung Song Hong 통썽헝
Bang Khen 방켄
Wat Samian Nari 왓싸미안나리
Chatuchak 짜뚜짝
Khu Khot 쿠콧
Kasetsart University 카셋삿유니버시티
Sena Nikhom 세나니콤
Ratchayothin 라차요틴
Phahon Yothin 24 파혼요틴 24
Ha Yaek Lat Phrao 하액랏프라오
Khlong Bang Phai 클롱 방파이
Talad Bang Yai 딸랏 방야이
Sam Yaek Bang Yai 삼액 방야이
Bang Phlu 방플루
Bang Rak Yai 방락야이
Bang Rak Noi Tha It 방락노이 타잇
Sai Ma 사이마
Phra Nangklao Bridge 프라 낭끌라오 브리지(사판 프라 낭끌라오)
Yaek Nonthaburi 1 액 논타부리 능
Bang Krasor 방끄라써
Nonthaburi Civic Center 논타부리시빅센터(쑨 라차깐 논타부리)
Ministry of Public Health
미니스트리 오브 퍼블릭 헬스(끄라쑤엉 싸타라나쑥)
Yaek Tiwanon 액 티와논
Wong Sawang 웡싸왕
Bang Bamru 방밤루
Bang Son 방썬
Taling Chan 딸링찬
Bang O 방오
Bang Phlat 방플랏
Bang Pho 방포
Tao Poon 타오푼
Bang Sue 방쓰
Kamphaeng Phet 깜팽펫
Chatuchak Park 짜뚜짝파크(쑤언짜뚜짝)
Phahon Yothin 파혼요틴
Mo Chit 모칫
Saphan Khwai 사판콰이
Ari 아리
Sanam Pao 사남파오
Victory Monument 빅토리모뉴먼트(아눗싸와리 차이)
파 아팃 선착장
Sirindhorn 시린돈
Bang Yi Khan 방이칸
Bang Khun Non 방쿤논
Fai Chai 파이차이
Charan 13 짜란 13
Bang Phai 방파이
Bang Wa 방와
Phetkasem 48 펫카셈 48
Phasi Charoen 파씨짜런
Bang Khae 방캐
Lak Song 락송
타 티엔 선착장
Lat Phrao 랏프라오
Phawana 파와나
Chok Chai 4 촉차이 4
Lat Phrao 71 랏프라오 71
Lat Phrao 83 랏프라오 83
Mahatthai 마핫타이
Lat Phrao 101 랏프라오 101
Bangkapi 방까피
Yaek Lam Sali 옉람살리
Si Kritha 시끄리타
Ratchadaphisek 랏차다피섹
Sutthisan 수티산
Huai Khwang 후웨이쾅
Thailand Cultural Centre 타일랜드컬처럴센터(쑨왓타나탐)
Phra Ram 9 프라람 9
Ratchaprarop 라차프라롭
Makkasan 막까싼
Ramkhamhaeng 람캄행
Hua Mak 후어막
Ban Thap Chang 반탑창
Lat Krabang 랏끄라방
Suvarnabhumi 수완나품
Phaya Thai 파야타이
Ratchathewi 라차테위
Siam 시암
Chit Lom 칫롬
Phloen Chit 플론칫
Nana 나나
Petchaburi 펫차부리
Phatthanakan 파타나깐
Sukhumvit 수쿰윗
Asok 아쏙
National Stadium 내셔널스타디움(싸남낄라행찻)
Ratchadamri 라차담리
Phrom Phong 프롬퐁
Thong Lo 텅러
Ekkamai 에까마이
Phra Khanong 프라카농
On Nut 온눗
Kalantan 끌란탄
Si Nut 시눗
Srinagarindra 38 시나카린 38
Suan Luang Ro 9 수안루앙로 9
Si Udom 시우돔
Si Iam 시이암
Si La Salle 시라살르
Si Bearing 시베링
Si Dan 시단
Tha Phra 타프라
Itsaraphap 잇싸라팝
Sanam Chai 사남차이
Sam Yot 삼욧
Wat Mangkon 왓 망꼰
Hua Lamphong 후아람퐁
Sam Yan 삼얀
Si Lom 실롬
Lumphini 룸피니
Chong Nonsi 총논시
Sala Daeng 살라댕
Khlong Toei 클롱토이
Queen Sirikit National Convention Centre 퀸 시리킷 내셔널컨벤션센터(쑨씨리낏)
Sathon 사톤
Khlong San 클롱싼
Charoen Nakhon 짜런나컨
Wutthakat 웃타깟
Talat Phlu 딸랏플루
Pho Nimit 포니밋
Wongwian Yai 웡위안야이
Krung Thon Buri 끄룽톤부리
Saphan Taksin 사판탁신
Surasak 수라삭
Akhan Songkhro 아칸 송크로
Technic Krungthep 테크닉끄룽텝
Thanon Chan 타논찬
Nararam 3 나라람 3
Wat Dan 왓단
사톤 선착장
Rama 3 Bridge 라마 3 브리지(싸판팔람쌈)
Charoenrat 짜런랏
Rama 9 Bridge 라마 9 브리지(싸판팔람까오)
Wat Dokmai 왓덕마이
Wat Pariwat 왓빠리왓
Bang Chak 방짝
Punnawithi 푼나위티
Udom Suk 우돔쑥
Bang Na 방나
Bearing 배링
Samrong 삼롱
Thipphawan 티파완
Si Thepha 시테파
Pu Chao 푸차오
Chang Erawan 창에라완
Royal Thai Naval Academy 로열 타이 네이블 아카데미(롱리안 나이르아)
Pak Nam 빡남
Srinagarindra 시나카린
Phraek Sa 프랙사
Sai Luat 사이루앗
Kheha 케하

수상 버스 & 투어리스트 보트 노선도

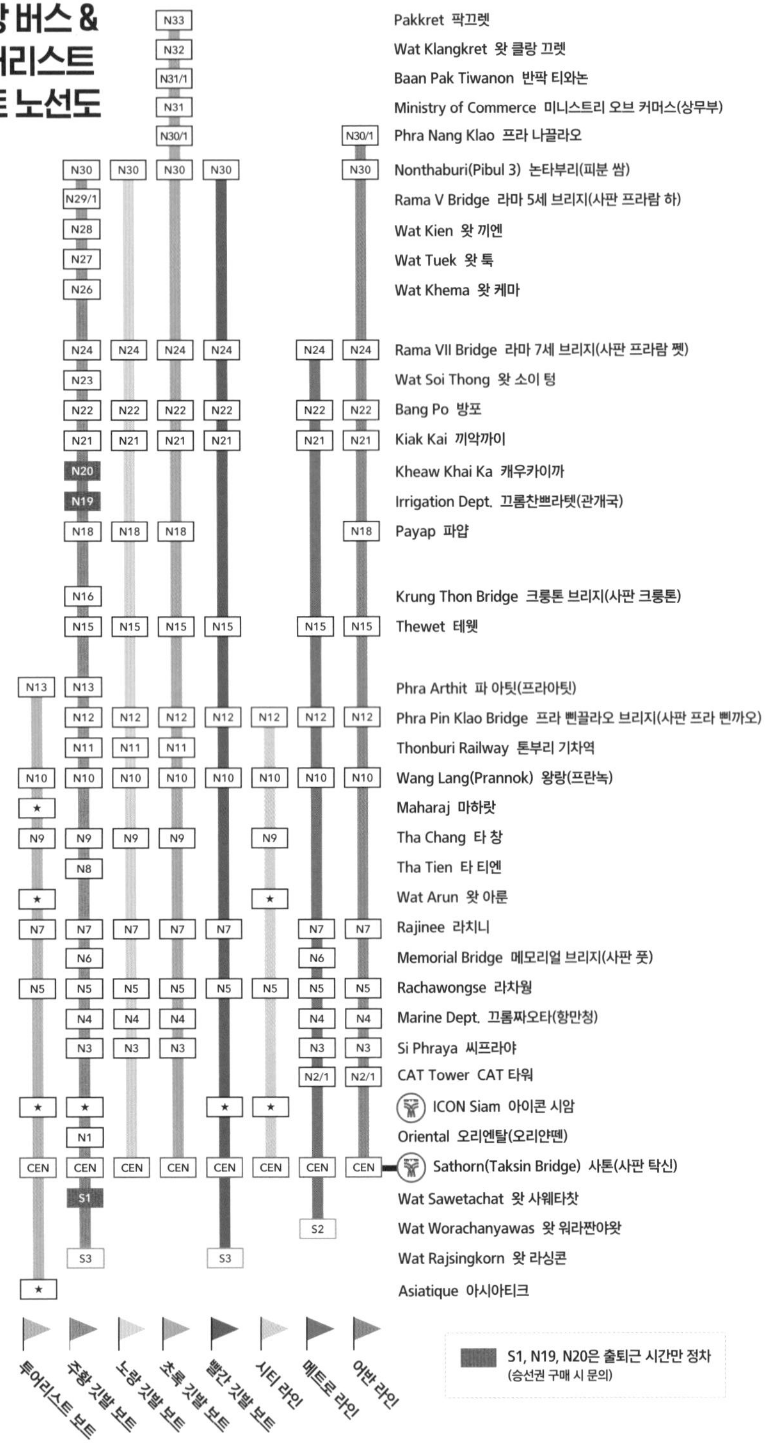

주요 수상 버스 & 투어리스트 보트 선착장

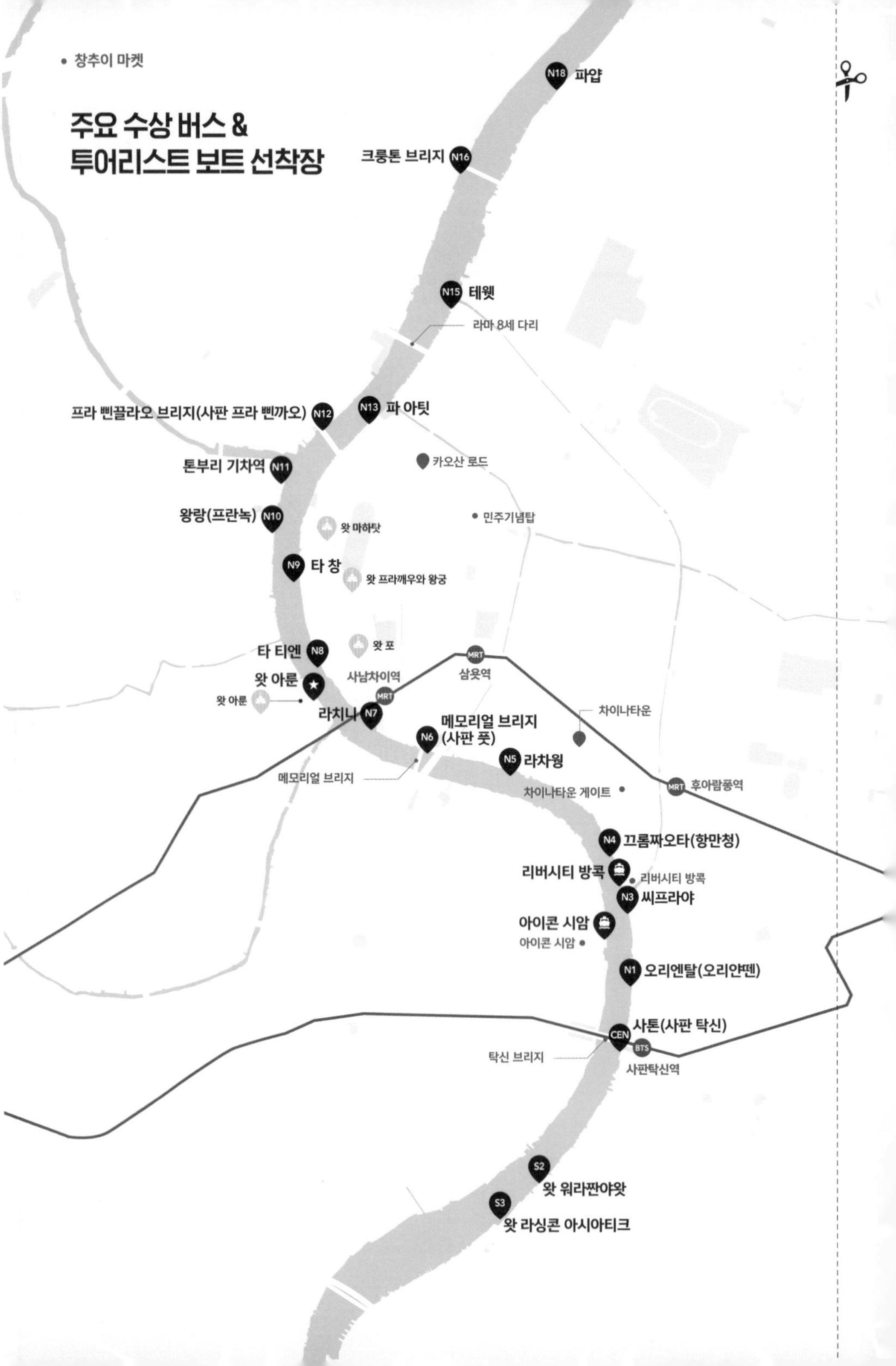